에센스

개정판

단체급식관리

김정숙 · 박경숙 · 신동주 · 유경혜 · 윤옥현 · 이윤정

㈜지구문화
JIGU CULTURE Co.Ltd

머리말 PREFACE

현대의 산업사회에서는 그 구조와 생활양식의 변화에 따라 단체급식에 대한 관심이 증가하고 있습니다. 산업체급식시설과 학교, 병원, 사회복지시설 등 많은 분야에서 활발한 단체급식이 이루어지면서 단체급식은 이제 일반인들에게 보편적인 식생활이 되었습니다.

우리들의 몸은 음식물이 흐르는 강이며 따라서 단체급식은 타인의 소중한 생명을 다루는 이론과 기술의 종합적인 학문이라고 할 수 있을 것입니다. 우리 사회에서도 과학적이고 체계적인 연구를 통해 식품, 영양, 조리, 위생, 설비시설 및 경영관리가 이루어져 단체급식의 보다 큰 발전을 도모해 나가야 합니다.

본 교재는 각 분야에서 다년간의 실무 경험과 강의 경력을 지닌 저자들이 1부와 2부로 나누어 다양한 최신 이론과 단체급식 현장적응능력을 배양하는 내용으로 구성하였습니다. 1부에서는 단체급식의 이해와 각 부문에서의 관리방식에 중점을 두었으며 2부에서는 각각의 단체급식시설의 운영에서 급식관리자와 단체급식분야 종사자가 수행하는 업무 중심으로 기술하였습니다.

특히 현장실무 중심의 직업훈련이 확산되는 최근 사회적 분위기를 고려하여 단체급식을 처음 배우는 학생들에게는 알찬 교재가 되며 현장에서 이미 활동하고 있는 단체급식관리자와 단체급식분야 종사자들을 대상으로 현장실무에서 활용할 수 있도록 실무 중심의 지침서가 되는 내용을 담고자 노력하였습니다.

좋은 교재를 만들기 위해 저자들이 열심히 노력하였으나 부족한 부분이 많을 것으로 생각되며 부족한 부분은 계속적으로 수정 보완하여 보다 나은 단체급식 관리의 지침서가 되도록 지속적으로 노력할 것을 약속드립니다.

교재의 출간을 위해 많은 지원을 아끼지 않으신 지구문화사 임직원 여러분들께 진심으로 감사의 인사를 전합니다.

무술년 새 봄에

저자 일동

차 례

Contents

Chapter 04 단체급식의 생산관리

Chapter 05 위생 및 작업관리

Chapter 06 시설 · 설비 기기 및 안전관리

차 례

Chapter 07 인적자원 및 정보관리

Part Ⅱ 단체급식 실무

Chapter 08 단체급식 실습

Chapter 09 학교급식

Contents

Chapter 10 산업체급식

Chapter 11 병원급식

Chapter 12 사회복지시설급식 및 기타 시설의 급식

PART I

단체급식 총론

Chapter
1 단체급식 개론
2 단체급식 메뉴와 영양관리
3 식품재료의 구매 및 관리
4 단체급식의 생산관리
5 위생 및 작업관리
6 시설 · 설비 기기 및 안전관리
7 인적자원 및 정보관리

Chapter 1

단체급식 개론

SECTION 1 단체급식의 이해

1. 단체급식의 개념

최근 급속한 사회변화와 경제성장에 따라 우리나라의 단체급식은 급식산업과 함께 급격한 성장과 발달을 하고 있다.

단체급식이란 건강한 삶을 위하여 교육기관, 산업체, 의료기관, 사회복지시설, 공공기관 및 단체 등에서 영리를 목적으로 하지 않고 특정 다수인을 대상으로 계속적인 식사를 공급하는 것을 총칭한다. '특정 다수인' 이라고 하는 것은 급식을 받는 대상이 항상 정해져 있는 경우를 가리키며, 음식점 등과 같이 숫자는 많으나 대상의 종류가 다른 이들에게 식사를 제공하는 경우는 특정 대상이 아니기 때문에 단체급식이라고 하지 않는다.

세계보건기구는 건강에 대해서 '건강이란 신체적·정신적 및 사회적으로 완전하게 양호한 상태에 있어야 한다.' 라고 정의하고 있다. 이상적인 건강상태는 심신에 질병이 없어야 하며, 자연환경이나 사회환경의 변화에 대해서 적응력을 갖고 적극적이고 충실한 일상생활을 영위하는 의욕이 있는 것이다.

건강한 생활을 하기 위해서는 영양과 운동(노동)과 휴식의 3가지 요소가 서로 조화를 이루어야 하는데 그 중에서도 영양은 가장 기본적인 건강의 요소이다. 영양, 즉 식생활이 건강을 크게 좌우하게 되는 것이다. 단체급식소는 식생활과 건강의 향상을 위해 특정한 다수인에게 계속적으로 식사를 공급하는 곳이다. 그러나 선택의 여지가 거의 없이 일방적인 식사를 제공하기 때문에 사람의 생존에 기본이 되는 영양과 건강을 보장한다는 점에서 그 중요성이 크다.

단체급식은 능률적이고 합리적인 급식관리로 피급식자에게 영양적으로 균형 있는 식사를 공급하여 정신적으로나 육체적으로 건강하게 하고 체위향상 및 생산성을 높이는 데에 그 의의가 있다. 그러므로 단체급식은 좋은 분위기를 갖춘 환경 속에서 특정 다수인에게 관능적으로 맛이 좋으며, 위생적으로 안전하고, 기호를 고려하면서도 영양적으로 균형잡힌 식사를 제공하여 피급식자를 만족시킬 수 있어야 한다. 아울러 책정된 예산 내에서 적절한 가격을 유지해야 하며 나아가서는 궁극적으로 피급식자의 건강을 증진시켜야 한다.

2. 식품위생법과 단체급식

단체급식은 식품위생법 제2조제12항에서 '집단급식소란 영리를 목적으로 하지 아니하면서 특정 다수인에게 계속하여 음식물을 공급하는 기숙사, 학교, 병원, 사회복지시설, 산업체, 국가와 지방자치단체 및 공공기관, 그 밖의 후생기관 등의 어느 하나에 해당하는 급식시설로서 대통령령으로 정하는 시설이다' 라고 정의되어 있다. 식품위생법 제2조제15항에서는 '집단급식소에서의 식단이란 급식대상집단의 영양섭취기준에 따라 음식명, 식재료, 영양성분, 조리방법, 조리인력 등을 고려하여 작성한 급식계획서를 말한다.' 라고 집단급식소의 식단을 정의하고 있다.

또한 식품위생법 시행령 제2조(집단급식소의 범위)에서는 '식품위생법 제2조제12호에 따른 집단급식소는 1회 50명 이상에게 식사를 제공하는 급식소를 말한다.' 라고 명시되어 있다. 식품위생법 제52조에는 '집단급식소 운영자는 영양사를 두어야 한다. 다만 집단급식소 운영자 자신이 영양사로서 직접 영양지도를 하는 경우, 1회 급식인원 100명 미만의 산업체인 경우, 제51조 제1항에 따른 조리사가 영양사의 면허를 받은 경우 등 각 호의 어느 하나에 해당하는 경우에는 영양사를 두지 아니하여도 된다.' 라고 하였다.

법 제52조제2항에서는 '집단급식소에 근무하는 영양사는 집단급식소에서의 식단 작성, 검식(檢食) 및 배식관리, 구매식품의 검수(檢受) 및 관리, 급식시설의 위생적 관리, 집단급식소의 운영일지 작성, 종업원에 대한 영양 지도 및 식품위생교육 등의 직무를 수행하여야 한다.' 라고 명시하였다.

식품위생법 제88조(집단급식소)에 보면 '집단급식소를 설치·운영하려는 자는 총리령으로 정하는 바에 따라 특별자치시장·특별자치도지사·시장·군수·구청장에게 신고하여야 한다.

집단급식소를 설치·운영하는 자는 집단급식소 시설의 유지·관리 등 급식을 위생적으로 관리하기 위하여 ① 식중독 환자가 발생하지 아니하도록 위생관리를 철저히 할 것, ② 조리·제공한 식품의 매회 1인분 분량을 총리령으로 정하는 바에 따라 144시간 이상 보관할 것, ③ 영양사를 두고 있는 경우 그 업무를 방해하지 아니할 것, ④ 영양사를 두고 있는 경우 영양사가 집단급식소의 위생관리를 위하여 요청하는 사항에 대하여는 정당한 사유가 없으면 따를 것, ⑤ 그 밖에 식품 등의 위생적 관리를 위하여 필요하다고 총리령으로 정하는 사항을 지킬 것 등 각 호의 사항을 지켜야 한다.

3. 단체급식의 실시 목적

단체급식의 공통적인 목적은 피급식자의 영양개선을 달성하는 것으로, 영양개선을 위한 영양관리를 해야 한다. 단체에 따라 약간의 차이는 있으나, 영양개선을 통하여 피급식자의 건강을 증진시킨다는 주목적 외에, 급식을 통한 영양교육, 도덕성과 사회성의 함양, 휴식처와 사교장의 제공, 식비 경감 등의 공통 목적을 포함한다.

단체급식시설 중에는 군대를 비롯하여 기숙사·병원·교도소 등과 같이 매일 3회의 식사를 급여하는 곳이 있는 곳과 학교나 일반 사업장과 같이 한 끼만 제공하여 주는 곳도 있다. 어느 경우든 피급식자가 자신의 식생활을 급식에 의존하여 영양과 건강을 보장한다는 점에 급식의 의의가 있다.

그러므로 단체급식의 목적을 달성하기 위하여는 효율적인 급식관리가 필요하다. 급식의 식단계획, 위생관리, 실시된 급식의 평가 및 통제 등이 포함되며, 이를 수행하기 위하여 영양사가 식품의 선택·식품저장·조리·영양가의 사정 등 일련의 급식작업을 합리적으로 관리하고 운영해야 한다.

단체급식 각 시설에 따른 고유의 목적은 다음과 같다.

① **학교급식** : 어린이나 청소년들의 심신을 건전하게 발달시키는 장소가 될 수 있고, 올바른 식습관을 확립시키며, 나아가서는 국민의 식생활 개선에 기여하게 된다.

② **산업급식** : 산업급식을 통하여 건강증진과 체력향상을 기하며, 작업능률을 높이고 생산성의 향상을 가져옴으로써 복지증진이 될 수 있다.

③ **복지시설급식** : 아동복지시설급식에서는 건강의 확보와 심신발달을 꾀하여 가정적인 분위기의 급식을 함으로써 생활이 윤택해지고 생기가 나게 하는 것을 목적으로 하고 있다.

④ **병원급식** : 체력을 유지하며, 병의 치료와 회복을 촉진함으로써 사회 복귀를 조속히 하는 데에 중점을 둔다. 수용 환자의 상태에 따라서 특별식이를 급여하여 병의 치료 혹은 증상의 회복을 촉진한다.

⑤ **사회복지시설급식** : 정성을 다하여 따뜻하고 가정적인 분위기의 식사를 제공함으로써 건전하고 안정된 생활을 하게 할 수 있다. 아동복지시설은 신체적·정신적으로 발달과정에 있는 아동을 보호하며 건전하게 육성한다.

⑥ **군대급식** : 규칙적으로 균형 잡힌 식사를 제공함으로써 생활의 규범은 물론이고 군인의 건강유지와 체력을 얻게 한다.

단체급식은 가정식과 비교하여 일정한 시간에 대량으로 식사를 공급해야 하는 복잡한 일이므로, 다음과 같은 여러 가지 특성을 가진다.

① 규모가 크다.

② 재료구입이 상업적 거래에 의해서 경제적으로 이루어지므로 값싸고 맛있는 식사를 공급할 수 있다.

③ 일정한 시간에 다량의 공급으로 모든 작업이 일률적으로 진행된다. 그러기 위해서 기계와 기구의 다양하고 적절한 이용이 필수적이다.

④ 기호에 맞는 영양적 조리를 해야 한다.

⑤ 단체급식은 다수인을 대상으로 실시되어 대규모 식중독 발생의 위험이 있으므로 위생상의 안전을 고려해야 한다.

4. 단체급식의 역사

(1) 고등교육기관의 기숙사

① **영국** : 중세 옥스퍼드 대학에서 장학의 형태로 시작하여 20세기에는 자체 계획수립을 하였다.

② **미국** : 초기 대학에서 모든 학생들을 위해서 급식시설과 설비가 학교 책임자의 행정책임으로 갖추어졌다(self-service 제도의 기초가 되었다).

③ **한국** : 성균관(태조 7년)에서 유생을 교육시키기 위해서 식사를 제공한 것이 단체급식의 시초가 되었다고 한다. 또한 이화학당의 기숙사에서 시작하여 1908~1912년에 걸쳐서 학생수의 증가와 함께 단체급식이 행해졌으며, 수원의 농림학교에서 1908년경에 기숙사생 100여 명의 규모로 단체급식을 실시하였다고 한다.

(2) 학교급식의 역사

1) 영 국

① 1889년 런던의 학교급식위원회 설립(학교급식 실시)

② 1944년 학교급식법 제정(우유, 식사, 간식을 제공할 의무를 학교당국에 부과)

③ 1970년 학교급식 실시(국가지원으로 실시)

2) 미 국

① 1938년 농원법 개정(잉여농산물을 급식용으로 무상배급)

② 1946년 학교급식 연방법 제공(학교급식을 국가안전보장의 일환으로 실시)

3) 일 본

① 1946년부터 학교급식 실시

② 1954년 학교급식법 제정

4) 한 국

지금까지 우리나라의 학교급식의 변천과정을 크게 구분해 보면, 외부지원에 의한 구호급식기(1953~1972), 외부지원 중단 이후의 자립급식기(1973~1977), 학교별로 조리시설을 갖추고 영양사를 배치하기 시작한 제도확립기(1978~1981), 학교급식 발전 5개년 계획수립 등의 학교급식 발전을 위해 많은 노력을 시작한 제도확충기(1982~1995), 그리고 전면확대기(1996~)로 나눌 수 있다.

1953년부터 1972년까지 약 20여 년 동안에 주로 전쟁고아나 극빈아동에 대한 구호책의 일환으로 분유나 빵 등을 제공하였다. 이 또한 유니세프(UNICEF),

캐어(CARE), 유세이드(USAID) 등의 기관으로부터 원조양곡을 받아서 실시한 것이다. 그 후 여러 형태의 학교급식을 실시하던 중에 1977년 학교 납품 식빵으로 인한 급식아동의 식중독 사고가 발생하였고, 이로 인해 빵 급식이 중단되었다가 1978년에 급식시범학교를 정하고 국가의 경제적 지원으로 급식시설을 갖춘 후, 학교에서 조리하여 완전한 영양급식이 되도록 영양사를 두고 실시하기에 이르렀다.

2006년부터는 영양교사제도 도입과 더불어 식사제공과 더불어 편식교정, 올바른 식습관 형성, 식사예절 등을 가르치는 교육자로서의 역할과 건강 및 영양상담자로서의 역할이 강화되었다. 그리고 여성들의 사회참여가 가속화되면서 학교급식의 기여도가 커지고 이에 따라 초등학교·중학교·고등학교에 이르기까지 학교급식이 전면 확대실시되면서 전 학생에게 급식을 실시하였으며, HACCP 개념을 도입하여 위생관리를 중요하게 생각하고 있다.

2012년 학교급식 실시현황을 보면 급식 전국 초·중·고·등학교의 대상학교 11,364교 중에서 100%인 11,364교 671만 명에게 급식을 실시하고 있다.

표 1-1 2012년도 학교급식 실시현황

구 분	학교수(교)			학생수(천 명)		
	전체	급식	%	전체	급식	%
초등학교	5,897	5,897	100	2,958	2,958	100
중 학 교	3,162	3,162	100	1,848	1,848	100
고등학교	2,305	2,305	100	1,912	1,912	100
계	11,364	11,364	100	6,742	6,718	100

(3) 병원급식의 역사

우리나라 최초의 병원은 1885년 선교사 Allen의 제의에 따라 설립된 왕립병원인 광혜원인데, 이는 곧 제중원으로 이름을 바꾸었으며, 1900년 대한의원이라 하였고 지금의 서울대학병원이 되었다.

초기에는 어떤 급식이 제공되었는지 알 수 없고, 단지 1900년도에 환자들을 위한 병실이 있었으므로 급식이 제공되었을 것이라고 짐작할 수 있다.

① 1854년 영양사 직업의 필요성 인식
(영양사 직업의 선구자로 Florince Nightingale)
② 1902년 세브란스병원 설립
③ 1958년 운크라, 스칸디나비아 3군에 의해 한국에 국립중앙의료원 건립, 최초로 영양사 채용
④ 1960년 중앙의료원에서 병원 단체급식 시작

(4) 산업급식의 역사

19세기 초 Glasgow 근처의 New Lanark에 있는 공장의 경영주인 Robert Owen은 그 공장의 고용인과 가족에게 음식을 제공하는 식당과 큰 주방을 마련하여 산업급식의 선구자로 알려졌다.

1800년대 초반에는 많은 고용주들이 그들의 고용인들에게 무료 또는 저렴한 가격으로 음식을 제공하였고, 이러한 일은 대부분의 산업체에서 계속되어 고용인들의 복리를 증진시켰다.

제2차 세계대전 기간 중 공장주들은 주변에 음식점이 없으므로 음식을 제공할 수 있는 편의시설의 필요성을 절감하게 되었다. 따라서 공장경영주나 급식업자의 입장에서도 급식을 그들의 운영을 위한 필수적인 부문으로 인식하게 되었다.

우리나라도 섬유산업과 더불어 공장급식이 발달하였는데, 1966년부터 태창방적을 비롯한 섬유공장에서 영양사를 채용하기 시작하여, 1967년부터 1회 50인 이상에게 식사를 제공하는 집단급식소에 영양사 채용 의무화를 실시하기에 이르렀다. 1980년 이후에는 외식산업의 급격한 발달과 기업의 후생복지정책에 힘입어 산업체급식이 대규모화 되고 최신 주방시설을 갖추게 되었고, 그 범위도 공장급식뿐만 아니라 사무실·연구소·금융기관·연수원·호텔·관공서 등으로 확대되어 갔다.

산업체급식소에서 영양사는 기존 급식관리자로서의 역할뿐 아니라 근로자의 평균연령 증가와 만성질환 예방대책으로 직장단위 건강관리교육이 활성화되면서 근로자에 대한 식생활지도와 상담을 하는 영양교육자로서 역할이 강화되고 있다.

5. 단체급식의 분류

급식산업은 그동안 영리추구 여부에 따라 단체급식과 외식업으로 구분하여, 단체급식은 영리를 목적으로 하지 않는 비상업성 급식(noncommercial foodservice), 외식업은 일반 대중을 대상으로 영리를 목적으로 운영하는 상업성 급식(commercial foodservice)이라 하였다. 그러나 1990년대부터 위탁급식형태가 확대되기 시작하면서 특정 다수인의 건강과 영양을 목적으로 식사를 제공하는 단체급식에도 외식업과 같은 영리 추구의 개념이 도입되고 최근에는 위탁급식이 더욱 확산 발전되면서 단체급식도 비영리 운영이라는 개념에서 이윤 창출이나 효율성 증대를 위한 운영형태가 많아지고 있다.

식품위생법 시행령 제21조(식품접객업)제8항에 '위탁급식영업이란 집단급식소를 설치·운영하는 자와의 계약에 따라 그 집단급식소에서 음식류를 조리하여 제공하는 영업' 이라고 명시되어 있다. 위탁이란 급식업무 전체 또는 일부를 외부 전문업체와의 계약에 의해 운영하는 형태이다. 위탁급식은 영리를 목적으로 하므로 미국에서는 상업성 푸드서비스로 분류하고 있다.

표 1-2 단체급식 상태에 따른 분류

분 류	상태
급식대상	학생, 환자, 산업체 근무자, 아동,노인, 군인, 기숙사생
급식경영 형태	직영, 위탁, 소비조합경영
배식방식	식당방식, 급식센터방식, 중앙급식방식, 분산식 배식방법
조리방식	단독조리방식, 공동조리방식
한정급식과 선택급식	단일식, 복수식단방식, cafeteria 방식
조리실의 sink	중앙집중식(wet system), 분산식(dry system)

(1) 운영형태에 따른 분류

1) 직영방식

대상집단의 조직체가 직접 급식의 운영관리를 실시하는 방식으로 급식관리 및 위생관리가 철저한 장점이 있으나, 재료비 비율이 높으며 인건비 증가와 서비스가 좋지 않을 수 있는 단점이 있다.

2) 위탁방식

급식운영을 급식전문업자에게 위탁하여 급식을 경영시키는 형태의 급식소이다. 이러한 형태의 급식소 운영은 서비스가 좋고 인건비의 증가가 적다는 장점이 있으나, 식품재료 구입 시에 이윤을 고려하게 되므로 급식비가 전부 급식에 이용되지 않음으로써 영양관리가 철저하지 못하고, 회사의 경영의사가 그대로 급식소의 경영에 반영되지 못한다는 단점이 있다.

3) 준직영 방식

경영체와 종업원의 조합 또는 경영체 계열회사의 급식부가 경영하는 방식이다.

4) 공동조합 방식

지역 간의 여러 경영체가 공동으로 급식시설을 설치하여 식사를 예약한 사람들에게 식사를 제공하는 방식이다.

(2) 급식의 형태에 따른 분류

1) 배식방법

① **카운터 서비스(counter service)** : 카운터에서 차려 주는 음식을 피급식자가 좌석으로 가져와서 식사하는 형태이다.

② **셀프 서비스(self service)** : 피급식자가 직접 수저와 음식을 차린 후에 자리로 가지고 가서 식사하는 방식이다.

③ **테이블 서비스(table service)** : 종업원이 식탁까지 음식을 가져다 주는 형태이며, 인건비가 식비에 첨가되므로 비용이 증가한다.

2) 메뉴패턴

① **단일식단** : 식단이 한 가지인 경우로 피급식자의 식단 선택이 불가능하다. 대부분의 급식시설에서 실시되고 있다.

② **복수식단** : 몇 가지 식단 중에서 피급식자의 습관이나 기호에 맞는 한 가지를 취할 수 있는 식단이다. 복수식단을 실시할 때는 식단의 가격과 영양량은 비슷하고, 식품재료나 조리법은 상이한 것으로 하는 것이 좋다.

③ **카페테리아(cafeteria)** : 피급식자가 요리를 자유로이 선택하여 자신의 기호에 따라 식단을 짜서 식사하는 방식으로 가장 이상적인 급식형태이다. 중요한 점은 피급식자에게 영양지식이 있어야 자신의 기호만을 충족시키는 편식을 방지할 수 있다는 것이다.

SECTION 2 단체급식의 현황

1. 단체급식현황

식품의약품안전처 통계에 의하면 국내 단체급식소는 1996년 9,226개소였던 것에 비해 꾸준히 증가하여 2011년 38,198개소에 달하고 있다(표 1-3). 2005년 통계조사부터 별도로 분류 조사된 위탁급식업소는 2011년 8,402개소로 나타났다. 식품접객업소는1996년 전국에 57만여 개소로 시작하여 지속적으로 증가되다가 2011년 73만여 개소가 있는 것으로 나타났다(표 1-4).

표 1-3 단체급식시설 시도별 현황

지역	서울	부산	대구	인천	광주	대전	울산	강원	경기
(개소)	5,123	2,396	1,495	2,166	1,200	1,097	1,002	1,351	8,643

*출처 : 식품의약품안전처, 식품의약품통계연보, 2012.

표 1-4 연도별 식품접객업, 단체급식소 및 위탁급식업 증가 현황

구분	1996	1998	2000	2002	2004	2006	2008	2009	2010	2011
식품접객업(개소)	573,032	636,244	657,392	709,143	731,466	711,006	712,310	723,292	809,033	733,064
단체급식소(개소)	9,226	11,464	14,945	18,431	22,156	28,632	32,853	34,677	38,992	38,198
위탁급식업소(개소)	–	–	–	–	–	7,018	7,851	8,038	9,311	8,402

*출처 : 식품의약품안전처, 식품의약품통계연보, 2012.

식품제조·유통·판매업체는 식품접객업체 73만 개소(전체 대비 74.2%)를 포함하여 총 99만 개소(2011)이다. 2011년 식품산업 생산액은 40.3조 원으로 국내총생산(1,237.1조 원)의 3.26%, 제조업 총생산(347.4조 원)의 11.61%를 차지하고 있다. 이는 2010년 대비 16.7%, 2008~2011년 평균 11.1% 증가한 수치이다.

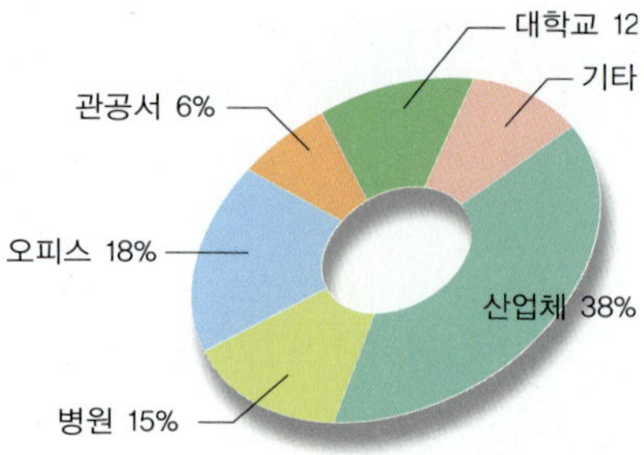

그림 1-1 급식시장 업군별(위탁시장) 규모

*출처 : 현대푸드, 대우증권 리서치센터

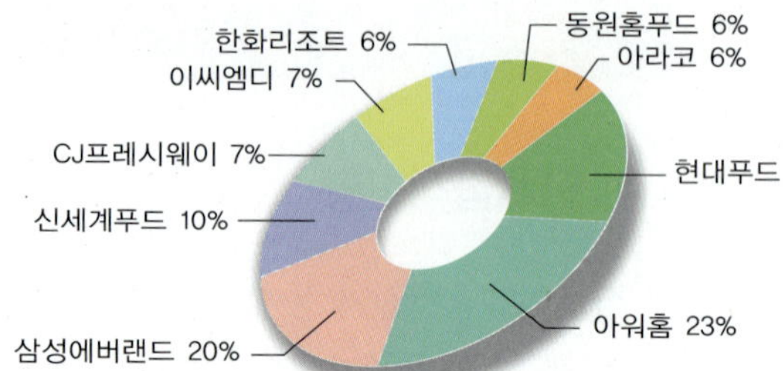

그림 1-2 위탁급식업체 상위 9개사의 시장 점유율

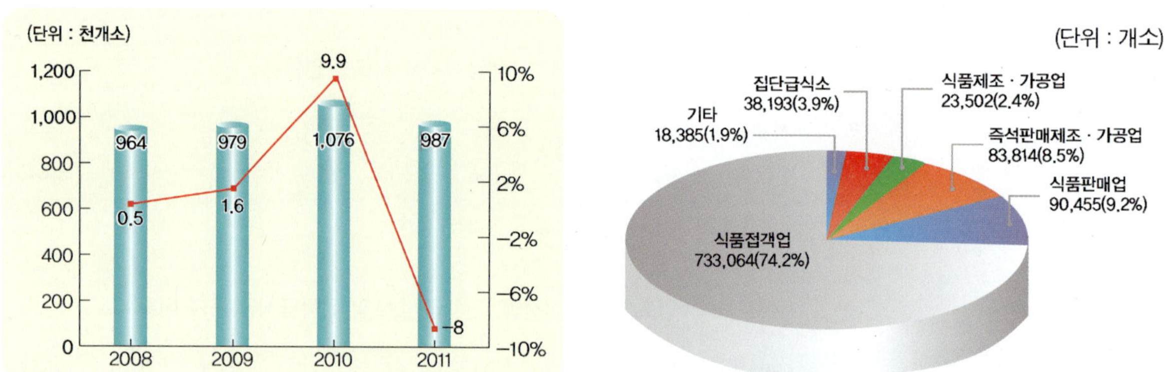

그림 1-3 식품분야 업체수 및 증감률과 식품제조·유통·판매업체 현황(2011)

*출처 : 식품의약품안전처, 식품의약품통계연보, 2012.

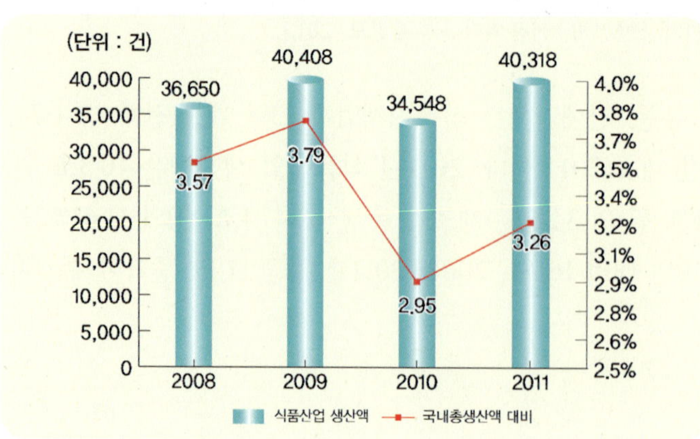

그림 1-4 식품 제조산업 생산액 및 국내총생산액 대비 비율

*출처 : 식품의약품안전처, 식품의약품통계연보, 2012.

Check point

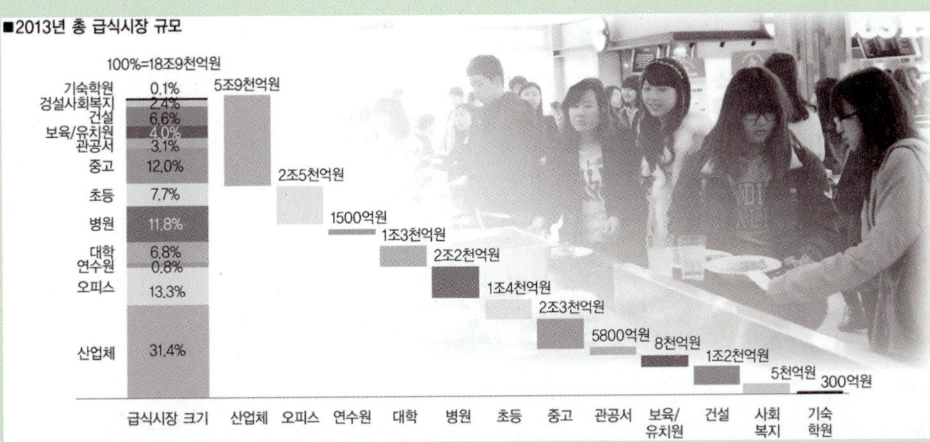

2012년 약 9조7천억 원 규모로 추정된 국내 단체급식시장 규모가 이보다 훨씬 높은 수준이란 연구결과가 나오게 됨으로써 관심을 모으고 있다. DSRI경영컨설팅그룹과 세종푸드서비스연구소는 지난 11일 '한국 급식시장의 새로운 지각 변동'이란 공동연구 보고서 전문을 공개하면서 2013년 현재 단체급식시장 규모는 약 18조9천억 원으로 추산된다고 밝혔다.

보고서는 분야별 시장 규모로 △산업체 약 5조9천억 원, △오피스 약 2조5천억 원, △중·고등학교 약 2조3천억 원, △병원 약 2조2천억 원, △초등학교 약 1조4천억 원, △대학교 약 1조3천억 원, △건설 약 1조2천억 원, △보육시설 및 유치원 약 8천억 원, △공공기관 약 5800억 원, △사회복지시설 약 5천억 원, △연수원 약 1500억 원, △기숙학원 약 300억 원이라고 분석했다.

또한 4조3천억 원 규모의 직영 학교급식시장과 100인 미만 사업장 등은 단체급식업체들이 들어가서 수익을 내기 어려운 시장이며, 이를 제외한 약 6조7천억 원 규모의 시장을 경합시장이라고 봤다.

● 병원, 신 시장 접근가능성 풍부

병원은 현 위탁률이 15%에 그치고 있지만 앞으로 급성장이 예상되는 시장으로 주목했다. 위탁업체의 접근 규모(100인실 이하·장례식 없는 병원 제외한 나머지)는 약 1조600억 원으로 전체 시장 중 접근 규모(52.2%)가 가장 높다. 각 부문별로는 환자식 6439억 원, 직원식 2171억 원, 장례식 3003억 원이다. 앞으로 임상 및 영양 부문에서 전문성을 내세운 업체일수록 기회를 잡을 가능성이 더 높다고 봤다.

더불어 전문업체와 기술제휴를 맺고 병원 전문 인력을 확보하는 등 경쟁 우위에 서게 되면 새롭게 부각되는 사회복지시설 및 노인 관련 시장으로의 진입이 용이해지는 등 시너지도 기대할 수 있다고 전망했다.

2013-03-15 (c) Foodbank.co.kr

2. 식중독 현황

2015년 기준 집단식중독 발생 건수는 330건, 환자 발생 수는 5,981명이다.

이는 최근 5년 동안 집단식중독 발생 평균 286건에 6,316명에 비하여 1.5% 증가한 수치이며, 환자 수는 2.2% 감소한 것이다.

식중독 주요 발생장소는 식품접객업체 199건으로 60.3%, 집단급식소 64건으로 19.39%, 가정집 9건으로 2.73%, 기타 58건으로 17.58%로, 식품접객업체와 집단급식소에서의 식중독 발생빈도가 높았으며 위생관리의 중요성이 절실하다.

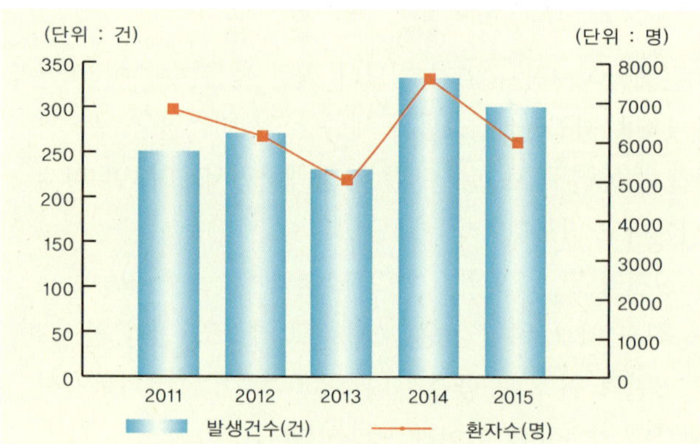

식중독 발생건수 및 환자수(2011~2015)

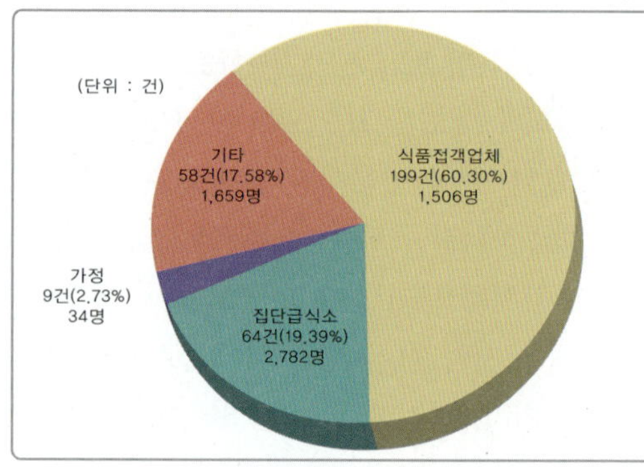

장소별 식중독 발생 현황(2015)

그림 1-5 식중독 현황

*출처 : 식품의약품안전처, 식품의약품통계연보, 2015.

3. 어린이 식생활 안전관리 현황

2015년 현재 어린이 기호식품 조리 및 판매업체는 총 34,383개로 일반음식점 7,090개, 즉석판매제조가공업 211개, 식품자동판매기영업 846개, 기타식품판매업이 397개, 휴게음식점 4,994개, 제과점 1,912개, 슈퍼마켓 8,489개, 편의점이 4,190개, 문구점 4,431개, 학교매점 1,391개, 기타 432개이다.

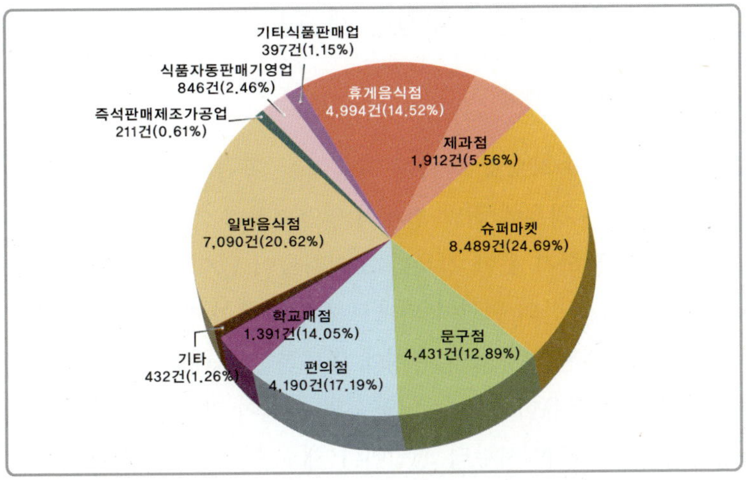

그림 1-6 어린이 기호식품 조리 및 판매업체 현황(단위 : 개)

*출처 : 식품의약품안전처, 식품의약품통계연보, 2015.

4. 단체급식 이용 현황

학교와 직장급식이 확산되면서 우리나라 국민 4명 중 1명 이상이 하루 한 끼 이상 단체급식을 먹는 것으로 집계됐다. 그러나 일부 영·유아와 노인 등에게 제공되는 단체급식의 품질과 위생관리가 취약, 국민건강 차원에서 단체급식 관리를 강화해야 한다는 지적이 나오고 있다.

직장급식 대상자는 343만 명, 군인 68만7000명, 교도소 등 교정시설 8만 명 등이 단체급식을 한다. 병원에서도 단체급식이 제공된다. 2009년 건강보험 식대 청구 현황에 따르면 병원급식 한 끼 이상 이용자는 연간 28만5000명이다.

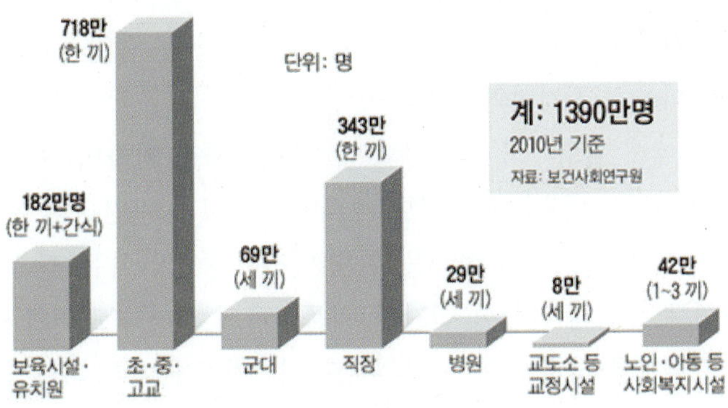

그림 1-7 아이부터 노인까지 단체급식 이용 현황

5. 단체급식에 있어서의 문제점과 개선방향

(1) 영양면에서의 문제

특정 다수인에게 계속적으로 식사를 제공하는 공급자가 피급식자의 영양필요량의 산출을 잘못하는 경우에 집단 전체의 영양저하를 가져올 수 있다. 또한 개개인의 기호조사가 충분하지 못한 경우나 조리기술이 많이 부족한 경우 맛이 없고 적온급식이 어려워서 잔반의 원인이 되므로 영양부족이 생길 수 있다.

식품의 종류와 함유된 영양소의 특성에 맞도록 식품배합과 조리법을 선택하여 조리과정에서 식품이 함유하고 있는 영양소의 손실이 가능한 한 최소화되도록 유의해야 한다. 전처리 과정에서부터 생선이나 채소 등은 씻은 후에 자르거나 물에 장시간 담가두지 않도록 하는 등의 과학적인 조리법을 이용한다. 특히 비타민이나 무기질 등의 미량영양소 손실에 유의하여야 한다.

(2) 위생관리상의 문제

대량조리를 하기 때문에 위생관리상 충분한 주의를 못하게 되고, 식중독이나 감염병에 걸릴 위험성이 있다. 조리 종사자의 실수로 인하여 세균이 급식에 혼입되는 경우에 대규모 식중독 사고가 일어날 수 있다. 또한 과다한 업무로 식기나 기구 등의 살균을 소홀히 한 경우에도 심각한 위생사고가 유발될 수 있으므로 주의하여야 한다.

(3) 비용면에서의 문제

일정한 예산액에서 지불하기 때문에 식비의 제약으로 피급식자의 요구에 응하는 식단을 만들기가 어려운 문제가 따른다. 또한 인건비, 광열비·수도비, 시설설비비 등 급식에 다른 간접경비의 제약을 받을 수 있다.

운영비의 결정에서 집행까지 업무상의 복잡한 절차로 인하여 예정부식비가 물가상승에 미치지 못하는 경우에 충분한 재료비의 확보가 곤란하여 운영에 차질이 일어날 수 있다. 또한 급식비의 절약을 위해 인건비를 절약하는 경우에 급식종사자의 과다한 업무로 인해 간단한 식단만 되풀이하게 되거나 조리가 조잡해질 수 있다. 시설비에 투자를 하지 못하는 경우에도 시대변천에 따른 피급식자의 기호를 충족시킬 요리를 위한 설비의 부족으로 잔반의 원인이 발생될 수 있다.

(4) 심리면에서의 문제

피급식자의 가정식에 대한 향수와 식단 선택의 자유가 구속되는 데서 오는 불만이 급식에 적응하지 못하는 원인이 될 수 있다. 또한 일정량의 식사를 식기에 담아서 공급하는 경우에 영양이 부족해도 식사가 끝난 기분을 느끼게 되어 영양 부족의 원인이 된다. 그밖에도 급식소의 환경·조명·환기·소음·담긴 모양 등이 피급식자의 미각·청각·취각에 영양을 미쳐서 맛에 영향을 주게 된다.

(5) 조리기술의 문제

단체급식은 한정된 종류의 표준식단에 의한 경우가 많고 가정식사나 외식산업 전문점의 식사에 비하여 다양한 식단의 변화가 어려운 점 등 식단의 제약을 들 수 있다.

단체급식 조리의 특성은 특정 다수인의 식사를 조리하기 때문에 대형 조리기기를 사용하고, 여러 사람의 조리원이 협동작업에 의해서 한정된 시간과 일정한 식비 범위 안에서 영양적이고 위생적으로 능률적인 조리를 해야 하는 것이다.

따라서 대량으로 처리할 때의 조리상 문제점을 파악하여 영양적이며 맛있고, 변화가 있으며 위생적으로도 안전한 요리를 하기 위하여 조리와 배식의 방법, 그리고 기술을 연마할 필요가 있다. 또 능률적으로 조리작업을 진행해야 하기 때문에 시간배분이나 작업분담 등을 계획성 있게 해야 한다.

조리가 된 후에도 운반과 배식에 시간이 필요하며 그 사이에 색의 변화, 모양의 변형, 음식에 불필요한 수분생성 등으로 맛이 저하될 수 있다. 또한 한정된 일손이 단시간 안에 대량조리를 행하기 때문에 시간과 인력의 문제를 극복하지 못하면 믿을 만한 조리가 되지 않는다.

(6) 개선방향

단체급식은 급식비, 인력, 시간, 시설설비 등의 여러 가지 제약이 있기 때문에 피급식자의 불만이 많이 발생되고 어려움을 겪게 된다. 주로 식단에 변화가 없고, 맛이 좋지 않다는 것뿐만 아니라 취사방법이 나쁘고, 음식이 적온이 아니며, 식사 배식의 제약 및 좋아하는 음식을 선택하기가 어렵고, 식사 때의 위생과 서비스 문제 등이 문제가 되는데 이러한 문제는 관계자의 노력여부에 따라 줄일 수 있다.

이러한 점을 개선하기 위한 방안으로는 단체급식 운영에 당면한 문제점의 해결 및 개선방안을 끊임없이 연구하고 노력하여야 한다는 것이다. 특히 급식경제의 관점에서 급식에 대한 경제적 부담을 줄이기 위해 합리적 급식물품 구입에 힘써야 하며, 품질관리를 철저히 하여야 한다. 급식관리 개선을 위해 경영자, 급식관리자, 급식담당자 등이 정기적인 모임을 개최하며 운영 전반의 쇄신과 개선에 힘쓰는 것도 중요하다.

Check point

단체급식 개선에 필요한 지식

① 식단작성을 위한 영양학과 식품학
② 급식의 효과를 알기 위한 효과판정법
③ 피급식자의 식습관 상태를 알기 위한 조사방법
④ 영양지도를 위한 영양지도법
⑤ 노무관리기술
⑥ 조리기술을 위한 조리학
⑦ 경제적 운영을 하기 위한 경리기술

SECTION 3 단체급식과 급식관리자

1. 급식관리자의 자격과 임무

급식관리자는 영양업무를 담당한 분야의 총 책임자가 된다. 바람직한 관리자는 최대의 지도력을 발휘하는 행정적인 지도자로서 책임감이 높고 원만한 대인관계를 유지할 수 있어야 한다. 또한 사람을 통하여 돈과 물질을 거래하는 것이므로 모든 사람들이 일하고 있는 기본적인 목표를 그들에게 전달하는 중요한 기능을 발휘해야 한다.

급식관리자는 자신들의 노력으로 인류의 자산인 건강을 지키며 물질적인 이점을 획득하는 데에 있어서 기술과 기교가 필요하다.

급식관리자의 책임은 적당한 인사관리만으로 끝나는 것이 아니라 작업자들에게 자극을 주고 활동적으로 지도함으로써 그들이 최대의 힘을 발휘하도록 유도하는 것이다. 그들이 집단의 목적을 깨닫고 개개인의 필요성과 서로의 감정을 이해하도록 해야 한다. 그것이 전체적으로 일을 완수시키는 데에 도움이 된다.

피급식자가 기쁘게 먹을 수 있도록 음식을 차려 주는 풍토를 조성하는 것도 급식관리자의 중요한 의무이다. 또한 책임을 완수하는 데에 있어서는 사고·계획·실천이 따라야 하고, 끊임없는 연구와 헌신적인 자세가 필요하다.

급식관리자나 영양사는 행정적인 책임을 완수하고, 종업원을 지도하여 능력을 향상시킴으로써 전문인이 되도록 하는 잠재능력이 있어야 한다. 이들은 성공적인 직무완성을 할 수 있는 행정적 교육자이다. 사무적인 행정인으로, 또한 인간적인 지도자로서 충분한 자질이 있어야 한다.

급식관리자는 지도자로서의 자격을 갖추어야 하는데 창조적이고 분석적인 사고, 생각과 행동에 있어서 현명한 판단, 솔선수범, 확실한 소신을 갖고 행동할 수 있는 신조와 능력, 통찰력 등이 있어야 한다.

그리고 일을 수행함에 있어서 자각력과 구상력이 뛰어나야 하고, 정확한 판단력 및 표현력이 우수해야 한다. 특히 급식관리의 총 책임을 담당한 사람은 식품과 영양에 대한 지식은 물론이고 과학적인 조리연구 및 음식을 다루는 데 있어서 예술적 기교 등을 갖추는 것은 기본적이라고 할 수 있다.

특히 급식지도자로서 영양사가 갖추어야 할 조건은 다음의 세 가지를 들 수 있다.

(1) 권위와 책임이 있어야 한다.

관리자는 윗사람으로부터 명령을 받아서 아랫사람에게 바르게 전달하여 원활하게 업무를 수행하도록 해야 한다. 이때 조직의 의사를 권위로 아랫사람에게 전달하고, 아래에서 생긴 결과에 대해서는 책임을 지는 것이다. 거느린 사람들에게 조직의 목적을 주지시키고, 목적달성의 방법을 생각하여 솔선해서 이를 행하며, 아랫사람들이 적극적으로 협력하여 자발적으로 성과를 올릴 수 있도록 해야 한다.

그러기 위해서는 영양사 자신이 실천력이 있어야 하고, 아랫사람의 일상생활에 이르기까지 배려를 게을리하지 말아야 하며, 일의 평가를 공평하게 하여 능률을 올릴 수 있어야 한다.

(2) 능력이 있어야 한다.

모든 사항을 올바르게 판단하고 원만한 처리를 하기 위해서는 자신의 감정을 조절하고 능률적으로 일을 수행할 수 있는 능력이 있어야 한다. 자신의 이익이나 눈앞의 만족을 위하여 타인에게 폐를 끼쳐서는 안 되며, 모든 문제에 대해서 마음을 열고 일의 발전을 위해서 항상 활로를 찾아야 한다.

(3) 성실한 태도로 신뢰감을 갖는다.

청렴한 생활태도를 가지고 업무처리에서나 아랫사람에게서 성실함을 인정받아서 본보기가 되도록 한다. 또한 계속적인 연구태도로 새로운 지식을 받아들여서 발전을 위한 노력을 게을리하지 말아야 한다.

2. 영양사

(1) 영양사의 임무

영양사란 질병예방과 건강증진을 위해 급식관리 및 영양서비스를 수행하는 전문인을 말한다. 한국표준직업분류에는 보건·사회복지 및 종교 관련직 중 영양사로 분류되어 있다. 영양사는 영양판정, 영양소섭취 조사, 영양교육 및 상담, 영양지원 등 영양치료를 제공하고, 효율적이고 경제적인 급식서비스를 제공하기 위해 영양, 식단, 위생, 구매, 생산, 원가 등에 대한 급식경영업무를 담당한다. 산업체에서 급식관리업무 외에 질환별 영양관리, 영양교육 및 상담 등 영양서비스를 관리하는 업무를 수행하는 자로서 영양사와 영양교사로 분류하고 있으며, 임상영양사, 급식경영영양사, 산업보건영양사, 보건영양사, 관리영양사, 상담영양사, 식품위생영양사 등이 있다.

임상영양사는 특정한 집단과 관계를 맺고서 그 집단의 사정에 맞도록 건강증진 및 질병치료를 목적으로 개인 및 단체에 균형 잡힌 음식물을 공급하기 위하여 식단을 계획하고 조리 및 공급을 감독하는 업무를 수행한다.

영양교사는 학교에서 급식대상자의 기호·영양가·조리능력·비용 등을 기초로 하여 급식의 준비를 기획하고 작성하는 자를 말한다.

단체급식을 담당한 영양사의 임무는 피급식자의 건강 및 체력의 유지·향상을 통하여 소속집단의 목적달성에 따라서 맡은 바 의무를 다하는 것이다.

단체급식의 종류에 따라서 영양사가 해야 하는 일은 다소 차이가 있을 수 있다. 큰 기관일 경우에는 여러 업무를 분담하여 담당하는 경우가 많으므로 직접적인 담당업무 이외에 책임이 없다고 생각하기 쉬우나, 단체급식의 목적달성에는 어느 한 부분도 소솔히 해서는 안 된다. 그러므로 각기 직면한 업무 외에도 유대관계를 원활히 할 수 있도록 서로 밀접한 관례를 맺어서 책임을 완수해야 한다.

영양사는 그 업무의 성격상으로 보아서 대내적인 면에서 그 급식시설의 책임자로 볼 수 있다. 또한 대외적인 면에서 시설의 설치자나 관리자, 시설의 작업원과 폭넓은 인간관계가 요구된다.

특히 영양사와 조리사는 업무상 필요한 관계로서 서로 협력할 수 있는 입장이 되어야 한다. 의사소통이 원활하고 정확하게 되지 못하면 업무수행에 지장이 생기는 예를 흔히 볼 수가 있기 때문에 업무내용을 정확히 이해하는 것이 대단히 중요하다. 그러므로 평소에 조리원과 인간적인 이해의 폭을 넓혀서 서로의 의사가 전달되는 데에 무리가 없도록 관계를 유지해야 한다.

(2) 영양사의 업무

1) 산업체

① 급식관리

- 급식운영 계획 수립
- 식단작성
- 식품재료의 선정, 검수 및 관리
- 구매관리
- 재고관리
- 조리·검식 및 배식관리
- 위생 및 안전관리
- 원가관리
- 작업관리
- 인사관리
- 급식시설 및 설비관리
- 사무관리
- 급식평가
- 급식종사자 교육

② 피급식자의 영양교육 및 상담

③ 직업병 및 성인병 예방을 위한 연구 조사

④ 품질관리(TQC) 활동

2) 학 교

① 급식관리
② 영양 및 식생활 개선에 관한 학생지도와 학부모 상담 및 교육
③ 효율적인 학교급식을 실행하기 위한 교직원교육
④ 교육자료 개발, 연구 및 업무능률 향상 활동

3) 병 원

① 급식관리
② 임상영양관리

4) 보건소

① 영양지도의 기획·분석·평가 및 영양상담
② 지역주민의 영양지도 및 상담
③ 영양조사 및 지역주민의 영양평가 실시
④ 영양교육자료의 개발·홍보 및 영양교육
⑤ 집단급식시설에 대한 현황파악 및 급식업무지도

5) 사회복지시설

① 급식관리
② 재활능력증진을 위한 피급식자의 기초식습관교육 및 식생활지도
③ 피급식자의 직능훈련 및 기능회복훈련을 위한 체력유지대책 연구

6) 임상영양 분야

생활환경의 변화와 노령인구의 증가로 만성퇴행성질환이 증가되면서 국민생활의 질적 저하와 국민의료비의 급증을 초래함에 따라 만성퇴행성질환의 예방 및 치료에 중요한 부분인 영양부분에 대한 관심이 고조되고 있다. 이에 따라 임상영양에 관한 고도의 전문적 지식을 갖춘 임상영양사가 개인이나 집단의 건강유지를 위해 영양서비스를 제공하는 영양사로 관련분야에서 활발한 활동의 요구가 증대되고 있다.

병원에서는 임상영양사가 각 분야의 의료전문인들과 병원의료팀의 한 구성원으로 영양서비스 제공을 통한 환자의 영양적 치료에 기여하고 환자의 개인별 특성과

요구에 부응하는 적절한 영양서비스의 중요성이 인정되어 필요성이 높아지고 있다. 가정진료제도의 정착에 따라 퇴원환자의 식품선택 및 조리지도, 영양상담 및 교육 등 각종 영양서비스의 제공을 위해 영양사의 활동이 필요하다.

앞으로 국민의 건강에 대한 관심증가로 건강진단센터, 헬스센터, 체중조절센터 등이 늘어나면서 영양교육 및 상담자로서의 영양사가 늘어날 전망이다. 노인인구의 증가와 노인복지정책의 확대로 양로원과 노인복지시설이 늘어나고, 만성질환의 증가로 장기간의 치료가 필요한 인구가 점차 증대되어 병원 대신에 이들을 보살피고 관리해 주는 요양원이 증가하면서 이들 시설에서 식사제공 및 영양상담자로서의 영양사 배치가 요구되는 것이다.

(3) 영양사의 취업분야

우리 나라의 영양사는 근무분야에 따라 크게 산업체, 병원, 학교, 보건소, 사회복지시설 등으로 구분하기도 하고, 최근 급식전문업체가 증가함에 따라 단체급식소 운영형태에 따라 나누기도 한다(표 1-5 참조).

표 1-5 영양사의 취업분야 현황

분류		취업분야
집단 급식소	산업체	기업, 관공서, 금융기관, 호텔, 백화점, 연구소, 연수원 등
	학교	유치원, 초등학교, 중학교, 고등학교, 대학(기숙사, 식당), 특수학교 등
	병원	종합병원, 일반병원, 치과병원, 한방병원, 요양병원, 한의원, 군병원, 산부인과, 건강증진센터 등
	사회복지시설	노인복지시설, 아동복지시설, 정신요양시설, 모·부자복지시설, 장애인복지시설, 부랑인복지시설, 결핵·한센장애인 복지시설 등
	보육시설	영유아보육시설 등
	특수시설	직업훈련기관, 캠프수련장, 교정시설, 선수촌, 군대, 선박 등
비집단 급식소	보건소	보건소, 보건의료원
	건강상담분야	건강기능식품 판매업체, 건강기능식품 제조업체, 건강기능식품 수입업체, 약국 등
	급식산업	위탁급식회사, 도시락 제조회사, 외식산업(조리지도, 식단개발 등)
	기타	대학, 연구기관, 국가 및 지방자치단체, 식품회사, 요리학원, 스포츠헬스센터, 매스컴관련업, 약국, 다이어트 전문 회사, 영양정보센터 등

(4) 영양사의 근무태도와 업무내용

① 단체급식에 있어서 영양관리업무는 영양사가 담당하고, 또 그 업무에 관하여 책임지는 것을 원칙으로 한다.

② 단체급식에 있어서 영양관리업무란 영양출납, 식단작성, 분배업무를 말하는 것이다. 그 밖에 이것을 행할 기구, 필요한 식량의 구입·저장·보관, 조리, 시설·설비관리, 위생관리 및 급식사무 등에 대하여 관계자에게 지도 또는 조언하는 것을 말한다.

③ 영양사는 식량에 대하여 영양출납의 관점에서 기호 및 경제를 고려하여 식량구입담당자와 협의하고, 합리적인 구입방법을 강구해야 한다.

④ 구입된 식량의 보관·저장에 관하여 영양 및 위생의 관점에서 그 일에 종사하는 사람에게 지도 또는 조언을 해야 한다.

⑤ 영양사는 영양출납법에 따라 정확한 영양출납에 관한 기록 등을 보관한다. 그리고 식량구입에 관한 업무와 그 밖에 실시된 급식, 영양량 및 식품구성에 관해서 검토해야 한다.

⑥ 영양사는 조리사 또는 조리보조원이 식품의 취급·조리·보존 등의 과정에서 영양상의 손실을 초래하지 않도록 지도해야 한다. 특히 비타민의 손실에 대해 유의시켜야 한다.

⑦ 영양사는 배식 및 배상을 합리화할 수 있도록 노력해야 한다. 그렇게 하기 위해서 해당 책임자와 긴밀한 연락과 지도를 계속한다.

⑧ 식기의 소독 및 관리, 그 밖에 급식시설의 위생유지에 관해서 완전한 관리가 이루어지도록 지도 또는 조언한다.

⑨ 조리실의 관리는 영양사가 스스로 담당한다. 특히 특별식에 대해서는 의사의 충분한 지시를 받아야 한다.

⑩ 병원급식영양사는 의사의 지시 또는 식사통지서(diet-ship)에 따라 식단을 작성하고, 경제면을 고려하여 환자의 기호에 적합한 음식과 조리법을 선택한다.

⑪ 영양사는 되도록 입원환자를 만나보고, 특히 특별식 환자에 대해 적극적으로 면접하여 식사의 적정을 기한다.

⑫ 영양사는 수시로 입원환자의 식사섭취상황이나 기호 또는 잔반 등을 조사하여 급식개선의 자료로 삼는 동시에, 환자에 대한 영양지도를 해야 한다.

⑬ 조리사의 작업능률화 또는 적정한 배치 및 작업량의 배분, 작업표의 제시 등에 대하여 관계자에게 적절한 조언을 하여야 한다.

⑭ 급식사무에 있어서는 식사전표의 정리, 식량배급, 식량구입에 관한 장부, 식량수불부 등의 장표류의 분류와 정리를 명확하게 해야 한다. 또한 급식일지 등의 기록에 충실을 기해야 한다.

⑮ 영양사는 영양관리의 원활을 기하기 위하여 의사, 간호사, 위생관리자, 사무자와 밀접하게 연락을 가져야 한다. 그리고 동시에 급식위원회 등과 항상 긴밀한 연락도 가져야 한다.

(5) 영양사의 자격

영양사에 관한 규칙은 국민영양관리법 제15조〈개정 2015. 12. 29〉에 '영양사가 되고자 하는 사람은 대학, 산업대학, 전문대학 또는 방송통신대학에서 식품학 또는 영양학을 전공한 자로서 교과목 및 학점이수 등에 관하여 보건복지부령으로 정하는 요건을 갖춘 사람 또는 외국에서 영양사면허를 받은 사람, 외국의 영양사 양성학교 중 보건복지부장관이 인정하는 학교를 졸업한 사람이다.' 라고 명시되어 있다.

영양사 면허 자격요건은 국민영양관리법 시행규칙, 보건복지부령 제7조제1호에 교과목 및 학점이수 등에 관하여 "보건복지부령으로 정하는 요건을 갖춘 사람"이란 필요한 교과목 및 학점을 이수하고 학과 또는 학부를 졸업한 사람 및 영양사 국가시험의 응시일로부터 3개월 이내에 졸업이 예정된 사람을 말한다. 식품학 또는 영양학을 전공한 자라 함은 영양(학)과, 식품영양(학)과, 영양식품(학)과, 식품과학과 또는 식생활과에서 영양학 또는 식품학을 전공하고 졸업한 자를 말한다. 이 경우 졸업이 예정된 사람은 그 졸업예정시기에 별표 1에 따른 교과목 및 학점을 이수하고 별표1의2에 따른 학과 또는 학부를 졸업하여야 한다.

영양사 자격시험은 보건복지부장관의 영으로 시험관리능력이 있다고 인정하여 지정·고시하는 관계전문기관에서 매년 1회 이상 시행하며, 규칙 제9조(영양사 국가시험 과목 등) 자격시험과목은

① 영양학 및 생화학(기초영양학·고급영양학·생애주기영양학 등을 포함한다),

② 영양교육, 식사요법 및 생리학(임상영양학·영양상담·영양판정 및 지역사회 영양학을 포함한다),

③ 식품학 및 조리원리(식품화학·식품미생물학·실험조리·식품가공 및 저장학을 포함한다),

④ 급식, 위생 및 관계법규(단체급식관리·급색경영학·식생활관리·식품위생학·공중보건학과 영양보건의료·식품위생 관계 법규를 포함한다) 등이다.

합격자는 전 과목 총점의 60퍼센트 이상, 매 과목 만점의 40퍼센트 이상을 득점한 사람으로 하되, 영양사 국가시험의 출제방법, 배점비율, 그 밖에 시험 시행에 필요한 사항은 국가시험관리기관의 장이 정하도록 되어있다.

영양사 자격시험에 합격한 후에 보건복지부장관의 면허를 받아야 한다. 또한 정신질환자, 감염병환자, 마약·대마 또는 향정신성의약품 중독자, 영양사 면허의 취소처분을 받고 그 취소된 날부터 1년이 지나지 아니한 사람, 제16조제1호로부터 제3호까지에 해당하는 경우의 면허정지처분 중에 영양사 업무를 하는 경우 및 3회 이상 면허정지처분을 받은 경우 등은 영양사 면허가 취소된다.

표 1-6 영양사 면허소지자 현황

단위 : 명 Unit : Person

연도(Year)	계(Bothsexes)	남(Male)	여(Female)
2002	89,008	2,590	86,418
2003	92,927	2,677	90,250
2004	97,295	2,819	94,476
2005	100,808	2,923	97,885
2006	104,874	3,076	101,798
2007	108,480	3,224	105,256
2008	112,778	3,374	109,404
2009	116,283	3,521	112,762
2010	121,679	3,749	117,930
2011	124,924	3,821	121,103
2012	128,807	3,957	124,850

*자료 : 보건복지부 건강증진과 Source : MOHW, Division of General Services.
* 주 : 해외거주자 포함 Note : Including those living abroad.

시행규칙 제22조에 제시된 임상영양사의 업무는 ① 질병의 예방과 관리를 위하여 영양문제 수집·분석 및 영양요구량 산정 등의 영양판정, ② 영양상담 및 교육, ③ 영양관리상태 점검을 위한 영양모니터링 및 평가, ④ 영양불량상태 개선을 위한 영양관리, ⑤ 임상영양 자문 및 연구, ⑥ 그 밖에 임상영양과 관련된 업무를 수행한다.

시행규칙 제23조 임상영양사의 자격기준은 ① 임상영양사 교육과정 수료와 보건소·보건지소, 의료기관, 집단급식소 등 보건복지부장관이 정하는 기관에서 1년 이상 영양사로서의 실무경력을 충족한 사람, ② 외국의 임상영양사 자격이 있는 사람 중 보건복지부장관이 인정하는 사람으로 한다. 〈개정 2015. 5. 19〉

3. 조리사

조리사란 국가기술자격법에 의한 조리기능사 자격을 취득하여 시·도지사의 면허를 받은 자로, 조리하는 음식 유형에 따라 한식 조리기능사·양식 조리기능사·중식 조리기능사·일식 조리기능사·복어 조리기능사로 구분한다.

조리란 식품에 물리적 및 화학적 조작을 가하여 위생·맛·소화성을 높인 음식물로 만드는 과정이며, 조리사는 이를 전문적으로 담당하는 역할을 한다.

Chapter 2

단체급식메뉴와 영양관리

SECTION 1 메뉴계획 및 급식메뉴작성

1. 메뉴의 개념

식단이나 차림표 등으로 불리는 메뉴(menu)는 세계적으로 통용되는 용어가 되었으며, 그 어원은 라틴어의 'minutus(축소하다)'에서 유래하여 영어의 'minute'에 해당하는 말로서 '상세히 기록한다'라는 의미어이다.

메뉴는 일반적으로 외식업소와 단체급식소에서 모두 사용되는 용어인 반면, 식단은 주로 단체급식소에 국한되어 사용되는 용어이다. 메뉴나 식단 모두 음식의 목록이라는 뜻을 가진 것은 동일하나 메뉴는 개별적으로 서비스될 수 있는 음식의 목록인 데 반해 식단은 주로 함께 조합되어 서비스되는 음식의 목록이라는 차이점이 있다.

메뉴란 과거의 단순한 차림표라는 개념에서 현대적인 의미로 해석한다면, '식당에서 유형과 무형의 서비스를 고객에게 효과적으로 제공함은 물론이고 판매, 광고, 판매촉진을 포함하는 마케팅 도구'라고 정의할 수 있다.

2. 메뉴의 분류

메뉴는 사용기간과 선택권에 따라 분류할 수 있다.

(1) 사용기간

1) 고정메뉴(fixed menu, static menu)

고정메뉴는 고객에게 동일한 메뉴를 일정기간 동안 지속적으로 제공하는 것으로 주로 외식업소인 레스토랑이나 전문식당 등에서 사용하는 메뉴이다.

장점으로는 생산통제나 조절, 재고관리가 용이하고 노동력이 감소되며 교육·훈련비용이 적게 든다. 또한 메뉴의 품질을 표준화하여 이를 고정적으로 제공함으로써 상품과 업소의 인지도를 높이고 이를 통해 고객을 확보하는 전략을 세우게 된다. 아울러 일일특미와 계절특미로 변화를 줄 수 있다.

단점으로는 메뉴가 단순하여 특정 다수가 지속적으로 식사를 하는 단체급식에서는 적용하기 어렵다.

2) 순환메뉴(cycle menu)

순환메뉴는 일정한 주기에 따라 반복되는 메뉴의 형태로 순환주기를 1주, 10일, 15일, 월별, 계절별(봄, 여름, 가을, 겨울), 6개월 단위로 활용할 수 있다.

순환메뉴를 사용할 때에는 식자재의 효율적 관리와 조리작업관리 및 표준화가 용이하여 병원 환자나 연수원 등에 적합한 메뉴 형태이다. 또한 계절식품을 적절히 사용하여 메뉴에 변화를 주면 고객만족도를 향상시킬 수 있는 장점이 있으나, 식단의 주기가 너무 짧을 경우 고객의 불만이 커지는 단점이 있다. 그러므로 고객의 기호도를 충분히 고려하여야 한다.

3) 변동메뉴(changing menu)

변동메뉴는 학교급식 등의 단체급식소에서 가장 많이 사용되는 메뉴 형태로 식재료 수급 및 가격에 맞게 식단 작성시마다 새로운 메뉴를 계획하여야 한다. 메뉴가 계속 변동되므로 메뉴의 다양성을 확보할 수 있는 장점이 있으나 재고관리나 작업통제에 어려움이 있다.

(2) 선택권

1) 단일메뉴(nonselective menu)

단일메뉴는 한 가지 메뉴만 제공되므로 선택권이 없어 고객의 불만이 높을 수 있으므로 다수인의 기호에 맞도록 구성되어야 한다.

단일메뉴는 재료의 준비에서 비용면이나 노동력에서 효율을 극대화할 수 있으며, 재료관리가 용이한 장점이 있다.

군대급식, 학교급식, 유치원 아동급식 등에서 대부분 운영된다.

2) 부분선택메뉴(partially selective menu)

부분선택메뉴는 주 메뉴나 부반찬 중 몇 가지 품목에만 제한적으로 음식 선택권을 주는 메뉴 형태로 급식대상자는 그 중에서 기호에 맞는 것을 선택할 수 있어 단일메뉴의 단조로움을 어느 정도 피할 수 있는 장점이 있다.

3) 선택메뉴(selective menu)

선택메뉴는 복수식단이나 카페테리아 형태로 고객이 자유로이 선택할 수 있도록 다양한 음식이 제공되어 기호를 충족시킬 수 있으나 지나친 기호에 의한 영양 편중이 우려되고 식비의 과중부담이 초래된다. 또한 음식 선택의 폭이 넓어져 배식시간이 지연된다.

3. 메뉴 계획

메뉴는 요구를 충족시킴과 동시에 조직의 목표를 달성할 수 있도록 계획·관리되어야 한다. 고객측면에서 영양필요량, 급식대상자의 식습관과 기호도, 식품의 배합과 조리기술, 소요경비에 대한 경제성, 조리종사원의 숙련도, 시설설비조건 등을 고려하여야 한다.

(1) 영양필요량

단체급식에서는 특정인을 대상으로 지속적으로 식사를 제공하므로 급식대상자의 정신적·육체적 건강을 유지할 수 있도록 영양계획이 이루어져야 한다.

학교급식, 산업체급식, 병원급식, 유치원급식, 사회복지시설급식, 군대급식 등으로 그룹의 연령, 성별, 생활 활동 등에 따라 최소한의 영양필요량에 맞추어 급식이 제공되어야 한다.

1) 대상집단의 파악

급식 대상집단의 인원수, 연령, 성별, 생활활동, 건강상태 등을 파악한다.

2) 한국인 영양섭취기준에 따른 영양제공량 결정

질병이 없는 대다수의 우리나라 사람들이 건강을 최적상태로 유지하고 질병을 예방하는 데 도움이 되도록 필요한 '한국인 영양섭취기준'이 제시되었다(표 2-1, 그림 2-1).

표 2-1 한국인 영양섭취기준

구분	개인 대상	집단 대상
평균필요량 (Estimated Average Requirements : EAR)	개인의 영양섭취 목표로 사용하지 않는다.	평소 섭취량이 평균섭취량 미만인 사람의 비율을 최소화하는 것을 목표로 한다.
권장섭취량 (Recommended Intake : RNI)	평소 섭취량이 평균필요량 이하인 사람은 권장섭취량을 목표로 한다.	집단의 식사계획 목표로 사용하지 않는다.
충분섭취량 (Adequate Intake : AI)	평소 섭취량을 충분섭취량에 가깝게 하는 것을 목표로 한다.	집단에 있어서 섭취량의 중앙값이 충분섭취량이 되도록 하는 것을 목표로 한다.
상한섭취량 (Tolerable Upper Intake Level : UL)	평소 섭취량을 상한섭취량 미만으로 한다.	평소 섭취량이 상한섭취량 이상인 사람의 비율을 최소화 하도록 한다.

*출처 : 한국인 영양섭취기준(2010)

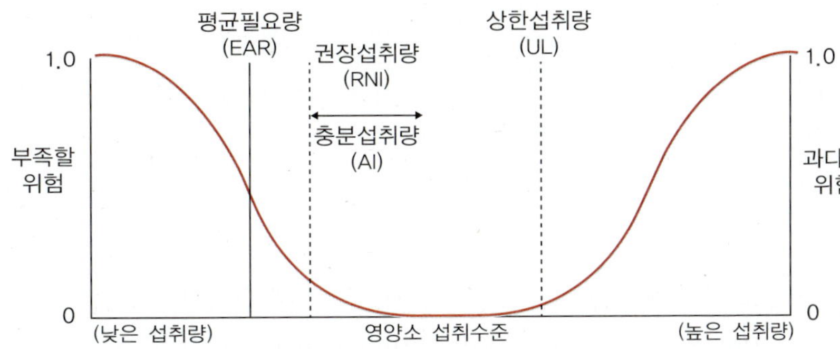

그림 2-1 영양섭취기준(Dietary Reference Intakes : DRIs)의 종류

*출처 : 한국인 영양섭취기준(2015)

(2) 식습관과 기호도

식습관은 언제, 무엇을, 어떻게, 왜 먹는지를 결정해 주는 태도로 절기나 행사일에 적합한 음식을 제공하면 고객만족도를 높일 수 있다. 기호도는 급식대상자의 인종, 거주 지역, 종교 등의 사회·문화·환경에 따라 다르게 형성되므로, 선택메뉴를 이용하면 다양한 기호도를 충족시킬 수 있다.

(3) 식품의 배합과 조리기술

식품의 배합이 적절한 대비가 이루어지고 조화롭게 구성될 때 맛과 풍미를 높일 수 있다. 그리고 음식의 향, 맛, 맛의 조화, 질감의 조화, 음식의 모양, 시각, 온도 등의 적절한 조리기술이 필요하다.

(4) 소요경비에 대한 경제성

식단을 계획하기 전에 예산수입을 고려해서 급식비 예산 중 재료비의 비율을 정해야 한다.

식재료비의 비율은 호텔이나 일반식당에서는 30~40%, 학교 카페테리아는 50~60%, 학교급식 및 산업체급식의 단체급식에서는 60~70%, 군대급식에서는 90~100%를 사용한다.

(5) 조리종사원의 숙련도

조리종사원의 작업 효율이 떨어지면 배식지연을 초래하거나 조리능력미숙으로 품질저하의 우려가 있으므로 사전에 충분히 실험조리나 조리실습을 통해 조리종사원의 업무능력을 향상시켜야 한다.

(6) 시설·설비조건

단체급식 조리를 위해 노동력을 절약하면서도 고객이 만족할 만한 음식을 만들 수 있는 효율적인 기기를 구비하여야 능률적이다. 현재 구비하고 있는 기기를 파악한 후에 이들 기기를 이용하여 손쉽게 할 수 있는 식단을 계획해야 한다.

(7) 식품의 안전성과 위생적인 면

식단을 작성할 때에는 잠재적으로 위해한 식품의 확인은 물론 식품을 보관 조리하여 제공하는 과정에서 소독 수행 여부, 뜨거운 음식과 찬 음식의 혼합 여부, 조리 후 배식되는 시간 등 위해요소의 위생적 관리를 고려하여 식품의 안전성을 확보해야 한다.

4. 급식메뉴 작성

(1) 영양기준량 결정

영양기준량은 전체 급식대상의 영양기준량의 총합을 급식대상의 총 인원수로 나누면 평균 영양기준량을 결정할 수 있다.

급식대상의 영양기준량을 결정할 때는 대상의 연령, 성별, 활동 정도에 따른 영양기준량을 알아야 한다. 연령별 탄수화물, 단백질, 지방의 에너지 적정비율은 표 2-2와 같다.

표 2-2 한국인 영양섭취기준의 에너지 적정비율

영양소	에너지 적정비율			
	1~2세	3~18세	19세 이상	비고
탄수화물	55~65%	55~65%	55~65%	
단백질	7~20%	7~20%	7~20%	
지질 총지방	20~35%	15~30%	15~30%	
n-6계 지방산	4~10%	4~10%	4~10%	
n-3계 지방산	1% 내외	1% 내외	1% 내외	
포화지방산	-	8% 미만	7% 미만	
트랜스지방산	-	1% 미만	1% 미만	
콜레스테롤	-	-	300mg/일 미만	목표섭취량

*출처 : 한국인 영양섭취기준(2015).

(2) 식품구성 및 식단작성

식품구성은 식사구성안과 식품교환표를 이용하여 결정할 수 있다.

1) 식사구성안 이용

식사구성안은 일반인에게 영양적으로 만족할 만한 식사를 제공할 수 있도록 식품군별 대표식품과 섭취횟수를 이용하여 식사의 기본구성 개념을 설명한 것이다. 식사구성안의 영양적 목표(표 2-3)는 한국인 영양섭취기준과 한국인을 위한 식생활 지침을 기본으로 하여 설정되었다. 식사구성안에 제시된 1인 1회 분량(표 2-4)과 열량(그림 2-2)은 일반인들이 이해하기 쉽도록 일정한 에너지량을 기준으로 하였고, 그에 따른 대표영양가표는 표 2-5와 같다.

표 2-3 식사구성안의 영양목표

1. 섭취 허용	
에너지	100% 에너지 필요추정량
단백질	총 에너지의 약 7~20% 정도
비타민	100% 권장섭취량 또는 충분섭취량, 상한섭취량 미만
무기질	100% 권장섭취량 또는 충분섭취량, 상한섭취량 미만
식이섬유	100% 충분섭취량
2. 섭취 주의	
지방	1~2세(총 에너지의 20~35%), 3세 이상 (총 에너지의 15~30%)
나트륨	소금 5g 이하
당류	설탕, 물엿 등의 첨가당 되도록 적게
1) 성인기준이며, 유아 · 아동 및 청소년의 경우 15~30%이다.	

*출처 : 한국인 영양섭취기준(2015).

표 2-4 식품군별 1인 1회 분량 설정

식품군	에너지(kcal)	식품군별 1인 1회 설정
곡류[2]	300	식빵 1쪽 35g을 1회 분량으로 설정하면 약 100kcal에 해당되므로 0.3회라는 1인 1회 분량에 해당함.
고기 · 생선 · 달걀 · 콩류[3]	100	육류의 경우 2010년 개정안과 마찬가지로 60g으로 설정하였으나, 가공식품인 햄, 소시지, 베이컨은 식품의약품안전처 고시 1회 제공량인 30g으로 설정함. 2010년 개정안과 비교하여 어묵, 게맛살과 어류젓은 다빈도 기준에 부합하여 추가됨.
채소류	15	2010년 개정안과 동일하게 김치를 포함함, 단 우엉은 다른 생채소에 비해 에너지 함량이 높아 40g으로 설정함.
과일류	50	2010년 개정안과 비교하여 건포도, 대추(말린 것)이 다빈도 선정 기준에 포함되어 추가됨, 말린 과일은 평균 에너지 함량 50kcal와 식품의약품안전처 고시 1회 제공량을 고려하여 1인 1회 분량을 15g으로 설정함.
우유 · 유제품류[4]	125	2010년 개정안과 마찬가지로 요구르트(호상) 100mL, 요구르트(액상) 150mL, 아이스크림 100g으로 설정됨, 치즈의 경우 치즈 1회 제공량에 해당하는 20g 으로 설정됨.
유지 · 당류	45	2010년 개정안과 같은 값을 유지함.
1) 견과류의 경우 2010년 개정안과 같이 고기 · 생선 · 달걀 · 콩류로 구분됨. 견과류로 구분되어있던 깨는 열매가 아니라 씨앗이며, 지방함량이 높으므로 유지 · 당류군으로 변경하였다.		

*출처 : 한국인 영양섭취기준(2015).

식품군	1인 1회 분량					
곡류 (300kcal)						
	쌀밥 (210g)	백미 (90g)	국수 말린 것 (90g)	당면* (30g)	가래떡 (150g)	식빵* (35g)
고기 · 생선 달걀 · 콩류 (100kcal)						
	돼지고기, 소고기 (60g)	닭고기 (60g)	고등어, 명태 (60g)	대두 (20g)	두부 (80g)	달걀 (60g)
채소류 (15kcal)						
	콩나물 (70g)	시금치 (70g)	배추김치 (40g)	깍두기, 열무김치, 총각김치 중 (40g)	느타리버섯 (30g)	미역 (30g)
과일류 (50kcal)						
	사과 (100g)	귤 (100g)	참외 (150g)	포도 (100g)	복숭아, 바나나, 배, 감 중(100g)	과일주스 (100mL)
우유 · 유제품류 (125kcal)						
	우유 (200mL)	치즈* (20g)	호상요구르트 (100mL)	액상요구르트 (150mL)	아이스크림 (100g)	
유지 · 당류 (45kcal)						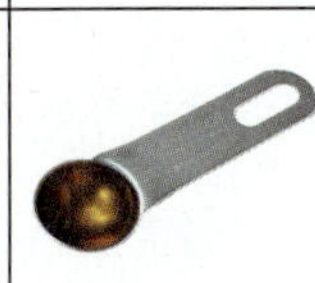
	콩기름 (5g)	버터 (5g)	마요네즈 (5g)	깨 (5g)	설탕 (10g)	꿀 (10g)

*출처 : 한국인 영양섭취기준(2015), *표시는 0.3회

그림 2-2 식품군별 대표식품의 1인 1회 분량

표 2-5 1인 1회 분량 대표영양가표

식품군	에너지 (Kcal)	단백질 (g)	지방 (g)	탄수화물 (g)	식이섬유 (g)	칼슘 (mg)	인 (mg)	철 (mg)	나트륨 (mg)	칼륨 (mg)	비타민A (µg RE)	티아민 (mg)	리보플라빈 (mg)	니아신 (mg)	비타민C (mg)
곡류	282.82	5.61	1.89	59.63	1.81	17.52	105.28	1.03	103.89	178.03	1.94	0.13	0.07	1.27	2.83
고기 · 생선 달걀 · 콩류	106.07	9.95	6.41	1.34	0.44	35.21	106.16	1.20	105.65	125.07	22.25	0.11	0.11	1.61	0.30
채소류	13.56	1.01	0.17	3.09	1.35	25.93	24.35	0.63	195.43	152.57	72.69	0.04	0.04	0.36	10.76
과일류	53.48	0.88	0.30	13.76	1.30	9.72	22.69	0.92	8.32	196.56	80.38	0.06	0.04	0.43	21.44
우유 · 유제품류	123.94	5.35	4.67	15.16	0.31	205.65	145.97	0.55	109.79	247.03	44.88	0.08	0.22	0.33	3.16
유지 · 당류	38.33	0.49	2.08	4.60	0.04	5.85	12.03	0.14	5.95	84.23	0.28	0.00	0.01	0.69	0.01

*출처 : 한국인 영양섭취기준(2015).

식사구성안의 영양 목표를 충족시키는 1일 식사구성을 제시하기 위해 권장식사패턴을 개발하였으며(표 2-6), 그에 대한 권장식사패턴을 개발하는 과정은 그림 2-3에 제시되어 있다. 기존 패턴에 비해 2015년 개정안에는 영양소의 비율, 한국인 영양소 섭취기준, 양념 사용량을 고려하는 내용으로 반영되었다.

표 2-6 생애주기별 권장식사패턴

	A타입					B타입			
	1,400A	1,700A	1,900A	2,000A	2,600A	1,600B	1,900B	2,000B	2,400B
식품군 \ 적용대상	3~5세 유아	6~11세 여	6~11세 남	12~18세 여	12~18세 남	65세 이상 여	19~64세 여	65세 이상 남	19~64세 남
곡류	2	2.5	3	3	3.5	3	3	3.5	4
고기·생선·달걀·콩류	2	3	3.5	3.5	5.5	2.5	4	4	5
채소류	6	6	7	7	8	6	8	8	8
과일류	1	1	1	2	4	1	2	2	3
우유 · 유제품류	2	2	2	2	2	1	1	1	1

1) 곡류 : 식이섬유 섭취를 늘리기 위해서 잡곡류 사용을 권장함.
2) 고기 · 생선 · 달걀 · 콩류 : 고기의 경우 살코기 기준이며, 지방 함량이 높은 식품을 이용할 경우에는 유지류를 추가 사용한 것으로 간주해야 함.
3) 채소류 : 소금 5g 이하의 영양목표를 달성하기 위해 가능한 한 싱겁게 조리하도록 함.
4) 나트륨 : 국, 찌개류의 경우 건더기 위주로 섭취하도록 함.
5) 과일류 : 식이섬유 섭취를 늘리기 위해 주스보다는 생과일 섭취를 권장함.
6) 우유 · 유제품류 : 단순당질이 적게 함유된 제품을 권장함.
7) 양념류 : 각 권장섭취패턴에 이미 양념 사용량이 포함되어 있음. 여기서 양념이란 간장, 고추장, 된장, 소금 등의 조미료류를 의미하며, 50~85kcal가 사용된 것으로 계산함.

*출처 : 한국인 영양섭취기준(2015).

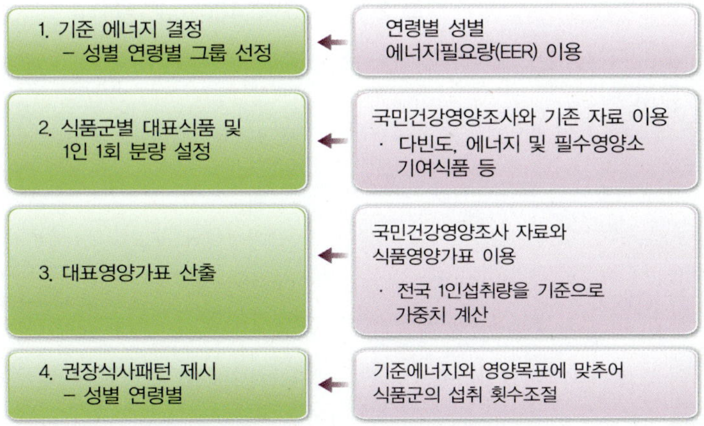

그림 2-3 권장식사패턴 개발 과정

권장식사패턴은 일상적인 식사 섭취패턴을 반영하도록 하였고, 어린이와 성인의 우유·유제품류 섭취량이 다르므로 우유·유제품류를 2회 섭취하는 A타입과 1회 섭취하는 B타입으로 구분하였다.

구체적인 식단작성의 예를 성별·연령별 다빈도식품 및 음식을 참조한 식단과 사진(표 2-7~표 2-15)을 제시하였다. 식사모형은 적절한 영양과 건강을 유지하기 위하여 권장식사패턴을 기준으로 한 균형 잡힌 식사를 강조하고, 적절한 운동을 통해 비만을 예방하자는 의미로 자전거 이미지를 선택하였다(그림 2-4).

자전거의 큰 바퀴 모양을 이용하여 5개의 식품군으로 나누고 권장식사패턴의 섭취횟수를 이용하여 면적 비율을 구성하였으며, 충분한 수분 섭취를 권장하기 위하여 작은 바퀴에 물잔을 삽입하였다.

그림 2-4 식품구성 자전거

표 2-7 3~5세(1,400kcal, A타입)

식품군별 권장 횟수 \ 식단		아침	점심	저녁	간식
		달걀샌드위치 양상추샐러드 고구마튀김 우유	쌀밥 야채카레 콩나물국 돈까스 시금치나물	현미밥 배추된장국 어묵느타리볶음 오이나물 배추김치	과일꼬치 찐 옥수수 호상요구르트
곡류	2회	식빵 35g (0.3) 고구마 70g (0.3)	쌀밥 105g (0.5) 감자 47g (0.1)	현미밥 105g (0.5)	옥수수 70g (0.3)
고기·생선·달걀·콩류	2회	달걀 60g (1)	돼지고기 30g (0.5)	어묵 15g (0.5)	
채소류	6회	양상추, 토마토, 오이, 당근 105g (1.5)	당근, 양파 35g (0.5) 콩나물 35g (0.5) 시금치 70g (1)	배추 35g (0.5) 느타리버섯 30g (1) 오이 35g (0.5) 배추김치 20g (0.5)	
과일류	1회				파인애플 40g (0.4) 거봉 30g (0.3) 딸기 50g (0.5)
우유·유제품류	2회				우유 200mL (1) 요구르트(호상) 100g (1)

●유지 · 당류(4회) : 조리 시 소량씩 사용됨

구분	식단	식단사진	
		식사	간식
아침	달걀샌드위치 양상추샐러드 고구마튀김 우유		과일꼬치 
점심	쌀밥 야채카레 콩나물국 돈까스 시금치나물		찐 옥수수 
저녁	현미밥 배추된장국 어묵느타리볶음 오이나물 배추김치		호상요구르트 

*출처 : 한국인 영양섭취기준(2015).

표 2-8 남자 6~11세(1,800kcal, A타입)

		아침	점심	저녁	간식
식품군별 권장 횟수	식단	쌀밥 호박된장국 달걀찜 감자피망볶음 김구이	잡곡밥 어묵국 두부구이 깻잎간장조림 오이생채	현미밥 미역국 데리야끼치킨 숙주나물 시금치나물 배추김치	우유 과자 바나나요구르트
곡류	3회	쌀밥 170g (0.8) 감자 140g (0.3)	잡곡밥 170g (0.8)	현미밥 170g (0.8)	과자 20g (0.3)
고기 · 생선 · 달걀 · 콩류	3.5회	달걀 60g (1)	어묵 30g (1) 두부 60g (0.5)	닭고기 60g (1)	
채소류	7회	애호박 35g (0.5) 당근, 양파 14g (0.2) 피망 35g (0.5) 김 2g (1)	무 35g (0.5) 깻잎 21g (0.3) 오이 70g (1)	미역 15g (0.5) 숙주 35g (0.5) 시금치 70g (1) 배추김치 40g (1)	
과일류	1회				바나나 100g (1)
우유 · 유제품류	2회				우유 200mL (1) 요구르트(액상) 150mL (1)

● 유지 · 당류(5회) : 조리 시 소량씩 사용됨

구분	식단	식단사진	
		식사	간식
아침	쌀밥 호박된장국 달걀찜 감자피망볶음 김구이		우유, 과자 
점심	잡곡밥 어묵국 두부구이 깻잎간장조림 오이생채		바나나요구르트 
저녁	현미밥 미역국 데리야끼치킨 숙주나물 시금치나물 배추김치		

*출처 : 한국인 영양섭취기준(2015).

표 2-9 여자 6~11세(1,600kcal, A타입)

식단 / 식품군별 권장 횟수		아침	점심	저녁	간식
식단		참치샌드위치 감자브로컬리샐러드 오이피클 우유	김치볶음밥 달걀후라이 콩나물국 시금치나물	흑미밥 사골국 두부양념조림 미역줄기볶음 총각김치	포도 호상요구르트
곡류	2.5회	식빵 70g 0.6 감자 70g 0.15	쌀밥 170g 0.8	흑미밥 170g 0.8 국수(말린것) 15g 0.15	
고기 · 생선 · 달걀 · 콩류	3회	참치통조림 60g 1	달걀 60g 1	소고기 18g 0.3 두부 56g 0.7	
채소류	6회	브로컬리 35g 0.5 오이 35g 0.5	배추김치 40g 1 콩나물 35g 0.5 시금치 63g 0.9	대파 7g 0.1 양파 35g 0.5 미역줄기 30g 1 총각김치 40g 1	
과일류	1회				포도 100g 1
우유 · 유제품류	2회	우유200mL 1			치즈 2장(40g) 1

●유지 · 당류(5회) : 조리 시 소량씩 사용됨

구분	식단	식단사진	
		식사	간식
아침	참치샌드위치 감자브로컬리샐러드 오이피클 우유		포도 
점심	김치볶음밥 달걀후라이 콩나물국 시금치나물		호상요구르트 
저녁	흑미밥 사골국 두부양념조림 미역줄기볶음 총각김치		

*출처 : 한국인 영양섭취기준(2015).

표 2-10 남자 12~18세(2,600kcal, A타입)

		아침	점심	저녁	간식
식단 / 식품군별 권장 횟수		쌀밥 참치김치찌개 떡갈비 잔멸치볶음 시금치나물	우동 오징어부추전 배추겉절이 단무지무침	잡곡밥 소고기미역국 제육볶음 상추쌈 잡채 열무김치	호상요구르트 우유 사과 포도 오렌지 배
곡류	3.5회	쌀밥 210g (1)	국수(생면) 210g (1) 부침가루 20g (0.2)	잡곡밥 210g (1) 당면 30g (0.3)	
고기 · 생선 · 달걀 · 콩류	5.5회	참치통조림 30g (0.5) 소고기 60g (1) 건멸치(소) 15g (1)	어묵 15g (0.5) 오징어 40g (0.5)	쇠고기 18g (0.3) 돼지고기 90g (1.5) 돼지고기 12g (0.2)	
채소류	8회	배추김치 40g (1) 시금치 70 (1)	쑥갓 7g (0.1) 부추 35g (0.5) 배추 70g (1) 단무지 40g (1)	미역 15g (0.5) 상추 63g (0.9) 시금치, 당근, 양파 70g (1) 열무김치 40g (1)	
과일류	4회				사과, 포도, 오렌지, 배 각각100g (1)
우유 · 유제품류	2회				우유 200mL (1) 호상 요구르트 100g (1)

● 유지 · 당류(8회) : 조리 시 소량씩 사용됨

구분	식단	식단사진	
		식사	간식
아침	쌀밥 참치김치찌개 떡갈비 잔멸치볶음 시금치나물		호상 요구르트, 사과 
점심	우동 오징어부추전 배추겉절이 단무지무침		포도, 우유 
저녁	잡곡밥 소고기미역국 제육볶음 상추쌈 잡채 열무김치		오렌지, 배 

*출처 : 한국인 영양섭취기준(2015).

표 2-11 여자 12~18세(2,000kcal, A타입)

식단 / 식품군별 권장 횟수		아침	점심	저녁	간식
		현미밥 무채국 장조림 양상추샐러드 배추김치	참치덮밥 호박된장국 오징어채무침 오이피클	보리밥 순두부찌개 브로콜리볶음 고사리나물	바나나 아이스크림 방울토마토 우유 사과
곡류	3회	현미밥 210g (1)	쌀밥 210g (1)	보리밥 210g (1)	
고기 · 생선 · 달걀 · 콩류	3.5회	쇠고기 60g (1)	참치통조림 30g (0.5) 건오징어채 15g (1)	순두부 100g (0.5) 바지락 20g (0.25) 돼지고기 15g (0.25)	
채소류	7회	무 35g (0.5) 양상추, 오이, 당근 70g (1) 배추김치 20g (1)	양파 35g (0.5) 호박 35g (0.5) 오이 35g (0.5)	호박, 양파 35g (0.5) 브로컬리 70g (1) 고사리 35g (0.5)	방울토마토 70g (1)
과일류	2회				바나나 100g (1) 사과 100g (1)
우유 · 유제품류	2회				아이스크림 100g (1) 우유 200mL (1)
●유지 · 당류(6회) : 조리 시 소량씩 사용됨					

구분	식단	식단사진	
		식사	간식
아침	현미밥 무채국 장조림 양상추샐러드 배추김치		바나나 
점심	참치덮밥 호박된장국 오징어채무침 오이피클		아이스크림, 방울토마토 
저녁	보리밥 순두부찌개 브로콜리볶음 고사리나물		우유, 사과 

*출처 : 한국인 영양섭취기준(2015).

표 2-12 남자 19~64세(2,400kcal, B타입)

식품군별 권장 횟수 \ 식단		아침	점심	저녁	간식
		쌀밥 육개장 조기구이 콩자반 실파무침	잔치국수 동태전 느타리버섯볶음 시금치나물 가지나물	잡곡밥 미역국 수육 모듬쌈&쌈장 도토리묵무침 배추김치	시리얼 우유 배 단감 사과 군고구마 녹차
곡류	4회	쌀밥 210g (1)	국수(생면) 210g (1)	잡곡밥 210g (1) 도토리묵 70g (0.1)	시리얼 30g (0.3) 고구마 140g (0.6)
고기 · 생선 · 달걀 · 콩류	5회	소고기 30g (0.5) 조기 60g (1) 검정콩 20g (1)	동태, 달걀 60g (1)	돼지고기 90g (1.5)	
채소류	8회	숙주, 고사리, 무 70g (1) 실파 70g (1)	애호박 17g (0.25) 김 0.5g (0.25) 느타리버섯 30g (1) 시금치 70g (1) 가지 70g (1)	미역 15g (0.5) 상추, 고추, 깻잎 35g (1) 배추김치 40g (1)	
과일류	3회				배 100g (1) 단감 100g (1) 사과 100g (1)
우유 · 유제품류	1회				우유 200mL (1)

●유지 · 당류(6회) : 조리 시 소량씩 사용됨

구분	식단	식단사진	
		식사	간식
아침	쌀밥 육개장 조기구이 콩자반 실파무침		시리얼, 우유, 배 
점심	잔치국수 동태전 느타리버섯볶음 시금치나물 가지나물		단감, 사과 
저녁	잡곡밥 미역국 수육 모듬쌈&쌈장 도토리묵무침 배추김치		군고구마, 녹차 

*출처 : 한국인 영양섭취기준(2015).

표 2-13 성인기 여자 19~64세(1,900kcal, B타입)

		아침	점심	저녁	간식
식단 / 식품군별 권장 횟수		쌀밥 달걀국 땅콩멸치볶음 애호박나물 깍두기	보리밥 팽이버섯된장국 소불고기 콩나물무침 오이소박이	떡국 갈치카레구이 꽈리고추볶음 배추겉절이 양배추샐러드	우유 토마토 귤 포도
곡류	3회	쌀밥 210g (1)	보리밥 210g (1)	가래떡 150g (1)	
고기 · 생선 · 달걀 · 콩류	4회	달걀 30g (0.5) 건멸치(소) 15g (1) 땅콩 6g (0.2)	소고기 60g (1)	쇠고기 18g (0.3) 갈치 60g (1)	
채소류	8회	애호박 70g (1) 깍두기 40g (1)	팽이버섯 15g (0.5) 양파 35g (0.5) 콩나물 70g (1) 오이 70g (1)	꽈리고추 35g (0.5) 배추 35g (0.5) 양배추 70g (1)	토마토 70g (1)
과일류	2회				귤 100g (1) 포도 100g (1)
우유 · 유제품류	1회				우유 200mL (1)

●유지 · 당류(4회) : 조리 시 소량씩 사용됨

구분	식단	식단사진: 식사	식단사진: 간식
아침	쌀밥 달걀국 땅콩멸치볶음 애호박나물 깍두기		우유, 토마토 
점심	보리밥 팽이버섯된장국 소불고기 콩나물무침 오이소박이		귤 
저녁	떡국 갈치카레구이 꽈리고추볶음 배추겉절이 양배추샐러드		포도 

*출처 : 한국인 영양섭취기준(2015).

표 2-14 남자 65세 이상(2,000kcal, B타입)

식품군별 권장 횟수 \ 식단		아침	점심	저녁	간식
		누룽지 해물달걀찜 느타리버섯볶음 배추겉절이 양파초절임	콩밥 오이냉국 돼지고기볶음 애호박전 오이고추무침	잡곡밥 곰국 고등어감자조림 가지나물 배추김치	사과 바나나 찐 고구마 우유
곡류	3.5회	쌀 67g (0.75)	쌀밥 210g (1)	잡곡밥 210g (1) 감자 70g (0.15)	고구마 140g (0.6)
고기 · 생선 · 달걀 · 콩류	4회	달걀 54g (0.9) 새우 8g (0.1)	검정콩 10gz (0.5) 돼지고기 60g (1)	소고기 30g (0.5) 고등어 60g (1)	
채소류	8회	느타리버섯 30g (1) 배추 70g (1) 양파 63g (0.9)	오이 35g (0.5) 양파 35g (0.5) 애호박 70g (1) 오이고추 70g (1)	대파 7g (0.1) 가지 70g (1) 배추김치 40g (1)	
과일류	2회				사과 100g (1) 바나나 100g (1)
우유 · 유제품류	1회				우유 200mL (1)

●유지 · 당류(4회) : 조리 시 소량씩 사용됨

구분	식단	식단사진	
		식사	간식
아침	누룽지 해물달걀찜 느타리버섯볶음 배추겉절이 양파초절임		사과 
점심	콩밥 오이냉국 돼지고기볶음 애호박전 오이고추무침		바나나 
저녁	잡곡밥 곰국 고등어감자조림 가지나물 배추김치		찐 고구마, 우유 

*출처 : 한국인 영양섭취기준(2015).

표 2-15 여자 65세 이상(1,600kcal, B타입)

식품군별 권장 횟수	식단	아침	점심	저녁	간식
		쌀밥 시래기된장국 갈치무조림 도라지나물 열무물김치	현미밥 콩나물국 간장게장 취나물볶음 오이무침	보리밥 미역국 두부양념조림 브로콜리초회 깻잎김치	백설기 우유 단감
곡류	3회	쌀밥 170g 0.8	현미밥 170g 0.8	보리밥 190g 0.9	백설기 75g 0.5
고기 · 생선 · 달걀 · 콩류	2.5회	갈치 60g 1	꽃게 80g 1	두부 40g 0.5	
채소류	6회	시래기 35g 0.5 무 35g 0.5 도라지 40g 1 열무김치 20g 0.5	콩나물 35g 0.5 취나물 35g 0.5 오이 35g 0.5	미역 15g 0.5 양파 14g 0.2 브로콜리 70g 1 깻잎 21g 0.3	
과일류	1회				단감 100g 1
우유 · 유제품류	1회				우유 200mL 1

● 유지 · 당류(4회) : 조리 시 소량씩 사용됨

구분	식단	식단사진 식사	식단사진 간식
아침	쌀밥 시래기된장국 갈치무조림 도라지나물 열무물김치		
점심	현미밥 콩나물국 간장게장 취나물볶음 오이무침		백설기, 우유 
저녁	보리밥 미역국 두부양념조림 브로콜리초회 깻잎김치		단감 

*출처 : 한국인 영양섭취기준(2015).

2) 식품교환표 이용

식품교환표는 우리가 일상생활에서 섭취하고 있는 식품들을 영양소 구성이 비슷한 6가지 식품군인 곡류군, 어육류군, 채소군, 지방군, 우유군, 과일군으로 묶은표로 질병이 있거나 특별한 식사 조절이 필요한 경우에 영양사의 지도를 받아 메뉴를 작성하는 것이 좋다.

같은 식품군 안에서는 영양소의 구성이 비슷하므로 열량이 같으면 서로 바꾸어 먹을 수 있어 이를 '1교환단위'라 한다. 각 식품군별 1교환단위당 영양성분은 표 2-16과 같으며, 주요 식품군의 1교환단위의 분량은 표 2-17과 같다.

에너지에 따른 식품군별 교환단위수는 표 2-18에 제시하였다.

표 2-16 각 식품군별 1교환단위당 영양성분

식품교환군		에너지(kcal)	당질(g)	단백질(g)	지방(g)
곡류군		100	23	2	–
어육류군	저지방	50	–	8	2
	중지방	75	–	8	5
	고지방	100	–	8	8
채소군		20	3	2	–
지방군		45	–	–	5
우유군	일반우유	125	10	6	7
	저지방우유	80	10	6	2
과일군		50	12	–	–

3) 식품교환표를 이용한 1일 식단작성법

① 1단계 : **총 에너지와 영양기준량 산출**

총 에너지, 당질, 단백질, 지방의 필요량을 산정한다. 1일 필요에너지는 연령, 성별, 활동량, 체중의 증감, 질병의 종류와 정도에 따라 결정한다.

- **급식대상** : 성인기 남자 19~64세(2,400kcal)

에너지의 구성비는 당질 55~70%, 단백질 7~20%, 지방 15~25%의 비율로 한다. 이상적인 열량 구성 비율 65:15:20을 적용하면 당질, 단백질, 지방이 산출된다.

표 2-17 주요식품군 1교환단위의 분량

식품군		단위당 에너지 (kcal)	1 식품교환단위당 분량(g)
곡류군		100	쌀밥(보리밥) 1/3공기(70), 식빵 1쪽(35), 국수 삶은 것 1/2공기(90), 율무 3큰술(30), 현미(찹쌀) 3큰술, 일절미 4개(50), 옥수수(중) 1/2개, 크래커 5개, 고구마(중) 1/2개(70) 밀가루 5큰술(30), 미숫가루 5큰술(30), 감자(대) 1개(140)
어육류군	저지방	50	참치(소) (조기, 갈치, 도미, 가자미, 연어) 1토막(50), 쇠고기(돼지고기) 썰어서 3~4쪽(40), 광어(소) 1토막(50), 건오징어채 1/4컵(15), 생굴 1/3컵(80), 북어 1/2토막(15), 닭고기(소) 1토막(40), 날치알(40)
	중지방	75	삼치(소) (병어, 꽁치, 민어, 임연수어) 1토막(50), 검정콩 2큰술(20), 두부 1/5모(80), 햄 1쪽(40), 달걀(중) 1개(55), 돼지족(40), 곱창(40)
	고지방	100	참치통조림 1/3컵(40), 소갈비(소) 1토막(40), 프랑크소시지 1.5개(40), 치즈 1.5장(30), 뱀장어(50), 런천미트 1쪽(40), 쇠꼬리(40), 고등어(꽁치)통조림 1/3컵(50), 연어알(40), 베이컨(40)
채소군		20	시금치(무, 숙주, 쑥갓, 근대) 익혀서 1/3컵(70), 배추김치(깍두기)(50), 오이(생) 1/2개(70), 당근(4×5cm, 1토막)(70), 풋고추(중) 7~8개(70), 상추(대) 8~10장(70), 콩나물(양배추) 익혀서 2/5컵(70)
지방군		45	식용유(참기름, 들기름) 1작은술(5), 참깨 1큰술(8), 마요네즈 1.5작은술(5), 호두, 잣 1큰술(8), 땅콩버터 1작은술(8), 땅콩 1큰술(8), 버터 1작은술(5)
우유군	일반우유	125	우유 1컵(200), 두유 1컵(200), 전지분유 5큰술(25), 무당연유 1/2컵(100), 조제분유 5큰술(25)
	저지방우유	80	저지방우유(2%) 1컵(200)
과일군		50	수박(대) 1쪽(150), 사과(중) 1/2개(80), 토마토 1개(350), 딸기(중) 15알(150), 복숭아(중) 1개(150), 참외(중) 1/2개(150), 배(중) 1/3개(110), 바나나(중) 1/2개(50), 귤(중) 1개(120), 오렌지주스 1/2컵(100), 자몽(그레이프프루트) 1/2개(150), 토마토주스 1/2컵(100)

표 2-18 에너지에 따른 식품군별 교환단위 수

에너지 (kcal)	곡류군	어육류군		채소군	지방군	우유군	과일군
		저지방	중지방				
1,000	4	1	2	7	2	1	1
1,100	5	1	2	7	2	1	1
1,200	5	1	3	7	3	1	1
1,300	6	1	3	7	3	1	1
1,400	7	1	3	7	3	1	1
1,500	7	2	3	7	4	1	1
1,600	8	2	3	7	4	1	1
1,700	8	2	3	7	4	1	2
1,800	8	2	3	7	4	2	2
1,900	9	2	3	7	4	2	2
2,000	10	2	3	7	4	2	2
2,100	10	2	4	7	4	2	2
2,200	11	2	4	7	4	2	2
2,300	11	3	4	8	5	2	2
2,400	12	3	4	8	5	2	2
2,500	13	3	4	8	5	2	2

- 당　질(65%) : 2,400 × 0.65 ÷ 4 ≒ 390g
- 단백질(15%) : 2,400 × 0.15 ÷ 4 ≒ 90g
- 지　방(20%) : 2,400 × 0.20 ÷ 9 ≒ 53g

② 2단계 : **식품군별 교환단위수 결정**

식품군별 교환단위수를 계산하여 식품구성을 결정한다(표 2-19).

- 우유, 채소, 과일군의 교환수 결정
- 곡류의 교환수 결정
- 어육류의 교환수 결정
- 지방의 교환수 결정

표 2-19 식품군별 교환단위 수 결정

식품 교환군		교환 단위 수	당질 (g)	단백질 (g)	지방 (g)	에너지 (kcal)
우유군	일반우유	1	10(10)	6(6)	7(7)	125(125)
	저지방우유	1	10(10)	6(6)	2(2)	80(80)
채소군		8	24(3)	16(2)		160(20)
과일군		2	+24(12) 68 (390−68=322)			100(50)
곡류군		14	322(23)	+28(2) 56 (90−56=34)		1,400(100)
어육류군	저지방	3		24(8)	6(2)	150(50)
	중지방	1		8(8)	+5(5) 20 (53−20=33)	75(75)
지방군		7			35(5)	315(45)
계			390	88	55	2,405

*당질 390g(65%), 단백질90g(15%), 지방53g(20%), 에너지 2,400kcal

③ 3단계 : 끼니별 배분

하루 세 끼와 간식으로 분배한다(표 2-20).

표 2-20 2,400kcal의 끼니별 교환단위 수 배분의 예

식품 교환군 / 끼니	곡류군	어육류군		채소군	지방군	우유군		과일군
		저지방	중지방			일반우유	저지방 우유	
아침	4	1		2	2	1		
간식	1							1
점심	4	1	1	3	2			
간식	1			1	1		1	
저녁	4	1		2	2			1
총 교환 단위 수	14	3	1	8	7	1	1	2

④ 4단계 : 식단 작성

질병의 종류와 환자의 기호, 음식의 색, 냄새, 모양 등을 고려한 식품을 선정하여 단위수만큼 중량을 택하여 식단을 작성한다(표 2-21).

표 2-21 2,400kcal 식단의 예

끼니명	식단명	식재료명	식품교환 수 (1교환량, g)	중량(g)	식품군
아침	기장밥	쌀	3(30)	90	곡류군
		기장	1(30)	30	곡류군
	근대국	근대	0.5(70)	35	채소군
	조기구이	조기	1(50)	50	어육류군(저)
		식용유	1(5)	5	지방군
	콩나물무침	콩나물	1(70)	70	채소군
		참기름	1(5)	5	지방군
	김치	배추김치	0.5(50)	25	채소군
	두유	두유	1(200)	200	우유군(일반)
간식	떡	인절미	1(50)	50	곡류군
	수박	수박	1(150)	150	과일군
점심	보리밥	쌀	3(30)	90	곡류군
		보리	1(30)	30	곡류군
	북어뭇국	북어	1(15)	15	어육류군(저)
		무	0.5(70)	35	채소군
		참기름	1(5)	5	지방군
	쇠고기볶음	쇠고기	1(40)	40	어육류군(중)
		당근	0.5(70)	35	채소군
		양파	0.5(70)	35	채소군
		참기름	1(5)	5	지방군
	미역오이초무침	미역(생것)	0.5(70)	35	채소군
		오이	0.5(70)	35	채소군
	김치	총각김치	0.5(50)	25	채소군

(계속)

끼니명	식단명	식재료명	식품교환 수 (1교환량, g)	중량(g)	식품군
간식	샌드위치	식빵	1(35)	35	곡류군
		양상추	1(70)	70	채소군
		버터	1(5)	5	지방군
	우유	저지방우유	1(200)	200	우유군(저)
저녁	현미밥	쌀	3(30)	90	곡류군
		현미	1(30)	30	곡류군
	배추국	배추	0.5(70)	35	채소군
	호두멸치볶음	호두	1(8)	8	지방군
		멸치	1(15)	15	어육류군(저)
		식용유	1(5)	5	지방군
	가지나물	가지	0.5(70)	35	채소군
		참기름	1(5)	5	지방군
	깍두기	깍두기	1(50)	50	채소군
	바나나	바나나	1(50)	50	과일군

(3) 메뉴의 영양량 분석과 수정

메뉴의 영양량을 분석하여 영양목표와 적합하지 않을 때는 메뉴의 재료 중 일부를 교체 또는 재료량의 조정이나 조리방법의 변경 등을 통해 영양량을 수정한다.

(4) 메뉴표 완성

메뉴표를 완성한 후 영양가 분석방법, 기호도 및 수응도 조사방법, 잔반량 조사법, 설문지 조사법 등을 통하여 메뉴를 재평가하고, 결과를 차기 메뉴 계획 시에 반영한다.

SECTION 2 메뉴 개발과 가격결정

1. 메뉴 개발

급식대상자들의 연령, 기호, 직업 등의 사회적 배경이 다른 데서 오는 요구 등을 충족시키기 위해서는 새로운 메뉴가 개발되어 보완되어야 한다.

선호도가 높은 메뉴는 그대로 유지하고, 개선이 필요한 메뉴는 수정·보완해 나간다.

메뉴를 새로이 개발하는 과정은 급식소의 특성(표 2-22~2-29 참조)에 따라 달라지는데, 일반적으로 다음과 같이 진행된다.

(1) 메뉴 정보 수집

타사의 단체급식소나 외식업체의 기호도가 높은 메뉴, 새로운 식재료 개발 정보, 음식이나 급식 관련 인터넷 사이트에서 제공되는 메뉴 등 다양한 정보와 음식 관련 아이디어를 수집한다.

(2) 단체급식메뉴로서의 타당성 검토

조사된 새로운 메뉴들에 대해 단체급식에서 실용성이 높은 메뉴로서의 타당성을 검토한다.

(3) 적정메뉴 선별

급식소 유형 및 대상, 고객의 요구, 식재료 원가, 위생·안전성, 대량조리 적용 가능성, 설비·기기 여건, 조리인력의 기술 수준 등을 고려하여 급식소에 적합한 메뉴를 선별한다.

(4) 단체급식에 적합한 조리법 개발

선별된 메뉴들은 신메뉴로서의 적용 가능성이나 맛 등의 전체적인 품질을 평가하여 단체급식에 적합한 메뉴로 조리법을 개발한다.

(5) 메뉴 평가

실험조리를 실시하면서 메뉴별 재료의 종류와 분량을 결정하고 조리 공정, 조리 후 배식까지의 변화 등을 평가하여 고객선호도가 높은 우수 메뉴를 선별한다.

(6) 표준레시피 개발

선별된 메뉴의 식재료 종류와 분량, 조리과정과 영양가 분석치, 원가표 그리고 사용기기, 생산총량을 기재하는 등 표준레시피를 확정하여 전산 프로그램에 등록하여 사용한다.

다음 표들은 제철식품을 활용한 급식소별 영양식단이다.

표 2-22 산업체급식 식단(봄) : (주)경기고속

	월	화	수	목	금
주간 식단표	완두콩밥	현미밥	기장밥	흑미밥	콩밥
	오징어무국	쑥애탕국	육개장	바지락미역국	꽃게된장찌개
	소갈비찜	조기구이	느타리버섯 청경채볶음	닭갈비굴소스 볶음	고등어카레구이 &고추냉이장
	고구마줄기 볶음	쇠고기채소 샐러드	도토리묵 오이무침	알감자조림	파스타애플 샐러드
	도라지오이생채	마늘쫑조림	콩자반	치커리부추무침	숙음겉절이
	배추김치	배추김치	배추김치	배추김치	배추김치
	딸기	방울토마토	바나나	사과	오렌지
열량(kcal)	891kcal	860kcal	869kcal	858kcal	882kcal
탄수화물(g)	136.2g	135.3g	133.6g	134.1g	137.4g
단백질(g)	41.7g	37.8g	38.6g	37.4g	38.5g
지방(g)	19.6g	18.6g	20.2g	19.1g	19.5g

*출처 : 국민영양, 2011, 4월호.

표 2-23 초등학교급식 식단(봄) : 서울당곡초등학교

	월	화	수	목	금
주간 식단표	찹쌀현미밥	차수수밥	청국장자장밥	[어린이날]	보리밥
	쇠고기무국	된장찌개	치킨화히타		북어국
	비름나물무침	약선장조림	깍두기		마파두부
	코다리강정	알배추겉절이	멜론		깻잎 · 고사리 볶음
	배추김치	머위대볶음	우유		배추김치
	우유	우유			사과
					우유
열량(kcal)	553.7kcal	598.4kcal	678.5kcal		571.4kcal
탄수화물(g)	81.4g	80.6g	106.9g		83.0g
단백질(g)	26.1g	29.5g	26.9g		22.3g
지방(g)	12.7g	16.2g	15.0g		17.0g

*출처 : 국민영양, 2011, 4월호.

표 2-24 산업체급식 식단(여름) : (주)대원여객

조직	월	화	수	목	금
주간 식단표	현미밥	콩밥	쌀밥	강낭콩밥	김치오무라이스&브라운소스
	맑은순두부탕&양념장	감자다시마국	한방삼계탕&새우젓무침	근대된장국	양파크림수프
	돈육찹쌀 견과류조림	병어양념구이	닭죽	치즈단호박 해물찜	느타리맛살 볶음
	애호박새우젓 볶음	쇠고기부추 피망잡채	통마늘장아찌	가지새송이 두반장볶음	시저샐러드
	그린샐러드&딸기드레싱	열무김치	노각무침	치커리무침	오이소박이
	배추김치	배추김치	깍두기	배추김치	찐옥수수
	토마토	과일화채	수박	매실차	
열량(kcal)	861kcal	879kcal	953kcal	834kcal	899kcal
탄수화물(g)	124g	129.5g	122.5g	122g	125g
단백질(g)	25g	34g	46g	37g	39g
지방(g)	25g	25g	31g	22g	27g

*출처 : 국민영양, 2012, 5월호.

표 2-25 초등학교급식 식단(여름) : 고양냉천초등학교

	월	화	수	목	금
주간 식단표	잡곡밥	클로렐라쌀밥	열무비빔밥	현미찹쌀밥	발아흑미밥
	전복삼계탕	곤약어묵국	맑은된장국	조랭이떡국	근대된장국
	표고버섯탕수	가지한우 굴소스볶음	김치오꼬노미야끼	장어양념구이	매실돈육 갈비찜
	멸치고추장볶음	오이밤초무침	수박	애호박새우볶음	쫄면상추무침
	깍두기	배추김치	나박김치	열무김치	배추김치
	우유	우유	우유	우유	참외
					우유
열량(kcal)	621.8kcal	517.6kcal	622.7kcal	587.5kcal	628.7kcal
탄수화물(g)	82.6g	84.6g	84.9g	88.2g	91.2g
단백질(g)	28.2g	21.3g	24.8g	17.3g	26.1g
지방(g)	20g	13.3g	22.1g	23.2g	15.6g

*출처 : 국민영양, 2012, 5월호.

표 2-26 산업체급식 식단(가을) : 한화호텔앤리조트(주)

	월	화	수	목	금
주간 식단표	꽃게해물탕(대)	구운마늘 참치볶음밥	느타리버섯 순두부찌개	애플카레라이스	고구마적채 영양밥& 고추장양념장
	기장조밥	미니우동	현미밥	쑥갓어묵국	아욱된장국
	고등어파채 굴소스구이	낙지떡볶이	돈육부추불고기	김치옥수수전	닭살그린빈 장조림
	매운가지볶음	감자칩샐러드& 석류드레싱	토마토스크램블	흑임자오이 초무침	해파리초무침
	치커리배생채	깍두기	참나물생채	섞박지	포기김치
	갓김치		포기김치	블루베리주스	
열량(kcal)	879kcal	710kcal	871kcal	882kcal	733kcal
탄수화물(g)	106g	117g	107g	145g	121g
단백질(g)	41g	22g	40g	29g	38g
지방(g)	31g	13g	30g	27g	10g

*출처 : 국민영양, 2012, 5월호.

표 2-27 초등학교급식 식단(가을) : 대전대룡초등학교

	월	화	수	목	금
주간 식단표	율무밥	현미밥	김치덮밥	기장밥	보리밥
	청경채된장국	육개장	유부팽이 된장국	들깨수제비 감자탕	조갯국
	숙주나물무침	비름나물무침	닭가슴살 치즈스테이크	애호박새우살 나물	도라지강정
	토마토소스 떡볶음	해물파전	양파오이피클	굴소스 갈치구이	메추리알 장조림
	배추김치	열무김치	고구마튀김	깻잎지	배추김치
	우유	우유	우유	우유	포도
					우유
열량(kcal)	609.4kcal	513.9kcal	627.0kcal	575.6kcal	571.8kcal
탄수화물(g)	97.9g	82.2g	86.5g	84.0g	77.5g
단백질(g)	23.1g	21.7g	35.7g	25.4g	30.5g
지방(g)	13.7g	11.6g	14.8g	15.0g	14.5g

*출처 : 국민영양, 2013, 9월호.

Check point

식단구성방법

가을에는 우리 몸의 세포가 생기를 얻고, 소화액의 분비가 촉진되며 식욕이 왕성해짐으로써 체중이 늘기 쉬우므로 운동량을 늘려야 한다. 또한 영양불균형을 방지하기 위해 육류, 어류, 과일 등 신선한 식품이 들어간 식단으로 구성한다. 추석에는 토란탕이나 닭찜 및 송편을 넣어서 식단을 구성해 보는 것도 좋은 방법이다.

표 2-28 산업체급식 식단(겨울) : 한화호텔앤리조트(주)

	월	화	수	목	금
주간 식단표	동태콩나물찜	돈육고추잡채&꽃빵	참치회덮밥	사골우거지탕	닭감자 매콤조림
	혼합잡곡밥	기장조밥	미소된장국	흑미밥	강낭콩밥
	느타리버섯 된장찌개	굴짬뽕국	닭고기 양념꼬치	삼치오븐구이	소고기미역국
	뿌리채소달걀찜	두부카르파치오	고구마치즈전	파채돈육강정	청포묵전
	포항초깨무침	통우엉조림	락교	쑥갓레몬깨장 냉채	비트양상추샐러드&만다린 당근드레싱
	총각김치	통우엉조림	과일샐러드	석박지	배추김치
	과일(사과)	배추김치	배추김치		수정과
열량(kcal)	815.8kcal	867.1kcal	933.98kcal	890.8kcal	828.1kcal
탄수화물(g)	129.7g	139.2g	126.4g	114.3g	122.1g
단백질(g)	39.2g	24.1g	37.3g	27.9g	20.1g
지방(g)	13.8g	19.8g	24.2g	26.3g	19.3g

*출처 : 국민영양, 2012, 12월호.

표 2-29 초등학교급식 식단(겨울) : 고양냉천초등학교

	월	화	수	목	금
주간 식단표	발아현미밥	혼합잡곡밥	멸치우엉볶음밥	차조밥	오곡밥
	황태달걀국	굴떡만두국	미역된장국	봄동조개된장국	사골곰국
	한우사태떡찜	오색잡채	김치피자	양송이한우볶음	묵은나물볶음
	미역샐러드	돼지고기김치찜	감말랭이	톳된장무침	녹두빈대떡
	배추김치	귤	배추김치	찹쌀약과	부럼
	우유	깻잎김치	우유	총각김치	깍두기
		우유		우유	우유
열량(kcal)	542.1kcal	633.1kcal	615.2kcal	548.1kcal	610.9kcal
탄수화물(g)	90.8g	91g	95.4g	83.8g	81.5g
단백질(g)	20.2g	24.2g	14.9g	19.4g	17.8g
지방(g)	10.9g	18.2g	23.3g	18.9g	25.5g

*출처 : 국민영양, 2012, 12월호.

2. 메뉴의 가격결정

급식대상자의 건강을 지키고 개선시키기 위해서는 기본적으로 급식대상자의 필요 영양량을 만족시키면서 메뉴 가격이 조정되어야 한다.

메뉴 가격결정은 식재료비에 의해 좌우되는데 식재료비는 급식시설의 종류와 성격에 따라 정해지며, 특히 위탁급식의 경우에는 이윤이 창출되어야 하므로 각 급식소에서는 메뉴 가격결정에 대한 관심이 커지고 있다.

(1) 가격결정의 의의

가격결정에 있어서 판매가격이 높고 낮음에 따라 원가율과 이익률이 달라지며, 이용하는 고객의 증감에 많은 영향을 받기 때문에 고객의 구매심리를 이용한 가격결정방법이 많이 이용된다.

(2) 가격결정의 목표

객단가의 이익 극대화와 매출 목표 및 수익성 확보, 고객별 점유율 유지·확보, 주방경영의 합리화를 목표로 한다.

(3) 가격결정 시 유의사항

① 식자재 비율과 수익성과의 관계
② 경쟁관계
③ 시장 신축성

(4) 가격결정의 기본 요소들

① 경쟁업소들의 동종메뉴 가격
② 전체 메뉴에서 개발메뉴가 차지할 판매비중
③ 가격에 대한 고객들의 반응
④ 동종메뉴 간의 가격 호환성

(5) 메뉴의 가격결정방법

가격은 이익의 원천으로서 총 수익에 영향을 주며, 목표이익을 달성하기 위한 기본 요건이 되는 동시에 판매량에 영향을 주며, 한 기업의 메뉴 가격은 기업의 유지 및 성장을 고려하여 결정된다.

1) 주관적인 방법

① 이상적인 가격결정법

식사 후 선정된 가격만큼의 가치를 지불할 것인지의 여부를 고려하여 판매가격을 결정

② 최고가격으로 결정하는 방법

고객이 기꺼이 지불할 수 있는 가장 높은 가격결정

③ 손실유도의 가격결정법

가장 주력 품목의 가격을 인하하여 고객을 유인한 후 타 품목에서 이익을 남기기 위해 높은 가격결정

④ 직관에 의한 가격결정법

상황에 따라 매니저의 경험과 직관에 의해 가격 변동을 시도할 수 있는 가격결정법

⑤ 기준가격결정법

주 음식을 기준으로 일률적으로 퍼센트를 응용하여 주 음식과 기타 품목을 동일하게 적용하여 가격결정

⑥ 경쟁 지향적 가격결정법

제품의 원가나 수요보다도 경쟁업자의 가격을 기준으로 가격을 결정하는 방법인 가격선도제, 적정가격결정법, 특매가격결정법, 경쟁입찰 가격결정법, 시장점유율 확보 가격결정법, 관습적 가격설정법 등

⑦ 유인가격설정법

특정 상품의 가격을 싸게 함으로써 다른 상품의 구매까지 유도하는 전략

2) 객관적인 방법(이윤가격법)

식자재의 몇 배를 받아야 이윤을 얻게 되는가를 계산하는 방법으로 다음과 같은 방법이 있다.

① 배수에 의한 가격산출법

식재료에 대한 전체적인 원가율과 특정 아이템에 대한 재료원가를 바탕으로 가격을 계산하는 방법으로 가장 간단한 가격결정법으로 과거의 영업실적자료를 가지고 있는 레스토랑에서 많이 활용된다.

② 주 원가에 의한 가격산출법

외식기업의 가장 중요한 인건비와 식재료원가를 합한 비용으로 주 원가를 이용하여 가격을 계산하는 방법이다. 전체 인건비 중에서 직접인건비를 중하게 고려한다.

③ 실비에 의한 가격산출법

실비에 의한 가격산출법은 생산 및 운영에 필요한 전 비용과 기대하는 수익률을 실제로 적용하여 가격을 계산하는 방법으로 식자재비, 인건비, 식자재비와 인건비를 제외한 변동비율, 고정비율, 이익률을 바탕으로 가격이 계산되며 식자재비와 인건비는 과거의 기록이 없는 경우 동종 외식업체의 평균을 이용한다.

④ 매출 총 이익을 이용하는 방법

손익계산서상의 매출 총 이익을 전체 고객 수로 나눈 숫자(객당 평균매출 총 이익)를 메뉴 원가에 합산하여 산출하는 방법으로, 객당 평균매출 총 이익이 높으면 높을수록 순이익이 높아질 수 있는 가능성도 높다.

메뉴 가격을 결정할 때에는 우선 식단표를 작성하여 1인 기준 식재료비를 산출하는 방법을 사용하고 있는데, 각 식품 100g당 단가를 식단에 표시된 식품량에 적용하는 방법으로 식재료비를 산출한다.

예상단가에 의한 식재료비와 차이가 있을 때는 메뉴 변경, 또는 식품을 대치하여 단가를 조절한다.

단가에 따른 식단작성은 다음과 같다(표 2–30, 표 2–31, 표 2–32).

표 2-30 식재료비 1,000원 계획 식단

끼니명	식단명	식재료명	1인 기준	
			식품량(g)	식재료비(원)
저녁	현미밥	쌀	90	225
		현미	30	102
	배추국	배추	35	27.7
		된장	15	18.1
	호두멸치볶음	호두	8	120.7
		멸치	15	200
		식용유	5	7
	가지나물	가지	35	74.6
		참기름	5	59.6
		간장	3	1.9
	깍두기	깍두기	50	89
	바나나	바나나	50	78.4
				1004

*출처 : 재치영양사(www.yori.co.kr) 2013.8.21. 가격정보에 의한 것임(표 2-22 참조).

표 2-31 식재료비 1,800원 계획 식단

끼니명	식단명	식재료명	1인 기준	
			식품량(g)	식재료비(원)
아침	기장밥	쌀	90	225
		기장	30	62.4
	근대국	근대	35	75
		된장	15	8.1
	조기구이	조기	50	380
		식용유	5	7
	콩나물무침	콩나물	70	42.2
		참기름	5	59.6
		소금	1.5	0
	김치	배추김치	25	44.3
	두유	두유	200	226
	떡	인절미	50	440
	수박	수박	150	234.4
				1804

*출처 : 재치영양사(www.yori.co.kr) 2013.8.21. 가격정보에 의한 것임(표 2-21 참조).

표 2-32 식재료비 2,300원 계획 식단

끼니명	식단명	식재료명	1인기준	
			식품량(g)	식재료비(원)
점심	보리밥	쌀	90	225
		보리	30	62.4
	북어뭇국	북어	15	166.8
		무	35	28.4
		참기름	5	59.6
		국간장	3	2.2
	쇠고기볶음	쇠고기	40	870
		당근	35	39.6
		양파	35	29.4
		참기름	5	59.6
		간장	8	5.1
	미역오이초무침	미역(생것)	35	44.1
		오이	35	43.4
		식초	2	2.8
		소금	1	0
	김치	총각김치	25	55.2
간식	샌드위치	식빵	35	81.7
		양상추	70	193
		버터	5	17.7
	저지방우유	우유	200	314
				2300

*출처 : 재치영양사(www.yori.co.kr) 2013.8.21. 가격정보에 의한 것임(표 2-21 참조).

SECTION 3 영양관리 및 메뉴 평가

1. 영양관리

영양관리란 피급식자의 요구에 만족한 식사, 필요한 영양소량을 균형 있게 섭취할 수 있는 식사를 제공하는 일을 하여 식사를 정확하게 이해시키고 건강유지 및 증진에 기여하는 데 의의가 있다. 단체급식에서의 영양관리는 급식대상자의 영양, 기호, 비용, 인력과 시설 등을 보다 합리적으로 관리·운영할 수 있도록 계획되어야 한다.

(1) 영양관리 목적

산업체급식의 영양관리는 피급식자의 건강유지 및 건강증진을 위하고 근로의욕을 증진시키며, 병원급식의 영양관리는 피급식자에게 질환별로 적절한 영양관리를 함으로써 질병의 치료·회복을 도모하고 식사지도와 영양지원을 한다. 학교·보건소·유치원 급식의 영양관리는 성장기, 청소년기에 필요한 적절한 영양을 공급하여 심신의 건강한 발달·발육을 도모하고, 편식 교정 및 영양에 대한 올바른 지식을 전달하며, 올바른 식사습관과 식사예절을 습득하게 한다.

(2) 영양관리 대상 집단의 파악

급식대상자는 개인을 기준으로 정하여 특정다수인을 대상으로 이루어진 집단을 기본으로 연령, 활동 강도, 노동 강도, 건강상태, 급식구성원 등의 개인적인 특성을 고려한 평균적 영양계획을 한다.

① **연령에 따른 분류** : 유아기, 아동기, 청소년기, 성인기, 노인기
② **활동 강도에 따른 분류** : 비활동적, 저활동적, 활동적
③ **노동 강도에 따른 분류** : 휴식상태 및 여가활동, 저강도, 중강도, 고강도
④ **건강상태에 따른 분류** : 보통환자, 특수치료식을 요하는 입원환자, 일반치료식을 요하는 입원환자 등으로 분류
⑤ **특수조건에 따른 분류** : 운동선수, 임신·수유기, 종교, 문화적 제한자 등

2. 메뉴 평가

메뉴 평가는 고객만족과 합리적인 급식관리를 위해서 반드시 실시되어야 한다. 고객측면의 메뉴 평가방법에는 음식에 대한 기호도 조사, 고객만족도 조사, 잔반량 조사 등이 있다. 또한 마케팅적 접근에 의해 고객 측면과 급식경영 측면을 종합적으로 평가할 수 있는 기법인 메뉴 엔지니어링이 있다.

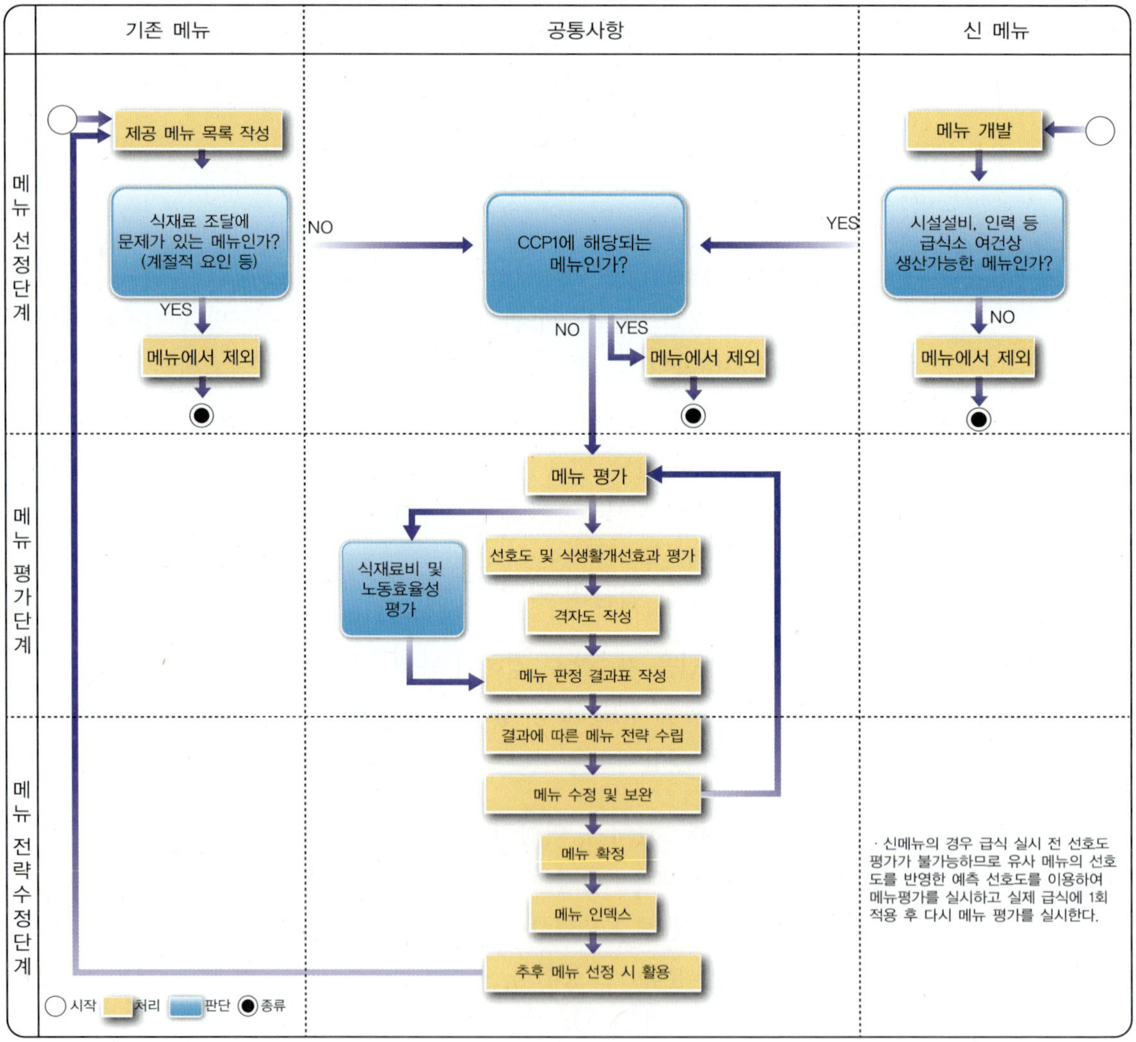

그림 2-5 학교급식 메뉴 평가 및 전략수립 개요

*출처 : 학교급식 메뉴 평가 도구 및 전략수립 매뉴얼. 계명대학교 식품영양과 최미경. 2012.

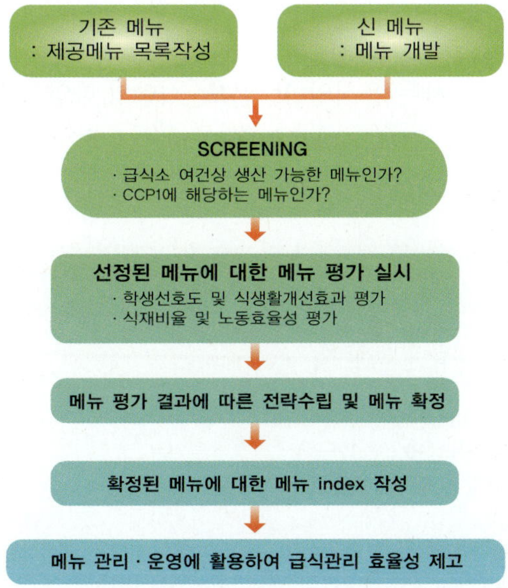

그림 2-6 학교급식 메뉴 평가 및 전략수립 개요

*출처 : 학교급식 메뉴 평가 도구 및 전략수립 매뉴얼. 계명대학교 식품영양과 최미경, 2012.

(1) 기호도 조사

음식에 대한 기호도를 파악함으로써 급식 섭취율이 높아질 수 있도록 하는 여러 개선방안을 강구할 수 있는 장점이 있으며, 이러한 기호도 조사는 주로 기호척도를 이용한 3점, 5점, 7점, 9점 척도를 사용하여 평가한다. 어린이를 대상으로 조사할 경우에는 숫자나 단어보다는 어린이가 이해하기 쉽게 얼굴 모양으로 묘사한 '얼굴모양 척도(Facial hedonic scale)'가 널리 사용된다(그림 2-7).

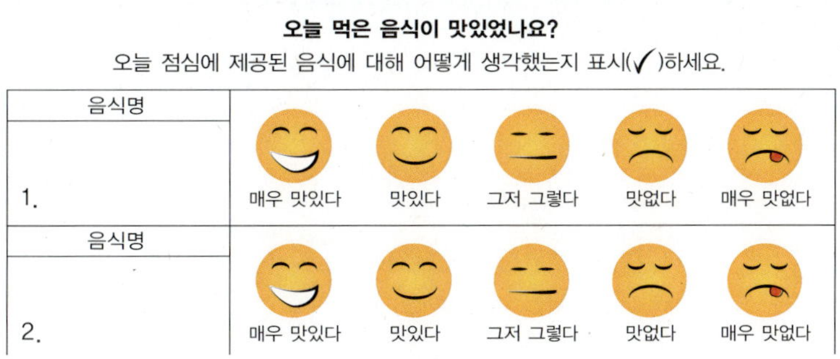

그림 2-7 어린이 대상 기호도 조사표

*출처 : M.C.Spears, Foodservice Organization 6/E. 2007.

(2) 고객만족도 조사

고객만족도에 대한 조사는 음식의 맛, 온도, 식단의 다양성, 위생, 서비스, 가격 등의 내용으로 구성하며, 고객의 의견을 종합 평가한 후 메뉴에 반영하기 위하여 설문조사(그림 2-8)를 실시한다.

학교급식 만족도 조사결과(2011)

1. 과제명 : 2011년도 학교급식 만족도 조사
2. 주관 : 교육과학기술부(현 교육부)
3. 조사책임자 : 연세대학교 양일선 교수
4. 조사기간 : 2011.9.1.~11.30.(약 3개월)

〈서울시 교육청 체육건강과 업무방 탑재〉

[시 · 도 교육청별 평균 전반적인 만족도]

- 상위 → 1위 경북(96.3점), 2위 대전(91.2점), 3위 부산(90.1점)
- 하위 → 1위 충북(76.3점), 2위 전북(77.0점), 3위 경기(77.8점)

구분	전체	서울	부산	대구	인천	광주	대전	울산	경기	강원	충북	충남	전북	전남	경북	경남	제주
학생	**80.7**	74.6	90.1	86.4	84.0	82.3	91.6	76.6	74.5	75.8	**71.8**	78.0	73.0	77.5	94.6	78.2	83.1
학부모	**83.1**	80.8	85.5	85.3	83.5	85.0	87.5	79.8	79.7	81.5	**76.2**	80.9	76.6	**84.5**	97.8	84.4	83.9
교직원	**91.6**	90.1	94.6	91.0	92.1	93.5	93.5	88.0	**86.0**	87.8	90.4	92.7	89.5	**91.2**	99.8	90.8	95.0
평균	**83.4**	78.9	90.1	87.1	85.6	85.1	91.2	78.8	77.8	79.3	**76.4**	81.6	77.0	81.6	96.3	84.2	83.1

학교급식의 전반적인 만족도는 83.4점으로 조사되었음.

*출처 : 친환경학교급식 도봉네트워크.

학교급식 만족도 조사(학생용)					
본 설문은 학교급식에 대한 의견을 조사하여 급식운영에 반영하고자 실시합니다. 솔직하게 답변해 주시기 바랍니다.					
항 목	매우 그렇다	그렇다	보통이다	아니다	매우 아니다
1. 나는 우리학교급식이 좋다.					
2. 우리학교급식의 음식은 맛있다.					
3. 우리학교급식의 음식 온도는 적당하다.					
4. 우리학교급식의 식단은 다양하다.					
5. 우리학교급식의 식기(식판과 그릇 등)는 깨끗하다.					
6. 우리학교급식실 조리종사자의 복장은 깨끗하다.					
7. 우리학교급식실 조리종사자는 친절하다.					
8. 우리학교급식실 환경은 깨끗하다.					
9. 우리학교급식실에서 발행하는 식단표 및 급식 홍보자료(가정통신문)는 매우 유익하다.					
10. 나는 급식실에서 질서 지키기, 음식물 안 남기기, 식사 후 정리정돈을 잘하고 있다.					
수고하셨습니다.					

그림 2-8(a) 학교급식 만족도 조사표의 예(학생용)

<table>
<tr><td colspan="6">학교급식 만족도 조사(교직원용)</td></tr>
<tr><td colspan="6">본 설문은 학교급식 만족도를 조사하여 학교급식운영 계획 수립에 반영하여 학교급식 발전을 도모하고자 실시합니다.
솔직하게 답변해 주시기 바랍니다.</td></tr>
<tr><th>항 목</th><th>매우 그렇다</th><th>그렇다</th><th>보통 이다</th><th>아니다</th><th>매우 아니다</th></tr>
<tr><td>1. 본인이 속해 있는 학교급식은 투명하게 운영된다고 생각한다.</td><td></td><td></td><td></td><td></td><td></td></tr>
<tr><td>2. 본인이 속해 있는 학교급식의 음식은 맛있다고 생각한다.</td><td></td><td></td><td></td><td></td><td></td></tr>
<tr><td>3. 본인이 속해 있는 학교급식의 음식 온도는 적당하다고 생각한다.</td><td></td><td></td><td></td><td></td><td></td></tr>
<tr><td>4. 본인이 속해 있는 학교급식의 식단은 다양하고 균형된 영양식이라고 생각한다.</td><td></td><td></td><td></td><td></td><td></td></tr>
<tr><td>5. 본인이 속해 있는 학교급식의 식기(식판과 그릇 등)는 깨끗하다고 생각한다.</td><td></td><td></td><td></td><td></td><td></td></tr>
<tr><td>6. 본인이 속해 있는 학교급식실 조리종사자의 복장은 깨끗하다고 생각한다.</td><td></td><td></td><td></td><td></td><td></td></tr>
<tr><td>7. 본인이 속해 있는 학교급식실 조리종사자는 친절하다고 생각한다.</td><td></td><td></td><td></td><td></td><td></td></tr>
<tr><td>8. 본인이 속해 있는 학교급식실 환경은 깨끗하다고 생각한다.</td><td></td><td></td><td></td><td></td><td></td></tr>
<tr><td>9. 본인이 속해 있는 학교급식실에서 발행하는 식단표 및 급식 홍보자료(가정통신문)는 매우 유익하다고 생각한다.</td><td></td><td></td><td></td><td></td><td></td></tr>
<tr><td>10. 본인이 속해 있는 학교의 경우 급식비는 적정하다고 생각한다.</td><td></td><td></td><td></td><td></td><td></td></tr>
<tr><td colspan="6">수고하셨습니다.</td></tr>
</table>

그림 2-8(b) 학교급식 만족도 조사표의 예(교직원용)

학교급식 만족도 조사(학부모용)					
본 설문은 학교급식 만족도를 조사하여 학교급식운영 계획 수립에 반영하여 학교급식 발전을 도모하고자 실시합니다. 솔직하게 답변해 주시기 바랍니다.					
항 목	매우 그렇다	그렇다	보통이다	아니다	매우 아니다
1. 귀하의 자녀가 속해 있는 학교급식은 투명하게 운영된다고 생각한다.					
2. 귀하의 자녀가 속해 있는 학교급식 음식은 맛있다고 생각한다.					
3. 귀하의 자녀가 속해 있는 학교급식 운영 공개 및 의견 수렴이 잘 반영된다고 생각한다.					
4. 귀하의 자녀가 속해 있는 학교급식 식단은 다양하고 균형된 영양식이라고 생각한다.					
5. 귀하의 자녀가 속해 있는 학교급식실의 위생관리 상태는 만족하다고 생각한다.					
6. 귀하의 자녀가 속해 있는 학교급식활동(검수, 모니터링 등)에 참여해 본 적이 있다.					
7. 귀하의 자녀가 속해 있는 학교급식실 조리종사자는 친절하다고 생각한다.					
8. 귀하의 자녀가 속해 있는 학교급식실 환경은 깨끗하다고 생각한다.					
9. 귀하의 자녀가 속해 있는 학교급식실에서 발행하는 식단표 및 급식 홍보자료(가정통신문)는 유익하다고 생각한다.					
10. 귀하의 자녀가 속해 있는 학교의 경우 급식비는 적정하다고 생각한다.					
수고하셨습니다.					

그림 2-8(c) 학교급식 만족도 조사표의 예(학부모용)

(3) 잔반량 조사

각각의 음식에 대한 수응도를 평가하기 위하여 잔반량을 측정한다.

저울을 이용하여 잔반량을 측정하기도 하고, 육안으로 관찰하여 측정하는 방법도 있다. 또한 자신이 섭취한 양을 직접 평가하도록 하는 자가기록방법(그림 2-9)을 이용하여 평가하기도 한다.

얼마나 섭취했습니까?

각 음식의 먹은 양에 X표 해주세요.

음식명	전혀 먹지 않았다	맛만 보았다	조금 먹었다	절반 먹었다	전부 먹었다	전부 먹었다
1.						

그림 2-9 자가기록방법에 의한 섭취량 측정 스케일

*출처 : M.C.Spears, Foodservice Organization 6/E. 2007.

(4) 메뉴 엔지니어링

메뉴 엔지니어링(menu engineering)은 그 절차를 통하여 고객의 수요를 증진시키고 아이템별 평균공헌 이익을 증대시키는 방법을 개발하여 활용함으로써 지속적으로 전체 메뉴의 공헌이익을 증가시키는 데에 그 목적이 있다.

경영자가 과거를 토대로 현재와 미래의 메뉴를 평가하는 과정에 활용될 수 있도록 단계적으로 체계화한 평가의 절차라고 할 수 있다.

메뉴 엔지니어링은 급식대상자의 수요량, 메뉴믹스, 공헌 마진 등을 고려해야 하는데, 이는 메뉴 가격에서 식재료비를 제외한 금액으로 메뉴의 수익성을 반영한다는 의미이다.

① **급식대상자의 수요량** : 일정기간 동안 업소를 이용한 급식대상자의 수

② **메뉴믹스**(Menu Mix : MM) : 일정기간 동안 급식대상자의 선호도에 따라 판매된 각 메뉴의 수량

③ **공헌 마진**(Contribution Margin : CM) : 각각의 메뉴들이 수익에 공헌하는 금액

메뉴 엔지니어링 결과 각 메뉴 품목의 판매비율과 공헌 마진에 따라 크게 4가지 범주, 즉 Star, Plowhorse, Puzzle, Dog로 분류된다(그림 2-10).

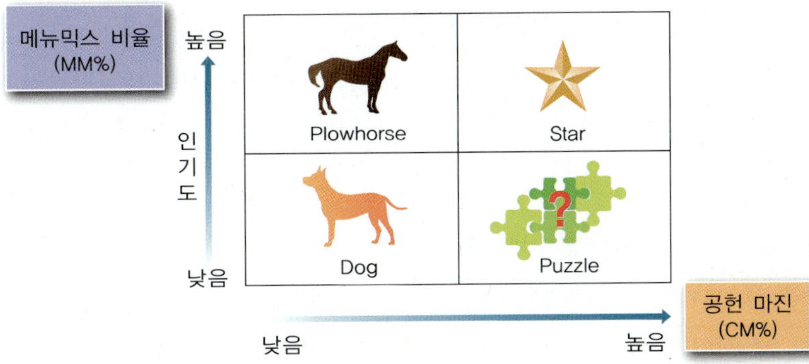

그림 2-10 메뉴 엔지니어링 매트릭스

표 2-33 공헌 마진(CM)과 메뉴믹스(MM)에 대한 메뉴 평가

CM	MM	Classification	평가	평가결과
High	High	Star	• 선호도와 수익성이 모두 높은 품목으로 급식소의 대표적 메뉴인 경우가 많다. • 계속적으로 고수익아이템으로 유지시킬 필요가 있으며, 판매가격의 비탄력성 테스트(독점형식)로 가격인상을 고려할 수도 있다. • 대게 급식소의 대표적인 메뉴인 경우로 다른 급식소나 레스토랑에서 경쟁하지 못하는 독보적인 메뉴	메뉴 유지
Low	High	Plowhorse	• 선호도는 높으나 수익성이 낮은 품목으로 수요를 위한 테스트를 통하여 품목의 대배치나 새로운 데코레이션, 재포장 등의 방법을 이용하여 신중히 가격인상을 고려할 필요가 있다. • 메뉴품목의 판매를 위하여 많은 노동력을 필요로 했다면 노동력 감소 방안도 모색해야 한다. • 단가가 싼 다른 몇 개 품목들을 묶어 세트메뉴로 판매 • 고객에게 반감을 주지 않는 범위 내에서 1인분량 조정 • 곁들임 채소나 장식에 쓰이는 재료를 줄여서 원가절약	가격재조정
High	Low	Puzzle	• 선호도는 낮으나 수익성이 높은 품목으로 수요를 늘리는 것이 관건이다. • 메고객의 눈에 잘 띄게 한다던가 1Portion Size늘리거나, 질 좋은 재료, 장식을 이용하여 고객의 선택을 이끌어 내는 것이 필 • 메뉴명도 고객에게 친숙한 단어를 쓰는 것이 좋다. • 메뉴표에서 위치를 좀 더 눈에 잘 띄도록 배치 • 가격을 약간 낮추어 고객 수요를 늘림 • 메뉴 이름을 좀더 친숙한 이름이나 문구로 교체	위치재조정
Low	Low	Dog	• 선호도와 수익성이 모두 낮은 품목 • 메뉴에서 과감하게 제거 • 조금이라도 인기 있는 아이템이라면 메뉴 가격을 Puzzles 수준으로 올려봄 • 인기가 없는 이유와 수익이 남지 않는 이유를 찾아내어 개선해보고, 그래도 영향을 받지 ㅇ낳는다면 과감하게 제거한다.	메뉴 교체

표 2-33에서 Star는 공헌 마진과 인기도가 높으므로 유지하고, Plowhorse는 공헌 마진은 낮으나 인기도가 높으므로 가격이 재조정되어야 한다.

Puzzle은 공헌 마진은 높고, 인기도가 낮아 메뉴판에서 메뉴의 위치를 재조정할 필요가 있다. Dog는 공헌 마진, 인기도도 모두 낮으므로 다른 메뉴로 교체하여야 한다.

1) 대학급식소의 메뉴 운영 현황 예

학기 중(월~토) 위탁 운영되고 있는 3개 식당 중 A, C 식당은 점심, 저녁식사를 제공하고, B 식당은 아침, 점심을 운영하고 있으며, 이 중 A, B 식당은 고정식 메뉴인 정량 배식, C 식당은 카페테리아 배식이었다.

표 2-34 식당의 메뉴운영 현황 예

식당	운영형태	운영시간	배식방법	메뉴구성	판매가격대
A 식당	식당 매점 스낵	• 학기 중(월~토) 10:00~19:00(점심,저녁) • 방학 중(월~토) 10:00~18:30(점심,저녁)	정량 배식	〈고정식 메뉴〉 점심: 탕류, 찌개류(2종) 저녁: 탕류, 찌개류, 볶음밥류(3종) (매점): 음료, 유제품 (스낵): 김밥, 떡볶이, 어묵, 만두 등	1200~1300원: 탕류, 찌개류 250~-550원: 매점 400~700원: 스낵류
B 식당	식당	• 학기 중(월~토) 08:00~15:00(아침, 점심) • 방학 중(월~토) (6월말~8월말 9주간 및 12월 16일~2월29일까지 휴무)	정량 배식	〈고정식 메뉴〉 아침: 토스트류, 국밥류(2종) 점심: 양식류, 볶음밥류, 국수류(3종)	800원: 토스트류, 국밥류, 볶음밥류, 국수류 1300원: 양식류
C 식당	식당 매점 베이커리	• 학기 중(월~토) 11:00~18:30(점심,저녁) • 방학 중(여름: 월~토) 11:00~18:00(점심,저녁) • 방학 중(겨울) 12월23일~2월29일 휴무	자율 배식	〈복수 메뉴〉 점심&저녁: 주식류 1(소량/대량) 국류 2, 주요리 3 주반찬 2, 부반찬 2 후식류1, 김치류 1 (매점): 음류, 유제품 (베이커리): 제과 및 제빵류	100~800원: 카페테리아식당 음식 250~600원: 음료, 유제품 400~700원: 베이커리

*출처 : 외식경영연구. Vol 3 Num 1. 2000.8.

2) 대학교급식소 식당별 메뉴 엔지니어링 분석

A 식당의 메뉴 엔지니어링 분석을 한 결과 주메뉴인 탕류와 찌개류 및 덮밥류는 Star 메뉴로 인기도 높고 이윤창출 기여도 높으므로 지속적으로 유지할 메뉴였다. 탕류 중 순대국과 설렁탕, 덮밥류 중 오무라이스, 어묵떡볶음과 불고기는 Plowhorse 메뉴로 공헌 마진은 낮으나 인기도가 높으므로 가격 재조정이 요구된다. 육개장은 Puzzle 메뉴로 공헌 마진은 높고, 인기도가 낮아 메뉴판에서 메뉴의 위치를 재조정할 필요가 있다(표 2–35).

표 2–35 A 식당의 메뉴 엔지니어링

메뉴명 (A)	판매량 (B)	메뉴 믹스 (C)	식단가 (D)	판매가 (E)	공헌 마진 (F=E–D)	메뉴비용 (G=D*B)	메뉴수익 (H=E*B)	메뉴 공헌 마진 (L=F*B)	공헌 마진 분류 (P)	메뉴믹스 비율분류 (R)	메뉴판정 (S)
군만두짜장	3,129	10	867	1,200	333	2,712,843	3,754,800	1,041,957	High	High	Star
부대찌개	3,650	11	927	1,200	273	3,383,550	4,380,000	996,450	High	High	Star
우거지탕	2,701	8	867	1,200	333	2,341,767	3,241,200	899,433	High	High	Star
보리비빔밥	3,750	11	1,091	1,200	109	4,091,250	4,500,000	408,750	High	High	Star
마파두부덮밥	2,662	8	918	1,200	282	2,443,716	3,194,400	750,684	High	High	Star
참치우거지 찌개	3,260	10	829	1,200	371	2,702,540	3,912,000	1,209,460	High	High	Star
육개장	1,161	4	949	1,200	251	1,101,789	1,393,200	291,411	High	Low	Puzzle
어묵떡볶음과 불고기	2,293	7	1,080	200	–880	2,476,440	458,600	–2,017,840	Low	High	Plowhorse
순대국	3,463	11	819	100	–719	2,836,197	346,300	–2,489,897	Low	High	Plowhorse
오무라이스	3,378	10	959	100	–859	3,239,502	337,800	–2,091,702	Low	High	Plowhorse
설렁탕	3,432	10	792	200	–592	2,718,144	686,400	–2,031,744	Low	High	Plowhorse
메뉴 수	총 판매량 (N)					총 비용 (I)	총 수익 (J)	총 공헌 마진 (M)			
11	32,879					30,047,738	26,204,700	–3,843,038			
						총 비용비율 (K)=I/J	평균 공헌 마진 (O)=M/N	70% RULE 메뉴믹스 비율 (Q)=(100/메뉴 수)*(0.7)			
							–117	6.36			

*출처 : 외식경영연구. Vol 3 Num 1. 2000.8.

B 식당의 메뉴 엔지니어링(표 2-36) 분석 결과 볶음밥류(케첩, 김치, 짜장, 콩나물)는 주로 Plowhorse 메뉴로 가격 재조정이 필요하고, 국수류는 Star 또는 Plowhorse 메뉴로 학생들의 선호도가 높다. 돈까스, 햄버그스테이크, 비후까스(beef cutlet) 등 양식류는 Star 메뉴로 인기도 높고, 이윤창출 기여도도 높아 지속적으로 유지할 메뉴인 반면, 아침 메뉴인 토스트류, 국밥류는 Dog 메뉴로 학생들의 선호도와 이윤창출 기여도가 모두 낮으므로 다른 메뉴로 교체하도록 한다.

표 2-36 B 식당의 메뉴 엔지니어링

메뉴명 (A)	판매량 (B)	메뉴 믹스 (C)	식단가 (D)	판매가 (E)	공헌 마진 (F=E-D)	메뉴비용 (G=D*B)	메뉴수익 (H=E*B)	메뉴 공헌 마진 (L=F*B)	공헌 마진 분류 (P)	메뉴믹스 비율분류 (R)	메뉴판정 (S)
케첩볶음밥	1,120	7	629	800	171	704,480	89,6000	191,520	Low	High	Plowhorse
달걀장국수	500	3	560	800	240	280,000	400,000	120,000	Low	High	Plowhorse
돈까스 (pork cutlet)	915	6	848	1,300	452	775,,920	1,189,500	413,580	High	High	Star
쇠고기 콩나물국	330	2	617	800	183	203,610	264,000	60,390	Low	Low	Dog
딸기잼토스트	290	2	674	800	126	195,460	232,000	36,540	Low	Low	Dog
김치볶음밥	1,206	8	629	800	171	758,574	964,800	206,226	Low	High	Plowhorse
어묵국수	760	5	537	800	263	408,120	608,000	199,880	Low	High	Plowhorse
난자완스와 스파게티볶음	754	5	823	1,300	477	620,542	980,200	359,658	High	High	Star
쇠고기미역국	280	2	636	800	164	178,080	224,000	45,920	Low	Low	Dog
사과잼토스트	315	2	685	800	115	215,775	252,000	36,225	Low	Low	Dog
짜장볶음밥	1,024	6	571	800	229	584,704	819,200	234,496	Low	High	Plowhorse
채소비빔국수	450	3	492	800	308	221,400	360,000	138,600	High	High	Star
햄버그스테이크	904	6	919	1,300	381	830,776	1,175,200	344,424	High	High	Star
쇠고기버섯죽	256	2	553	800	247	141,568	204,800	63,232	Low	Low	Dog
프렌치토스트	382	2	684	800	116	261,288	305,600	44,312	Low	Low	Dog

*출처 : 외식경영연구. Vol 3 Num 1. 2000.8.

C 식당의 메뉴 엔지니어링(표 2-37) 분석 결과 주 요리 중 한식 메뉴는 Star 메뉴로서 인기도 좋고 이윤도 높으나, 양식 메뉴는 Puzzle 메뉴로 이윤은 높지만 인기는 없는 메뉴로, 메뉴의 위치를 재조정할 필요가 있다. 볶음, 무침, 조림음식이 대부분인 주반찬은 Plowhorse 메뉴이며, 부반찬인 밑반찬류는 인기도 없고 이윤도 없는 Dog메뉴로 학생들의 선호도와 수익성이 모두 낮은 품목으로 메뉴에서 과감하게 제거하도록 한다.

표 2-37 C 식당의 메뉴 엔지니어링

메뉴명 (A)	판매량 (B)	메뉴 믹스 (C)	식단가 (D)	판매가 (E)	공헌 마진 (F=E-D)	메뉴비용 (G=D*B)	메뉴수익 (H=E*B)	메뉴 공헌 마진 (L=F*B)	공헌 마진 분류 (P)	메뉴믹스 비율분류 (R)	메뉴판정 (S)
콩나물국	1,237	2	90	300	210	111,330	371,100	259,770	High	High	Star
우거지국	920	2	224	300	76	206,080	276,000	69,920	Low	High	Plowhorse
햄스테이크	444	1	547	800	253	242,868	255,200	112,332	High	Low	Puzzle
제육양배추쌈	1,288	3	519	800	281	668,472	1,030,400	361,928	High	High	Star
쇠고기떡볶음	1,074	2	473	800	327	508,002	859,200	351,198	High	High	Star
옥수수양파 볶음	1,106	2	122	200	78	134,932	221,200	86,268	Low	High	Plowhorse
두부조림	1,232	2	114	200	86	140,448	246,400	105,952	Low	High	Plowhorse
마늘쫑무침	393	1	79	100	21	31,008	39,250	8,243	Low	Low	Dog
무생채	730	1	77	100	23	56,210	73,000	16,790	Low	High	Plowhorse
포크빈스	856	2	104	200	96	89,024	171,200	82,176	Low	High	Plowhorse
배추김치	1,347	3	114	100	-14	155,530	134,675	-18,855	Low	High	Plowhorse
감자다시마국	697	1	144	300	153	100,296	208,950	108,654	High	High	Star
쇠고기 우거지국	896	2	291	300	9	260,736	268,800	8,064	Low	High	Plowhorse
민태까스	797	2	459	800	341	365,823	637,600	271,777	High	High	Star
제육볶음	1,238	2	462	800	338	571,956	990,400	418,444	High	High	Star
마파두부	752	1	334	800	466	251,168	601,600	350,432	High	High	Star
당근스크램블	892	2	121	200	79	107,932	178,400	70,468	Low	High	Plowhorse
맛살채소볶음	1,371	3	145	200	55	198,795	274,200	75,405	Low	High	Plowhorse
숙주나물	229	0	71	100	29	16,259	22,900	6,641	Low	Low	Dog
먹짠지무침	894	2	79	100	21	70,626	89,400	18,774	Low	High	Plowhorse

(계속)

메뉴명 (A)	판매량 (B)	메뉴 믹스 (C)	식단가 (D)	판매가 (E)	공헌 마진 (F=E−D)	메뉴비용 (G=D*B)	메뉴수익 (H=E*B)	메뉴 공헌 마진 (L=F*B)	공헌 마진 분류 (P)	메뉴믹스 비율분류 (R)	메뉴판정 (S)
마카로니 샐러드	1392	3	74	200	126	103,008	278,400	175,392	Low	High	Plowhorse
어묵무국	1067	2	153	300	147	163,251	320,100	156,849		High	Plowhorse
달걀파국	1107	2	128	300	172	141,696	332,100	190,404	High	High	Star
돈까스 (pork cutlet)	706	1	391	800	409	276,046	564,800	288,754	High	High	Star
두부김치	1018	2	297	800	503	302,346	814,400	512,054	High	High	Star
탕수육	1080	2	560	800	240	604,800	864,000	259,200	High	High	Star
명엽채무침	600	1	176	200	24	105,600	120,000	14,400	Low	Low	Dog
감자조림	1213	2	136	200	64	164,968	242,600	77,632	Low	High	Plowhorse
콩자반	433	1	59	100	41	25,547	43,300	17,753	Low	Low	Dog
오이지무침	426	1	135	100	-35	57,510	42,600	-14,910	Low	Low	Dog
그린피스 샐러드	1690	3	134	200	66	226,460	338,000	111,540	Low	High	Plowhorse
깍두기	810	2	106	100	-6	85,860	81,000	-4,860	Low	High	Plowhorse
어묵국	480	1	153	300	147	73,440	144,000	70,560	Low	Low	Dog
참치김치찌개	165	0	216	300	84	35,640	49,500	13,860	Low	Low	Dog
아지조림	206	0	434	800	366	89,404	164,800	75,396	High	Low	Puzzle
닭도리탕	246	0	502	800	298	123,492	196,800	73,308	High	Low	Puzzle
멸치볶음	176	0	116	200	84	20,416	35,200	14,784	Low	Low	Dog
연두부양념장	393	1	117	200	83	45,981	78,600	32,619	Low	Low	Dog
미역줄기볶음	128	0	51	100	49	6,528	12,800	6,272	Low	Low	Dog
채소샐러드	461	1	109	200	91	50,279	92,200	41,951	Low	Low	Dog
얼갈이국	1656	3	96	300	204	158,976	496,800	337,824	High	High	Star
쇠고기 콩나물국	1300	3	251	300	49	326,300	390,000	63,700	Low	High	Puzzle
순대볶음	1309	3	459	800	341	600,831	1,047,200	446,369	High	High	Star
프랑크소시지 케첩볶음	600	1	576	800	224	345,600	480,000	134,400	High	Low	Puzzle
마카로니햄 볶음	865	2	141	200	59	121,965	173,000	51,035	Low	High	Plowhorse

(계속)

메뉴명 (A)	판매량 (B)	메뉴 믹스 (C)	식단가 (D)	판매가 (E)	공헌 마진 (F=E−D)	메뉴비용 (G=D*B)	메뉴수익 (H=E*B)	메뉴 공헌 마진 (L=F*B)	공헌 마진 분류 (P)	메뉴믹스 비율분류 (R)	메뉴판정 (S)
멸치고추장 볶음	1,025	2	121	200	79	124,025	205,000	80,975	Low	High	Plowhorse
고구마순볶음	654	1	101	100	-1	66,054	65,400	-654	Low	High	Plowhorse
무말랭이무침	717	1	56	100	44	40,152	71,700	31,547	Low	High	Plowhorse
양배추샐러드	1,304	3	113	200	87	147,352	260,800	113,448	Low	High	Plowhorse
미역국	1,880	4	115	300	185	216,200	564,000	347,800	High	High	Star
햄버그스테이크	441	1	457	800	343	201,309	352,400	151,092	High	Low	Puzzle
쇠고기떡볶음	1,283	3	473	800	327	606,859	1,026,400	419,541	High	High	Star
만두탕수	886	2	360	800	440	318,960	708,800	389,840	High	High	Star
숙주맛살나물	848	2	149	200	51	126,352	169,600	43,248	Low	High	Plowhorse
달걀찜	1,364	3	152	200	48	207,328	272,800	65,472	Low	High	Plowhorse
취나물	911	2	94	100	6	85,634	91,100	5,466	Low	High	Plowhorse
오복채무침	302	1	89	100	11	26,878	30,200	3,322	Low	Low	Dog
멕시칸샐러드	1,358	3	118	200	82	160,244	271,600	111,356	Low	High	Plowhorse
메뉴수	총 판매량 (N)					총 비용 (I)	총 수익 (J)	총 공헌 마진 (M)			
58	50,891					10,868,756	18,541,875	7,673,121			
						총 비용 비율 (K)=I/J	평균 공헌 마진 (O)=M/N	70% RULE 메뉴믹스 비율 (Q)=(100/메뉴 수)*(0.7)			
							151	1.2			

*출처 : 외식경영연구. Vol 3 Num 1. 2000.8.

Chapter 3

식품재료의 구매 및 관리

SECTION 1 구 매

1. 구매의 개요

(1) 구매의 개념

구매는 구매자가 물품을 구입하기 위하여 계약을 체결하고, 그 계약에 따라 물품을 인도받고 지불하는 행위이다. 즉, 적정한 공급자에게서 적절한 시기에 적정한 품질과 수량 및 단가에 맞는 물품을 구입하는 과정이라고 할 수 있다.

단체급식에서 구매관리(Purchasing management)는 급식 전 과정을 효율적으로 운영할 수 있도록 최상의 품질을 유지하는 식재료와 구매물품을 최적 공급업자에게 필요한 시기에 필요량만큼 적정 비용으로 구입할 목적으로 구매활동을 계획하고 통제하는 관리활동이다.

(2) 구매관리의 목적

구매관리의 목적은 생산과 판매활동의 합리적 운영을 목표로 요구하는 필요량의 적격물품을 적절한 시기에 적정 공급자로부터 적정 가격으로 구입하여 급식 생산성의 향상을 도모하고 고객에게 양질의 음식을 제공하는 것이다.

구매활동의 기본은 다음과 같다.

① 정보에 의한 적정 공급원 확보
② 급식소가 원하는 유리한 시기
③ 적정 조건과 최상의 품질 선정
④ 구매계획에 따른 적정 구매량

⑤ 조건에 맞는 적정 가격
⑥ 구매활동에 따른 검수, 저장, 입출고(재고)

(3) 구매활동의 중요성

급식경영에서 차지하는 식재료비의 비중은 상업급식소의 경우 30~40%, 단체 급식소의 경우 50~60%를 차지하고 있다. 이는 체계적인 식품구매관리활동과 급식의 원가관리가 서로 연관성이 크다는 것을 의미하고 있다. 따라서 효율적인 구매활동을 통해 원가를 절감하고, 나아가 급식의 품질향상을 통하여 수익성 향상과 고객만족으로 이윤의 극대화를 기대할 수 있다.

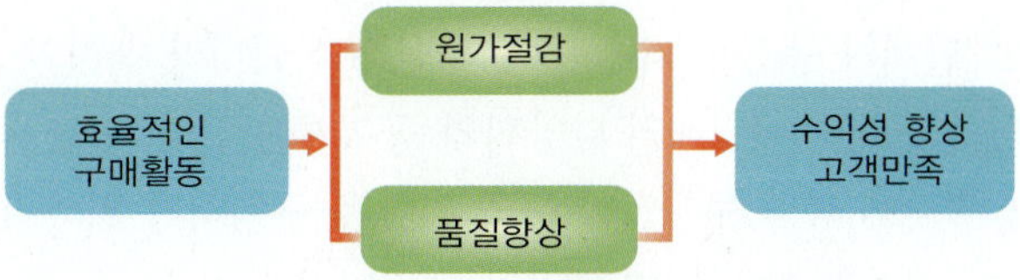

그림 3-3 구매활동의 의의

2. 구매조직

(1) 구매부서

대규모의 급식업체, 외식산업체에서는 구매부서를 별도로 두고 전문인력이 최적시기에 최적가격으로 필요물품을 구입·공급해 주는 구매업무를 행하게 하며 필요한 식재료 및 물품에 관한 정보를 전달받을 수도 있다. 소규모의 급식업체는 구매부서가 없는 경우가 많으므로 급식관리자가 직접 구매업무를 담당하기도 한다.

(2) 구매담당자

구매담당자는 상품의 특성, 저장조건, 시장과 유통경로, 주문 및 계약 관련 법규, 조직 내 구매방침, 구매경로 및 방법, 유통 환경 등 업무와 관련된 지식을 알아야 한다. 또한 품질, 가격, 서비스 등에 기초하여 물품의 가치를 객관적으로 평가하여 합리적인 구매 결정을 할 수 있어야 한다.

(3) 구매업무

구매부서의 구매업무는 다음과 같이 변화되고 있다. 근래 구매업무의 온라인화(e-Procurement, ERP 등)를 기반으로 한 구매 효율화 확산을 통해 전통적 구매업무(구매관리, 구매전략 개발, 구매요청서 검토, 가격결정, 주문서 작성, 계약 체결, 납기관리, 물품 입출고 관리, 대금 결제, 구매 기록사무)가 효율적으로 진행됨에 따라 구매업무 온라인화 등의 구매 인프라를 새로 구축할 필요성이 요구되고 있다.

Check point

전통시장 농산물의 유통체계 개선 방안

소비지 도소매단계의 농산물 유통구조 개선뿐만 아니라 산지와 소비지 간 유통경로 다원화, 농산물 소매업태의 다양화와 공정거래 질서 확립, 농산물의 소매단계 유통비용 절감을 통한 물가안정 등의 기반을 구축하기 위하여 전통시장 농산물의 유통체계 개선 방안에 관한 연구가 추진되었다.

2012년 기준 국내 전통시장 수는 1,511개소로 나타나고 있으며, 대부분의 전통시장은 도시지역 근린 생활상권을 배경으로 하는 소형 상설시장의 유형을 띠고 있다. 전통시장의 업체 수와 매출액은 지속적으로 감소하여 2004년 이후 시장 수 및 매출액 감소율은 연평균 각각 1.48%와 6.26%로 나타나고 있다. 이에 비해 전통시장과 가장 밀접한 경쟁관계에 있는 것으로 파악되는 대형마트(할인점)와 기업형 슈퍼마켓의 점포 수와 매출액은 지속적으로 증가하는 추세를 보이고 있다.

전통시장의 청과물 거래 비중을 추정한 결과 국내 청과물 총 유통량 중 전통시장의 거래 비중은 약 13~15% 내외로 추정되고 있다. 이 같은 비중은 외식업체의 청과물 취급 비중인 34% 다음으로 높게 나타나고 있어 농산물 소매유통단계에서 전통시장의 소매기능의 중요성을 나타내고 있다고 할 수 있다. 또한 농산물의 유통단계별 유통 마진을 살펴보면 품목에 따라 차이가 있으나 전체적으로 40~70% 수준으로 나타나고 있다.

이 중 소매단계 유통 마진율이 20~35%로 산지와 도매단계보다 매우 높은 수준이다. 따라서 전통시장의 농산물 취급 비중과 전통시장이 농산물의 마지막 소매단계라는 사실을 고려하면 전통시장의 농산물 유통체계 개선과 유통 마진 절감은

농산물의 농가 수취율 제고는 물론이고 소비자의 지불가격 수준과 전체 물가 안정을 위해 매우 중요한 과제라는 사실을 알 수 있다.

전통시장 육성사업에 대한 정부의 지원 형태는 크게 재정사업, 조세감면사업, 대규모 점포에 대한 규제정책 등 3가지 형태로 이루어지고 있다. 재정사업은 정부의 재정지출을 통한 지원사업이며, 조세감면사업은 각종 조세특례를 통한 조세감면이며, 대규모 점포 규제는 대형마트나 SSM 등에 대한 의무휴업일 등을 포함한 각종 규제사업이다.

전통시장 육성사업은 "전통시장 및 상점가 육성을 위한 특별법"에 근거하고 있으며, 동법 제5조에는 정부가 전통시장을 체계적으로 육성하도록 하기 위해 시장 및 상점가 활성화 기본계획을 3년마다 수립하여 시행하도록 하고 있다. 한편 2012년 9월에 대규모 점포에 대한 새로운 조항이 신설되어 2013년 1월 개정법률에 따라서 대규모 점포의 영업시간 제한 및 의무휴업일이 지정되게 되었다.

전통시장의 농산물 유통체계 파악을 위한 전통시장 상인 조사 결과에 따르면 대부분 국내산 채소류와 과일류를 전문적으로 취급하고 있는 것으로 나타났으며, 농산물 구매처는 주로 인근 도매시장인 것으로 나타났다. 전통시장 점포의 판매액은 감소 추세인 것으로 나타났으며, 향후 지속적인 감소 추세가 유지될 것으로 파악되었다. 또한 전통시장의 농산물 거래액 및 고객 감소 이유는 인근에 위치한 대형마트 및 낙후된 시장 환경 등인 것으로 나타났다.

한편 전통시장 점포의 판매 형태는 대부분 소매 형태이며, 판매가격 결정은 구매가격에 일정한 마진을 고려하거나 상품의 선도 변화를 고려하여 결정하는 것으로 나타났다. 상인의 입장에서 고객 확보와 매출액 증대를 위해 필요한 사항으로는 물류적인 측면과 상적인 측면이 모두 필요한 것으로 나타났다. 점포 운영의 문제점은 인근에 위치한 대형마트로 인하여 점포운영의 수익성이 매우 낮은 수준인 것으로 나타났으며, 이에 대한 거래 활성화 방안으로는 공동구매를 통한 물류비 절감과 대형마트의 의무휴업일 확대 및 시장 환경 개선 등으로 나타났다.

전통시장에 대한 소비자 인식 분석 결과로 소비자가 생각하는 전통시장의 강점과 경쟁력은 품질 대비 저렴한 가격인 것으로 나타났으나 거래시설·상품·시스템 측면에서 많은 문제점이 발생하는 것으로 조사되었다. 특히 전통시장 농산물 거래의 활성화 방안으로 전통시장 선호 소비자와 대형마트 선호 소비자 모두 농산물 거래 시스템의 우선적 개선을 제시하고 있어 이에 대한 개선 방안이 중요한 것으로 나타났다.

전통시장의 경쟁력 요인과 경쟁력 저하 요인을 통해 전통시장의 농산물 물류체계 개선을 위한 방안으로 ① 도매시장과 전통시장 간 저비용 고효율 연계체계 구축, ② 산지 생산자조직과 전통시장 상인조직 간 직거래 시스템 구축, ③ 산지 소비지 거점물류센터와 전통시장과의 연계 등 세 가지의 대안을 제시하였다. 그리고 농산물 거래 시스템 개선 방안으로는 ① 전통시장의 새로운 경영기반 구축 및 거래기법 도입과 경영능력 향상, ② 전통시장 거래의 투명성과 상품 신뢰성 제고, ③ 소비자 쇼핑환경 욕구 충족 등을 제시하였다.

한편, 전통시장 상인의 조직화를 위한 상인협동조합의 설립은 단일 전통시장 내 동일부류 상인조합의 설립 가능성이 가장 높을 것으로 예상되며, 광역상권 내에 있는 전통시장으로서 농산물 취급 비율이 상대적으로 높은 2~4개의 전통시장별 상인조합을 연합회 형식으로 설립하는 형태와 단일시장 내 유사복합부류 상인조합의 설립 용이성이 높을 것으로 판단된다.

또한 전통시장의 농산물 유통체계 개선과 경쟁력 제고를 위해서는 전통시장이 가지고 있는 강점을 살리면서 대형마트와의 관계를 경쟁관계에서 보완관계로 인식하는 시각을 일부 전환하는 것도 필요할 것으로 판단된다. 대형마트에 대한 무조건적 규제와 전통시장에 대한 일방적 지원보다는 상생구조로의 전환과 관련 정책 마련이 필요할 것으로 판단되며, 전통시장과 대형마트 간 상생협력 촉진을 위해서는 중재업무를 수행하는 다양한 기관의 역할 분담이 필요할 것이다.

Check point

친환경농산물 납품 나선 서울 친환경유통센터

농수산물유통공사 농수산물사이버거래소 사무실에 마련된 상황실에서 사이버거래소 관계자들이 품목과 매출 등을 분석하면서 향후 사이버거래소 성장방향에 대해 논의하고 있다. 지난 3월 서울강서시장에 개장한 서울친환경유통센터에 이어 제2센터 건립에 나선 것에서도 알 수 있듯이 서울친환경유통센터는 자치단체인 서울시가 관심을 집중하고 있는 사업 중 하나다.

지난 3월 개장한 서울친환경유통센터에서 처리할 수 있는 물량은 서울시 193개 학교의 급식물량. 전남·전북·경남·제주·강원 등의 영농법인과 농협과의 MOU를 통해 직거래 방식을 채택하고 있다. '서울형 학교급식 모델'로 일컬어지는 이 운용 모델은 생산자→친환경유통센터→학교로 농산물이 이동하는 방식이다.

서울시는 이 같은 거래방식을 통해 도매시장이나 중도매인 납품업체 등의 유통과정을 거치지 않는다는 점을 강조하면서 유통비용을 16% 이상 절감할 수 있다고 분석하고 있다. 제2센터의 건립은 오는 10월경에 착공에 들어가 내년 2월경에 준공될 예정이며, 3센터는 가락시장 시설현대화 사업과 함께 진행될 것으로 보인다.

지난 1학기 제1센터에서는 193개 학교를 대상으로 학교급식자재를 납품했다. 납품량은 일 21톤 규모로 거래액 일 1억5000만 원 가량. 1학기 월평균 2155톤(149억 원 가량)이 납품됐는데 1개교 당 월평균 11톤(7700만 원 가량)이 납품된 셈이다.

제2센터가 완공되면 700여 개교에 납품이 가능하다. 700여 개교에서 친환경학교급식이 이뤄질 경우에 월 평균 7700톤(539억 원 가량) 가량이 거래되는 셈이며, 고등학교까지 친환경학교급식이 확대되면 총 1300개 학교에 납품된다.

서울시농수산물공사 관계자는 "친환경학교급식이 지난 지방선거에서 초미의 관심사였다."라면서 앞으로도 사업이 확대될 것으로 진단하면서 "앞으로 서울친환경유통센터가 할 일은 서울시의 공급계획에 따라 이를 공급하는 일이며, 이에 따라 산지물량 확보가 관건"이라고 말했다.

3. 시장 및 유통경로

(1) 시장의 기능

시장은 물건의 거래가 이루어지는 일정한 장소를 의미한다. 시장은 자유경쟁과 가격 시스템을 통해 자원을 효율적으로 배분하는 역할을 한다. 다수의 생산자가 자신이 생산한 재화를 팔고 다수의 소비자가 자신이 필요로 하는 상품을 사는 행위를 통해 시장균형가격이 도출된다. 이와 같은 생산과 소비의 과정을 거쳐 경제 행위 주체들에게 소득이 분배된다.

- 배급 및 분산 기능
- 가격 형성 기능
- 정보의 전달
- 수급 조절 기능
- 교환의 발생
- 소득의 분배

(2) 시장의 종류

1) 산지시장(1차 시장)

생산지 인근에서 개설되는 경우가 많으므로 산지시장이라고 하며, 수산물시장과 청과물시장 및 축산물시장 등이 대표적이다.

2) 도매시장(2차 시장)

소비되는 장소에 위치한 시장으로서 산지시장인 1차 시장에서 대규모로 물품을 반입한 후 소매시장에 물량을 반출하는 유통이 이루어지는 장소를 의미하며, 일반적으로 농수산물 도매시장을 말한다.

도매시장의 기능은 다음과 같다.

① **상적 유통 기능** : 농수산물의 매매거래에 관한 기능으로서 가격형성, 대금결제, 금융기능 및 위험부담 등의 기능이 있다.

② **물적 유통 기능** : 생산물과 서비스, 즉 재화의 이동에 관한 기능으로서 집하, 분산, 저장, 보관, 하역, 운송 등의 기능이 있다.

③ **유통정보 기능** : 도매시장에서 시장동향이나 가격정보 등의 각종 유통관련 자료들이 수집 및 전달되는 기능을 말한다.

그림 3-4 식품시장의 종류

표 3-1 개설허가권자에 따른 도매시장 분류

구 분	개 설 자	개설 허가권자
중앙 도매시장	특별시 · 광역시	농림축산식품부, 해양수산부장관
지방 도매시장	시 또는 특 · 광역시	시 · 도지사 특 · 광역시 – 자체
민영 도매시장	민간	시 · 도지사

④ 수급조절 기능 : 도매시장법인 및 중도매인에 의한 물량반입, 반출, 저장, 보관 등을 통해 농수산물의 공급량을 조절하고 가격변동을 통하여 수요량을 조절하는 기능을 말한다.

우리나라 도매시장의 현황을 살펴보면 전국에 총 48개소가 운영되고 있다. 도매시장은 정부투자 여부에 따라 공영 도매시장(33개소), 일반 법정도매시장(청과 5, 수산 2, 축산 4, 양곡 1, 약용1, 총 13개소), 민영 도매시장(2개소)으로 구분된다. 도매시장은 취급하는 식품 종류에 따라 양곡시장, 농수산물시장, 축산물시장, 수산물시장 등으로 분류된다. 서울양재동 양곡도매시장, 서울가락동 농수산물도매시장, 서울 노량진 수산물도매시장, 인천구월 농축산물도매시장, 울산 농수산물도매시장, 대구 한약재도매시장 등이 대표적인 도매시장이다(농림축산식품부 도매시장 통합홈페이지 http://market.okdab.com 참조).

① 정부투자 여부에 따른 도매시장 분류

- 공영 도매시장 : 농수축산물의 도매거래로 농수산물 유통의 원활화 및 적정 가격유지를 위해 중앙 및 지방정부의 공공투자에 의해 지방자치단체가 개설한 시장
- 일반 법정도매시장 : 지방자치단체가 자체투자 또는 민간의 투자로 건설 후 개설자와 기부체납 또는 무상임대계약을 하고 농수산물의 도매거래를 위해 시 지역에 개설한 시장으로 개설자가 지방자치단체인 시장
- 민영 도매시장 : 농축수산물의 도매거래를 위해 시 지역에 자기의 투자로 부지 확보 및 건설을 하고 시·도 지사로부터 개설허가를 받아 민간이 개설·운영하는 도매시장으로서 개설자가 민간이라는 점에서 일반 법정도매시장과 구분되는 시장

② 도매시장 종사자

- 도매시장법인 : 생산자로부터 위탁받은 농산물을 생산자를 대신해 중도매인이나 매매 참가인에게 경매로 판매하며 소정의 수수료를 받는 법인
- 중도매인 : 경매에 참가하여 농수산물을 낙찰받거나 생산자에게서 물건을 사서 소매상인들에게 도매로 판매하며 생산자와 소매상인간 중개나 위탁판매를 하고 수수료를 받는 상인

- 매매참가인 : 백화점, 대형마트 운영자나 농산물 가공판매자 등으로 경매에 직접 참가할 수 있는 대량구매자

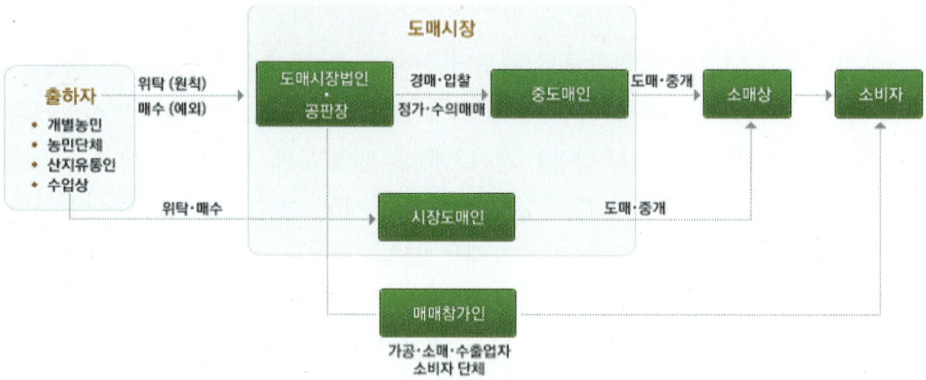

그림 3-5 도매시장의 유통체계
*출처 : 2012 농림축산식품부

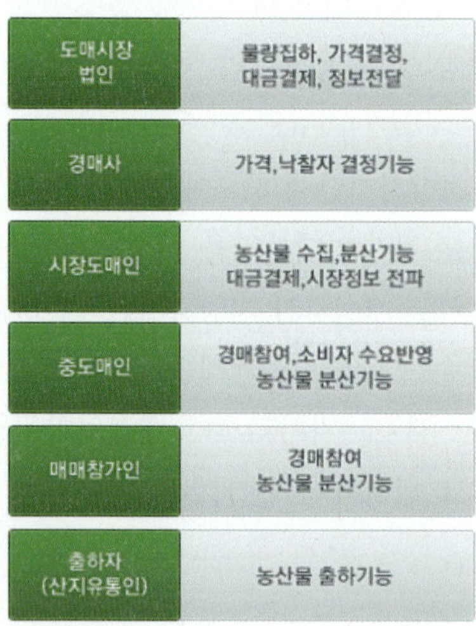

그림 3-6 도매시장 종사자별 역할
*출처 : 2012 농림축산식품부

3) 소매시장(지역 시장)

소매시장은 최종 소비자에게 상품을 제공하는 유통과정의 최종단계로서 주로 소비지에 형성되므로 지역시장이라고도 한다.

대형마트에 대한 경쟁력을 가질 수 있도록 전통시장의 현대화가 적극 추진되고 있다. 현대의 쇼핑 문화는 필요한 상품만을 구입해 가는 것이 아니라 가치 있는 재화를 얻으며 동시에 정신적인 즐거움도 원하는 사람들이 현대의 소비자들이다. 전통시장은 주차공간 등 편의시설 확보와 배송서비스가 필요하다. 시장의 규모에 따라 대형시장의 배송서비스는 점포에서 주차장(Store to parking lot)으로, 소형 시장의 배송서비스는 시장에서 가정(Market to door)으로의 운반 및 배송으로 세분화될 수 있다.

(3) 식자재 유통경로

1) 유통경로

유통(Distribution)이란 생산자나 서비스 제공자들로부터 최종 소비자에게로 상품 및 서비스의 이전을 통해 다양한 조직들 사이의 관계를 연결시켜 주문, 거래 협상, 지불, 금융 및 수송, 보관과 같은 기능의 흐름을 촉진시켜 주는 활동을 의미한다.

유통경로(Channel of distribution)는 식품이 생산지에서 소비자의 식탁에 이르는 모든 경로이며 생산과 소비를 이어주는 일련의 연결시스템인 중간 기능으로 생산품의 사회적 이동에 관계되는 모든 경제활동들을 말한다.

유통경로의 유형은 다음 4가지 경로로 나눈다.

① 제조업자가 소비자에게 직접 판매하는 경우(직접판매, 방문판매)
② 소매상을 경로로 하는 경우(할인점)
③ 도매상과 소매상을 경로로 하는 경우(식품, 의약품류)
④ 도매상, 중간도매상, 소매상을 사용하는 경우(곡물류, 과일류, 채소류)

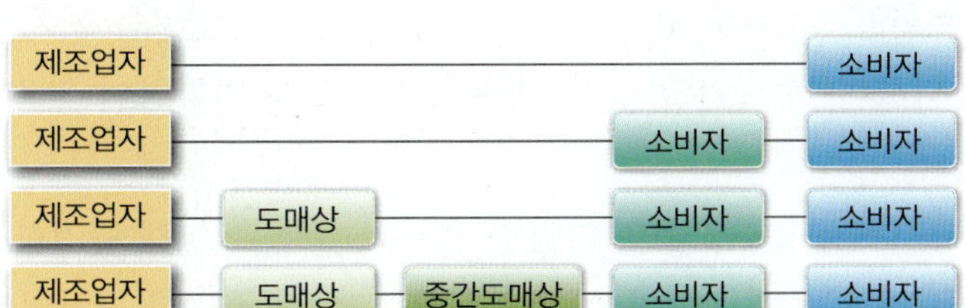

그림 3-7 유통경로의 유형

식품의 유통경로는 생산단계, 중간유통단계인 도매상 및 소매상, 최종 소비단계로 구성된다. 생산단계는 농·축·수산물의 생산자와 제조·가공업자, 수입업자 등이 있다. 도매상(Wholesalers)은 생산자에게 대량의 재화를 사들여 궁극적인 소비자보다는 다른 분배자, 즉 소매상에게 파는 일을 하는 중간 유통업체들이다. 소매상(Retailers)은 개인용으로 사용하려는 최종 소비자에게 직접 상품이나 서비스를 제공하여 소매활동을 하는 중간 유통업체이며 도매상에서 물건을 가져와서 어느 정도 이윤을 남기고 파는 곳이다. 식품의 최종소비자는 급식소, 외식업체, 개인소비자 등이다.

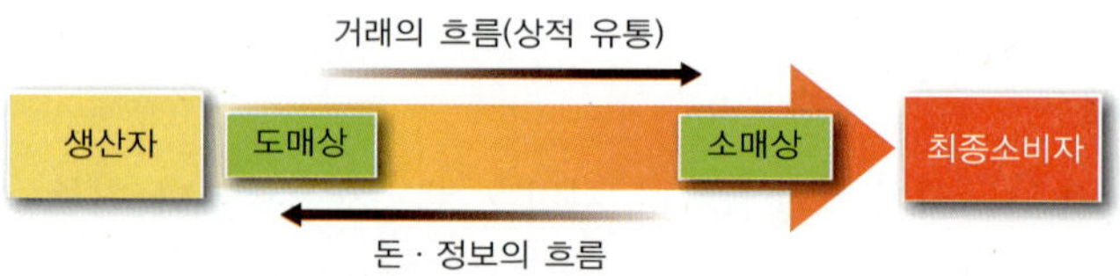

그림 3-8 유통경로의 흐름

2) 식자재 유통

급식소의 식재료는 원재료 상태의 농수축산물과 전처리식품 및 가공식품 등으로 분류된다. 전처리식품이나 가공식품을 사용할 경우 급식단가는 다소 상승하지만 생산시간의 단축과 주방의 드라이시스템화가 가능하여 위생과 안전관리에 도움이 될 수 있다. 농수축산물 유통은 다음의 측면에서 살펴볼 수 있다.

① **생산구조 측면** : 생산자가 다수이며 소규모이고, 지역적으로 분산되어 있으며, 기상환경이나 계절적 요인에 따라 생산량이 좌우된다. 최근에는 산지의 생산자들이 영농조합 등 조직을 형성하여 상품의 가치를 높이고 물류체계화를 도모하는 상황이다.

② **유통경로 측면** : 소규모 생산으로 여러 단계의 유통경로를 거치게 되고 운송비가 과다하며, 수요와 공급이 예측 불가능하게 변화하여 가격의 변동폭이 매우 크다.

③ **상품적 측면** : 농수축산물은 다양한 품종과 품질로 인해 규격화 유지에 어려움이 있으며 신선도 유지가 어렵고 유통과정 중 품질이 저하되어 상품성 유지가 어려운 경우가 많다. 근래 농산물품질관리원에서 농산물품질관리법에

근거한 농산물 표준 규격 정보가 고시되어 포장규격 및 등급규격이 규정됨으로써 표준규격화가 이루어지고 있다.

표 3-2 농산물 표준 규격 정보)

품명	규격 번호	특	상	보통
마른 고추	2011	• 수분 15% 이하 • 선홍색, 진홍색으로 광택이 뛰어난 것	• 수분 15% 이하 • 선홍색, 진홍색으로 광택이 양호한 것	• 수분 15% 이하 • 색택 특, 상에 미달한 것
오이	2021	• 색택 뛰어난 것 • 모양은 구부러진 정도가 1.5~2.0cm 이내인 것	• 색택 양호한 것 • 모양은 구부러진 정도가 3.0~4.0cm 이내인 것	• 색택 특, 상에 미달한 것 • 모양 특, 상에 미달한 것
호박	2031	• 색택 뛰어난 것 • 모양은 구부러진 정도가 2.00cm 이내인 것(쥬키니)	• 색택 양호한 것 • 모양은 구부러진 정도가 4.0cm 이내인 것(쥬키니)	• 색택 특, 상에 미달한 것 • 모양 특, 상에 미달한 것
양송이 버섯	6021	• 모양은 버섯 갓이 펴지지 않고 탄력이 있는 것 • 자루길이는 1.00cm 이하로 절단된 것	• 모양은 버섯 갓이 펴지지 않고 탄력이 있는 것 • 자루길이는 2.0cm 이하로 절단된 것	• 모양 특, 상에 미달한 것 • 자루길이 특,상에 미달한 것

*출처 : 2012 국립농산물품질관리원

(4) 시장조사

시장조사(Market research)를 실시하면 상품 및 서비스의 생산·유통·수요 등에 관한 자료를 수집, 기록, 분석한 결과를 이용하여 구매관리를 수행할 수 있다. 구매시장조사를 통하여 시장가격과 식재료 수급상황을 파악하고 구매 시기 및 구매 예상단가를 결정할 수 있으며 업체와 가격 결정을 할 때나 업체가 제시하는 견적가의 타당성을 분석할 때의 기초자료로 활용 가능하다.

1) 시장조사 목적

① **식품재료비 산출** : 식품의 현재 유통 단가를 파악하여 식품재료비 산출 시 기초자료로 활용

② **합리적 식단 작성** : 제철에 출하되는 계절식품을 이용한 식단 작성 가능

③ **경제적 식품 구매** : 구매 용도에 맞는 식품 선택과 할인율 고려 가능

2) 구매시장조사의 원칙

① **경제성의 원칙** : 시장조사 소요비용 최소화

② **적시성의 원칙** : 구매업무 수행 소정 기한 내 완료

③ **탄력성의 원칙** : 시장의 상황 변동에 탄력적 대처

④ **정확성의 원칙** : 시장조사의 정확성

⑤ **계획성의 원칙** : 조사 시작 전 계획 수립

3) 구매시장조사의 종류

① **일반 기본조사** : 전반적 경제여건을 분석하여 구매정책을 결정하기 위한 조사

② **품목별 시장조사** : 구매 품목, 구매량, 구매 시기, 구매가격 산출 등을 결정하기 위한 조사

③ **구매거래처 조사** : 거래 중인 공급업체의 경영상황, 위생관리 신뢰도, 취급 품목의 전문성, 업체별 견적 비교 등을 실시하는 조사

④ **유통경로 조사** : 생산에서 소비까지 구매물품의 유통경로를 파악하는 조사

표 3-3 교육청별 학교급식 공동 시장조사

품목	• 200~280여 종
조사 방법	• 공동 조사
조사 횟수	• 월 2회 • 가격 변동 폭 미미한 공산품, 곡류, 축산품의 경우 월 1회
조사 시기	• 월초, 월중
조사반 편성	• 각 지역별 학교 영양사 3인 1조 • 품목과 장소는 순환 조사
조사 장소	• 농 · 수 · 축산품은 도매시장 • 공산품은 대형마트 및 대리점
문제점 분석	• 식품명과 식품표기방법이 통일되어 있지 않은 문제 • 조사규격의 비구체화, 조사기준의 불명확으로 조사 신뢰도 하락

4. 구매유형

(1) 중앙구매

중앙구매(Centralized purchasing)는 집중구매 또는 본사구매라고도 하며 업체 내에 구매담당 부서가 존재하며 요청한 물품을 효율적으로 구매하는 방법이다. 대규모 단체급식소나 외식업체 등에서 주로 사용하며 각 업장에 필요한 물품을 본사의 구매부서에서 집중하여 구매하는 형태이다.

장점으로는 대량 일괄구매로 인한 비용 감소 및 전문적인 구매활동으로 인한 효율성 증대, 구매부문 독립된 업무로 능률적이며, 구매담당자와 경영자가 직접 의사소통을 하므로 통제가 원활하다는 점이다. 중앙구매의 단점으로는 구매부서의 설치 및 운영을 위한 경비의 부담이 증가되며 구매부서에서 복잡한 사무절차로 인해 긴급을 요할 때 시간소요가 많다는 점이다.

(2) 독립구매

독립구매(Independent purchasing)는 물품을 필요로 하는 부서에서 독자적으로 단독 구매하는 방식이며 분산구매 또는 현장구매라고도 한다. 급식관리자가 필요로 하는 물품을 공급업체로부터 직접 구매하는 방식으로서 소규모의 급식소나 외식업체에서 일반적으로 사용하는 방법이다. 장점은 구매절차가 간단하고 긴급할 때 신속한 처리가 가능한 점이며 단점으로는 구입단가가 높아진다는 점이다.

(3) 공동구매

공동구매(Group purchasing)는 여러 급식업체들이 함께 구매하는 방식으로서 동일 지역 내 공통점이 있는 단체급식소에서 공동으로 공급처를 선정하여 유리한 가격에 구매가 가능한 방법이다. 최근 학교급식에서 인근에 위치한 소규모 학교 여러 곳이 함께 공동구매를 실시하는 경우가 증가하고 있다. 장점으로는 구매규모의 확대로 원가 절감으로 인한 예산 절약, 신뢰도 높은 업체 선정이 가능한 점을 들 수 있다.

Check point

김치 공동구매 사례

사전 공동구매를 희망한 ○○교육청 관내 초등학교와 중학교 등 69개교는 김치공급 4개 업체와 2~3개월 단위로 공급계약을 추진한다.

김치는 일반공급가의 85% 정도로 공급될 예정이어서 연간 예산 절약액만 2억 3700여만 원에 달할 것으로 예상된다.

이같이 김치 공동구매를 추진하게 된 것은 각 학교별 입찰구매나 수의계약 방식을 통해 구매한 김치가 품질에 문제가 있는 경우가 있는데다 원산지 확인이 어렵고, 절임배추 세척과정에서 지하수 사용으로 인해 식중독이 발생할 우려가 있기 때문이다.

○○시는 이를 해결하기 위해 6월○○교육청을 통해 김치 공동구매 수요조사를 실시하고, 공동구매 희망 69개 학교를 대상으로 학교급식 품평회를 가졌다.

A 중학교 급식 관계자는 "김치를 공동구매한 뒤 급식 식단에 대한 만족도가 높아졌고 구매 비용도 절감됐다"며 "김치잔반도 줄어들어 실질적인 경제효과는 더 클 것"이라고 말했다.

○○시 관계자는 "김치 공동구매 업체의 위생관리와 안전을 위해 김치 제조공정과 작업장의 위생을 정기점검할 예정"이라고 말했다.

(4) 일괄위탁구매

일괄위탁구매(One stop purchasing)는 다품종 소량인 구매 물품의 경우에 특정 업자를 상대로 구매 원가를 명확하게 결정한 후 일괄 위탁하여 구매하는 방식이다. 소규모 급식업체에서 주로 이용하는 방식으로서 신뢰도가 높은 업체의 선정이 가장 우선시되어야 한다.

(5) JIT (Just-In-Time) 구매

적시구매방식은 무재고 원칙을 지키는 방식으로서 본래 도요타 자동차회사에서 재고량을 거의 '제로'에 가깝게 유지하자는 아주 간단한 개념에서 출발해 사용되었던 방식이다. JIT 구매방법의 핵심은 시장에 특정 품목을 공급하는 여러 명의 공급자 중 가장 안정된 공급자와 장기계약을 맺는 방식이다.

JIT 구매방식에서 선정된 공급자는 고객에게 제품을 제공하는 과정에서 경쟁적 입찰을 하지 않아도 되며, 고객의 요구사항을 만족시킬 수 있다면 일정기간 동안 자신의 제품을 고객에게 제공할 수 있게 된다. 반면에 고객은 시장에 가야 하는 시간이 절약되는 등 많은 잇점을 얻을 수 있다. 따라서, JIT 구매는 그 내용에 대해 공급자와 고객 간의 합의조건이 만족된다면, 양자 간에 이익이 될 수 있는 구매계약형태라고 할 수 있다.

5. 구매절차

급식소에서의 신속하고 정확한 구매활동이 이루어지기 위한 일반적인 구매절차는 그림과 같다. 구매담당자는 급식소의 여건을 고려하여 상황에 적합하게 구매절차를 일부 변경할 수 있다. 구매업무 수행 시 구매절차의 단계마다 필요한 서식을 정확하게 기재하여 공정한 구매가 이루어질 수 있도록 하여야 한다.

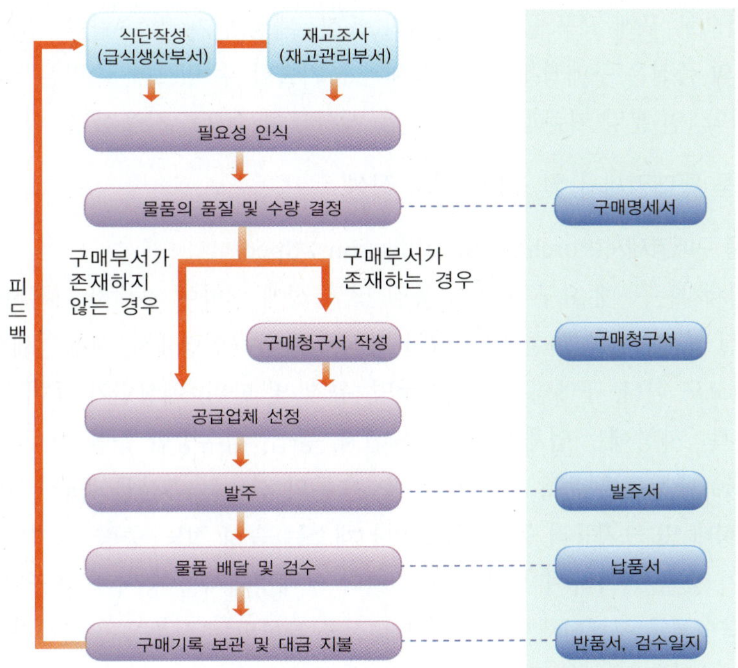

그림 3-9 구매절차와 관련서식

표 3-4 단계별 구매절차

구매절차	비고
① 식단에 따른 물품 품목 결정 ② 물품 구매명세서 작성 ③ 재고량 조사 및 주문량 결정 ④ 구매청구서 작성 ⑤ 공급자 결정 ⑥ 가격확인 ⑦ 발주 ⑧ 납품서 확인 ⑨ 수령 및 검수 ⑩ 대금지불 및 입고 ⑪ 저장 및 재고관리	• 발주량 산출방법(폐기율, 가식부율, 출고계수, 1인 분량, 급식 예상인원) • 발주량 결정 시 고려사항 (재고량, 식품재료 형태 및 포장 상태, 창고 저장능력, 계절적 요인, 가격 변화 등) • 계약방식(경쟁입찰- 일반경쟁입찰, 지명경쟁입찰 / 수의계약 -단일견적, 복수견적)

(1) 물품 품목 결정

1) 물품의 품질 및 수량 결정

우선적으로 구매 요구 물품의 규격과 품질, 예상 단가 및 수량을 결정해야 한다. 물품의 품질은 구매명세서에서 상세하게 기술할 수 있으며, 수량은 식단과 표준레시피의 1인 분량 기준과 예상 인원을 계산하여 수요를 산출할 수 있다.

2) 물품 구매명세서 및 구매청구서 작성

① 물품 구매명세서(Purchase Specification : Spec)

구매명세서는 구매 요구 물품의 품질 및 특성에 대하여 자세히 기록하며 식재료의 품질 표준을 유지하는 데 중요한 양식으로서 구입명세서, 물품명세서, 물품사양서라고도 한다. 구매명세서에는 품명, 규격 및 단위, 예상단가 등이 명시되어야 하고 특기사항에는 업체명, 용도, 원산지, 등급, 검수방법 등을 상세하게 기입한다. 냉장·냉동품은 운송 시 온도 등을, 육류의 경우는 축산물 등급·부위·원산지·절단형태 및 크기규격 등을, 과일이나 채소는 숙성 정도·중량·크기별 등급이나 생산지 등을 기록하여야 한다. 발주서와 구매명세서를 동시에 공급업체에 보내면 공급업체는 구매명세서에 기재된 품질과 부합되는 식품을 공급한다. 납품된 식품을 검수할 때에도 구매명세서는 꼭 필요하다.

학교급식의 경우 교육행정정보시스템(NEIS)에서 이용 가능한 식재료의 규격, 단위, 폐기율, 납품업체 등을 시·도 교육청에서 등록·관리하고 있다.

물품 구매명세서

결재	담당	과장	부장	대표

순번	품명	규격	단위	예상단가	수량	특기사항

위와 같이 요청하오니 승인바랍니다.

2017년 2월 일

작성자: 직위 영양사 (인)

그림 3-10 물품 구매명세서

② 구매청구서(Purchase Requisition : PR)

구매하고자 하는 물품의 품목과 수량 및 금액을 기록한 서식으로서 요구서라고도 한다. 구매청구서를 2부씩 작성하여 원본은 구매부서에 제출하여 구매를 요청하고 사본은 구매 요구부서에서 보관한다. 구매부서는 구매요청을 받은 품목에 대해 재고량 조사 후 발주량을 결정하고 발주서를 작성한다. 급식생산부서는 식단에 근거하여 구매가 필요한 식품의 종류와 수량을 결정한다.

식품의 필요량을 산출할 때는 메뉴별 표준레시피의 1인 분량, 예상 급식인원수, 식품별 폐기율 또는 출고계수가 필요하다. 전처리가 된 식재료나 가공품(장아찌류, 깐 양파, 다진 마늘, 통조림 등)은 폐기율이 없으나 폐기율이 있는 식재료(채소 껍질이나 뿌리, 과일껍질, 조개류 껍데기 등)는 폐기율에 따른 출고계수를 계산하여 구매량을 산출해야 한다.

<table>
<tr><th colspan="8">구매(수리, 운반)청구서</th></tr>
<tr><td rowspan="2">○○유통 귀하</td><td>청구번호</td><td>회계번호</td><td rowspan="2">결재</td><td>담당</td><td>과장</td><td>부장</td><td>대표</td></tr>
<tr><td></td><td></td><td></td><td></td><td></td><td></td></tr>
</table>

<table>
<tr><th colspan="8">물품(구매, 수리, 운반)</th></tr>
<tr><th rowspan="2">번호</th><th rowspan="2">품명</th><th rowspan="2">규격</th><th rowspan="2">단위</th><th rowspan="2">수량</th><th colspan="2">소요금액(원)</th><th rowspan="2">비고</th></tr>
<tr><th>단가</th><th>금액</th></tr>
<tr><td></td><td></td><td></td><td></td><td></td><td></td><td></td><td></td></tr>
<tr><td></td><td></td><td></td><td></td><td></td><td></td><td></td><td></td></tr>
<tr><td></td><td></td><td></td><td></td><td></td><td></td><td></td><td></td></tr>
<tr><td></td><td></td><td></td><td></td><td></td><td></td><td></td><td></td></tr>
<tr><td></td><td></td><td></td><td></td><td></td><td></td><td></td><td></td></tr>
<tr><td></td><td></td><td></td><td></td><td></td><td></td><td></td><td></td></tr>
<tr><td></td><td></td><td></td><td></td><td></td><td></td><td></td><td></td></tr>
<tr><td></td><td></td><td></td><td></td><td></td><td></td><td></td><td></td></tr>
<tr><td></td><td></td><td></td><td></td><td></td><td></td><td></td><td></td></tr>
<tr><td></td><td></td><td></td><td></td><td></td><td></td><td></td><td></td></tr>
<tr><td></td><td></td><td></td><td></td><td></td><td></td><td></td><td></td></tr>
<tr><td></td><td></td><td></td><td></td><td></td><td></td><td></td><td></td></tr>
<tr><td></td><td></td><td></td><td></td><td></td><td></td><td></td><td></td></tr>
<tr><td></td><td></td><td></td><td></td><td></td><td></td><td></td><td></td></tr>
<tr><td colspan="8">위 물품을2014년 4월 ○일까지 납품(수리, 운반) 청구합니다.

2014년 4월 일

청구자 영양사 성명 (인)</td></tr>
</table>

그림 3-11 구매청구서

[발주서]

기간 2014. 04 .07 – 04. 11(중식)
수신 납품업체군 : 부식업체발송 : ○○ 고등학교

No.	식품명/ 상세식품명	식품설명	단위	04.07	04.08	04.09	04.10	04.11	총량

그림 3-12 ○○ 고등학교 기숙사 발주서

표 3-5 식품별 평균 가식부율과 폐기율

식품군	가식부율(%)	폐기율(%)	식품군	가식부율(%)	폐기율(%)
서류	90	5-10	과일류	76	22-25
버섯류	90	10	어류(생)	70	28-35
난류	87	12-13	견과류	65	30-37
채소류	85	13-18	패류(껍질 있는 것)	25	73-80

Check point

폐기율을 고려한 식품의 필요량 = 1인분량 × 예상 급식 인원수 × 출고계수*

출고계수 = 100 / (100 − 폐기율) = 100 / 가식부율

예제① 급식자 1,000명에게 부식으로 사용할 호박을 구매하고자 한다. 1인분량이 50g이고, 호박의 폐기율이 5%이다. 구매청구서에 기재할 호박의 발주량을 계산하시오.

(1) 호박을 1kg 단위로 판매할 경우

① 출고계수 = 100 / (100 − 5) ≒ 1.05

② 50 × 1.05 × 1,000 = 52,500g = 52.5kg

(2) 호박을 5kg Box로 판매할 경우

③ 52.5 ÷ 5 = 10.5 Box ≒ 11 Box

(2) 공급업체 선정

1) 선정기준

집단급식소나 식품판매업소 등 식재료를 공급하는 업체의 선정 및 관리기준을 마련, 위생관리 능력과 운영능력이 있는 업체를 선정함으로써 보다 신선하고 질이 좋으며, 잠재적 위험성이 있는 식재료의 규격기준을 정하여 이를 준수하면서, 위생적으로 안전한 식재료를 구입하여야 한다.

공급업체 관련 자료는 공급업체명, 주소, 과거 구입력, 납기일 준수여부, 긴급상황 시 대처능력, 반품 횟수 등의 내용을 포함한다. '집단급식소나 식품판매업소' 신설에 따라 식재료 공급업체의 영업신고사항, 시설기준 및 영업자준수사항의 준수여부를 확인한다. 직접 현장방문 후 세밀하게 평가하도록 한다.

표 3-6 학교급식 식재료 위생관련 규격(2010 교육부)

구분	식재료 규격	비고
곡류 및 과채류	1. 원산지 표시 또는 친환경농산물인증품, 품질인증품, 우수농산물인증품, 이력추적관리품, 지리적 특산품 등을 표시한 제품	거래명세서에 표기
전처리 농산물	2. 제품명, 업소명, 제조연월일, 전처리 하기 전 식재료의 품질, 내용량, 보관 및 취급방법 등을 표시한 제품	(HACCP 적용업소에서 전처리된농산물 권장)
어 · 육류	3. 육류의 공급업체는 신뢰성 있는 인가된 업체	
	4. 육류는 등급판정 확인서가 있는 것	
	5. 수입육 경우 수출국에서 발행한 검역증명서, 수입신고필증이 있는 제품	
	6. 어류는 원산지 표시한 제품	
	7. 냉장 · 냉동상태로 유통되는 제품	
어 · 육류 가공품	8. 검사를 필한 제품	거래명세서에 표기
	9. 원산지를 표시 및 유통기한 이내의 제품	
	10. 냉장, 냉동상태로 유통되는 제품	
난류	11. 위생란(품질 등급 2등급 이상)	
김치류	12. 인가된 생산업체의 제품	
	13. 포장상태가 완전한 제품	
양념류	14. 표시기준을 준수한 제품	
기타 가공품	15. 모든 가공품은 유통기한 표시된 것, 포장이 훼손되지 않은 것, 유통기한 이내의 제품	거래명세서에 표기

표 3-7 학교급식 공급업체 선정 및 관리기준(2010 교육부)

구분	공급업체 선정 및 관리 기준	비고
업체의 위생관리능력	1. 공급업체는 체계적인 위생기준 및 품질기준을 구비하고 이를 준수하고 있는가	
	2. 공급업체가 위치한 장소 및 보유시설, 설비의 위생상태는 양호한가	
업체의 운영능력	3. 학교급식에서 요구하는 식재료 규격에 맞는 제품을 공급하는가	
	4. 반품처리 및 각종 서비스를 신속하게 제공하는가	

(계속)

구분	공급업체 선정 및 관리 기준	비고
업체의 운영능력	5. 납품절차가 표준화되어 있고 관련문서가 구비되어 있는가	
	6. 신선하고 양질의 식재료를 공급하는가	
	7. 학교에서 정한 시각에 식재료가 납품되는가	
	8. 식재료의 포장상태가 완벽한 제품인가	
운송위생	9. 운송 및 배달 담당자의 식품 취급방법이 위생적인가	
	10. 냉장 배송차량을 이용하여 식재료를 운반하고 냉장 · 냉동식품의 온도는 기준범위 이내인가	냉장 · 냉동식품용 배송차량에 타코메타(온도기록계) 부착 권장

표 3-8 학교급식 식재료의 품질관리 기준(2013, 서울특별시 학교보건진흥원)

구분		품질관리기준
농산물	일반사항	원산지 표시(표시대상 식재료에 한함)
		유기식품, 무농약농수산물, 농산물표준규격 "상"등급 이상, 우수관리인증 농산물, 이력추적관리농산물, 지리적표시등록농산물
	쌀	수확연도가 1년 이내
	전처리 농산물	표시사항 : 제품명, 업소명, 제조연월일, 원재료 품질(원산지, 품질등급, 생산연도), 내용량, 보관 및 취급방법
축산물	수입 농산물	대외무역법, 식품위생법 등 관련법령에 적합
	공통사항	위해요소중점관리기준을 적용한 도축장 및 축산물 가공장(식육포장처리장)에서 처리
	쇠고기	등급판정 3등급 이상인 한우 및 육우
	돼지고기	등급판정 2등급 이상
	닭고기	등급판정 1등급 이상(전면시행 전까지 권장사항)
	계 란	품질등급 2등급 이상(전면시행 전까지 권장사항)
	오리고기	등급판정 1등급 이상(전면시행 전까지 권장사항)
	수입축산물	대외무역법, 식품위생법, 축산물위생관리법 등 관련법령에 적합
수산물	일반사항	원산지 표시
		품질인증품, 지리적표시품, 상품가치 "상" 이상
	전처리 수산물	위해요소중점관리기준을 이행하는 시설로서 해양수산부장관에게 등록한 생산 · 가공 시설
		위해요소중점관리기준을 적용하는 업소로서 냉동수산식품 중 어류, 연체류 식품제조 · 가공 업소
		표시사항 : 제품명, 업소명, 제조연월일, 원재료 품질(원산지, 품질등급, 생산연도), 내용량, 보관 및 취급방법
	수입 수산물	대외무역법, 식품위생법 등 관련법령에 적합

*학교급식법 시행규칙 별표2 "학교급식재료의 품질관리기준" 참고

(계속)

구분	품질관리기준
가공식품 및 기타	전통식품, 산업표준 적합 농·축·수산물 가공품, 지리적 표시 등록 식품, 품질인증품
	식품위생법에 따라 위해요소 중점관리기준을 적용하는 업소에서 생산된 가공식품
	식품위생법에 따라 영업 등록 된 식품제고·가공 업소에서 생산된 가공식품
	축산물위생관리법에 따라 위해요소중점관리기준을 적용하는 업소에서 가공 또는 처리된 축산물 가공품
	축산물위생관리법의 표시기준에 따라 제조업소, 유통기한 등이 표시된 축산물 가공품
	김치 완제품 : 식품위생법에 따라 위해요소중점관리기준을 적용하는 업소에서 생산된 제품
	수입 가공식품 : 대외무역법, 식품위생법 등 관련법령에 적합

* 위에서 명시되지 않은 식품 및 식품첨가물은 식품위생법령에 적합하여야 한다.
** 전처리식품 : 세척, 선별, (박피), 절단 등의 가공을 통해 즉시 조리에 이용할 수 있는 형태로 처리된 식재료

2) 구매계약방식

① 경쟁입찰계약

경쟁입찰계약 방식에는 일반경쟁입찰과 지명경쟁입찰이 있다. 일반경쟁입찰은 물품 매매계약의 체결에 있어서 다수의 신청 희망업체들로부터 각자의 낙찰희망 예정가격을 기입한 신청서를 제출·입찰하게 하여 그 중에서 가장 유리한 예정가격 혹은 최저가격의 입찰업체와 계약을 체결하는 방식이다.

지명경쟁입찰이란 입찰에 있어 지명한 몇 개의 특정업체만을 참여하게 하는 경우, 즉 그 업무에 경험이 있고, 신용이 확실한 업체를 지명하여 계약사항을 통지하여 가격, 기타를 서면으로 제출시켜 입찰하는 방식으로 일반 경쟁입찰에 비해 경비가 절감되고 신뢰도 있는 업체를 선정할 수 있다.

지명경쟁입찰은 급식소에서 더 선호하는 방식이다. 경쟁입찰계약 방법은 공식적 구매방식으로 주로 대규모 급식업체에서 저장 가능한 물품을 대량 구매하는 경우, 시간적 여유가 충분한 경우에 흔히 사용하는 구매방식이다.

② 수의계약

수의계약 방법은 입찰 등의 방법에 의하지 않고 임의로 적당한 업체를 선정하여 체결하는 계약이다. 즉, 물품의 계약을 할 때 경쟁에 붙이지 않고, 그 업무에 경험이 있고 신용이 확실한 업체를 임의로 선택하여 그 업체와 체결하는 계약을 말한다. 경쟁에 붙이는 것이 부적당하다고 인정될 경우에 이 제도를 예외로 인정하고 있으며 일방지명계약이라 한다.

비공식적인 구매방법으로 단일견적과 복수견적으로 분류된다. 이 방식은 소규모 급식업체의 경우, 시간적 여유가 없는 경우 또는 시장 가격의 변동 폭이 큰 경우 등에 유용한 구매방식이다.

표 3-9 경쟁입찰계약과 수의계약의 장단점

	경쟁입찰계약	수의계약
종 류	• 일반경쟁입찰(불특정 다수 업자 대상) • 지명경쟁입찰(특정 업자 대상)	• 단일견적 • 복수견적
효 력	• 계약서가 법적 효력 유지	• 발주서가 법적 효력 유지
용 도	• 저장가능식품(곡류, 발효식품류, 건어물류)의 정기 구매	• 저장불가능식품(어육류, 채소류)의 수시 구매
장 점	• 공평하고 경제적이며 타당성 확보 • 신규 업자 발견 가능 • 공식적 구매로 의혹 없는 투명한 거래	• 간편한 절차로 입찰 공고 경비 절감 • 신용 확실한 공급자 선정 가능 • 신속하고 안전한 구매 거래
단 점	• 미자격업자의 응찰(일반경쟁입찰의 경우) • 공고에서 입찰까지 과정이 복잡하여 긴급 시 부적합 • 업자간 담합으로 낙찰 우려	• 공정성 및 경쟁력 결여 • 불리한 가격으로 계약될 가능성 • 경쟁 배제로 신규 업자 발견 어려움

표 3-10 학교급식 식품 구매현황 문제점

- 수의계약 비중이 높다
- 학교급식 공급업체의 특수성 (방학으로 급식일수의 제한성)
- 농산물 조달 시 가격의 안정성 결여
- 다품종 소량 발주방식
- 최저가격 경쟁입찰 문제
- 안전성 검사 시스템 부족
- 식재료 가격 지표의 객관성 결여

*출처 : 2011 학교급식지원센터

표 3-11 학교급식 기본방향

<table>
<tr><th>구분</th><th>2013년도</th><th>2014년도</th></tr>
<tr><td>구매방법</td><td>• 학교급식 식재료 구매방법
‣5백만 원 이하 : 1인 견적 수의계약
‣1천만 원 이하 : 다자간 전자수의시담
‣1천만 원 이상 ~ 5천만 원 이하 : 2인 이상 견적 전자조달 구매

☞ 권장사항
• 1순위 : 개별학교, 그룹단위(공동구매)로 생산자 직거래
• 2순위 : 서울 친환경 유통센터 이용 또는 인근 학교간 공동구매

[단, 쌀의 경우 교육청에서 각 광역자치단체를 통해 조사한 친환경 쌀 공급처 및 부대조건을 각 학교에 안내(물량, 가격, 가격 결정구조, 공급조건, 농촌 체험 프로그램)할 예정]
※ 학교 간 공동구매와 서울친환경유통센터를 통한 구매도 계약관련 법령 준수</td><td>• 학교급식 식재료 구매방법
<table>
<tr><th>계약 형태</th><th>추정가격 범위</th><th>구매방법</th></tr>
<tr><td rowspan="3">수의 계약</td><td>1천만 원 이하</td><td>1인 견적 수의계약</td></tr>
<tr><td>2천만 원 이하</td><td>다자간 전자수의시담(5개 이상 적격업체),
학교간 공동구매</td></tr>
<tr><td>5천만 원 이하</td><td>2인 이상 견적 전자조달 구매</td></tr>
<tr><td>입찰</td><td>5천만 원 초과</td><td>경쟁입찰</td></tr>
<tr><td colspan="3">월 단위 계약 기본(수의계약 요건에 맞추기 위한 구매단위 축소 또는 분할발주 근절)</td></tr>
</table>
*학교급식 식재료 구매방법 개선방안 알림 (2013.11.6)
‣공동구매 또는 분기 단위 입찰 등으로 추정금액 5천만 원 초과 시 반드시 일반경쟁입찰 방식으로 구매
‣적정한 가격에 안전하고 품질이 우수한 식재료 구매를 위해 5천만 원 이하 수의계약 적용시 제한적 최저가(낙찰 하한율) 적용 의무화
• 2천만 원 이하는 예정가격 90% 이상, 2천~5천만 원 이하는 87.745% 이상</td></tr>
<tr><td>학교급식 식재료 품질 관리 (우수한 식재료 사용 확대)</td><td>• 식재료 원산지 등 구체적인 품질기준 학교운영위원회 심의(자문) 의무화
‣축산물 및 농산물 등 주요 식재료의 원산지는 학교운영위원회 심의(자문)을 거쳐서 학교장이 결정[학교급식법 시행령 제2조]
• 학교급식에 사용되는 쇠고기, 돼지고기, 닭고기, 오리고기, 양고기 및 그 식육가공품</td><td>• 식재료 원산지 등 구체적인 품질기준 학교운영위원회 심의(자문) 의무화
‣학교급식법 시행규칙 제4조 별표2에서 정한 '학교급식 식재료 품질관리기준'에 부합되는 식재료 선정
‣김치 완제품은 HACCP 적용업소 생산제품 사용 의무화(2013.11.23)
• 학교급식에 사용되는 쇠고기, 돼지고기, 닭고기, 오리고기, 양고기, 식육 · 포장육 · 식육가공품</td></tr>
<tr><td>축산물 검수시스템 및 쇠고기 이력조회</td><td>• 등급판정확인서의 진위여부 및 육질등급 확인</td><td>등급판정확인서의 진위여부 및 육질등급 확인
‣오리고기 : 품질등급(1등급 이상 권장)</td></tr>
<tr><td>반품</td><td></td><td>• 반품
‣방사능 검사 결과 요오드(131I), 세슘(134CS +137Cs)이 국내방사능 기준 초과시 식재료 반품(폐기) 및 전문검사기관에 정밀검사 의뢰</td></tr>
</table>

*출처 : 2014 서울특별시 학교보건진흥원

(3) 발 주

발주는 구매부서에서 필요한 물품을 업체에게 주문하는 업무이다. 발주서는 구매표 또는 발주전표라고도 하며 저장되어 있는 재고수량 조사를 마친 후 발주방식에 따라 발주량을 산출한 후 발주시기를 택하여 작성하는 형태가 일반적이다. 발주서는 3부씩 작성하여 원본은 공급업자와 구매부서 및 회계부서에서 각각 1부씩 보관한다.

발주시기는 저장품의 경우 보통 2~6개월에 1회씩 발주하며, 비저장품의 경우 사용일자로부터 1주일 전에 발주하는 것이 바람직하지만 최소 3일 전까지 발주하도록 한다.

1) 발주량 산출

급식 생산부서에서 구매요청서를 작성하면 구매부서는 저장 가능 품목과 저장 불가능 품목에 따라 발주량을 결정한다. 저장 가능 품목의 경우 필요량을 발주하고 저장 가능 품목의 경우 보유 재고량을 조사하여 발주한다.

① 저장 불가능 품목의 발주량 산출

당일 사용하는 저장 불가능 품목들에 대해서는 표준레시피의 1인 분량과 예상 식수 및 식품별 폐기율을 자료로 발주량을 산정한다. 폐기율이 없는 식품의 경우 표준레시피 1인 분량 및 예상 식수를 곱하여 발주량을 산출하고, 폐기율이 있는 식품의 경우 폐기율에 따른 출고계수를 우선적으로 계산하여 발주량 공식으로 산출한다.

Check point

- **폐기율이 없는 식품**

  발주량 = 표준레시피 1인 분량 × 예상식수
- **폐기율이 있는 식품**

  발주량 = 표준레시피 1인 분량 × 예상 식수 × 출고계수

  $$출고계수 = \frac{100}{100 - 폐기율}$$

② 저장 가능 품목의 발주량 산출

저장에 소요되는 비용과 주문 비용을 충분히 고려하여 적정발주량을 산출하여야 한다. 저장비용은 저장시설 유지비, 재고유지비, 품질 저하로 인한 재고손실비 등을 말하며 이 비용을 합리적으로 고려하는 것이 바람직하다. 한편으로는 저장비용을 최소화하기 위해 재고수준을 최소화하면 재고회전속도가 빨라지는 만큼 동일 품목의 주문횟수가 상승한다. 주문비용은 발주와 구매, 검수 업무와 관련된 사무비, 교통통신비, 인건비 등을 말하며 주문 횟수가 증가하면 주문비용도 증가하게 된다.

Check point

- 1회 발주량이 적은 경우 : 주문횟수가 증가하므로 연간 주문비용 증가
- 1회 발주량이 많은 경우 : 재고유지비 및 재고손실비 등으로 연간 저장비용 증가
- 경제적 발주량(EOQ : Economic Order Quantity) : 발주비용과 재고비용의 합을 최소로 하는 1회당 발주량

2) 발주방식 유형

대부분의 급식업체에서는 생산업체의 대리점을 주공급원으로 각종 소모품류나 장류를 1주일 또는 1개월 간격으로 1회 발주하는 정기 발주방식을 이용하고 있으며, 곡류 등 필요시 수시공급이 가능한 식품은 정량 발주방식을 이용하고 있다. 각 물품의 특성과 업체의 상황을 참조하여 정기 발주방식과 정량 발주방식 중에 적절한 방식을 이용하는 것이 바람직할 것이다.

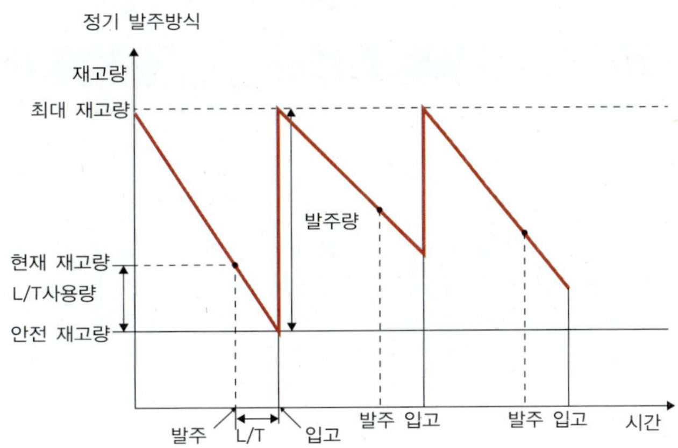

그림 3-13 정기 발주방식

① 정기 발주방식(P system)

정기 발주방식은 미리 정해진 일정 시기마다 적정발주량(최대재고량-현재고량)을 발주하는 방식이다. 주문시점마다 필요량을 주문하며, 일반적으로 최대 재고 수준을 미리 정해놓고 주문시점의 재고수준과 목표 재고수준과의 차이만큼 주문한다. 따라서 수요량 차이에 따라 주문량은 일정하지 않다.

② 정량 발주방식(Q system)

정량 발주방식은 재고수준이 미리 정해진 발주점에 도달하면 일정량을 발주하는 방식이며 재고수준이 재주문점에 도달했는지를 알기 위해서는 계속적으로 재고수준을 검토해야 한다. 재주문점에 도달하는 시기는 재고품목의 수요에 따라 달라지므로 주문 간격은 일정하지 않으나 주문량은 매번 일정하다.

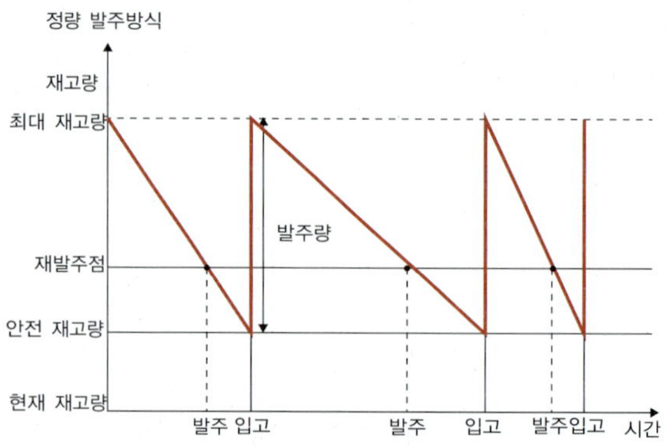

그림 3-14 정량 발주방식

표 3-12 정기 발주방식과 정량 발주방식의 특성 비교

구분	정기 발주방식	정량 발주방식
발주시점	정기적	부정기적
발주량	부정량(최대재고량-현재고량)	일정량(경제적 발주량)
재고조사방법	정기적 실사방법	계속적 실사방법
해당 품목	고가품목, 사용률이 일정한 품목, 조달기간이 오래 걸리는 품목, 수요예측이 가능한 품목	저가품목, 항상 수요가 있는 품목, 일정량 재고를 보유해야 하는 품목 시장에서 쉽게 조달 가능한 품목

<table>
<tr><th colspan="6">일일 발주서</th></tr>
<tr><td colspan="2" rowspan="2">○○ 푸드시스템</td><td rowspan="2">결재</td><td>계</td><td>과장</td><td>사장</td></tr>
<tr><td></td><td></td><td></td></tr>
<tr><td colspan="6">발주구분 : 정상</td></tr>
<tr><td>번호</td><td>식재료명</td><td>규격</td><td>발주량</td><td>원산지</td><td>검수결과
(적합,부적합/
O,X)</td></tr>
<tr><td>1</td><td>양배추</td><td>kg</td><td>30.0</td><td>국내산</td><td></td></tr>
<tr><td>2</td><td>깐양파</td><td>kg</td><td>20.0</td><td>국내산</td><td></td></tr>
<tr><td>3</td><td>당근</td><td>kg</td><td>6.0</td><td>국내산</td><td></td></tr>
<tr><td>4</td><td>호박</td><td>kg</td><td>10.0</td><td>국내산</td><td></td></tr>
<tr><td>5</td><td>무</td><td>kg</td><td>6.5</td><td>국내산</td><td></td></tr>
<tr><td>6</td><td>우거지</td><td>kg</td><td>25.0</td><td>국내산</td><td></td></tr>
<tr><td>7</td><td>콩나물</td><td>kg</td><td>15.0</td><td>국내산</td><td></td></tr>
<tr><td>8</td><td>오징어</td><td>kg</td><td>65.0</td><td>칠레산</td><td></td></tr>
<tr><td>9</td><td>떡볶이떡</td><td>kg</td><td>15.0</td><td>국내산</td><td></td></tr>
<tr><td>10</td><td>미역줄기</td><td>kg</td><td>40.0</td><td>국내산</td><td></td></tr>
<tr><td>11</td><td>다진마늘</td><td>kg</td><td>4.0</td><td>국내산</td><td></td></tr>
<tr><td>12</td><td>대파</td><td>kg</td><td>4.5</td><td>국내산</td><td></td></tr>
<tr><td>13</td><td>깻잎지</td><td>kg</td><td>15.0</td><td>국내산</td><td></td></tr>
<tr><td>14</td><td>깍두기</td><td>kg</td><td>50.0</td><td>국내산</td><td></td></tr>
<tr><td>15</td><td>제염</td><td>포</td><td>1</td><td>국내산</td><td></td></tr>
<tr><td>16</td><td>고추장</td><td>Box</td><td>2</td><td>국내산</td><td></td></tr>
<tr><td>17</td><td>식용유</td><td>Box</td><td>4</td><td>국내산</td><td></td></tr>
<tr><td>18</td><td>빨강고무장갑</td><td>켤레</td><td>10</td><td></td><td></td></tr>
<tr><td>19</td><td>노랑고무장갑</td><td>켤레</td><td>10</td><td></td><td></td></tr>
<tr><td>20</td><td>청수세미</td><td>EA</td><td>20</td><td></td><td></td></tr>
<tr><td>검수기준</td><td colspan="5">1. 신선도와 고유의 색택을 확인한다.
2. 이물질이 검출되지 않아야 하며 이취가 없어야 한다.
3. 발주서의 기준과 동일한 품목인지 확인한다.
4. 포장상태는 박스, 냉장 · 냉동품의 포장상태, 녹은 흔적 등을 검토하며 파손이 없어야 한다.
5. 표시사항(유통기한, 원산지, 보관기준)이 정확하게 기록되었는지 확인한다.</td></tr>
<tr><td rowspan="2">부적합
조치사항</td><td>식재료명</td><td>수량</td><td colspan="2">부적합사항</td><td>조치사항</td></tr>
<tr><td></td><td></td><td colspan="2"></td><td></td></tr>
<tr><td rowspan="2">배송차량
확인(주1회
이상)</td><td colspan="3">1. 차량 내부 청결상태 확인</td><td colspan="2">양호 / 불량</td></tr>
<tr><td colspan="3">2. 냉각기 가동여부</td><td colspan="2">냉장 : ℃ 냉동 : ℃</td></tr>
<tr><td colspan="6">※ 세부적인 식재료 품질 및 신선도에 관한 기준이 필요한 경우 '상품품질기준' 참조
※ 검수 결과는 적합/부적합 또는 ○, X로 기재하여야 하며, 부적합이나 X로 표기한 상품의 경우 반드시 부적합 조치사항에 기록한다.</td></tr>
</table>

그림 3-15 ○○ 푸드시스템 발주서

3) 발주서 작성

발주서(Purchase order)는 발주품목과 발주량을 확정 후 작성하는데 물품 납품 후 대금 지급의 자료가 된다. 대규모 급식업체의 경우 구매부서의 담당자가 발주서를 작성하며 소규모 급식소의 경우에는 급식관리자가 직접 발주서를 작성하는 경우가 많다. 최근에는 급식관리의 전산시스템화로 식단 작성 후 예상 급식인원이 결정되면 표준레시피와 출고계수로 식품 품목별 발주량이 자동적으로 산정되는 시스템으로 발주서 작성이 신속하고 효율적이다.

(4) 물품 배달 및 검수

공급업체는 납품서(거래명세서)를 구비하여 물품 배달을 하게 되며 구매담당자는 물품이 약정 시간내에 배달완료 되도록 요청한다. 물품 배달 시 검수자는 납품서와 실제 물품의 수량과 가격이 일치하는지를 확인하고, 발주서와 구매 명세서를 대조하여 배달된 물품의 품질이 주문시 요구한 사항과 일치하는지를 상세하게 확인한다.

(5) 구매기록 보관 및 대금 지불

구매과정의 모든 구매기록들은 대금지불의 자료이므로 일정기간 동안 보관하는 것이 원칙이며 특히 계약서나 발주서 등 법적 효력을 갖는 서류는 급식업체의 규정에 의거하여 관리하는 것이 바람직하다.

SECTION 2 검 수

1. 검수의 개념

검수(Receiving)는 구매의뢰에 따라 납품된 식재료와 물품에 대하여 원산지 및 품질, 규격, 선도, 수량, 위생상태 등이 주문내용과 일치하는지를 검사하여 인수여부를 판단하는 과정이다.

선 납품, 후 검수는 식재료의 위생 및 안전에 중대한 영향을 미칠 수 있으므로 납품시에 관계자가 입회하여 복수대면검수를 실시하도록 한다. 물품을 인수한 후 우선적으로 구매담당자가 발주한 물품이 정확한 품질과 수량 및 중량으로 배달되었는지를 확인하며 부적격 물품의 경우 반품하는 과정도 검수업무에 포함된다. 검수절차는 인수, 확인, 서명의 절차를 거치게 된다.

2. 검수업무의 요건

검수업무의 필수 요건은 다음과 같다.

(1) 검수담당자

검수담당자는 품목의 품질 특성에 대한 지식, 품목의 품질평가 능력, 검수절차에 대한 지식과 기술에 능숙한 숙련자가 되어야 한다. 올바른 구매관리를 위해서 발주자와 검수담당자를 구분하여야 한다.

(2) 검수 설비 및 기기

검수구역과 전처리장을 연결하여 노동력을 절약하도록 하며 일반작업구역과 청결작업구역의 구분으로 위생적인 관리를 할 수 있다.

검수구역에서 필요한 도구로는 전자저울, 온도계, 계산기 등이 있다. 검수일지는 필수이며 물품을 저장구역으로 옮기기 위해 운반차를 이용하여야 한다. 냉장·냉동육류는 침투형 온도계를, 기타 식품은 방수형 비접촉식 적외선 표면온도계를 사용하는 것이 위생적이다.

(3) 검수 시 유의사항

① 식재료를 검수대 위에 올려놓고 검수하며, 맨바닥에 놓지 않도록 한다(검수대의 적절한 조도 540Lux 이상).
② 식재료 운송차량의 청결상태 및 온도유지 여부를 확인·기록한다.
③ 식재료명, 품질, 온도, 이물질 혼입, 포장상태, 유통기한, 수량 및 원산지표시 등을 확인·기록한다.

④ 쇠고기나 돼지고기 등에 대한 축산물 등급판정 확인서 사본을 제출받아 축산물등급판정소(www.apgs.co.kr)「축산물 등급판정 확인시스템」 조회를 통해 진위여부를 확인한다.
⑤ 검수가 끝난 식재료는 곧바로 전처리 과정을 거치도록 하되, 온도관리를 요하는 것은 전처리하기 전까지 냉장·냉동보관한다.
⑥ 외부포장 등의 오염 우려가 있는 것은 제거한 후 조리실에 반입한다.
⑦ 검수기준에 부적합한 식재료는 자체규정에 따라 반품 등의 조치를 취하도록 하고, 그 조치내용을 검수일지에 기록·관리한다.
⑧ 곡류, 식용유, 통조림 등 상온에서 보관 가능한 것을 제외한 육류, 어패류, 채소류 등의 신선식품은 당일 구입하여 당일 사용을 원칙으로 한다. 단, 기능 유지가 확인되는 충분한 냉동·냉장시설(온도자동기록계) 등이 구비된 경우는 급식 전날 오후에 식재료를 납품받아 검수와 전처리 후 냉동·냉장보관하여 사용할 수 있다.

(4) 검수 확인 기준

검수 확인 기준이 되는 서류는 물품 구매명세서와 구매청구서가 있다. 품질기준 및 규격에 적합한 물품이 납품되었는지를 확인하는 기준으로 사용하는 것은 물품 구매명세서이며, 품목과 수량·가격·납품일자 등이 일치하는지를 확인하기 위한 기준으로 사용하는 것은 구매청구서이다.

3. 검수방법

(1) 전수검사(Total inspection)

전수검사는 납품된 식재료를 전량 검사하는 방법으로 100% 검사라고도 한다. 손쉽게 검수할 수 있는 물품이거나 소량의 물품, 육류와 같은 고가의 식재료에 대해 실시한다. 전수검사의 장점으로는 각각의 물품을 전량 다 검사하므로 정확한 검수가 가능하다는 점이며 단점으로는 시간과 비용이 많이 소요된다는 점이다.

(2) 표본검사(Sample inspection)

표본검사는 납품된 식재료 중 무작위로 표본을 발췌하여 검사한 후 그 결과를 판정기준과 비교하여 합격 여부를 결정하는 방법으로 발췌검사라고도 한다. 표본검사는 대량으로 구입한 경우, 검사항목이 많은 경우, 파괴검사의 경우, 검수비용과 시간을 절약해야 하는 경우 등에 적합한 방법이라고 할 수 있다.

4. 검수절차

(1) 품질 및 수량 확인

검수 시 물품의 품질은 구매명세서와 비교하여 확인하고 납품된 물품의 종류, 포장단위 및 수량은 구매청구서 혹은 발주서와 비교하여 확인한다. 식재료 검수순서는 냉장식품, 냉동식품, 채소, 공산품의 순서가 일반적이다. 중량 측정 시 상자에 담겨 있는 물품이나 얼음을 채워 온 물품의 경우에 상자나 얼음무게를 빼고 중량을 측정한다. 식품의 온도, 신선도, 건조도, 색, 냄새, 포장의 파손여부, 이물질 혼합여부, 제조업체명, 제조년월일, 유통기한 등을 깐깐하게 확인한다.

표 3-13 검수 시 제품 온도 기준

- 일반채소 : 상온, 신선도 확인
- 냉장식품 : 10℃ 이하 (HACCP 제품 중 신선편의식품 및 훈제연어 5℃ 이하)
- 냉장 어육류 및 전처리 채소 : 5℃ 이하
- 냉동식품 : −15℃ 이하 동결 상태 유지, 녹은 흔적 검사

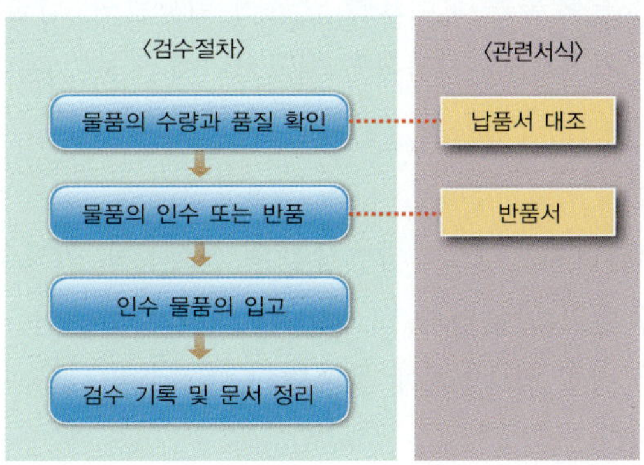

그림 3-16 검수 절차

(2) 물품과 납품서의 대조

물품 품목과 공급업자가 가져온 납품서(송장, 거래명세서)를 대조하며 물품명, 수량, 단가, 공급가액, 총금액, 공급자명이 기재된 서식의 일치도 여부를 확인한다. 아울러 곡류 및 과채류, 어육류 외 기타 가공품 등의 원산지, 유통기한의 정확한 표기 여부를 확인후 검수확인 서명을 하여 회계부서에 제출하여 대금 지불을 위한 서식으로 사용한다.

(3) 인수 또는 반품

식재료 검수 결과로 신선도나 품질 등에 이상이 있거나 규격기준에 맞지 않는 식재료는 서로 확인하여 반품하고, 검수기준에 맞는 식재료로 재 납품할 것을 지시한다. 구매계약 체결 시 반품절차와 규칙을 정하여 준수하도록 강조하고, 반품 시에는 반드시 반품확인서를 발급하며, 반품이 재발되는 업체에 대하여는 벌점제도를 두어 납품참여 제한 등 제재조치 방안을 강구토록 한다. 또한 원산지나 품질 등이 의심될 경우에는 학교에서 국립농산물품질관리원 등 관계기관에 품질검사를 의뢰하여 부적합한 식재료가 납품된 경우에도 해당업체와 계약해지 및 관할 경찰서에 고발하는 등 제재조치를 취하여야 하며 기록으로 보존한다.

(4) 인수물품 입고

검수가 끝난 식재료는 실온창고로 옮기거나 조리장으로 옮겨 즉시 전처리한다. 전처리까지 시간이 지연되는 경우 냉장·냉동고에 입고 보관한다. 창고로 이동하여 1일 이상 보관하는 물품은 꼬리표를 만들어 입고날짜, 납품업자, 간단한 명세사항, 무게 및 수량, 가격 등을 기록하면 재고관리에 도움이 된다.

(5) 검수기록

검수일지에 검수담당자는 검수 세부상황을 정확하게 기록하여 급식부서장과 회계부서의 결재를 받고 납품업체 및 물품에 대한 종합적인 정보를 관리하도록 한다. 검수담당자가 직접 검수일지에 물품명, 단가, 수량, 총금액, 배달 관련 사항 등을 작성하여야 한다.

표 3-14 식품이력추적관리제도

식품위생관리법에서의 '식품이력추척관리'는 식품을 제조 · 가공단계부터 판매단계까지 각 단계별로 정보를 기록 · 관리하여 식품의 안전성 등에 문제가 발생할 경우에 그 식품을 추적하여 원인을 규명하고 필요한 조치를 할 수 있도록 관리하는 것이다.(제2조 제3호)

식품이력추적관리제도란 식품을 정확하고 안전하게 구입하기 위해서 식품의 모든 이력 및 정보를 공개하는 제도이다. 이 제도는 소비자 입장에서 원산지 등 정보습득에 믿을 수 있는 식품을 얻을 수 있는 장점을 가지고 있다. 식품이력정보조회서비스(http://www.tfood.go.kr/ftmsweb/ip/index.html)를 이용하면 등록된 제품에 한해 이력추적이 가능하다. 사람마다 자신이 살아온 인생, 능력을 보여주는 이력서가 있듯이 식품에도 원료가 자라서 가공과정을 거쳐 소비자에게 오기까지의 과정을 모두 제공해 주는 식품이력서가 있다. 최근 원재료, 유통기한 등 식품정보가 신속히 제공되지 않아 위해식품 원인규명이 지연되고, 소비자의 올바른 식품선택을 위한 알권리가 보장되지 않은 등의 문제가 있다.

♣ 식품전반에 대한 정보를 실시간으로 한눈에 확인

이 제도를 통해 소비자들은 식품안전과 관련된 환경 및 요구사항 등을 수집, 분석하여 제품의 생산방법이나, 생산지 또는 생산자를 기준으로 식품을 선택할 수 있다. 따라서 소비자는 식품전반에 대한 정보를 확인함으로써 알 권리가 충족되고 선택권을 보장받을 수 있다. 특히 알레르기에 민감한 소비자는 특정 성분을 함유하거나 미함유된 식품을 선택하는 등 여러 가지 도움을 받을 수 있다.

♣ 제품의 신뢰도를 높이고, 품질 향상에 기여

식품업계에서는 품질관리, 위해정보 파악 및 이력추적제도 미 도입 기업의 제품과의 상품차별화 등에 활용될 수 있으며, 제품 및 기업에 대한 신뢰성을 높이고 식품시장 변화에 능동적 대처를 할 수 있다.

♣ 식품 안전사고 예방

식품의약 품안전처에서는 위해식품의 유통을 신속하게 차단하여 식품안전사고를 사전에 예방할 수 있다. 또한 안전사고 발생 시 문제의 근원을 보다 쉽게 찾아내어 위해식품의 공표 및 회수에 큰 도움이 될 것으로 기대된다.

〈국세청에서 주류 유통시스템에 사용하고 있는 RFID〉

RFID(Radio-Frequency Identification) 기술이란 전파를 이용해 먼 거리에서 정보를 인식하는 기술을 말한다. 여기에는 RFID 태그(이하 태그)와, RFID 판독기(이하 판독기)가 필요하다.

스마트폰이 일반화되면서 생산단계에서 전자식별 태그를 부착하여 소비자들에게 원재료 정보 등 생산이력정보와 물류 · 유통단계의 입출고 정보 등을 수집하여 제공하는 방향이 크다. 식품에 부착하면 해당 식품의 이력추적번호를 전송하는 데 이용한다. 전자식별 태그를 통해서 문제발생시 신속한 유통차단 및 회수 · 폐기 조치가 가능하게 된다.

〈스마트선반(Smart Shelf)〉

유통매장에서 제품을 진열하는 선반에 RFID리더기와 LCD모니터를 장착한 것으로 선반에서 제품을 꺼낼 때 해당 제품의 RFID태그를 인식하여 이력추적정보를 제공한다.

이외에도 식품이력추적관리제도는 가공식품, 건강기능식품, 농산물, 수산물, 축산물까지 대상 식품의 분야를 폭넓게 넓혀 나가고 있다. 식품이력추적제도는 식품사고 발생 시 신속한 원인 규명하여 공급을 차단하고 회수나 폐기를 통해 식품안전성을 확보할 수 있다는 긍정적 측면이 대두되고 있는데 이 제도가 식품이력정보를 소비자에게 정확하게 제공하여 식품안전에 대한 국민신뢰도 향상에 기여하길 기대해 본다.

♣ 식품이력추적관리제도 단계적 의무화

식품이력추적관리제도의 활성화를 위해 「식품위생법」시행규칙 및 「건강기능식품에 관한 법률」 시행규칙을 개정하여 일정 매출규모 이상의 영·유아식품 및 건강기능식품 제조(가공)·수입업소와 일정매장면적 이상의 기타 식품판매업소에 대하여 식품이력추적관리기준을 의무화하였고, '16년에는 「축산물 위생관리법」을 개정하여 조제유류도 의무적용을 도입하였다.

식품이력추적관리기준 의무등록 품목

구분	일반식품	건강기능식품	조제유류(축산물)	수입식품
적용대상	• 영유아식 제조·가공업자 • 기타식품판매업자	• 건강기능식품 제조업자	• 조제유류 가공업자 • 기타식품판매업자	• 영유아식, 건기식, 조세유류 수입·판매업자
적용법률	식품위생법 제49조	건강기능식품에 관한 법률 제22조의 2	축산물 위생관리법 제31조의 1	수입식품안전관리 특별법 제23조

*출처 : 식품안전표시인증과

우선적으로 식품사고 발생 시 위해우려가 큰 영·유아 식품 및 건강기능식품 제조·가공업체, 수입·판매업체와 소비자에게 직접 판매하는 기타 식품판매업소에 대하여는 2014년부터 2017년까지, 조제유류 가공업체는 2016년부터 2018년까지 식품이력추적관리 등록을 단계적으로 의무적용중이다. 영·유아식품 제조·수입업자 및 기타 식품판매업소 의무화는 3단계('16.12.)까지 완료하여 2016년 기준 총 5,901개 식품관련 업체가 등록하였다. 또한, 원활한 제도시행과 영업자부담을 완화하는 방향으로 '식품 등 이력추적관리기준(고시)'를 개정하였고, 식품이력추적등록 이후의 정보연계 여부 등에 대한 사후관리를 위하여 2~3년마다 조사·평가를 실시하도록 하였다.

학 교 보관용	식재료 반품 확인서

NO.1

1. 납품 업체명 :
2. 납 품 일 시 :
3. 품목 및 수량 :
4. 반품 이유 :

5. 조치사항 :

확인자 : 직) 성명) ○○○(인)
입회자 : 직) 성명) ○○○(인)
(납품자) ○○ 유통담당자 :
붙임 : 사진첨부

그림 3-17 반품 확인서

<table>
<tr><td colspan="14">검 수 일 지</td></tr>
<tr><td colspan="6" rowspan="2">아래와 같이 검수합니다.
검수일자 :2014년 2월 13일중식
검 수 자 : ○○○(인)
○○ 푸드시스템</td><td rowspan="2">결재</td><td colspan="2">담당</td><td colspan="2">계</td><td colspan="2">과장</td><td>대표</td></tr>
<tr><td colspan="2"></td><td colspan="2"></td><td colspan="2"></td><td></td></tr>
<tr><td>No</td><td>식품명</td><td>단위</td><td>수량</td><td>단가</td><td>금액</td><td>원산지</td><td>포장상태</td><td>식품온도</td><td>유통기한제조일</td><td>품질상태</td><td>공급업체</td><td colspan="2">불량조치사항</td></tr>
<tr><td>1</td><td>무</td><td>kg</td><td>40.0</td><td></td><td></td><td></td><td></td><td></td><td></td><td></td><td></td><td colspan="2"></td></tr>
<tr><td>2</td><td>양배추</td><td>kg</td><td>2.5</td><td></td><td></td><td></td><td></td><td></td><td></td><td></td><td></td><td colspan="2"></td></tr>
<tr><td>3</td><td>양파</td><td>kg</td><td>3.0</td><td></td><td></td><td></td><td></td><td></td><td></td><td></td><td></td><td colspan="2"></td></tr>
<tr><td>4</td><td>당근</td><td>kg</td><td>2.0</td><td></td><td></td><td></td><td></td><td></td><td></td><td></td><td></td><td colspan="2"></td></tr>
<tr><td>5</td><td>고구마줄기</td><td>kg</td><td>12.0</td><td></td><td></td><td></td><td></td><td></td><td></td><td></td><td></td><td colspan="2"></td></tr>
<tr><td>6</td><td>두부</td><td>kg</td><td>13.0</td><td></td><td></td><td></td><td></td><td></td><td></td><td></td><td></td><td colspan="2"></td></tr>
<tr><td>7</td><td>갈치(구이용 100g)</td><td>토막</td><td>285</td><td></td><td></td><td></td><td></td><td></td><td></td><td></td><td></td><td colspan="2"></td></tr>
<tr><td>8</td><td>코다리</td><td>토막</td><td>80</td><td></td><td></td><td></td><td></td><td></td><td></td><td></td><td></td><td colspan="2"></td></tr>
<tr><td>9</td><td>고등어(구이용 80g)</td><td>토막</td><td>263</td><td></td><td></td><td></td><td></td><td></td><td></td><td></td><td></td><td colspan="2"></td></tr>
<tr><td>10</td><td>깐고구마</td><td>kg</td><td>9.0</td><td></td><td></td><td></td><td></td><td></td><td></td><td></td><td></td><td colspan="2"></td></tr>
<tr><td>11</td><td>물미역</td><td>kg</td><td>18.0</td><td></td><td></td><td></td><td></td><td></td><td></td><td></td><td></td><td colspan="2"></td></tr>
<tr><td>12</td><td>뱅어포(2×2 절단)</td><td>장</td><td>140</td><td></td><td></td><td></td><td></td><td></td><td></td><td></td><td></td><td colspan="2"></td></tr>
<tr><td>13</td><td>불린 혼합콩</td><td>kg</td><td>5.0</td><td></td><td></td><td></td><td></td><td></td><td></td><td></td><td></td><td colspan="2"></td></tr>
<tr><td>14</td><td>수수</td><td>kg</td><td>6.0</td><td></td><td></td><td></td><td></td><td></td><td></td><td></td><td></td><td colspan="2"></td></tr>
<tr><td>15</td><td>차조</td><td>kg</td><td>6.0</td><td></td><td></td><td></td><td></td><td></td><td></td><td></td><td></td><td colspan="2"></td></tr>
<tr><td>16</td><td>팥</td><td>kg</td><td>9.0</td><td></td><td></td><td></td><td></td><td></td><td></td><td></td><td></td><td colspan="2"></td></tr>
<tr><td>17</td><td>찹쌀</td><td>kg</td><td>23.0</td><td></td><td></td><td></td><td></td><td></td><td></td><td></td><td></td><td colspan="2"></td></tr>
<tr><td>18</td><td>취나물</td><td>kg</td><td>21.0</td><td></td><td></td><td></td><td></td><td></td><td></td><td></td><td></td><td colspan="2"></td></tr>
<tr><td>19</td><td>콩나물</td><td>kg</td><td>20.0</td><td></td><td></td><td></td><td></td><td></td><td></td><td></td><td></td><td colspan="2"></td></tr>
<tr><td>20</td><td>피마자잎</td><td>kg</td><td>17.0</td><td></td><td></td><td></td><td></td><td></td><td></td><td></td><td></td><td colspan="2"></td></tr>
<tr><td>21</td><td>포기김치</td><td>kg</td><td>80.0</td><td></td><td></td><td></td><td></td><td></td><td></td><td></td><td></td><td colspan="2"></td></tr>
<tr><td>22</td><td>맛김치</td><td>kg</td><td>15.0</td><td></td><td></td><td></td><td></td><td></td><td></td><td></td><td></td><td colspan="2"></td></tr>
<tr><td colspan="14">*원산지, 포장상태, 식품온도, 유통기한/제조일, 품질상태는 검수시 직접 기재</td></tr>
</table>

그림 3-18 검수일지

표 3-15 식재료 전처리 기본사항

• 25℃ 이하 2시간 이내 수행 • 깨끗한 손으로 작업 • 식품 내부 온도 15℃ 이하 유지 • 식품용수에 적합한 물과 식품용 재질 용기 사용 • 사용할 기구 및 용기는 세척, 소독 후 사용(70% 알코올 분무) • 조리대는 항상 정리정돈 • 작업과 작업 사이에 알코올 소독 • 세제의 용도별 올바른 사용

SECTION 3 저장 및 입·출고 관리

1. 저장관리의 의의

철저한 검수를 거쳐 양질의 식품을 구매하였더라도 적정하게 보관·관리하지 않으면 식재료에 오염이 일어날 수 있다. 급식 생산 전까지 품질을 최적으로 유지하며 위생적으로 보관하기 위해서는 신속하고 올바른 식재료 보관의 기준과 절차가 필수적으로 저장기간 중 발생할 수 있는 품질 및 비용의 손실을 줄이는 결과를 가져온다.

2. 저장관리의 원칙

(1) 분류저장 체계화의 원칙

저장 물품은 우선적으로 품목별로 분류한 다음 알파벳순, 가나다순, 번호순, 입출고 빈도 등의 순으로 저장하는 것이 체계화의 원칙이다.

(2) 저장 위치 표시의 원칙

빠른 출고를 위해 저장 물품의 위치를 정확히 표시해 두면 실사재고조사를 실시할 경우에 시간과 노력이 절약된다는 원칙이다.

(3) 품질보존의 원칙

납품 상태의 품질이 최대한 보존될 수 있도록 하기 위해 식품별 특성을 고려하여 온도나 습도 등의 저장기준 및 저장기간을 준수하는 원칙을 말한다.

(4) 공간활용 극대화의 원칙

물품저장에 충분한 공간 확보는 필요하나 저장 비용을 상승시키는 과도한 공간 확보를 지양하고 공간활용의 극대화를 꾀하는 원칙이다.

(5) 선입선출의 원칙

저장물품의 유통기한을 고려하여 우선 입고된 물품을 우선 출고해야 한다는 것이 선입선출(FIFO: first-in first-out)의 원칙이다. 물품 정렬 시 나중에 입고된 물품을 미리 입고된 물품의 뒤쪽에 적재하고 앞쪽의 물품울 우선 사용하도록 하는 원칙을 말한다.

(6) 안전성 확보의 원칙

저장물품의 부적절한 유출을 방지하기 위해서는 창고의 방범관리를 철저히 해야 하며 창고의 출입은 시간 및 절차를 명확히 준수하여야 한다는 원칙이다.

3. 저장시설 유형

(1) 건조창고

식품과 식품이외의 물품을 구분하여 건조창고에 물품을 보관한다. 건조창고에 적절한 품목은 곡류, 가공식품, 건조식품, 소모성 비품, 세제류 등이다. 그리고 방충, 방서시설, 통풍 및 환기시설의 구비 및 온·습도계의 비치가 필수적이다.

(2) 냉장고

냉장고는 식품류의 단기간 저장에 이용되며 대규모 급식소는 창고형(Walk-in type) 냉장고를, 소규모 급식소는 편의형(Reach-in type) 냉장고를 주로 이용한다. 창고형 냉장고는 환기와 조명이 필요하며 운반차가 쉽게 드나들 수 있게 설비되어야 한다. 신선식품의 경우에 식품의 품질과 저장온도는 연관성이 크므로 대규모 급식소에서는 육류와 가금류, 어패류, 유제품과 난류, 과일과 채소 등으로 분류하고 적합한 온도대를 달리하여 저장하는 것이 바람직하다.

표 3-16 건조창고 상온 보관방법

- 온 · 습도계를 비치 (온도 15~25℃, 상대습도 50~60%)하고 환기, 통풍에 유의한다.
- 정해진 곳에 정해진 물품을 구분하여 보관하고 이름표를 부착한다.
- 식품과 식품이외의 물품을 각각 분리하여 보관한다.
- 선입선출이 용이하도록 보관 · 관리한다.
- 식품보관 선반은 바닥으로부터 15cm 이상 공간을 띄워 청소가 용이하도록 한다.
- 대용량의 제품을 나누어 보관할 때는 제품명과 유통기한을 반드시 표시한다.
- 장마철 등 높은 온 · 습도에 의하여 곰팡이 피해를 입지 않도록 한다.
- 유통기한이 짧은 순으로 사용할 수 있도록 진열한다.
- 식품보관실에 세척제나 소독액 등의 유해물질을 함께 보관하지 않는다.

표 3-17 어육류의 저장기간

어육류		냉장보관(4℃)	냉동보관(-18℃)	비고
육류	쇠고기	3~5일	1~3개월	최적 저장기간
	돼지고기	2~3일	15일~1개월	
가금류	닭고기	2~3일	15일~1개월	
어류		1~2일	15일~1개월	
패류		1~2일	15일~1개월	

*출처 : 2012 식품의약품안전처

표 3-18 채소류 저장기간(2012 식품의약품안전처)

채소류	온도(℃)	최적 저장기간	비고
엽채류	4~6 15~25	1일 3일	전처리 상태 생채소 상태
근채류	4~6	2일	무 : 7일 보관
과채류	7~10	5일	
서류, 뿌리채소류	20	7~30일	

*출처 : 2012 식품의약품안전처

(3) 냉동고

냉동고는 냉장고에 비해 식품을 장기간 저장할 수 있는 이점이 있으나 저장기간이 길어질수록 냉해(freezer burn)나 탈수(dehydration) 등에 의해 품질이 저하되기 쉽다. 냉장·냉동고에 식품을 저장할 경우에는 반드시 그 제품의 보관법에 관한 표시사항 등을 확인한 후 그 조건에 맞게 저장한다.

표 3-19 냉장·냉동 보관방법

- 적정량을 보관함으로써 냉기순환이 원활하여 적정온도가 유지되도록 한다(냉장 · 냉동고 용량의 70% 이하, 창고형 냉장실의 경우 40% 이하).
- 냉장 · 냉동고에 식품을 보관할 경우에는 반드시 그 제품의 보관법 표시사항 등을 확인한 후 그 조건에 맞게 보관한다(식품공전상 온도 규정 제시 : 상온 15~25℃, 실온 1~35℃, 냉암소 0~15℃, 냉장고 5℃ 이하, 냉동고 −18℃ 이하).
- 오염방지를 위해 날 음식은 냉장실의 하부에, 가열조리 식품은 위쪽에 보관한다.
- 보관 중인 재료는 덮개를 덮거나 포장하여 식재료 간의 오염이 일어나지 않도록 유의한다.
- 냉동 · 냉장고 문의 개폐는 신속하게, 최소한으로 한다.
- 선입선출의 원칙을 지킨다.
- 냉동 · 냉장고는 1주 1회 정도 정기 청소, 냉동고는 정기적으로 성에 제거를 한다.
- 개봉하여 일부 사용한 캔 제품 소스류는 깨끗하게 소독된 용기에 옮겨 담아 개봉 일자와 유통기한, 원산지, 제조업체 등을 표시하여 냉장 보관한다.
- 내부온도가 유지되는가를 확인 · 기록하며, 이상이 있을 시는 정상적인 냉동 · 냉장고로 내용물을 옮기고 이상이 있는 냉동 · 냉장고는 바로 수리를 의뢰한다.

표 3-20 안전한 위생관리 키포인트

① 냉장, 냉동 온도를 유지하고 지속적인 확인 관리
② 식재 보관 리스트를 활용한 보관기한 관리
③ 선입선출 관리(data mark)
④ 식재료 종류별 구분보관
⑤ 개봉한 식재 또는 소분 보관 식재는 밀봉 후 표시사항 표기 후 보관(제품명 · 유통기한 등)
⑥ 손상 방지를 위한 적절한 포장 상태 관리
⑦ 주기적인 청소 관리
⑧ 식재 · 비식재 구분 보관
⑨ 식자재 바닥 방치 금지 : 15cm 이상 높이에 보관
⑩ 적정 온 · 습도를 유지하고 1일 1회 확인(곰팡이 발생 방지)
⑪ 선입선출이 가능하도록 배치
⑫ 방충 · 방서 확인 후 오염 제품 발견 시 즉시 폐기

표 3-21 저장시설의 구비 조건(2010 학교급식 위생관리 지침서)

항목	건조 저장시설	냉장 저장시설	냉동 저장시설
온도	• 15~21℃ 유지(상온 저장 : 15 ~ 25℃)	• 0~5℃ 유지(부패 쉬운 재료 3℃ 유지)	• −18℃ 이하 유지
	• 온도계 설치 및 온도 통제(식품공전상 온도 규정 제시 : 상온 15~25℃, 실온 1~35℃, 냉암소 0~15℃)		
습도	• 50~60%의 상대습도 유지	• 75~95%의 상대습도유지	• 75~95%의 상대습도유지
	• 습도계 설치 및 습도 통제		
선반	• 공간을 효율적으로 활용하기위해 스테인리스 스틸 재질의 선반 설치 • 최소한 벽면에서 15cm, 바닥에서 25cm 떨어진 곳에 간격을 두고 설치	• 창고식 대형 냉장고인 경우 건조 시설과 유사한 조건이 요구됨	• 창고식 대형 냉동고인 경우 건조 저장시설과 유사한 조건이 요구됨
환풍시설	• 자연환기를 위해 천장으로부터 30~50cm 떨어진 위치에 창문 설치 • 창문 유리는 직사광선의 투과를 최소화할 수 있는 재질 사용 • 천장 가까운 위치에 기계적 환풍기 설치	• 창고식 대형 냉장고인 경우 온도 및 공기 순환이 원활히 이루어질 수 있도록 환기 팬 설치	• 창고식 대형 냉동고인 경우 온도 및 공기 순환이 원활히 이루어질 수 있도록 환기 팬 설치
방충 · 방서 시설	• 창고 내 유리창에 방충망 설치 • 배수관에 쥐막이 시설(오염 제품 발견 시 즉시 폐기)	−	−
바닥재 및 벽면 재질	• 벽면은 방수용 페인트로 도색하여 습기가 차지 않도록 함 • 바닥면은 미끄럽지 않고 청소가 용이한 재질 사용	• 창고식 대형 냉장고인 경우 벽면은 스테인리스 스틸 사용 • 창고식 대형 냉장고인 경우 바닥면은 미끄럽지 않고 청소가 용이한 재질 사용	• 창고식 대형 냉동고인 경우 벽면은 스테인리스 스틸 사용 • 창고식 대형 냉동고인 경우 바닥면은 미끄럽지 않고 청소가 용이한 재질 사용
용량	−	냉장고 용량의 70% 이하(창고형인 경우 40% 이하)	냉동고 용량의 70% 이하(창고형인 경우 40% 이하)
조명시설	• 식품의 유통기한 및 품질을 확인할 수 있도록 적절한 밝기의 조도(110Lux 이상)를 갖춘 조명시설		
성에 제거장치	−	• 자동 성에 제거장치 설치	• 자동 성에 제거장치 설치
출입문	• 출입문의 폭은 운반도구가 통행 가능하도록 결정 • 잠금장치를 달아 보안관리를 할 수 있도록 함	• 창고식 대형 냉장고인 경우 건조 저장시설에서와 유사한 조건이 요구됨 • 문 신속하게, 최소한으로 개폐	• 창고식 대형 냉동고인 경우 건조 저장시설에서와 유사한 조건이 요구됨 • 문 신속하게, 최소한으로 개폐

4. 입·출고 관리

입·출고관리는 물품의 입고 및 출고 시 물품을 정확하게 관리하고 통제하는 과정들이다. 당일 구입 당일 사용 품목의 경우 검수 후 즉시 전처리실로 이동되고 저장해야 할 품목들은 각각의 저장시설로 입고되며, 저장시설에 있던 물품이 필요 시 조리장이나 배식장으로 출고된다.

입·출고 시의 정확한 관리와 통제를 통하여 효율적인 발주와 원가관리 업무가 가능하므로 입·출고관리 절차를 체계화하여야 한다.

(1) 입고관리

입고관리는 검수단계를 거친 후 저장고로 이동하는 물품에 대한 정보를 관리하는 것으로 발주서, 납품서, 검수일자 등에 의해 체계적으로 관리·통제된다. 입고 시에 품목에 대한 충분한 설명 내용을 라벨이나 택에 기록하여 물품에 부착한 후 입고하여 관리하도록 한다.

(2) 출고관리

출고관리는 식재료 관리의 가장 마지막 단계로서 납품된 물품이 사용부서의 요구에 의해 저장고로부터 조리작업장으로 출고되는 과정을 말한다. 출고 물품은 육류 출고, 단기 저장성 식재료 출고, 가공성 식재료 출고, 음료 출고로 나뉜다. 출고전표에 기재되어야 할 내용은 출고 전표 일련번호, 출고 일자, 사용부서명, 물품명, 물품별 수량 및 단가, 출고요구자의 서명 등이다. 사용부서에서 출고전표를 작성하여 출고담당자에게 청구하면 출고담당자의 확인을 거쳐 출고가 이루어진다.

(3) 입·출고관리의 전산화

저장시설로 입고되거나 출고된 물품들의 품목과 수량들이 자동적으로 전산상으로 계산되고 통합될 수 있게 하여 현재의 재고현황과 사용량을 파악할 수 있게 하며 구매부서에서는 발주품목 및 발주량을 산정할 수 있다. 또한 구매청구서를 출력할 수 있고 원가계산을 할 수 있으며 재고물품의 수량과 가격을 확인할 수 있다.

SECTION 4 재고관리

1. 재고관리의 의의

재고관리(Inventory management)란 정기적으로 보유하고 있는 물품의 수량과 목록을 확인하고 기록하여 적정 재고를 관리하는 것이다. 재고관리는 재고량 파악, 보충시기, 발주량, 물품 사용 빈도를 결정하고 이를 관리하는 모든 과정들을 포함한다.

적정 재고관리에 의해 물품의 품질 유지 및 안정성이 확보되어 순조로운 급식 생산체계를 유지하고 재고관리 비용을 줄일 수 있다. 경영에서 재고는 더 이상 자산일 수 없으며 적정 재고를 보유하는 상태가 경영에서 바람직한 일이다.

원재료를 통하여 원가를 절감하는 가장 좋은 방법은 매일 정확한 양의 원재료가 들어와서 그날 입고된 원재료를 그날 모두 소비하는 것이다. 그러나 이것은 현실적으로 불가능한 일이므로 재고관리에는 조사일시, 조사담당자, 물품명, 코드번호, 단위, 재고량, 품목별단가, 재고금액 등이 기록되어야 한다.

2. 재고관리의 유형

재고관리에는 영구재고시스템과 실사재고시스템이 있으며 영구재고시스템을 기본으 로 하면서 실사재고시스템을 실시하여야 한다. 즉, 두 가지 시스템을 병용하면서 상호보완적으로 적정 재고관리에 활용하여 기록 상황과 실제 상황 간의 격차를 좁혀야 한다.

(1) 영구재고시스템

영구재고시스템(Perpetual inventory system)은 구매한 물품의 입고 및 출고 시에 물품의 수량을 계속적으로 기록하는 방법으로 남아 있는 물품의 품목과 수량을 알고 적정 재고량을 유지하게 하는 방법이다. 이 시스템의 장점은 어느 특정 시점에서라도 재고량을 파악할 수 있으므로 효과적으로 재고관리를 수행할 수 있다는 점이다. 단점은 수작업으로 기록할 경우 정확성에 문제가 있을 수 있으므로 전산화하여 운영하여야 한다.

영구재고 조사지 ○○ 초등학교 조사일자 : 2013년 09월	결재	담당	계	행정실장	교장

식품명 : 단 위 : kg	월초 재고량	수불 일자	입고량	출고량	월말 재고량	증감
총 계						

그림 3-19 영구재고 조사지

(2) 실사재고시스템

실사재고시스템(Physical inventory system)은 주기적으로 창고에 보유하고 있는 물품의 품목과 수량을 확인하여 기록하는 방법으로 영구재고시스템의 정확성을 점검하기 위해서 실시된다. 대규모 업체에서는 월 2~4회, 소규모 업체에서는 월 1회 정도 실시한다. 실사재고시스템은 주로 월말에 실시되며, 실시할 때는 일반적으로 두 사람이 함께하는데 한 사람은 각 품목의 실제 수량을 확인하고, 다른 한 사람은 재고기록지에 그 정보를 기록한다.

실사재고기록지의 양식에는 물품명, 물품 보유량, 품목의 단위, 형태, 단가 등이 기록된다. 그리고 보유하고 있는 재고물품들의 단위당 단가와 보유량을 이용하여 재고액을 계산한다.

이 시스템의 장점은 보유하고 있는 재고의 총 가치를 정확하게 알려줌으로써 사용한 식품비의 산출에 필요한 정보를 제공해 준다는 점이며, 시간이 많이 걸리고 신속하지 못하다는 단점을 갖고 있다.

실사재고 조사지

식품분류 :
조사일자 :
담당자 :

ㅇㅇ 캐터링

분류	코드번호	입고량	단위	재고량	단가(원)	재고액(원)	비고

그림 3-20 실사재고 조사지

표 3-22 영구재고시스템과 실사재고시스템

유형	영구재고시스템	실사재고시스템
장점	• 적정 재고량 유지에 필요한 정보의 지속적 제공 • 특정 시점의 재고수준 파악 가능	• 재고수준을 직접 눈으로 확인하여 파악함으로써 신뢰성 있는 정보제공
단점	• 수작업의 경우 오류 발생 가능성	• 노력 소모가 많음 • 신속하지 못함

3. 재고관리방식

(1) ABC관리방식

ABC관리방식은 재고를 물품의 가치 정도에 따라 A, B, C의 세 등급으로 분류하여 차별적으로 관리하는 방식을 말하며 재고관리에서 시간과 노력의 우선순위를 결정하는 데 도움을 준다.

여기서 중요한 기준은 대개 연간구매 금액으로 실제 구매량에 원가를 곱하여 구한다. 파레토(Pareto) 분석으로 행해지는데 재고가와 총재고량을 기준으로 파레토 곡선을 그려 품목들을 중요도의 순서에 따라 ABC의 세 가지 종류로 분류한다.

ABC분류는 구매에서 중요한 소수의 품목을 찾아내어 관리노력을 집중하자는 관리방식이며 ABC 각 품목에 대한 통제정도는 서로 상이하다.

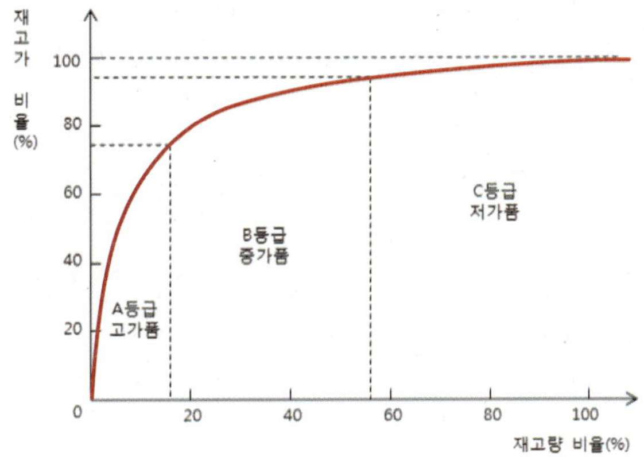

그림 3-1 ABC 관리방식

표 3-23 ABC 관리방식의 등급 분류 기준

등 급	특 징	품목 사례	총 재고량 점유 비율	총 재고액 점유 비율
A	고가품	육류, 주류 등	10~20%	70~80%
B	중가품	과일류, 채소류 등	20~40%	15~20%
C	저가품	밀가루, 설탕, 조미료, 세제 등	40~60%	5~10%

표 3-24 ABC 관리에 의한 주문통제

품목	통제정도	기록방식	주문절차
A품목	엄격	상세	치밀, 정확
B품목	보통	보통	신속
C품목	약함	약함	정기적

(2) 최소-최대 관리방식

최소-최대 관리방식(Minimum-Maximum method)은 예상 못한 상황에 대비해서 안전재고 수준의 재고량을 유지하면서 재고량이 최소 재고량에 이르면 주문 후 물품 조달 기한까지 사용되는 양을 고려한 적정량을 주문하여 최대 재고량을 확보하도록 관리하는 방식이다. 최소-최대 관리방식은 관리가 비교적 쉬운 이유로 실제로 급식소에서 많이 사용하는 방식이다.

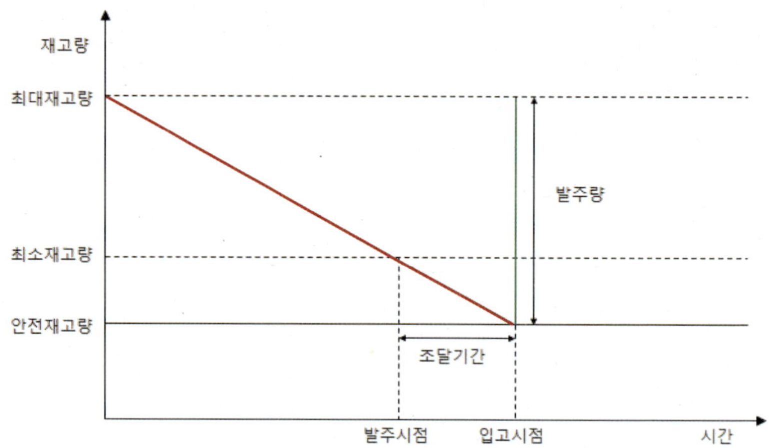

그림 3-2 최소·최대 관리방식

4. 재고회전율

재고회전율(Inventory turnover)은 일정기간 동안 원재료, 상품, 저장품의 출고량과 재고량의 비율을 말하며 1년에 재고가 몇 회 회전했는지 속도를 나타내는 것으로 재고물품의 평균 사용횟수나 판매횟수를 뜻한다. 급식소의 여건을 고려하여 표준 재고회전율을 설정하여 적정재고수준을 유지한다.

재고회전율이 표준치보다 낮으면 과잉 재고수준으로 인해 물품의 낭비가 발생할 수 있으며, 저장기간이 길어져서 물품 관리 비용이 증가할 수 있다. 반면 재고회전율이 표준치보다 과도하게 높으면 재고수준이 낮아 물품의 부족으로 인해 급식 생산이 지연되거나 비싼 가격으로 급히 구매하는 경우가 발생하여 식재료비가 증가할 수 있으며 고객만족도가 저하될 우려가 있다. 급식소는 최소의 재고량과 최대의 회전율을 달성하기 위하여 꾸준히 관리를 해야 한다.

Check point

- 재고회전율 $= \dfrac{\text{일정기간의 사용량(금액)}}{\text{평균재고량(금액)}}$
- 평균재고량 $= \dfrac{\text{기초재고량(금액)} + \text{기말재고량(금액)}}{2}$

예제② ○○급식소의 5월 1일 고추장 재고량이 8통이고, 5월 31일 마감 재고량은 2통이었으며, 5월 한 달 동안 15통의 고추장을 사용하였다. 고추장의 재고회전율을 계산하시오.

- 평균재고량 = (8통 + 2통) / 2 = 5통
- 재고회전율 = 15통 ÷ 5통 = 3회전

예제③ ○○급식소의 5월의 월초 재고액이 450,000원이고, 월말 재고액이 150,000원이었으며, 5월 한 달 동안 소요된 식품비의 총액이 1,500,000원이었다. 급식소의 재고회전율을 계산하시오.

- 평균재고액 = (450,000원 + 150,000원) / 2 = 300,000원
- 재고회전율 = 1,500,000원 ÷ 300,000원 = 5회전

표 3-25 적정 재고수준 확보 원칙

- 계속 공급의 원칙 : 중요시하면 물품 재고량의 증가
- 경제적 확보의 원칙 : 중요시하면 물품 재고량의 감소

5. 재고자산의 평가

급식소에서 재고조사 실시 후 현재의 재고상품에 대한 재고자산의 평가를 실시할 필요성이 있다. 물품은 구입시기에 따라 실제 구입가에 차이가 있으므로 재고 가치 평가 방법에 따라 재고자산의 가치는 상당한 차이를 나타내게 된다. 급식소의 여건과 재고수량을 고려하여 적당한 방법을 택하면 될 것이다.

예제④ 6월 30일 실사재고조사 결과 통조림 재고가 13개 남아 있었다. 구입일자를 확인해 보니 4월 10일 구입한 것이 20개, 5월 10일 구입한 것이 15개, 6월 10일 구입한 것이 25개, 6월 25일 구입한 것이 10개였다. 각 방법으로 재고가치를 평가해 보시오.

① **실제구매가법** : 실제구매가법(Actual purchase price method)은 개별법이라고도 하며, 각 물품의 실제 입고 가격으로 재고자산을 평가하는 방법으로 소규모의 급식소에 적합한 방법이다. 이 방법을 사용하려면 검수 후 창고 저장시에 구입 단가 표시를 해둔다. 개별법에 의한 재고가는 입고시 단가와 그날 발생한 재고수량을 곱한 액수를 모두 합산하면 된다.

재고자산 : (1,000원 × 3개) + (1,050원 × 2개) + (1,150원 × 3개) +
(1,200원 × 5개) = 14,550원

② **선입선출법** : 선입선출법(First-in first-out method)은 먼저 입고된 물품을 먼저 사용하였다는 재고회전원리 하에서 재고 자산을 산출하는 방법이다. 현재 재고량에 대해 가장 최근에 구입한 물품의 단가를 반영하여 물가가 인상되는 상황에서 재고가를 높게 책정하고 싶은 경우에 사용하게 된다. 선입선출법에 의해 최종 재고수량 13개 중 10개는 1,200원, 3개는 4월 10일 입고분 1,000원으로 계산한다.

재고자산 : (1,000원 × 3개) + (1,200원 × 10개) = 15,000원

③ **후입선출법** : 후입선출법(Last-in first-out method)은 최근 구입한 물품부터 사용했다는 가정하에 가장 오래된 물품이 재고로 남았다고 보는 방법이다. 물가상승 시 후입선출법을 이용하면 재고자산의 가치가 낮아져서 재무제표상 이익을 최소화하여 소득세를 줄일 수 있다. 후입선출법은 재고수량 13개가 4월 10일에 입고된 것으로 계산한다.

재고자산 : 1,000 × 13개 = 13,000원

④ **최종구매가법** : 최종구매가법(Last purchase method)은 재고 물품의 수량에 대해 가장 최근의 구입 단가를 적용한다. 계산이 간단하고 신속하므로 급식소에서 많이 사용한다. 최종매입원가법에 의하여 재고수량 13개에 6월25일 구입단가인 1,200원을 적용한다.

재고자산 : 1,200 × 13개 = 15,600원

⑤ **총평균법** : 총평균법(Total average cost method)은 일정기간 동안 구입한 물품의 평균 단가를 이용한다. 구입 가격의 총액을 총수량으로 나누어 평균 단가를 계산 후, 현재의 재고수량과 곱하여 산출한다. 물품이 대량으로 입출고되는 급식업소에서 주로 사용한다.

평균단가 : {(1,000원 × 20개) + (1,050원 × 15개) + (1,150원 × 25개) + (1,200원 × 10개)} ÷ 총 70개
≒ 1,092.9원

재고자산 : 1,092.9원 × 13개 ≒ 14,208원

SECTION 5 구매관리의 전산화

1. 전자상거래

전자상거래에는 특정 기업 간의 거래, 가상 점포를 이용한 기업과 소비자 간의 거래, 인터넷을 이용하는 불특정 기업 간의 거래 등이 있다. 이 중 가상점포를 이용한 기업과 소비자 간의 거래가 다수를 차지한다. 온라인 쇼핑으로 불리는 이 거래형태는 인터넷상에 홈페이지 형태의 사이버 몰(Cyber mall)을 만들어 각종 상품을 판매하는 것으로 기존의 재래식 시장이나 백화점처럼 고객이 직접 방문할 필요 없이 어디서나 컴퓨터를 통해 원하는 상품을 주문할 수 있어 편리하다. 전자문서와 전자 화폐를 이용해 모든 거래의 시작에서 끝까지 통신망상에서 해결해 거래에 들어가는 비용과 시간을 줄이는 것이 전자상거래의 목적이다.

2. 학교급식의 NEIS

학교급식의 경우 2003년도 상반기부터 교육행정정보시스템(NEIS)를 이용하여 시장조사, 메뉴 작성, 발주 등의 업무를 처리하고 있는 상황이다. 2010년 상반기부터 도입된 지방교육 행정·재정시스템(EDU-FINE ; EDUcation FINance E-system)은 그동안 실시해오던 품목별 예산에서 사업별 예산 제도로 변화된 것으로 사업 중심의 예산 편성과 품의 지출 등을 복식부기로 처리할 수 있는 시스템으로 급식회계 관리 업무를 수행하고 있다.

3. 인터넷 비딩

최근 식재료 납품 전문업체의 전산시스템이 단체급식소나 상업급식소 등의 업체와 연결되어 구매업무의 효율성을 높이고 있으며, 전자식 식재료 납품 전문업체와의 거래를 희망하는 생산업체나 산지 및 도매상 등의 유통업체는 인터넷 비딩(Internet Bidding : 인터넷상에서 다수의 공급업자가 동시에 참여해서 공개적으로 입찰하는 제도)을 통해 입찰하고 있다.

4. POS 시스템

POS(Point of sales) 시스템은 판매시점 관리 시스템으로서 판매시점에서 종합적으로 재고관리(재고량 파악, 주문시기, 주문수량, 안전재고수량 관리)를 실시하는 체계를 말한다.

상품 판매점 매장에 설치된 POS 단말기와 호스트 컴퓨터를 연결해 판매와 동시에 각 상품별로 발생하는 판매정보를 입력시킨 후 이 정보를 활용해 상품의 구입과 생산에 반영하거나 세세한 판매관리에 응용하는 시스템이다.

컴퓨터의 발달로 인해 대량의 상품을 빈번하게 취급하는 대형 유통업체에서도 실제재고조사법보다 큰 비용을 들이지 않으면서 계속기록법의 사용이 가능하게 되었다. 생선이나 식료품 등 가격 변동이 심해 바코드화가 곤란한 상품까지 대형 슈퍼마켓이나 24시간 편의점 등을 중심으로 바코드화가 이루어짐으로써 POS 시스템은 빠르게 보급되고 있는 추세이다.

Check point

웹 도매시장 농수산물 사이버거래소

지난해 1월 설립·발족한 농수산물 사이버거래소는 웹상의 도매시장이다. 팔 사람과 살 사람이 인터넷 거래를 통해 자유롭게 농수산물을 사고 판다. 취급품목은 미곡과 원예·청과 수산 축산 화훼 약용농산물 등 표준화가 이뤄진 40여 개 품목을 취급하고 있으며, 조곡거래와 학교급식 업무에도 참여하고 있다.

사이버거래소의 장점은 정부가 정책적 지원을 하고 있어 대금정산 등 거래가 안전하다는 점, 오프라인 거래에 비해 취급수수료가 저렴하다는 점 등을 들 수 있다.

사이버거래소를 통해 농수축산물을 판매할 경우 판매자는 자체정산소를 통해 판매금액을 곧바로 결제받을 수 있고, 구매자는 최대 50일까지 결제기일을 연장할 수 있다. 20일까지는 무이자며 21~50일까지 이자는 정책자금 금리인 3%다.

수수료는 시장사용료(사이버거래소 사용료)와 품목수수료로 나눠진다. 사과·배·단감·감귤·미곡·계육·돈육(생돈포함)·달걀·한우·버섯류·장류·고춧가루·인삼 등이 거래품목이며 이를 미곡·원예/청과·수산·축산·화훼·약용으로 분류하고 있는데 수수료율은 시장사용료가 0.35%, 품목수수료율은 각각 0.30% 1.00% 0.90% 0.30% 1.00% 0.70%다. 올해는 사업이 본격화된 첫해라는 점에서 미곡과 축산은 품목수수료가 면제이며 나머지는 품목 수수료의 70%를 환원하고 있다.

사이버거래의 특징은 유통단계가 축소된다는 점으로 오프라인 시장에서 거래가 이뤄지는 것이 아니기 때문에 발주와 함께 판매자가 구매자에게 곧바로 상품을 발송하면 끝이다. 여기에다 기존 출하업체가 인터넷상에서 거래를 하고 있거나 상품을 홍보하고 있는 경우 사이버거래소의 시스템과 연계하는 프로그램(B2BI)만 개발하면 상호 사이버 상에서의 시장통합이 가능하다는 것도 장점이다.

B2BI는 학교급식용 식자재 발주에도 활용된다. aT는 사이버거래소의 전자조달시스템을 통해 학교급식용 식자재 납품을 함께 담당하고 있다. 각급 학교에서 급식자재 발주를 교육행정정보시스템(NEIS)와 연계된 aT전자조달시스템을 통해 발주하면 납품업체가 학교에 납품하게 된다. 사이버거래소는 지난 5월 이미 부산·인천·전북·충남 등 4개지역 교육청과 업무협약을 체결했으며, 올해 동안 월 60억 원 가량의 매출을 기대하고 있다.

농수산물사이버거래소는 지난해 출범 당시 올해 매출을 2,088억 원, 2015년에는 1조 8,000억 원으로 잡았다. 이에 대해 사이버거래소 관계자는 “목표 매출액은 앞으로의 사업추진여부에 따라 다소 달라질 수도 있다”면서도 “하지만 판매자 입장에서는 안전한 대금결제, 구매자 입장에서는 금융혜택과 사이버거래소가 1차적으로 선정한 제품을 구매함으로써 제품의 안정성을 확보할 수 있다는 장점이 있기 때문에 앞으로 발전가능성은 크다”고 밝혔다.

Chapter 4

단체급식의 생산관리

SECTION 1 수요예측

1. 수요예측의 의의

수요예측(Forecasting)이란 제품이나 서비스에 대한 미래의 고객수요를 추정하는 것이다. 미래의 예측은 거의 대부분 과거 또는 현재의 자료나 정보에 근거하여 이루어지게 되는데, 이 경우에 특히 환경변수의 정확한 분석이 요구된다.

기업은 제품이나 서비스의 판매를 위하여 단기 및 장기적으로 수요예측을 하지 않으면 안 된다. 미래수요의 예측내용은 고객과 시장의 특성, 제품이나 서비스의 종류, 수량, 품질 등이 포함된다. 따라서 수요예측은 모든 경영계획의 기초가 된다.

대량조리가 이루어지는 단체급식에서의 정확한 수요예측은 생산계획을 세우는데 중요한 역할을 한다. 수요예측이 잘못 판단되는 경우는 두 가지로 생각해 볼 수 있다. 먼저, 실제 수요가 예측보다 적은 경우에는 생산량의 초과가 일어나게 되고 따라서 막중한 재고 부담(잔반량 증가)으로 비용낭비나 음식품질의 하락 등을 초래할 수 있고, 실제 수요가 예측보다 큰 경우에는 생산량의 부족으로 고객불만 초래나 식재료 원가의 상승 등 더욱 치명적인 문제가 발생될 수 있다.

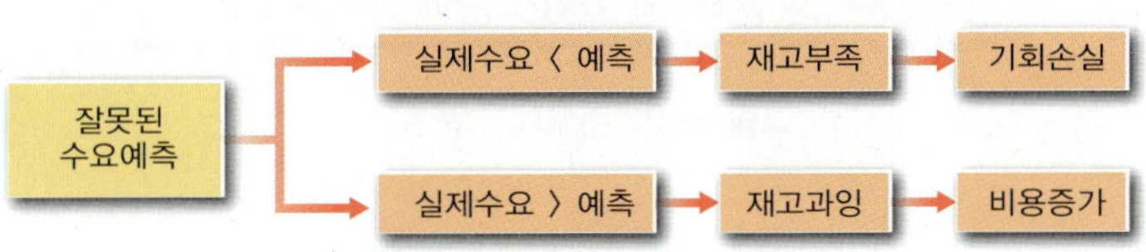

그림 4-1 수요예측의 중요성

2. 수요예측의 특성

정확한 수요예측은 경영자의 가장 큰 소망이다. 그러나 현재와 같이 불확실한 시대에서는 정확한 수요예측이 거의 불가능하다. 따라서 기업의 경영자들은 다음과 같은 수요예측의 특성을 잘 알아야 한다.

첫째, 예측치는 언제나 정확하지 않으므로 평균기대치와 예측오차를 포함하여야 한다. 예측오차가 기대치에서 크게 벗어나지 않으면 정확한 예측치가 된다. 예를 들어 평균기대치를 100으로 가정할 때, 70~140과 90~100을 비교해 본다면 후자가 더 정확한 예측을 하는 셈이다. 예측오차는 수요예측의 정확성에 중요한 역할을 한다.

둘째, 장기예측보다는 단기예측이 더 정확하다. 예측기간이 짧을수록 실제치와 예측치 사이의 오차는 적어진다. 따라서 실제 배식량에 대한 예측오차를 줄이려면 예측기간을 짧게 가져야 한다.

셋째, 개별적으로 분리된 예측보다는 총괄적인 예측이 더 정확하다. 총괄예측은 개별예측보다 더 작은 오차의 변동을 가진다.

넷째, 인구통계학적인 요소가 미래의 수요 규모를 결정한다. 예컨대, 교육수준이 높은 30세 이상의 소비자 수가 급속하게 증가하는 경우가 있다. 소득, 교육, 결혼, 연령 등에 대한 계층분석도 인구통계학적인 접근방법을 이용할 수 있고, 현재 단체급식의 주 고객층의 기호도나 요구도 분석에도 주요한 요인이 된다.

예측치는 평균기대치와 예측오차를 포함하여야 함

단기예측이 장기예측보다 더 정확함

총괄예측이 개별품목예측보다 더 정확함

인구통계학적 요소와 특정소비자집단이 수요규모를 결정

그림 4-2 수요예측의 특성

3. 수요예측의 방법

수요를 예측하는 방법은 예측목적이나 상품의 종류에 따라 달라진다. 또한 고객 마케팅의 기초 자료가 되므로 정확도가 요구된다.

예컨대, 쌀 소비와 같이 적어도 단기적으로 어느 정도 변화가 없는 경우에는 예측이 비교적 수월하여 방법이 간단하나, 에어컨이나 스키용품 등은 계절적인 수요변동이 심하여 예측기법이 복잡해진다.

단체급식에서도 학교급식이나 군대급식 등의 보편적으로 고정적인 식수가 큰 변동없이 진행될 때는 수요예측이 간단하나, 매일 환자의 수가 변동되는 병원급식이나 의무식으로 운영되지 않는 산업체급식 등의 경우에는 정확한 수요예측을 하는 데 어려움이 많다.

수요예측 방법에는 크게 정성적 방법과 정량적 방법이 있다.

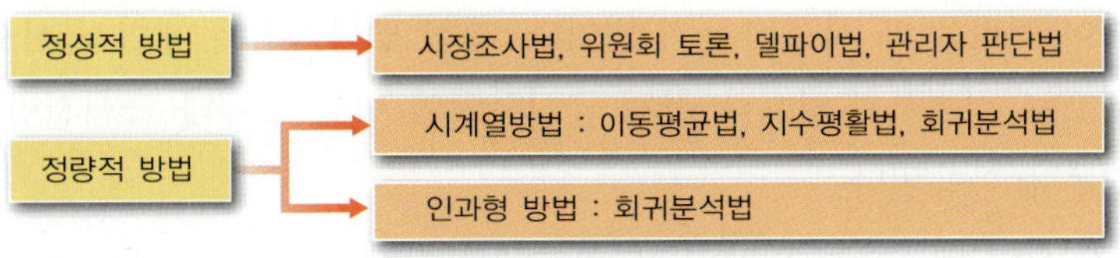

그림 4-3 수요예측의 방법

(1) 정성적 방법

1) 시장조사법(market research)

소비자의 의견조사나 시장조사를 통하여 제품이나 서비스의 수요를 예측하는 기법

2) 위원회 토론

제품이나 시장에 대한 전문적인 지식과 경험이 풍부한 사람들을 중심으로 모임을 구성하여 의견을 수렴하는 기법

3) 델파이법(delphi method)

① 전문가로 구성된 위원회를 설치하여 각 전문가들로 하여금 미래 예측에 대한 의견을 제시하도록 하고, 이를 수집·검토·평가하는 방법
② 관련 자료가 불충분한 경우 비교적 적절하게 수요예측이 가능하나, 비용과 시간이 많이 들 수 있음.
③ 비공개성 때문에 전문가들이 한 자리에 모여 창의적 토의를 할 수 없음.

4) 관리자 판단법

① 기업에서 예측하는 경우 사람의 예감과 경험을 중요시하는 방법
② 최고경영자가 장기적 계획소립이나 신상품 개발에 풍부한 경험에 의해
③ 단독으로 예측하는 경우가 가장 오래되고 흔한 방법
④ 관리자들과 함께 공동회의를 통해 결정 할 경우 위험부담 감소

위와 같이 정성적 방법에서 단체급식의 수요예측에 많이 사용되는 방법은 델파이법과 관리자 판단법이 있다. 이는 신규로 오픈한 급식시설의 경우 기존의 수요예측에 대한 데이터가 없으므로 사용되는 경우와 시간의 경과에 따른 일정한 흐름의 예측이 어려울 때 사용하는 방법이다. 특히 델파이법은 개별 급식소의 수요예측 방법으로 적절하지 않으나 전체 급식산업의 변화 추세나 급식전망 등을 예측하는 경우에 사용된다.

(2) 정량적 방법

1) 시계열 방법

① 과거자료를 바탕으로 시간적 추이나 경향을 파악하여 미래의 수요량을 예측하는 방법
② 사용 목적에 따라 일, 월, 분기, 연간 등으로 나누어 활용
③ 대표적 방법으로 이동평균법과 지수평활법이 있음
④ 특이한 변수가 있던 해의 자료는 사용할 수 없음(조류독감, 신종플루 등)

(가) 이동평균법(moving average)

① 정량적 예측기법 중 가장 간단한 방법으로, 과거 일정기간의 자료를 평균하여 바로 다음 기간의 예측치로 사용
② 수요가 급격히 변하지 않고, 계절적 변동 요인이 없을 경우 사용(우리나라처럼 4계절이 뚜렷한 경우 사용하기 어려움)
③ 이동평균법에 두 가지 방법이 있는데, 과거 일정기간의 자료에 동일한 가중치를 두는 단순이동평균법(simple moving average)과 일정기간 중 최근 내용에 가장 높은 가중치를 두는 가중이동평균법(weighted moving average)이 있음.

▶단순이동평균법(simple moving average)에서 3개월 이동평균치를 구할 경우

월	제공 식수	예측 식수
6	2,100	
7	2,300	
8	2,000	
9	1,700	
10		2,000

예제① 지난 6월부터 9월까지의 자료를 참고로 3개월 단순이동평균법으로 다가올 10월의 식수를 예측한다면?

$$\frac{2{,}300 + 2{,}000 + 1{,}700}{3} = 2{,}000$$

(나) 지수평활법(exponential smoothing)

① 가장 최근의 자료에 가중치를 두어 미래의 수요를 예측하는 방법

② 이동평균법은 많은 분량의 과거자료를 계속적으로 사용하여야 하는 단점이 있음

③ 새로운 자료 추가 시 가장 오래된 자료는 버리고 계산

④ 단기적인 수요예측 시 많이 사용

Check point

$F_t = a \times D_t - 1 + (1 - a) \times F_t - 1$

- F_t : 예측 식수
- $F_t - 1$: 가장 최근의 예측 식수
- $D_t - 1$: 가장 최근의 제공 식수
- a : 평준항수, $0 < a < 1$

예제② A 급식소를 이용한 고객의 수가 다음과 같을 경우, 지수평활법을 이용하여 10, 11, 12월의 식수를 예측한다면? [단, 이 급식소의 수요변동은 약 20% 정도임(a=0.2)]

월	제공 식수	예측 식수
9	1,500식(D_2)	1,300식(F_2)
10	1,350식(D_3)	1,340식(F_3)
11	1,260식(D_4)	1,342식(F_2)
12	900식(D_5)	1,326식(F_5)

- 10월의 예측 식수 = 0.2×(1,500식)+0.8×(1,300식) = 1,340식
- 11월의 예측 식수 = 0.2×(1,350식)+0.8×(1,340식) = 1,342식
- 12월의 예측 식수 = 0.2×(1,260식)+0.8×(1,342식) = 1,326식

2) 인과형 방법(회귀분석법)

① 수요예측에 영향을 주는 여러 환경변수들 간의 인과관계인 경우 인과모델을 개발하여 수요를 예측하는 방법

② 변수가 한 개일 경우 선형회귀분석, 두 개 이상일 경우 다중회귀분석

③ 식수에 영향을 주는 요인으로 고객의 선유성향(성별, 나이, 거주지역 등), 메뉴선호도, 계절, 날씨, 좌석회전율, 행사 등

Check point

$Y = a_0 + a_1X_1 + a_2X_2 + \cdots + a_nX_n$

- Y : 예측 식수
- $a_0 \sim a_n$: 회귀계수
- $X_1 \sim X_n$: 식수에 영향을 주는 요인

SECTION 2 레시피 데이터와 생산

1. 표준레시피 작성

레시피(recipe)란 조리에 필요한 양과 조리법을 기술한 것으로, 급식의 질을 유지하고, 조리방법을 준수할 수 있도록 표준을 정하여 제시하는데 이를 표준레시피(standardized recipe)라 한다.

표준레시피는 주어진 조건하에 여러 번 시도하여 가장 좋은 결과를 낸 조건과 방법을 택하여 정한다.

2. 표준레시피의 중요성

단체급식 실태보고서에 의하면 피급식자의 요구사항은 식사의 품질 및 메뉴의 다양화(58%), 그 밖의 위생 및 환경(20%), 서비스(12%)의 순으로 보고되고 있다. 이것은 최근 식품산업과 외식산업의 발달로 피급식자들은 수준 높은 음식과 서비스를 접하게 되었고, 이에 따라 급식의 질적인 향상에 대한 요구도가 증가하고 있음이 반영된 결과라 할 수 있다.

단체급식은 영리를 목적으로 하지 않고 특정 다수인을 대상으로 계속적인 식사를 공급하는 것이라는 고정 관념에서 한 단계 더 나아가서 합리적인 경영을 통해 피급식자의 만족을 도모하는 급식 조직으로서 새롭게 변해야 할 시점이라는 지적이 일고 있다.

조리 레시피의 표준화 작업이란 레시피를 특정급식소의 운영 목적, 급식소의 운영유형, 사용하는 기기, 음식의 품질표준, 필요한 생산총량, 1인분의 양, 판매가격 등을 고려하는 것이다. 조리 레시피의 표준화 작업은 여러 번의 실험을 거쳐서 확립될 수 있는 복잡하고도 시간이 많이 소요되는 작업이나 단체급식소에서는 사전에 계획된 정확한 양을 생산하고 설정한 품질기준에 맞게 생간하기 위해서 필수적인 과제이다. 표준화된 조리 레시피는 항상 품질과 수량면에서 같은 결과를 얻을 수 있게 된다.

3. 표준레시피에 포함 내용

① 음식 품목명
② 코드 번호
③ 생산총량
④ 기준배식인원
⑤ 1인 분량의 크기와 개수
⑥ 식재료명과 분량(중량, 용량 개수)

⑦ 배분과 1인 분량 크기(portion size)와 방법에 대한 설명
⑧ 생산량을 수정하여 적을 공간
⑨ 조리법 및 조리시간 & 조리온도
⑩ 1인분 가격
⑪ 배식 시 음식의 품질 표준
⑫ 그릇에 담는 방법

표준레시피에는 음식 품목명, 코드 번호, 생산총량, 배식인원, 1인 분량, 식재료명과 분량, 배분방법, 조리 시간, 조리 온도 등이 포함되어야 한다. 식재료에는 양과 분량이 기재되어야 하는데, 이때는 폐기량을 고려하여 실제 사용될 수 있는 가식부량을 계산하여 기입해야 한다. 폐기량이 고려되지 않으면 총 생산량이 줄어들어 급식자들에게 원활한 공급이 이루어질 수 없다.

조리법을 기술할 때에는 전처리가 됨으로써 입고된 식재료인지, 아니면 전처리부터 시작되어야 하는 식재료인지를 정확히 판단하여 조리 순서에 따라 구체적으로 서술해 주는 것이 좋다.

또한 식재료의 커팅방법, 크기, 조리시간과 온도, 기기의 주의사항 등을 기록한다. 대량조리시에는 같은 조리법이라도 사용하는 재료의 양이나 기기에 따라서 조리온도와 시간이 달라질 수 있기 때문이다.

조리음식의 생산총량을 산정할 경우 조리인력과 조리기기의 여건을 고려해야 한다. 이때는 1인 분량(portion size), 1인 분량의 배식방법, 사용되는 배식도구, 그릇에 담는 방법 등을 제시하는 것이 좋다.

4. 표준레시피 개발과정

표준레시피는 한 급식소에서 잘 사용하고 있는 매우 잘 된 레시피일지라도 다른 급식소에서 그것을 바로 적용하기는 어렵다. 사용하는 재료, 피급식자의 요구, 조리종사자의 기술과 훈련 여부, 사용 기구 등이 급식소마다 서로 다르기 때문에 각 급식소의 특정 여건에 맞게 조정하여 사용할 수밖에 없다.

또한 조리방법에 대해서도 같은 음식이라도 그 음식이 만들어졌을 때 어떠어떠해야 한다는 기준이나 생각이 서로 다르기 때문에 표준레시피는 특정 급식소의

특정 상황과 목적에 맞는 조절이 필요하며, 급식관리자는 자신이 관리하는 급식 시스템의 양과 질의 기준에 맞게 반복적으로 실험하여 표준레시피를 결정해야 하며, 결정된 표준레시피라도 피급식자의 반응을 잘 살펴 조정한다.

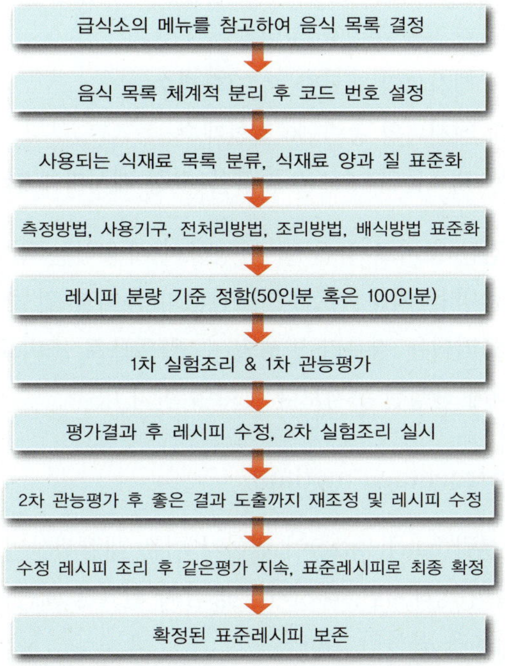

그림 4-4 표준레시피 개발과정(레시피의 표준화 절차)

5. 표준레시피 산출방법

표준레시피는 각 급식소에 따라 다르다. 실제 생산 필요량과 표준레시피의 산출량이 일치하지 않을 경우에는 생산수요에 맞게 레시피의 산출량을 조정할 필요가 있다. 일반적으로 레시피의 산출량을 정정하는 방법으로 계수방법, 비율방법, 도량환산표 이용방법 등이 있으나 일반적으로 계수방법을 이용하여 레시피의 산출량을 조정한다. 배식량의 증감에 따라 재료, 구매단위에 따라 레시피는 수정되어야 한다.

(1) 계수방법(factor method)

레시피에 정해진 전환계수를 곱한다.

① 1단계 : 전환계수 = 원하는 레시피 생산량 / 수정할 레시피 생산량
② 2단계 : 재료 단위를 중량으로 바꿈
③ 3단계 : 원래 레시피의 재료량 × 전환계수
④ 4단계 : 원래 레시피의 총량 × 전환계수
⑤ 5단계 : 모든 재료들의 새로운 중량을 수정 레시피에 합산

※ 이때 주의할 점은 조미료 양을 잘 측정하여 사용하는 것이다(예를 들어, 50인분의 조미료 양을 기준으로 1,000인분의 음식을 만들었을 때 간이 엄청 세져서 짜게 조리되는 경우가 발생할 수 있으므로 조미료의 양은 일반적인 계수방법에 의해 산정된 수치보다 작아야 한다.)

(2) 비율방법(percentage method)

비율방법은 1회 분량(batch-size)이 변하기 쉬운 대량생산일 경우에 유용하다. 한번 재료들의 비율이 정해지면, 레시피의 증감이 필요할 때는 총 중량에 대한 각 재료들의 정해진 비율을 곱하면 된다.

① 1단계 : 모든 재료의 단위를 한 단위로 전환
② 2단계 : 레시피에 있는 가식부량(EP: Edible Portion)의 재료 중량 합함(구입시 중량과 가식부량의 차이를 고려하여 가식부량으로 계산)
③ 3단계 : 총 중량에 대한 각 재료의 비율을 계산

Check point

$$\frac{\text{각각의 재료 중량}}{\text{총 중량}} = \text{각 재료들의 비율}$$

④ 4단계 : 재료의 비율을 검산
⑤ 5단계 : 원하는 배식 수만큼 급식하기 위한 필요 총 중량 산정
⑥ 6단계 : 조리 시 손실량은 반드시 필요 총 중량에 합산함(손실량은 음식에 따라 1~10% 정도)

Check point

$$\text{필요 총 중량} = \frac{\text{원하는 생산량}}{\text{100\% 예상된 조리손실비율}}$$

필요 총 중량 = 배식량 × 배식수

⑦ 7단계 : 각 재료들의 정확한 필요량의 총 중량은 6단계에서 계산된 필요 총 중량과 일치해야 함

⑧ 8단계 : 재료들의 단위가 한 형태의 단위로 이루어지지 않으면 각각의 다른 단위로 전환

SECTION 3 급식 품질관리

1. 대량조리의 특징

단체급식은 대량생산(quantity food production)을 기본으로 하므로 수작업보다는 조리기기를 활용하여 한정된 시간 내에 대량생산을 완료해야 한다. 또한 음식의 맛과 질감이 급속히 저하되므로 조리법에 많은 제약이 따른다. 음식의 관능적·미생물적 품질관리를 위해 조리시간과 온도통제가 필수적이며, 작업일정에 따른 계획적인 생산통제가 필요하다.

2. 대량조리법의 종류

기본 조리과정은 물·기름·공기를 매체로 하며 물을 이용한 조리법에는 끓이기(boiling)와 데치기(blanching) 및 찌기(steaming), 기름을 이용한 조리법에는 튀기기(deep-fat frying)와 볶기(pan-frying), 공기를 이용한 조리법에는 구이(roasting) 등이 있다.

(1) 물을 이용한 조리법

1) 끓이기

① 끓는 물에서 가열하는 방법으로, 물의 양이 충분하여야 내부까지 제대로 가열될 수 있음

② 조리기구가 크거나 대량조리 일 경우 중심부까지 열이 닿지 않을 수 있어 중심까지 끓고 있는지 확인해야 함

③ 식품이 골고루 익을 수 있도록 수시로 잘 저어 줌

2) 데치기

① 끓는 물에서 단시간 가열하는 방법

② 조리해야 할 양이 많을 경우 여러 번 나누어 조리함

③ 데칠 물은 식재료 양의 5~6배 정도가 적당하며, 데친 물은 이물질이 포함되므로 다른 조리에 이용하지 않는 것이 좋음

④ 데친 후 담가 식히는 냉수는 깨끗한 물로 사용할 수 있도록 함

3) 찌 기

① 수증기 열로 가열

② 수증기를 만드는 데 이용되는 물은 오염되지 않아야 함

③ 천을 사용할 경우 깨끗이 소독된 것을 이용

(2) 기름을 이용한 조리법

1) 튀기기

① 150~250℃의 고온의 기름에서 단시간에 익히는 방법

② 두꺼운 식품을 가열할 때 중심부까지 충분히 익어야 하므로 150~170℃ 정도에서 먼저 익힌 후 서서히 기름의 온도를 높임

2) 볶 기

① 조리해야 할 식품의 크기가 클 경우 내부가 가열되지 않으므로 주의

② 식품의 부피를 되도록 작게 함

③ 식품의 부피가 많을 때 내부는 볶기가 아니라 찜이 되며, 으깨질 수 있어 주의해야 함

(3) 공기를 이용한 조리법

• 구 이

① 150~250℃의 고온에서 가열할 때 표면은 타고 내부는 가열되지 않을 수 있으므로 주의해야 함

② 두께가 두꺼운 식품을 가열할 때는 중심부까지 균일하게 가열되지 않으므로 조리를 하면서 수분을 보충, 뚜껑을 덮어 가열함

3. 대량조리기기

(1) 전처리기기

주조리 공정 앞에 수작업으로 시간과 인력이 많이 소모되어 적절한 기기를 도입하여 활용하면 작업의 능률을 높일 수 있다. 전처리 공정에서 활용될 수 있는 기기로는 개수대(싱크대)·작업대·세미기·박피기·절단기·믹서 등이 있고, 학교급식법 제3조제3호에서는 세미기·박피기·절단기를 권장사항으로 규정하고 있다.

개수대는 식품을 씻을 때 사용되는데, 개수공간의 수에 따라 1조·2조·3조 싱크가 있고, 육류용·생선용·채소용을 구분하여 사용하여야 위생적이다. 작업대는 스테인리스 스틸로 만들어진 것이 반영구적이고 청소하기에도 쉽다. 작업대 높이는 한국인의 평균 키를 기준으로 할 때 82~90cm가 적당하다. 무겁고 부피가 큰 것들을 주로 사용하는 경우에는 높이가 낮아야 하며, 작업의 다리 높이 또는 작업대 위에서 사용하는 도마의 높이 등을 고려하여야 한다.

식자재 검수구역

개수대(채소용, 육류용, 생선용)

그림 4-5 식자재 검수구역과 개수대

가장 보편적이 작업대의 배치는 일렬형과 L자형 및 U자형의 세 가지가 있고, 일렬형에는 평행형과 이중붙임형(back-to-back)은 효율적이라 널리 이용되고 있으며, L자형은 좁은 공간에서도 작업대를 편리하게 사용할 수 있다. U자형은 작업면을 넓게 사용할 수 있고, U 자의 내부와 외부에서 많은 종업원들이 동시에 작업할 수 있다.

세미기는 수압에 의해 많은 양의 쌀을 한번에 씻어 주는 기기로, 20kg의 쌀을 씻는 데 5분 정도 걸린다. 박피기(peeler)는 감자·당근·무 등의 껍질을 단시간 내에 벗겨내므로 노동력이 절감되고, 손실이 적으며, 구조가 간단하여 좁은 공간에도 설치가 가능하다. 감자 박피기는 1회 처리 능력에 따라 8~10kg, 15~20kg, 25~30kg의 세 가지가 있다.

세미기

감자탈피기

그림 4-6 세미기와 감자탈피기

절단기(cutter)는 짧은 시간 내에 식품을 일정한 모양으로 썰어 주는 기기로, 조리에 알맞게 절단할 수 있도록 깍두기용 칼날, 국거리용 칼날, 생채용 칼날 등이 포함되어 있다. 절단기에는 육류 및 각종 양념을 다지는 데 사용하는 분쇄기(chopper), 육류나 햄을 일정한 두께로 썰어 주는 슬라이서(slicere), 각종 채소류 및 구근류 등을 용도에 맞게 절단하는 채소절단기(vegetable cotter) 등이 있다.

그림 4-7 육절기

믹서(mixer)는 과일·주스·콩·쌀 등을 혼합 분쇄할 때, 케이크 믹서(cake mixer)는 각종 케이크의 재료를 혼합하는 데 사용한다.

(2) 조리기기

취반기, 레인지, 번철, 튀김기, 회전식 프라이팬, 스팀 쿠커, 증기솥, 브로일러, 오븐 등 대부분 가열조리용으로 조리공정에 사용된다.

1) 취반기

가스·증기·연속식의 취반기가 있는데, 가스 취반기는 쌀의 손실이 적고, 보온이 가능하며, 2단식·3단식 등으로 각 칸에 취반실이 나누어져 있으므로 필요한 양만큼 취사할 수 있고, 용량은 200, 400, 500인분용이 있다.

증기 취반기는 이중솥으로 되어 있고 증기를 열원으로 이용하는데 취반솥의 내압이 상승되어 취반시간이 단축되고 에너지소비량이 절감되므로 대규모 급식소에서 주로 사용한다.

연속식 취반기는 세미기부터 취사까지의 과정이 컨베이어벨트에 의해 자동으로 연결되어 이루어지므로 시간과 노력이 절약되며 조작이 간편하다.

취반기

냄비

그림 4-8 취반기와 냄비

2) 가스레인지와 번철

가스레인지는 주방에서 가장 기본이 되는 가열기기로, 상판은 스테인리스 스틸이 좋으며, 형태가 단순한 것이 청소하기 쉽다. 중화 가스레인지는 볶음요리에 사용되며, 버너의 화력이 강하여 음식을 빠르게 조리할 수 있다.

번철은 철판구이방식으로 직접 상판 위에서 부침을 할 수 있는 기기로, 재질은 스테인리스 스틸이 좋으며 온도를 120~454℃로 일정하게 유지시킬 수 있는 자동온도 조절기가 부착되어 있고, 기름이 잘 흐르도록 철판이 약간 경사진 것이 좋다.

가스레인지와 번철은 화구의 구멍이 막히거나 너무 벌어지지 않았는지 살펴보고 가스 코크와 공기조절기 및 고무판의 가스가 새지 않는지 수시로 점검한다.

그림 4-9 가스레인지 테이블

3) 튀김기와 만능조리기

튀김기는 튀김바구니와 거름망이 함께 부착되어 있고, 온도조절장치가 있어 자동으로 온도조절이 가능하므로 쉽게 튀김을 할 수 있다. 튀김기 위에는 나쁜 냄새와 연기를 제거할 수 있도록 반드시 후드(hood)를 설치해야 하며, 사용한 다음에는 따뜻한 비눗물을 팬에 가득 부어 10분 정도 끓인 후 내부를 충분히 씻어내고 건조시킨다.

그림 4-10 튀김기

만능조리기(회전식 프라이팬)는 부침·볶음·구이 등 이용 범위가 넓은 기기이며, 앞쪽에 부착된 핸들을 돌리면 팬 부분이 앞으로 기울어지고, 팬 앞의 중앙부분에 홈이 있어 음식을 덜어내거나 청소하기도 쉽다.

4) 스팀 쿠커와 스팀 솥

스팀 쿠커는 채소나 육류 등 여러 가지 식품을 15~20분만에 쪄내는 기기로, 짧은 시간 내에 식품의 내부까지 골고루 익혀 주며, 타이머가 부착되어 있어 조리시간을 쉽게 조절할 수 있다.

그림 4-11 스팀 솥

스팀 솥은 증기를 이용하여 국이나 수프·죽 등을 끓일 때 사용하는 기기로, 뚜껑이 부착되어 있어 위생적이며, 핸들을 조정하여 회전할 수 있으므로 완성된 음식을 덜어내거나 기기를 세척하기도 쉽다.

5) 브로일러와 오븐

브로일러는 복사와 적외선에 의해 생선이나 육류를 단시간에 구울 수 있는 기기이다. 오븐은 육류·생선·닭고기 등의 식품이나 빵·케이크·쿠키 등의 다양한 음식을 고온으로 구울 때 사용한다. 오븐에는 마이크로웨이브 오븐과 컨벡션 오븐의 두 가지가 있는데, 마이크로웨이브 오븐은 극초단파로 식품을 익히는 방식이다.

컨벡션 오븐은 가스나 전기를 열원으로 사용하며, 오븐 내에 설치되어 있는 환풍기에 의해 공기를 순환시켜 대류에 의해 식품을 가열하는 방식이다. 최근에는 구이·찜·재가열의 기능을 모두 갖춘 스팀 컨벡션 오븐(steam convection oven)이 단체급식에도 많이 보급되고 있다.

다기능 스팀 컨벡션 오븐은 전기·가스를 열원으로 사용하며, 자동온도 및 시간 조절장치가 부착되어 있고, 구이나 찜 외에도 데치기·볶기·튀기기 등의 다양한 조리법이 가능하며, 공간도 절약할 수 있다는 장점이 있으나 가격이 비싼 편이다.

스팀 컨벡션 오븐

다기능 오븐

그림 4-12 각종 오븐

4. 분산조리(Batch Cooking)의 활용

분산조리는 일시에 대량으로 조리하지 않고 배식시간에 맞게 일정량씩 나누어 조리하는 방식을 일컫는다. 메뉴의 총 생산량을 한꺼번에 조리할 경우에는 음식 품질이 저하되므로 분산조리를 할 경우에는 고객수와 기기용량에 맞추어 시간간격을 두고 조리한다.

특히 채소음식과 같이 조리 후 시간이 경과함에 따라 품질이 현저하게 떨어지는 음식은 분산조리가 필수적이며, 요즘에는 고성능기기들이 많이 개발되어 조리시간을 단축할 수 있기 때문에 분산조리가 더욱 활성화되고 있다.

[분산조리 시 유의점]

① 채소류의 분산조리를 배식대에 근접한 기기를 활용하는 것이 적절
② 채소류는 바로 조리할 수 있도록 1회 생산분량(batch)만큼씩 정렬하여 냉장실에 보관하였다가 필요할 때 바로 사용하여 조리
③ 분산조리시간을 계획할 경우는 기기에 넣고 꺼내는 시간, 조리 소요시간, 양념이나 소스를 첨가하는 시간, 배식대까지의 운반시간 등을 모두 고려하여야 함
④ 조리한 채소를 배식하기까지 보유해야 할 경우에는 조리속도를 약간 늦추거나 가열강도를 조절하여야 함
⑤ 양념·소스·장식 등은 음식이 즉시 완성될 수 있도록 미리 준비해 둠
⑥ 분산조리한 음식들은 조리 정도나 음식의 색·질감이 다르므로 서로 뒤섞지 않도록 함

SECTION 4 보관과 배식

1. 적절한 온도의 급식제공

음식이나 식품에는 가장 맛있는 적정온도가 있는데, 이러한 온도를 맞추어 음식을 제공하면 고객의 만족도를 높일 뿐 아니라 잔반율 감소에 큰 역할을 한다.

조리가 완료된 음식은 보온 또는 보냉이 가능한 배식대에 옮겨 뜨거운 음식은 뜨겁게(60℃ 이상), 차가운 음식은 차갑게(5℃ 이하) 청결한 용기에 보관해야 하며, 조리 후 2시간 이내에 제공하여야 한다.

적온급식을 위해서는 다음과 같은 점에 유의하여야 하며, 계절이나 기온에 의한 온도조건, 식기류의 종류, 배식방법 등도 고려하여야 한다.

① 조리에서 배식까지 시간을 단축한다(분산조리 등의 방법 사용).
② 식품의 중심온도를 철저하게 관리한다.
③ 찬 음식(cold food)은 조리 후 배식 때까지 보냉한다.
④ 뜨거운 음식(hot food)은 가급적 상차림 직전에 조리가 완료되도록 한다.
⑤ 요리별 가식 한계시간을 설정한다.

배식 및 배선공정에서 사용되는 기기들로는 보온고, 보냉고, 보온·보냉 배선차, 컨베이어, 덤웨이터, 엘리베이터 등이 있으며, 조리공정에서 완성된 음식의 적온급식을 도와 준다.

2. 1인 분량 조절(portion control)

배식에서 1인 분량에 대한 조절이 필수적이다. 1인 분량은 메뉴의 생산량과 원가를 통제하는 요소로, 1인 분량이 일정하지 않거나 적절하지 않다고 여기는 경우 불만이 발생할 수 있다. 1인 분량을 조절하기 위해서는 배식에 앞서 조리단계에서부터 1인 분량에 대한 개념이 확립되어 있어야 하고, 예상식수에 따른 정확한 총 생산량(total yield)이 명시된 표준레시피를 활용하여야 한다.

또한 1인 분량 배분에 필요한 배식도구들의 용량을 파악하고, 배식시 정해진 배식도구로 일정량씩 배분하도록 훈련시킬 필요가 있다. 특히 학교급식의 경우에는 학년차·개인차를 고려하여 적정량이 배분될 수 있도록 음식제공량에 대한 기준을 설정하는 것이 바람직하다.

배식용 국자나 스푼의 용량에 따라 메뉴별 배식도구를 정해 두면 동일한 양을 배분하기가 쉬워진다. 현재 용량규격에 따라 국자 손잡이의 색을 달리함으로써 용도를 구분하여 사용하기 편리하도록 만든 제품이 판매되고 있다. 1인 분량 배식 도구들은 스테일리스 스틸의 재질로 만들어져 내구성을 지니며, 고온에 변성이 없어야 한다.

3. 검식과 보존식

조리된 음식의 맛·질감·조리상태 등을 조사하여 기록함으로써 향후 식단개선의 자료로 활용토록 검식을 하며, 만일의 위생사고의 발생시 그 원인이 명확히 규명될 수 있도록 보존식을 보관·관리한다.

(1) 검 식

① 검식은 영양사가 조리된 식품에 대하여 배식하기 직전에 실시
② 검식할 때는 소독된 검식용기 및 검식기구 사용
③ 검식시 음식의 맛, 온도, 조화(영양의 균형, 재료의 균형 등) 이물, 이취, 조리상태 등을 기록
④ 검식결과 이상이 있거나 배식이 불가능하다고 판단되는 음식은 즉시 폐기
⑤ 뜨거운 음식은 60℃ 이상, 차가운 음식 5℃ 이하인지 확인
⑥ 검식내용은 검식일지에 작성하고 보관

(2) 보존식

① 보존식은 배식 직전에 소독된 보존식 전용용기 또는 위생비닐봉지에 음식의 종류별로 각각 50g 이상을 담아 5℃ 이하에서 144시간 냉동보관
② 완제품을 제공하는 식재료는 원상태(포장상태)로 보관
③ 보존식을 용기에 담아 보관할 경우 용기는 소독이 용이해야 하고, 각각의 음식물이 독립적으로 보존되어야 함
④ 보존식 기록지에 날짜·시간·채취자 성명 등을 기록하여 관리해야 함

그림 4-13 보존식 냉장고

SECTION 5 음식물 쓰레기 관리

Allington 등(1981)은 음식의 품질을 결정하는 요소로 음식, 서비스, 위생적 안정성 3측면의 만족도를 평가하고 잔반량을 측정하여 만족도와 잔반량의 관계를 구하였다. 음식의 품질에 가장 영향을 주는 요인은 온도였으며, 잔반량은 음식 측면의 만족도와 음의 상관관계를 보여 음식에 대한 만족도가 낮은 경우에 음식을 많이 남기는 경향을 보여주었다.

Collisin & Colwill(1986)은 1인당 배식량을 조절하는 것이 잔반량을 줄이기 위한 중요한 방법이라고 보고하였으며, 전무영 등(2002)의 연구에서도 배식량을 잔반의 주요 요인으로 보고 있다. 따라서 우선 적정량을 배식하고 교육을 통하여 잔반량을 줄이는 방법이 필요하다. 또한 단체급식소에서 잔반량이 과다하게 발생하는 것은 식사에 대한 피급식자의 낮은 만족도와 관련되어 있다(Kipps 등, 1990)고 한다. 따라서 피급식자의 만족도를 위해 적정량의 배식 외에도 선호하지 않는 식품의 조리법을 좋아하는 방법으로 변환하는 등 메뉴 개선을 하며, 영양교육을 통해 다양한 음식을 골고루 섭취할 수 있도록 동기부여를 하여 잔반을 줄일 수 있도록 해야 한다(안주연 등, 2002).

단체급식소에서 발생하는 음식물 쓰레기는 크게 전처리 쓰레기·잔반·잔식으로 나뉜다. 전처리 쓰레기는 원재료 상태로 입고된 식품을 전처리할 때 발생하는 것으로, 식재료를 대량처리하는 단체급식소에서 많이 발생한다.

잔반(plate waste)은 제공된 음식을 고객이 먹고 남긴 것으로 잘못된 1인 1회분량 설정, 기호에 맞지 않는 음식제공 등이 원인이 된다. 잔식은 초과생산(over production)으로 제공되지 못하고 남은 음식을 의미한다. 수요예측의 부정확 또는 1인 1회분량을 제대로 배식하지 못했기 때문에 발생할 수 있다.

급식 생산 단계별 음식물 쓰레기 감량 방안을 제시하면 다음과 같다.

(1) 식단계획단계

① 급식대상자의 만족도를 높일 수 있는 식단작성
② 급식대상자의 영양권장량에 맞게 작성하되, 기호도를 조사하여 수정·보완
③ 계절식품, 날씨와 절기에 따른 특별식 이용, 식단의 다양성 부여
④ 잔반량이 많은 음식 원인 분석 후 식단계획에 반영
⑤ 전혀 먹지 않는 반찬은 식단작성 시 제외, 남는 반찬 조리법 개선
⑥ 조금씩 남는 반찬은 1인 분량 재조정
⑦ 급식대상자의 기호에 따라 메뉴 선택이 가능한 선택식단제 도입

(2) 식품발주(수요예측)단계

① 정확한 식수인원 파악과 표준레시피를 활용, 적정 식품재료량 산출
② 식품규격과 품질, 구매시기와 구매형태 명시하여 발주
③ 식품발주량은 폐기량을 고려하여 산출, 정확한 수요예측이 필수

(3) 식품구매단계

① 식품의 선도가 좋고 쓰레기가 적게 발생하는 식품이나 포장제품 구매
② 비가식부를 제거한 상태의 것을 구입하거나 업소용 대용량 포장 및 리필제품 또는 재활용 포장제품 구입

(4) 식품검수단계

① 식품별 정확한 검수관리 실시

② 구매하여야 할 식품 내용이 정확하게 기술된 식품규격서에 따라 적합 여부 확인

③ 배송 직후 검수하여 실온에 방치하는 시간을 최소화함으로써 선도가 저하되지 않도록 함

(5) 식품보관단계

① 선입선출에 의해 식품을 보관하여 사용

② 잘못된 보관으로 발생한 음식물 쓰레기에 대한 요인을 분석, 그 이유와 관리자명 및 발생량 등을 기록 후 음식물 쓰레기 줄일 전략 세움

(6) 전처리단계

① 식품의 신선도와 위생을 고려한 전처리를 실시

② 작업구역을 채소·어류·육류별로 따로 정하여 작업

③ 냉장·냉동식품의 전처리작업은 실온에서 장시간 수행하지 않음

④ 전처리된 식재료 중 온도관리가 필요한 것 조리 시까지 냉장보관

⑤ 전처리하지 않은 식품과 전처리 된 식품은 분리하여 취급

(7) 조리단계

① 급식대상자의 만족도를 높일 수 있는 조리방법을 연구하고, 급식품질이 계속적으로 유지되도록 급식소의 특성에 맞는 표준조리법 사용

② 음식의 색이나 모양 등 외관을 좋게 하여 시각적으로 식욕을 촉진

③ 음식물 쓰레기가 되는 불필요한 장식은 피하고, 국이나 찌개의 국물량을 너무 많이 잡지 않음

④ 조리사의 조리실력 향상을 위해 최신조리법 교육의 기회를 제공

⑤ 급식관리자 및 조리사들이 그날 식단의 조리법에 대한 평가를 함

(8) 배식단계

① 식기와 식판의 모양과 색깔·청결도 등도 잔반량에 영향
② 정량배식보다는 잔반량을 줄일 수 있는 자율배식 또는 부분자율배식
③ 밥·죽·국 등을 정량배식할 경우에는 많은 양, 보통 양, 적은 양으로 세분화하여 선택할 수 있도록 함
④ 밥·김치·채소찬 1~2가지 정도는 각 테이블마다 비치하여 각 테이블에서 자율배식할 수 있도록 하는 방법도 잔반량 감소 효과적

(9) 퇴식단계

① 퇴식구에 잔반줄이기 운동을 지도 및 홍보, 잔반량을 매일 체크하여 1인당 잔반량 및 잔반비용을 환산하여 게시, 급식생산계획에 참고
② 일주일에 한 번 정도 잔반통 없는 날을 정하여 잔반을 남기지 않도록 유도

(10) 남은 음식물 처리 및 재사용단계

① 잔식은 푸드뱅크(food bank)에 기탁, 재활용이 가능한 잔식은 위생적으로 처리하여 다음 식사 때 재활용
② 잔반은 이물질이 혼합되지 않도록 배출한 다음, 사료화·퇴비화하여 이용될 수 있도록 함

(11) 음식물 쓰레기 배출단계

① 음식물 쓰레기는 수분을 가급적 줄이고 이물질을 제거하여 배출
② 1일 평균 급식인원 100인 이상인 집단급식 사업장은 자체적인 처리설비를 갖추어 감량
③ 그 밖의 사업장에서는 시·군·구의 조례가 정하는 바에 따라 배출
④ 쇠붙이, 비닐, 섬유류, 플라스틱병, 고무제품, 동물의 큰 뼈, 조개껍질, 뚜껑, 은박지, 젓가락, 이쑤시개 등 음식물 쓰레기 자원화에 지장을 주는 이물질 제거
⑤ 재활용을 위하여 별도로 분리·배출하는 경우 재활용 용도와 방법에 적합하게 재활용할 수 있는 쓰레기만 가려서 배출

⑥ 전처리 후 생긴 쓰레기는 물기가 닿지 않도록 수거하여 배출
⑦ 잔반은 체나 망사형 자루 등에 수집하여 자연 탈수하거나 간단한 기기·기구를 이용하여 물기를 제거한 후 배출

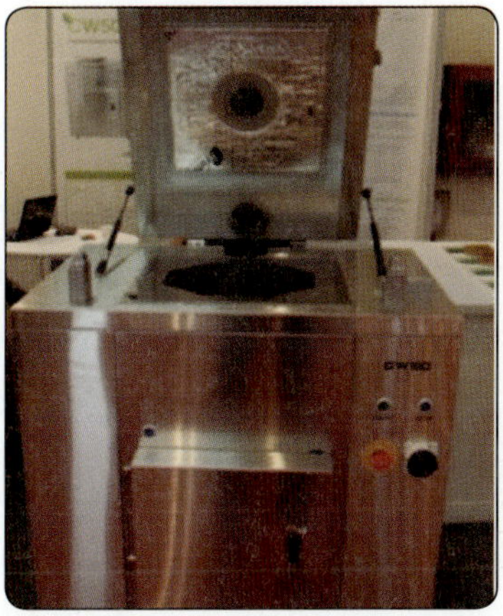

그림 4-14 업소용 음식물 처리기

전무영 외(2002)의 연구에서 보면 우리나라 단체급식소 피급식자들을 대상으로 음식물 쓰레기가 발생될 수밖에 없는 한국형 식생활의 구조적 문제와 식품의 과소비 현상 등에 대한 환경인식 고취를 통해 음식물 쓰레기 줄이기 운동의 필요성을 주된 내용으로 잔반량 줄이기 운동을 실시하였다.

잔반량 줄이기 운동의 일환으로 단체급식소의 메뉴 개선 효과를 분석하였으며, 대중의 환경교육에 이용할 수 있는 일반적인 교육방법 가운데 게시판·컴퓨터를 이용한 전자게시판, 표어·포스터, 소식지 등을 이용하여 효과적으로 메시지를 전달하고자 시도하였으며, 약간의 강제성을 띠는 벌금제와 보상제를 실시하여 환경교육을 통해 잔반 줄이기 운동을 실시한 후 그 효과를 비교·분석함으로써 잔반량 절감을 유도할 수 있는 효과적인 환경교육방법을 조사하였다. 이에 결과로 단체급식소에서 메뉴 개선과 다소 강제성을 띠는 벌금제와 보상제의 실시가 잔반을 줄이는 데 효과적인 것으로 조사되었다.

따라서, 단체급식소에서 피급식자의 만족도와 기호도를 충족시킬 수 있는 다양한 식단계획과 조리법 개발을 통해 메뉴 개선을 실시하는 것이 잔반량을 줄이는데 크게 도움이 되며, 동시에 잔반을 남기는 행동을 의도적으로 통제할 수 있는 제도를 병행하는 것이 효과적이었다.

Chapter 5

위생 및 작업관리

단체급식에서는 위생관리가 철저하지 못하면 식중독이 발생하여 많은 사람들의 건강을 해칠 수 있으므로 철저한 위생관리가 이루어져야 한다. 따라서 급식관리자는 음식물을 통한 대형 식중독 발생의 위험을 피하고 피급식자의 건강유지를 위하여 급식장 안의 고온다습한 환경을 개선하고, 급식종사자에게 위생교육을 실시하며, 식품 및 기기·기구의 비위생적인 취급이 없도록 하여야 한다. 특히 관리자로서 경영진이나 피급식자가 위생에 대한 중요성을 인식하도록 노력하여야 한다.

SECTION 1 식중독의 개념과 예방관리

식중독은 식품의 섭취로 인하여 인체에 유해한 미생물이나 유독 물질에 의하여 발생한 것으로 판단되는 감염성 또는 독소형 질환을 말하며, 그 원인물질에 따라 미생물 식중독, 자연독 식중독, 화학적 식중독으로 분류할 수 있다(표 5-1).

식중독은 원인 물질에 따라 잠복기, 증상, 예방법이 다르다. 식중독의 발생원인에는 식품을 충분한 온도와 시간으로 조리하지 않거나 조리 후 음식물을 부적절하게 보관하는 경우, 식자재를 오염된 기기와 접촉하거나 비위생적인 식자재를 사용하는 경우, 개인의 비위생적인 행동을 하는 경우 등이 있다.

2010년부터 2013년까지 최근 4년간 우리나라 식중독 발생현황(그림 5-1)과 2013년 1년간의 식중독 발생현황(그림 5-2)을 살펴보면 식중독은 계절적으로 여름에 주로 발생하나 겨울철에도 꾸준히 발생하고 있는 것으로 나타났다. 식중독의 원인물질로는 노로바이러스와 병원성 대장균에 의한 발생건수와 환자수가 많은 것으로 나타났다. 원인시설에 따른 식중독 발생현황 중 발생건수는 음식점에서 빈도수가 가장 높은 것으로 나타났으나, 2013년의 자료를 살펴보면 환자수는 직영으로 운영되는 학교급식에서 가장 높은 것으로 조사되었다.

표 5–1 식중독 분류

분류		종류	원인균 및 물질
미생물 식중독	세균성 (16종)	감염형	살모넬라(3종), 장염비브리오균(2종), 병원성대장균(4종), 캠필로박터, 여시니아, 리스테리아 모노사이토제네스, 바실러스 세레우스, 시겔라(세균성 이질)
		독소형	
	바이러스성(6종)	공기, 접촉, 물 등의 경로로 전염	황색포도상구균, 클로스트리디움 퍼프린젠스
	원충성 (4종)		이질아메바, 람블편모충, 작은와포자충, 원포자충
자연독 식중독		동물성 자연독에 의한 중독	복어독, 시가테라독
		식물성 자연독에 의한 중독	감자독, 버섯독
		곰팡이 독소에 의한 중독	황변미독, 맥각독, 아플라톡신 등
화학적 식중독		고의 또는 오용으로 첨가되는 유해물질	식품첨가물
		본의 아니게 잔류, 혼입되는 유해물질	잔류농약, 유해성 금속화합물
		제조 · 가공 · 저장 중에 생성되는 유해물질	지질의 산화생성물, 니트로스아민
		기타 물질에 의한 중독	메탄올 등
		조리기구 · 포장에 의한 중독	녹청(구리), 납, 비소 등

*출처 : 식중독예방 대국민 홍보사이트, 2014.

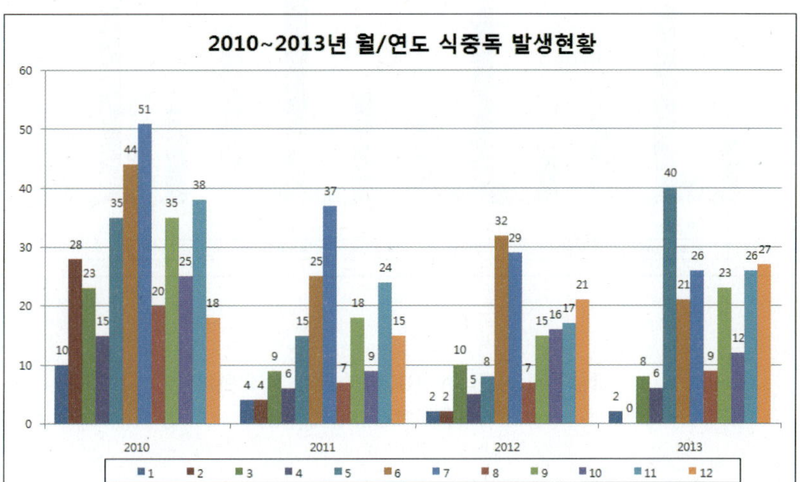

(계속)

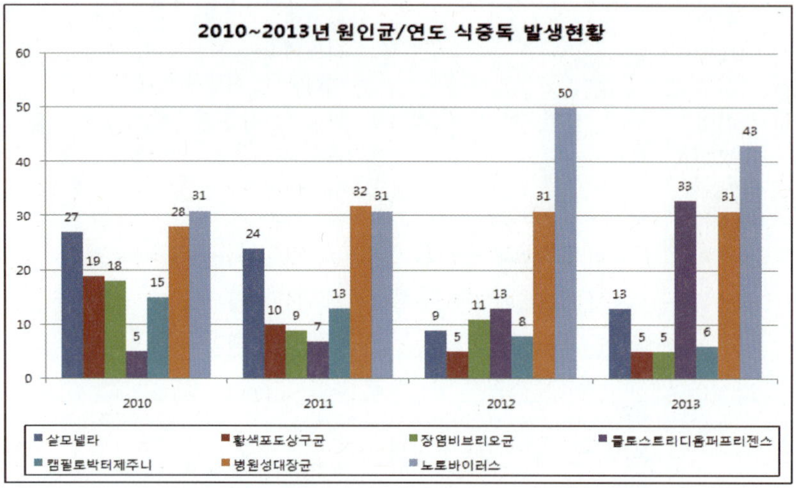

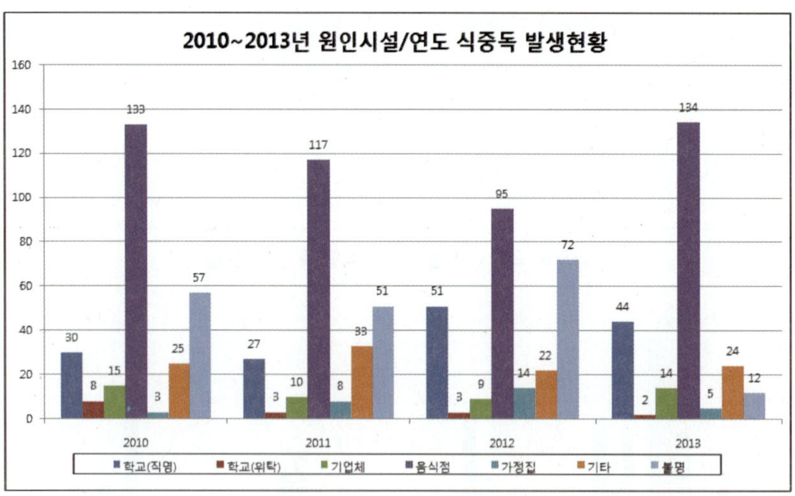

그림 5-1 2010~2013년 식중독 발생현황

*출처 : 식품의약품안전처(2014)

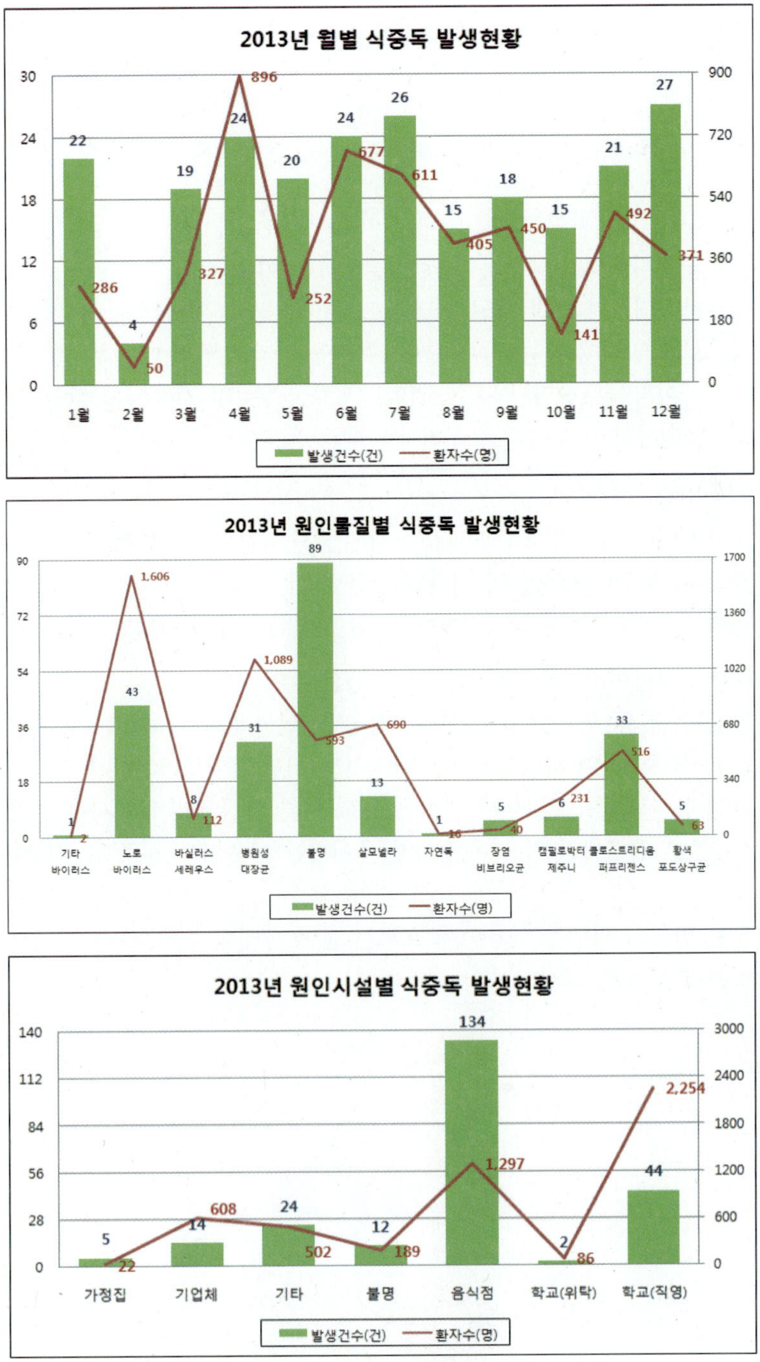

그림 5-2 식중독 발생현황

*출처 : 식품의약품안전처 (2014)

Check point

노로바이러스(Norovirus)의 특징과 예방대책

*식품안전국 식중독예방관리과

※ 연도별 노로바이러스 식중독 중 겨울철(12월~2월) 발생 비율 :

'07 36.1%, '08 27.5%, '09 37.5%, '10 45.2% (연평균 57건)

■ **겨울철 노로바이러스 식중독이 많이 발생하는 이유**

① 노로바이러스가 일반 세균과 달리 낮은 기온에서 활발하게 생장하며 적은 양으로도 발병이 가능한 바이러스 특성을 가지고 있기 때문

② 노로바이러스에 오염된 채소, 과일, 패류(굴 등) 및 지하수를 살균세척이나 가열조리하지 않고 그대로 섭취하기 때문

■ **노로바이러스 증상**

① 노로바이러스는 연령에 관계없이 감염될 수 있으며, 바이러스에 오염된 식품 섭취 후 24~48시간이 지나면 구토·설사·복통 등의 식중독 증상 발생

② 특히 어린이, 노약자 등 면역력이 약한 사람들은 탈수 증상 등에 유의

■ **겨울철 노로바이러스를 예방하기 위한 생활 수칙**

① 가급적 굴 등 패류는 날로 섭취하지 말고 익혀먹고, 지하수는 반드시 끓여 음용하여야 하며 음식물은 85℃에서 1분 이상 가열조리해서 섭취

② 감염된 사람의 구토물이나 분변을 통해 다른 사람에게 감염시킬 수 있으므로, 주로 실내에서 활동이 많아지는 시기인 겨울철은 청소 등 위생관리에 주의

③ 손은 반드시 비누를 사용하여 흐르는 물에 깨끗이 씻고, 조리 기구는 열탕 또는 염소 소독 실시

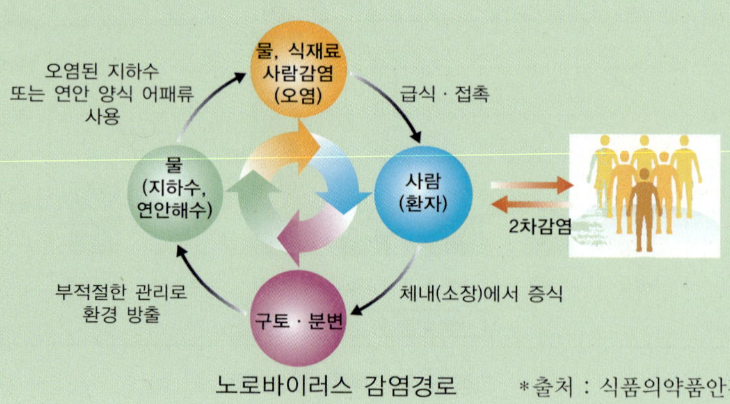

노로바이러스 감염경로

*출처 : 식품의약품안전처)

식중독 지수는 예측모형을 통해 계산된 현재의 식중독 발생예측 건수를 과거 3년 동안의 식중독 발생건수와 비교하여 식중독 발생 가능성을 4단계(관심, 주의, 경고, 위험)로 예보해 주는 것이다. 기존의 식중독지수는 세균증식 실험자료를 이용하여 최고온도와 습도의 함수로 계산되어 실제 식중독 발생을 예측하는 지수로 활용하기에 부족한 면이 있었다. 이를 개선하기 위해 '2013년 식중독 지수'는 실제 식중독 발생건수를 바탕으로 5가지 기상변후(최고기온, 최저기온, 평균기온, 강수량, 습도)와 여러 사회적 설명변수를 이용하여 개발되었다.

이 서비스는 5~11월까지 식품의약품안전처와 기상청 홈페이지, 식중독 예방 대국민홍보사이트 및 식중독 예방 홍보 애플리케이션을 통해 매일 오전 6시에는 당일과 다음날, 오후 6시에는 다음날과 모레 식중독 지수 정보를 전국에 제공한다.

표 5-2 식중독 지수 단계

단계	지수범위	설명 및 주의사항
관심 ■	35 미만	식중독 발생가능성은 낮으나 식중독 예방에 지속적인 관심요망
주의 ■	35 이상 ~ 70 미만	식중독 발생가능성이 중간단계이므로 식중독 예방에 주의요망
경고 ■	70 이상 ~ 95 미만	식중독 발생가능성이 높으므로 식중독 예방에 경계요망
위험 ■	95 이상	식중독 발생가능성이 매우 높으므로 식중독 예방에 각별한 경계요망

*출처 : 식품의약품안전처(2013)

SECTION 2 개인 위생관리

1. 급식종사자의 위생관리

(1) 급식종사자의 건강진단

급식종사자는 정기적인 건강진단과 위생교육을 통해서 식품의 취급과 조리업무에 주의를 기울임으로써 항상 위생적이고 맛있는 식사를 제공할 수 있도록 최선을 다해야 한다. 급식종사자는 1년에 1회(학교급식종사자는 6개월에 1회) 정기적인 건강진단을 받아야 한다.

건강진단 결과 조리업무에서 제외되어야 하는 질병은 다음과 같다.

① 소화기계 전염병 환자 및 보균자(제1군 감염병)
② 결핵환자(비감염성인 경우는 제외)
③ 피부병 또는 그 밖의 화농성질환

제1군에 해당되는 감염병에는 마시는 물 또는 식품을 매개로 발생하고 집단 발생의 우려가 커서 발생 또는 유행 즉시 방역대책을 수립하여야 하는 감염병으로서 콜레라, 장티푸스, 파라티푸스, 세균성이질, 장출혈성대장균감염증, A형간염이 해당된다. 건강진단 결과에 이상이 없다 하더라도 설사, 발열, 복통, 구토 등의 증세가 있으면 즉시 급식관리자에게 보고하여야 한다.

(2) 급식종사자에 대한 위생지도

1) 급식종사자의 손 위생

개인위생을 위해 우선 살펴볼 것은 손의 청결이다. 손에는 육안으로는 확인할 수 없는 수많은 미생물이 존재하여 식품과 식기를 오염시켜 식중독을 일으킬 수 있으므로, 이를 방지하기 위해 조리작업의 모든 과정에 걸쳐 손 씻기는 매우 중요하다.

급식종사자가 손을 씻어야 할 경우는 다음과 같다.

① 조리작업을 시작하기 전
② 일반작업구역에서 청결작업구역으로 이동하는 경우
③ 생선이나 날고기 등을 취급 후 다른 작업으로 변경하기 전
④ 조리와 관계없이 소독제나 세척제 등을 만진 후
⑤ 청소도구나 쓰레기 취급 후
⑥ 화장실을 다녀온 후
⑦ 코를 풀거나 재채기를 한 후
⑧ 전화를 받은 후
⑨ 머리나 몸을 만진 후

올바른 손 씻기 방법은 비누거품을 충분히 만들어 손톱 밑, 손톱 주변, 손바닥, 손가락 사이 등을 꼼꼼히 문지르고 손목 위까지 오염원을 씻은 후 흐르는 물에 충분히 헹구어 내는 것이다. 손의 물기는 공동 수건을 사용하지 않고, 종이 타월을 이용하거나 핸드 드라이어를 이용하여 제거한다. 손 세척 전용 싱크대를 조리장 입구와 각 구역에 설치하여 급식종사자들이 손 씻는 작업이 용이하도록 한다. 손의 물기를 제거한 후에는 손소독제를 사용하여 손을 소독하도록 한다.

칼에 베이거나 피부손상, 곪은 상처 등 손에 상처가 생긴 경우에는 황색포도상구균의 오염 가능성이 있으므로 급식책임자에게 보고하고, 상처를 치료한 후 상처부위를 감싸고 고무골무·고무장갑 등으로 보호한 다음 식품취급업무를 제외한 다른 업무에 임하거나, 필요시까지 근무를 면제받는다.

2) 급식종사자의 복장 위생

조리종사자는 두발을 청결하게 하며, 샤워를 매일 하여 개인위생을 철저히 관리하도록 한다. 위생복과 위생모, 작업화, 장갑, 앞치마는 용도에 따라 착용하여야 하며 착용한 후에는 외부출입을 금하여 오염원에 노출되는 일이 없도록 한다.

① **위생복** : 위생복은 흰색 또는 옅은 색채로 되어 있는 것이 좋다. 작업장에 들어가기 전에 깨끗한 위생복을 착용하여 식기나 음식물을 재오염시키지 않도록 한다. 조리 후에는 음식 찌꺼기, 땀, 먼지 등이 위생복에 남아 있으므로 매일 깨끗하게 세탁한다.

② **위생모** : 위생모를 착용하여 조리 중 머리를 만지거나 두피를 긁어 손이 오염되는 것을 예방하고, 머리카락 등의 이물질이 음식에 혼입되는 것을 막도록 한다. 위생모도 매일 세탁·교환하여 착용한다.

③ **위생화** : 조리장 전용 신발을 구비하여 외부의 먼지가 조리장으로 들어오는 것을 방지하도록 한다. 조리실 바닥은 습기가 많고 미끄러울 수 있으므로 방수가 되고 미끄러지지 않는 것을 착용한다.

④ **장갑** : 면장갑은 물을 흡수하고 표면이 매끈하지 않아 미생물의 증식 우려가 있으므로 가급적 사용하지 않거나, 면장갑을 착용할 시에는 면장갑 위에 1회용 위생장갑이나 고무장갑을 덧끼우도록 한다. 1회용 위생장갑은 쉽게 찢어지므로 주의하며 찢어진 경우에는 즉시 새 장갑으로 교체한다.

오염되었을 가능성이 있거나, 재채기, 기침, 머리나 얼굴을 만지고 난 후에도 바로 장갑을 교체하는 것이 좋다. 고무장갑은 용도별로 구분하여 사용하며, 작업 완료 후 겉과 속을 깨끗이 씻어 소독하여 보관한다.

⑤ 앞치마 : 전처리용, 조리용, 배식용, 세척용 4가지로 구분하여 사용하며, 세척·소독 후 건조하여 착용한다.

⑥ 마스크 : 마스크를 착용하여 옆 사람과의 대화나 재채기를 통한 이물질이 음식물에 오염되는 것을 방지하도록 한다.

개인위생을 관리할 수 있도록 개인위생 점검표를 만들어 관리하는 것도 하나의 방법이라 할 수 있다(표 5-3). 여성종사자의 경우 매니큐어를 바르거나 반지·시계·팔지 등의 착용을 금하고, 남성종사자의 경우 면도를 깨끗이 하고, 조리실 내에서 담배를 피우지 않도록 주의시킨다.

3) 급식종사자의 작업습관

급식종사자의 올바른 위생개념이 조리 작업을 위생적이고 안전하게 하는 밑받침이 되므로 급식종사자들의 음식을 다루는 올바른 작업습관은 매우 중요하다. 급식종사자들이 주의할 작업습관에는 다음과 같은 것이 있다.

① 작업을 할 때 머리나 입 등 신체를 만지는 것을 주의한다.

② 식품을 다룰 때 맨손으로 작업하지 않는다.

③ 한 번에 많은 양을 운반하기 위해 식품용기를 적재하지 않는다.

④ 손가락으로 맛을 보거나 한 개의 수저로 여러 가지 음식을 맛보지 않는다.

⑤ 음식을 배식하거나 시식하기 위해 기구 등을 사용할 때에는 손잡이를 잡고 사용하고, 사용 후에는 깨끗이 닦아 소독한다.

⑥ 사용한 장갑을 다른 음식물의 조리에 사용하지 않는다.

⑦ 주머니에 물건을 넣어두지 않는다.

⑧ 노출된 식품 쪽에서 기침이나 재채기를 하지 않는다.

⑨ 조리작업 시 옆 사람과 잡담하거나 껌을 씹지 않고, 조리장에 침을 뱉거나, 행주로 땀을 닦지 않는다.

⑩ 작업장을 청결하게 유지하며, 조리기구의 정리정돈을 잘한다.

표 5-3 급식종사자 개인위생 점검표(예시)

날짜	이름	건강상태	복장 위생상태				손 위생상태			개선조치	점검자
			위생복	위생모	위생화	앞치마	상처	위생	액세서리		
관리기준	• 작성요령 : 이상이 없거나 양호한 경우 "○" 로 표시하고 이상이 있는 경우 그 사항을 기재 • 건강상태 : 설사, 고열, 구토, 습진, 인후염, 결핵, 알레르기 질환, 화상, 화농성 질환 등										
개선조치	• 시정, 작업배제, 작업변경, 복장교체 등 조치										

*출처 : 집단급식소 등 위생관리 매뉴얼. 서울특별시(2012)

2. 식품 납품업자의 위생관리

급식관리자는 식품 납품업자의 건강진단 결과를 확인하고, 식품 납품업자의 출입은 검수실까지로 제한한다. 부득이 출입이 필요한 경우에는 조리장 전용 신발로 바꾸어 신고 손 소독을 실시한 후 출입할 수 있도록 한다. 운송차량의 온도를 확인하고, 식품의 포장상태, 식재료별 구분상태 등 운송차량 내부의 위생과 청결을 점검한다.

SECTION 3 식재료 위생관리

1. 구매 및 검수

식중독 예방을 위해 안전하고 위생적인 식재료 구입은 매우 중요하다. 급식관리자는 위생적인 식재료를 구매하기 위하여 공급업체가 위치한 장소 및 업체가 보유한 시설과 설비의 위생상태 등 공급업체의 위생관리 능력을 점검하여야 한다.

검수자는 검수에 앞서 손을 청결히 하고 위생장갑을 착용한 후 검수한다. 검수장에는 검수대를 설치하여 식자재가 바닥에 닿지 않도록 하고, 검수대의 조도는 540Lux 이상을 유지한다.

표 5-4 식재료 위생관련 규격설정

구분	식재료 규격	비고
곡류 및 과채류	• 원산지 표시 또는 친환경농산물인증품, 품질인증품, 우수관리인증농산물, 이력추적관리농산물, 지리적특산품 등을 표시한 제품	거래명세서에 표기
전처리 농산물	• 제품명, 업소명, 제조연월일, 전처리하기 전 식재료의 품질(원산지, 품질등급, 생산연도), 내용량, 보관 및 취급방법 등을 표시한 제품	
어 · 육류	• 육류의 공급업체는 신뢰성 있는 인가된 업체 • 육류는 등급판정확인서가 있는 것 • 수입육인 경우 수출국에서 발행한 검역증명서, 수입신고필증이 있는 제품 • 어류는 원산지 표시한 제품 • 냉장 · 냉동상태로 유통되는 제품	
어 · 육류 가공품	• 인가된 생산업체의 제품 • 원산지를 표시 및 유통기한 이내의 제품 • 냉장, 냉동상태로 유통되는 제품	거래명세서에 표기
난류	• 세척, 코팅과정을 거친 제품(등급판정란 권장, 가능한 한 냉소(0~15℃)에서 보관 · 유통)	축산법 제35조, 축산물의 가공기준 및 성분규격(8. 보존 및 유통기준)
김 치 류	• 인가된 생산업체의 제품 • 포장상태가 완전한 제품	
양 념 류	• 표시기준을 준수한 제품	
기타 가공품	• 모든 가공품은 유통기한 이내의 제품, 포장이 훼손되지 않은 제품	거래명세서에 표기

※어육가공품 중 어묵 · 어묵소시지, 냉동수산식품 중 어류 · 면체류 · 조미가공품, 냉동식품 중 피자류 · 만두류 · 면류, 김치류 중 배추김치는 시굼안전관리인증 의무품목이며, 그 이외의 품목도 식품안전관리인증 제품 구매 권장

*출처 : 학교급식 위생관리 지침서. 교육과학기술부(2016)

표 5-5 보관기준에 따른 보관방법

보관기준	해당 온도기준	보관방법
냉장	0 ~ 10℃	냉장고 보관
냉동	−18℃ 이하	냉동고 보관
상온	15 ~ 25℃	상온창고
실온	1 ~ 35℃	냉장고 또는 상온창고
건냉소/서늘한 곳	0 ~ 15℃	냉장고 또는 상온창고
습기/직사광선을 피하고 건조한 곳/통풍이 잘 되는 곳	0 ~ 15℃	냉장고 또는 상온창고

*출처 : 집단급식소 등 위생관리 매뉴얼. 서울특별시(2012)

거래명세서(납품서)에 식재료별 위생관련 규격사항의 표시여부를 확인하고, 식재료의 규격 및 양과 질이 발주서의 요구사항과 일치하는지 점검한 후 검수기준에 부적합한 식재료는 업자에게 반품, 교체 등을 요구하며 이를 검수일지에 기록하여 관리한다.

2. 보 관

검수가 끝난 식자재는 오염우려가 있는 외포장 등을 제거한 후 조리장에 반입한다. 온도관리가 필요하지 않은 식재료는 상온창고에 보관하고, 온도 관리가 필요한 식재료는 신속히 냉장고, 냉동고에 보관하여 미생물의 오염을 막도록 한다. 보관기간 중에도 미생물이 번식할 수 있으므로, 제품의 보관방법과 유통기한 등을 확인한 후 그에 맞추어 보관한다.

(1) 냉장·냉동 저장

① 냉장고는 5℃ 이하, 냉동고는 −18℃ 이하의 내부온도를 유지하도록 한다.

② 적정량을 보관(냉장·냉동고 용량의 70%이하, 창고형(walk-in) 냉장실 용량의 40% 이하)하여, 적정온도가 유지되도록 한다.

③ 각 제품별 보관방법 등의 표시사항을 확인한 후 그에 맞게 보관하고, 선입선출에 따라 관리한다.

④ 보관중인 재료는 덮개를 덮거나 포장하여 식재료간의 교차오염이 일어나지 않도록 유의한다.

⑤ 냉장보관 시에 교차오염방지를 위해 날 음식은 냉장실의 아래쪽에, 가열 조리 식품은 위쪽에 보관한다.

⑥ 개봉하여 일부 사용한 통조림은 깨끗한 용기에 옮겨 담아 제품명과 유통기한 등을 표시한 후 냉장 보관한다.

(2) 상온창고 저장

① 유통기한이 짧은 것을 앞쪽에 진열하며, 유통기한이 보이도록 정리한다.

② 소분 보관 시 각각에 제품명과 유통기한을 반드시 표시하여 보관한다.

③ 장마철에는 높은 온·습도에 의하여 곰팡이 피해를 입지 않도록 유의한다.

④ 선반은 바닥, 벽으로부터 15cm 이상의 공간을 띄워 설치한다.

⑤ 식품 이외의 것을 보관할 때에는 식품과 위치를 구분하여 보관한다.

⑥ 식품보관실에 세척제, 소독액 등의 유해물질을 함께 보관하지 않는다.

Check point

교차오염

■ **교차오염** : 오염되지 않은 식재료와 음식이 오염된 식재료, 기구, 급식종사자와의 접촉으로 인하여 오염되는 것을 말한다.

■ **교차오염 방지요령**

① 구역을 일반구역과 청결구역으로 설정하여 전처리, 조리, 기구세척 등을 별도의 구역에서 실시한다.

② 조리기구나 용기는 식재료별, 작업상태별로 구분하여 사용한다.

③ 세척용기(또는 세정대)는 어·육류, 채소류로 구분하여 사용하고 구분이 어려운 경우에는 사용 전후에 충분히 세척과 소독을 실시한다.

④ 식품취급 작업은 바닥에서 하지 않으며, 작업 중 식자재를 바닥에 방치하지 않는다.

⑤ 식품취급 작업은 반드시 손을 세척·소독 한 후에 하며, 고무장갑을 착용하고, 착용한 장갑은 손에 준하여 관리한다.

⑥ 전처리되지 않은 식품과 전처리된 식품, 조리된 음식과 조리되지 않은 식품은 분리하여 덮개를 덮어 보관한다.

*출처 : 학교급식 위생관리 지침서, 교육과학기술부.

잠재위해식품(Potentially Hazardous Foods, PHFs)

■ **잠재위해식품이란?**

잠재적으로 위험한 식품으로 병원성 미생물의 증식이나 독소 형성을 막기 위해 시간 또는 온도관리가 필요한 식품

■ **잠재위해식품 분류기준**

① PHFs 포함식품

- 생 혹은 익힌 동물성 식품, 익힌 식물성 식품, 병원성 미생물의 증식과 독소형성을 억제하도록 조절된 싹틔운 종자식물
- 자른 멜론, 자른 엽채류, 자른 토마토, 자른 토마토가 혼합된 채소 등

② PHFs 미포함식품

- 껍질이 온전한 공랭시킨 삶은 달걀, 살모넬라균을 사멸시킨 껍질이 온전한 살균달걀, 포장을 개봉하지 않은 상온저장과 유통이 가능하도록 밀봉된 상업적 멸균식품
- 제품의 평가를 해야 하는 식품 중 평가결과 내재하거나 첨가된 보존제, 항생제, 산, 혹은 산소감소포장, 진공포장 등으로 미생물의 증식이나 독소형성이 억제되는 식품, 또는 이들의 복합효과에 의한 미생물의 증식이나 독소형성이 억제되는 식품

*출처 : 학교급식 위생관리 지침서, 교육과학기술부.

3. 전처리

전처리 과정에는 다듬기, 세척, 해동 과정이 포함된다. 전처리는 정해진 장소에서만 실시하여 청결구역을 오염시키지 않도록 작업한다. 작업 중 식자재는 바닥에 방치되는 일이 없도록 하며, 전처리에 사용되는 기기와 기구는 식품별로 분리하여 사용한다. 싱크대를 구분하여 사용할 수 없는 경우에는 채소, 육류, 어류 순으로 작업하며 매 작업 후에는 다음 작업을 위해 세척과 소독을 실시한다.

열처리를 거치지 않는 식품은 직접 손으로 접촉하지 않으며, 흐르는 물로 깨끗이 세척한 후 소독을 실시한다. 소독은 염소계 살균 소독제의 유효염소농도 100ppm(먹는 물 4L에 4% 차아염소산나트륨 10mL를 가하여 희석)에 5분간 침지한 후 냄새가 나지 않을 때까지 먹는 물로 헹군다. 유효염소농도는 염소 희석액에

소독액 test paper의 끝부분을 찍어 케이스의 농도표(10ppm, 50ppm, 100ppm, 200ppm)와 비교하여 염소 소독액의 농도를 확인하여 사용한다.

전처리를 마친 식자재는 실온에 장시간 방치하지 않으며, 전처리되지 않은 식품과 전처리된 식품을 분리 취급하여 식품 간에 교차오염이 발생하지 않도록 한다.

해동하는 식품은 포장지나 비닐봉지에 담아 완전 밀봉하여 냉장고 내에서 해동하거나 흐르는 물에서 해동, 전자레인지에서 해동시킨다. 한번 해동한 식품은 다시 냉동하지 않도록 한다.

4. 조 리

냉장고 및 냉동고에서 꺼낸 식품은 신속하게 조리하여야 식중독균의 오염을 막을 수 있다. 일반적으로 5~57℃가 미생물이 증식하기 쉬운 위험온도범위(Temperature Dangerous Zone: TDZ)이므로 조리된 식품의 안전을 위해서는 가열된 식품의 내부 중심온도가 75℃ 이상 되도록 한다. 조리 시 착용하는 장갑과 사용하는 조리용기 및 도구 등은 소독을 철저히 하며, 비가열 조리 시에는 더욱 주의한다.

기름을 튀김용으로 오래 사용하게 되면 착색 및 점성이 증가하는 산패현상이 나타난다. 산패된 기름은 발연점이 낮아지고, 연기가 많이 나며 거품을 형성하여 음식조리에 적합하지 않으므로, 새로운 것으로 교환하는 것이 좋다. 튀김유의 산패는 산가측정지로 쉽게 측정할 수 있는데, 이 때 산가가 2.5~3.0 이상이면 재사용하지 않는다.

조리가 완료된 음식을 냉각할 때에는 빠른 시간 안에 미생물이 증식하기 쉬운 온도를 벗어나도록 블라스트 칠러(blast chiller)나 텀블 칠러(tumble chiller) 등 급속냉각기를 사용하는 것이 좋다. 급속 냉각기를 이용할 수 없는 경우에는 60℃에서 21℃로의 냉각은 2시간 이내, 21℃에서 5℃로의 냉각은 4시간 이내에 완료하도록 한다.

조리된 음식은 오염되지 않도록 뚜껑이나 덮개를 꼭 덮어야 하며, 배식 전까지 잠시 보관이 필요할 때에는 찬 음식의 경우 5℃ 이하에서, 더운 음식인 경우 57℃ 이상에서 안전하게 보관한다. 조리완제품을 보관하는 용기와 보냉·보온고 등은 항상 청결하게 관리하여야 한다. 별도의 보냉고가 없어서 일반 냉장고에 조리완제품을 보관할 때에는 교차오염을 막기 위해 전처리 식자재와 위치를 구분하여 보관한다.

5. 배 식

배식대와 배식기구는 세척·소독한 후 건조된 상태에서 사용하고, 배식 중의 음식은 적정한 온도가 유지되도록 필요시 보온·보냉 배식대를 준비한다. 담당자는 위생복, 위생모, 마스크를 착용하고, 위생장갑과 청결한 도구(집게, 국자 등)를 사용하여 맨손으로 배식하는 일이 없도록 한다. 또한, 새로운 음식을 배식 중인 음식에 섞어 배식하지 않도록 한다.

SECTION 4 급식기기의 위생관리

1. 냉장·냉동시설

냉장시설과 냉동시설의 온도를 점검하기 위하여 온도계를 부착하고 매일 확인하여 기록한다. 냉장고 용량의 70% 이하로 식자재를 보관하는 것이 냉기순환을 원활하게 하여 적정온도를 유지하는 방법 중 하나이다. 온도유지를 위해 냉장·냉동고 문의 개폐는 신속하고 최소한으로 한다.

표 5-6 냉장·냉동고 식품목록 기록표(예시)

채소류 입고표

입고일	식자재명	입고량	출고일	잔량

냉장 가공품 입고표

입고일	제품명	입고량	유통기한	출고일	잔량

문의 개방시간을 줄이기 위해서는 냉장·냉동고에 들어있는 식품의 목록표를 문 밖에 붙여놓고(표 5-6), 보관되는 식자재 내용물이 보이도록 투명한 용기에 담아 보관하는 것이 좋다. 냉장·냉동고는 주 1회 이상 성에 제거 및 청소를 하여 관리한다.

2. 식기와 각종 기물

조리장에서 사용하는 기기 중 식품과 직접 접촉하는 부분은 위생적인 내수성 재질로서 세척과 소독이 용이하여야 한다. 사용한 식기와 기물에는 유기물질, 지방 등이 남아있으므로, 물과 세척제로 세척을 실시한 후 소독한다. 세척은 세척제의 용도에 따라 구분하여 사용하는 것이 바람직하다. 1종의 세척제는 2종 및 3종 세척에도 사용할 수 있으나, 3종의 세척제는 2종이나 1종 세척에 사용할 수 없다.

① **1종 세척제** : 사람이 그대로 먹을 수 있는 채소나 과실 등을 씻는 데 사용
② **2종 세척제** : 음식기, 조리기구 등 식품용 기구(자동식기세척기용 및 산업용 식기류 포함)를 씻는 데 사용
③ **3종 세척제** : 식품의 제조장치, 가공장치 등 제조·가공용 기구 등을 씻는 데 사용

소독은 소독하는 대상의 특성에 따라 자외선 또는 전기살균소독기를 이용하거나 열탕소독이나 화학소독을 실시한다. 식기보온고에서 건열살균된 식판의 표면온도는 71℃ 이상이어야 한다.

화학소독을 할 경우 용도에 따라 용량, 용법을 지켜서 사용한다. 소독액은 미리 만들어 놓지 않고, 1일 1회 이상 제조하여 사용하는 것이 좋으며, 사용하기 전에 test paper를 사용하여 농도를 확인한다.

소독제는 다른 살균소독제나 세제와 혼합하여 사용하지 않고, 사용 후 뚜껑을 덮어 식품과 구분하여 서늘하고 안전한 장소에 보관한다. 세척·소독이 끝난 소도구는 바닥의 물이 튀어 재오염되는 것을 방지하기 위해 바닥으로부터 60cm 이상 높이에서 보관한다.

표 5-7 소독의 종류 및 방법

종류	대상	소독방법	비고
건열살균	식기	식기표면온도 71℃ 이상	
열탕소독	식기, 행주	77℃에서 30초 이상	
화학소독	칼, 도마, 조리도구, 고무장갑, 앞치마	"기구등의 살균소독제"를 구입하여 용법에 맞게 사용 ※식품첨가물 살균소독제 중 "기구등의 살균소독제"로 인정된 제품만 사용 가능	도마와 고무장갑의 경우 소독할 때에는 끓이는 시간을 연장

*출처 : "학교급식 위생관리 지침서", 제4개정판(2016)

SECTION 5 급식시설의 위생관리

1. 조리장

조리장 내 위생적인 급식시설을 위한 고려사항은 다음과 같다.

(1) 작업구역 구분

① **일반작업구역** : 검수구역, 전처리구역, 식품저장구역, 세정구역, 식품절단구역(가열·소독 전)

② **청결작업구역** : 식품절단구역(가열·소독 후), 조리구역, 배선구역, 식기보관구역

(2) 출입구

① 급식종사자와 식재료 반입을 위한 출입구는 별도로 설치한다.

② 외부로 통하는 출입문의 바깥쪽에는 에어커튼을 설치하고, 방충·방서시설을 갖추어 위생충의 진입을 방지한다.

③ 출입구에는 신발장, 발판 소독조, 손 세정대를 갖추어 외부 오염원이 조리장 내로 들어오지 않도록 한다.

(3) 바 닥

① 바닥재는 울퉁불퉁하지 않고, 흡수성과 미끄러짐이 없어야 한다.

② 바닥에는 물이나 오물이 고이지 않도록 틈이나 깨진 곳이 없어야 한다.

③ 바닥과 벽 사이의 모서리는 굴곡지게 하고, 틈이 난 곳은 틈새를 막아 청소하기 쉽게 한다.

④ 배수가 잘 되도록 배수구를 향하여 완만한 경사를 두어야 하고, 바닥에 배수구가 있는 경우에는 덮개를 설치하여야 한다.

⑤ 배수설비는 배수량이 충분하도록 설치하고, 거름망의 이물질은 자주 제거하여 오수가 주방 바닥으로 쏟아지지 않도록 관리한다.

(4) 벽

① 바닥에서 최소한 1.5m 높이까지는 내구성, 내수성이 있는 재질을 사용한다.

② 충격 등으로 벽에 이상이 생길 수 있는 곳은 벽을 보호하기 위하여 부분적으로 스테인리스 스틸을 사용한다.

(5) 천 장

① 재질은 내수성, 내화성을 가진 재질로 한다.

② 천장으로 통과하는 배기닥트, 전기설비 등은 위생적인 조리실 환경을 위해 천장의 내부에 설치하는 것이 바람직하다.

(6) 수 도

수압과 온수는 사용하는 목적에 맞게 유지되도록 한다.

(7) 창문·조명

① 자연채광을 위하여 창문면적은 바닥면적의 1/4 이상이 되어야 한다.

② 내벽은 일직선이 유지되도록 하거나, 창문틀을 45° 이하의 각도로 하여 먼지가 쌓이는 것을 방지한다(그림 5-3).

③ 자연채광이 곤란한 경우, 위생 점검과 청소가 용이하도록 조리장소와 전처리장소는 220Lux 이상, 검수대는 540 Lux 이상이어야 한다.

④ 작업대에 그림자가 생기지 않도록 한다.

⑤ 천장의 전등은 물이나 가스로부터 안전할 수 있도록 하고, 유리 파손 시 식품 오염을 방지할 수 있는 보호장치를 갖추는 것이 좋다.

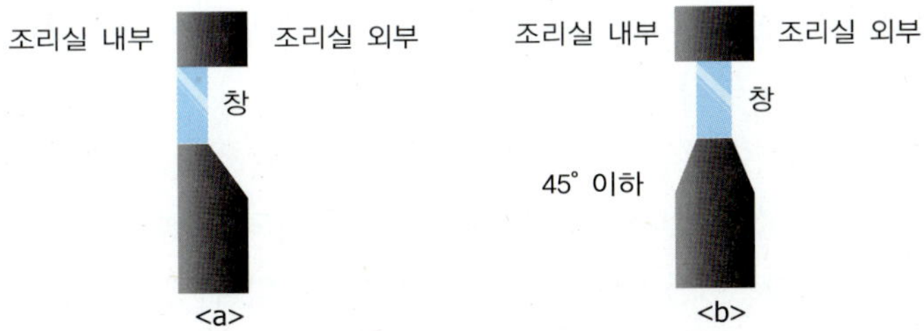

그림 5-3 창문과 틀

*출처 : 학교급식 위생관리 지침서. 교육과학기술부(2010)

(8) 냉·난방 시설

냉·난방기의 바람이 식품이나 조리된 음식에 직접 쏘이지 않게 설치한다.

(9) 환 기

① 환기시설은 급식소의 크기와 작업방향(청결작업구역에서 일반작업구역으로)을 고려하여 설치한다.

② 스팀이 많이 생기는 구역에는 별도의 배기 후드를 설치하고, 기름을 많이 사용하는 구역에는 후드 필터를 설치하면 좋다.

환기를 할 때 벌레나 해충이 들어오지 못하도록 하며, 이를 위하여 냄새가 나지 않도록 음식물 쓰레기를 수시로 깨끗이 처리하고, 배수로와 배수구를 청결하게 관리한다.

취사장 내 설치류 및 해충의 유입을 방지하기 위하여 방서·방충 시설을 갖추고, 서식을 방지하기 위하여 홈이 패인 곳은 물이 고이지 않도록 유지·보수한다. 작업 중 출입문과 창의 개방을 금지하며, 정기적으로 방역을 실시한다. 한 번에 100명 이상에게 계속적으로 식사를 공급하는 집단급식소의 방역은 4월부터 9월 사이에는 2개월마다 1회, 10월부터 3월 사이에는 3개월마다 1회 실시한다.

2. 화장실

화장실은 작업장에 영향을 미치지 않는 위치에 급식종사자 전용으로 설치하여 타인의 사용을 제한한다. 화장실 내부는 내수성 자재를 사용하고, 방충, 방서 및 환기 시설을 갖춘다. 출입문과 창은 완전히 밀폐되게 만들며, 출입문은 자동개폐식으로 설치하는 것이 좋다.

정화조시설을 갖춘 수세식 화장실에 자동감응식 손 씻는 설비와 종이 타월 또는 핸드 드라이어를 설치한다. 화장실이 분변에 오염되는 경우 시설 내로의 오염이 확대될 수 있으므로 이를 방지하기 위하여 화장실의 위생관리를 철저히 한다.

조리장 내의 모든 시설·설비는 점검과 보수, 청소와 소독을 통해 위생적으로 깨끗하게 유지한다. 모든 기기와 시설은 일별, 주별, 월별, 연간으로 청소계획을 수립하여 정기적으로 실시하고(표 5-8), 청소와 소독과정에 대한 기록을 작성하여 시설·설비의 위생관리 방안으로 활용한다. 조리장 주변 환경도 해충이 서식하지 않도록 위생적으로 관리한다.

표 5-8 주기별 청소계획(예시)

시기	청소구역
사용 후	• 칼, 도마, 행주, 수세미 • 장갑, 앞치마, 위생복, 위생모 • 밥통, 찬통, 국통, 식판, 작은 기기류 • 취사기, 국솥, 조림솥, 튀김솥, 채소절단기, 세미기, 탈피기, 분쇄기 • 검수대, 작업대, 운반차
일별	• 가스레인지, 오븐, 식기세척기 • 식품보관실, 조리장(벽, 바닥, 배수구 및 트렌치, 찌꺼기 거름망), 식당, 화장실
주별	• 냉장고, 냉동고, 전기소독고, 배기후드, 닥트 청소, 조명, 환기설비
월별	• 유리창, 방충망, 식품보관실 대청소
연간(연 2회 이상)	• 식판 및 기기 스케일 제거(약품사용) • 위생 관련 시설 • 설비 • 기기 점검 및 보수 • 외부 배수구 청소

*출처 : 학교급식 위생관리 지침서. 교육과학기술부(2010)

SECTION 6 HACCP에 의한 위생관리

1. HACCP의 의의

HACCP이란 위해요소 분석(Hazard Analysis)과 중요관리점(Critical Control Point)의 영문 약자로 "위해요소중점관리기준"이라 한다. HACCP에 의한 관리방식은 최종제품만을 체크하는 종전의 방법과는 달리 각 공정마다 발생할 수 있는 생물학적, 화학적, 물리적 위해요소를 분석하여 위험방지에 필요한 관리항목을 선정해서 관리하는 방법이다. 따라서 HACCP는 생산부터 최종소비까지의 모든 식품공급단계에 적용할 수 있으며, 검사보다는 사전 예측 및 예방에 중점을 두어 보다 효과적인 제도라 할 수 있다.

① **생물학적 위해** : 세균, 바이러스, 원충, 기생충 등의 감염 또는 이들이 체내에서 생산하는 독소

② **화학적 위해** : 독버섯·패류 등의 천연독, 식품첨가물의 부정사용, 농약·동물용 의약품 등의 기준 이상 잔류, 기타 세제류의 혼입 등

③ **물리적 위해** : 돌, 금속조각, 유리조각, 머리카락, 수세미, 플라스틱 조각, 기타의 이물 등

2. HACCP의 기본원리

HACCP 관리는 7원칙 12절차에 의한 체계적인 접근 방식을 적용하고 있다. HACCP 12절차는 HACCP 도입을 위한 팀 구성 및 제품과 공정에 대해 이해하는 과정인 준비단계 5절차와 주요원칙에 해당되는 7원칙으로 구성되어 있다.

학교급식 HACCP 시스템의 주 내용은 급식작업공정의 흐름을 분석하여, 각 공정별(식단작성, 식재료 검수, 보관, 식재료세척 및 소독, 조리작업, 조리후 배식준비 작업, 종사자 개인 위생, 식기구 세척 및 소독 등) 위해요소를 분석, 이에 따른 중요관리점을 결정하고 중요관리점에 대한 통제방법을 결정하며, 이러한 일련의 작업 확인을 위한 점검표를 개발한 것으로, 이는 각 학교가 당해 학교의 급식

시설여건에 맞게 일부 변형하여 적용할 수 있는 기본모델로서 국제식품규격위원회(Codex)가 제시한 HACCP 시스템 7원칙 12절차에 의거하여 개발되었다.

주요 7원칙은 6~10절차(1~5원칙)인 본단계와 11~12절차(6~7원칙)인 관리단계로 나눌 수 있다.

① **위해요소분석**(절차 6, 원칙 1) : 식재료 및 조리과정을 거쳐 급식에 이르기까지 잠재된 생물학적, 화학적, 물리적 위해 발생 가능성을 분석하고 판단한다.

② **중요관리점 결정**(절차 7, 원칙 2) : 생물학적, 화학적, 물리적 위해요인들을 통제할 수 있는 단계 또는 공정을 말한다.

③ **한계기준 설정**(절차 8, 원칙 3) : 안전을 위한 관리의 경계로 식별된 모든 중요관리점(Critical Control Point, CCP)에 객관적으로 적용 가능한 한계 기준을 설정한다. 급식소에 이용할 수 있는 기준에는 온도, 시간, pH, Aw(수분활성도), 유효염소량 등이 있다.

④ **모니터링 방법의 설정**(절차 9, 원칙 4) : 중요관리점의 제조·공정 시에 한계기준을 잘 준수하고 있는지를 관리하기 위하여 모니터링 체계를 수립한다. 효율적으로 모니터링하기 위해서는 현장 담당자가 주기적으로 평가하는 방법(온도나 시간 확인 등)을 선정한다. 모니터링을 실시함으로써 문제가 발생하기 전 시정조치가 가능하며 문제가 발생했을 경우 원인규명 및 책임소재의 근거가 확보될 수 있다.

⑤ **개선조치 설정**(절차 10, 원칙 5) : 모니터링 결과 한계 기준을 벗어났을 경우에 취할 개선 방법을 확립하여 빠른 대응조치를 통해 위해발생을 최소화시키도록 한다.

⑥ **검증방법 설정**(절차 11, 원칙 6) : 위생관리가 HACCP 시스템에 따라 효과적이고 효율적으로 수행되는지 또는 계획의 수정이 필요한지 여부를 판단하기 위하여 행하는 절차, 시험 검사 등을 말한다.

⑦ **기록유지 및 문서화 방법 설정**(절차 12, 원칙 7) : HACCP 시행절차에 관한 모든 기록을 체계적으로 관리하는 것을 말한다. 검증단계에서 효과적인 검토자료로 사용될 수 있고, 안전성 문제시 위생관리상태 추적자료 등으로 이용될 수 있다.

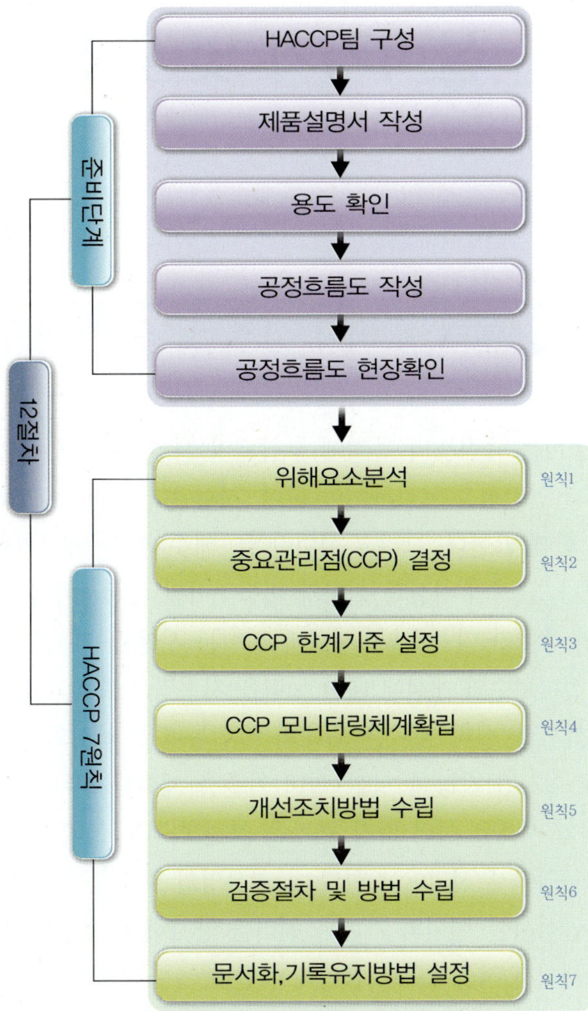

그림 5-5 HACCP 7원칙 12절차

Chapter 6

시설 · 설비기기 및 안전관리

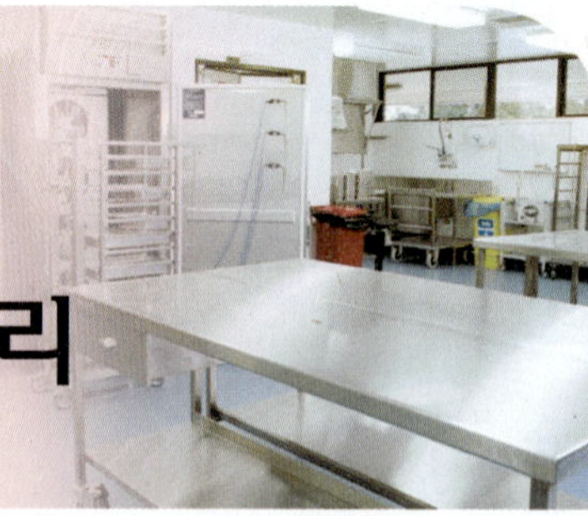

SECTION 1 시설·설비의 개요

급식시설과 설비는 급식소의 목적에 부합되며 시설·설비의 주요 요소인 위생, 능률 및 경제성과 안전성을 고려하여야 한다. 시설은 급식소의 작업공간과 설치되어 있는 기기를 함께 말한다. 그리고 설비란 급·배수, 환기, 에너지원, 조명, 냉·난방 등을 포함한다. 급식의 시설과 설비가 기능적이면 급식경비 절감, 고객의 만족도 상승, 식수의 증대가 가능하다. 시설과 설비는 사용을 거듭할수록 점차 노후화되기 때문에 설비보수와 개선에 대한 노력을 지속적으로 해 나가야 한다.

바람직한 급식시설·설비 계획은 최대의 작업능력을 최소의 공간에 계획하는 것이며 HACCP 실시가 가능한 시설·설비 기준을 계획단계부터 구체화하여야 한다. 기기류의 구입 시에는 여러 가지 기능을 가진 다기능 조리기기와 효율성을 구비한 기기류의 구입이 우선되어야 한다. 급식운영의 효과를 극대화하기 위해서는 급식 관리자가 급식시설·설비의 기본과 원리를 양지하고 급식소의 설계 단계부터 혹은 개보수 단계에서 적극적으로 참여해야 한다.

SECTION 2 급식시설 계획

급식시설은 설계 단계에서부터 위생 관리, 능률적 작업, 경제성, 안전성과 미관 등이 반영되어야 한다. 계획은 장시간에 걸쳐 자료를 수집하고 정보를 수합하는 장기적 플랜에 따라 이루어져야 하며 기 설치된 시설은 장기간 사용해야 하므로 세부적이고 구체적인 계획이 요구된다.

1. 설계원리

작업공간의 계획에는 설계와 각 공간배치가 모두 포함되며, 작업동선이 우선적으로 고려되어야 한다. 공간의 배치는 각 작업공간(전처리공간, 세정공간, 조리공간 등)의 기기 배열, 작업대의 배치 등을 포함한다. 작업동선은 사람의 이동 상황을 말하는 것으로 종사자들이 각자 맡은 직무 수행을 위해 급식소 내에서 움직이는 경로를 말한다. 작업순서에 따라 일정하게 일직선으로 움직이도록 효율적으로 배치되면 작업자의 동선 감소로 피로도를 감소시킬 수 있다.

Check point

급식시설 신설 및 개선 시 고려사항

① 바닥이 오염되는 것을 방지하기 위하여 국솥이나 튀김솥 등으로부터 물이 쏟아지는 곳에는 그 물을 수용할 수 있는 적당한 규격의 배수구를 설치토록 한다.
② 조리실 내의 전기 콘센트는 방수용 콘센트를 바닥으로부터 1.2m 높이 이상으로 설치한다.
③ 식재료 전처리실, 조리실, 식기구세척실 등을 구분하여 설치하고 일반작업구역과 청결작업구역으로 분리한다.
④ 조리실에는 온·습도 관리를 위하여 공조시설 혹은 냉·난방설비 등을 갖추도록 한다.

일반적으로 효율적인 급식시설 설계에 있어서 우선되어야 할 원칙들은 다음과 같다.

① **공간의 효율성** : 작업공간별로 세부적 작업에 필요한 공간이 기능적으로 확보되고 작업공간의 배치가 효율적으로 이루어져야 한다.
② **단순성** : 단순하고 쾌적하게 계획된 급식시설은 조리작업 관리, 세척 및 청소작업, 빠른 서비스가 모두 가능하다.
③ **작업 흐름의 원활성** : 식재료 검수단계에서 퇴식단계의 순서대로 작업이 흘러가도록 공간이 계획되면 식재료나 작업자의 동선이 최소화되어 작업 능률이 증대된다.
④ **감독의 용이성** : 공간 배치를 잘하면 신속 대응하는 감독이 가능해지고 종사자들 간의 업무에 따른 공간 이동과 의사 소통의 효율성 증가로 생산성이 높아진다.

⑤ **위생관리의 용이성** : 설계단계에서부터 위생을 고려한 시설의 경우 식중독 사고의 발생을 미연에 방지할 수 있다.

⑥ **장래성** : 급식시설은 급식인원의 증가나 기구 설비의 증설계획 등 장래의 계획에 신속하게 대처할 수 있어야 한다.

급식시설 설계 시 최선의 작업 환경을 추구하기 위해서는 다음의 관련 법률들을 고려하여야 한다.

Check point

급식시설 관련 법률

① **건축기준법** : 건축물과 건축설비(전기, 위생, 공조, 수송 설비) 전체에 관한 법률
② **소방법** : 가스·전기 설비, 소방에 관한 설비, 소화 설비 등에 관한 법률
③ **노동안전법** : 노동자의 노동환경에 관한 규정으로 대형 보일러와 압력용기 등에 관한 법률
④ **식품위생법** : 급식소의 시설, 설비, 기구·기기 등의 규제에 관한 법률

2. 위치와 면적 산출

(1) 위 치

급식의 종류, 급식소의 운영형태 등에 의해 위치선정은 달라지는데 위생, 작업 능률, 경제성과 쾌적한 환경이 우선적으로 고려되어야 한다.

① 재료의 반입과 음식물 쓰레기 처리가 편리한 장소여야 한다.
② 환기와 통풍과 채광이 필수적이므로 지하보다 지상이 바람직하다.
③ 식당은 모든 건물의 중심부에 위치하여 왕래하기 좋아야 한다.
④ 급·배수가 잘되고 냄새, 증기, 연기 등을 처리하기 쉬운 곳이어야 한다.
⑤ 사고발생시 대비가 용이한 장소에 위치하도록 한다.

(2) 면적 산출

급식시설의 면적은 급식종류, 급식시간, 급식형태, 급식인원, 메뉴 종류와 실시 유형 등에 의해 달라진다. 급식시설의 면적 산출기준을 표 6-1에 제시하였다.

1) 주방 면적

주방의 면적은 기기 점유 면적과 함께 각 작업공간의 면적과 작업자의 동선까지 함께 고려한다. 주방의 형태는 장방향이 권장되며 가로와 세로의 비는 1:1.5~2가 효율적이다.

- **대규모 시설** : 기기 바닥점유면적 × 3~4배
- **소규모 시설** : 기기 바닥점유면적 × 2~2.5배

표 6-1 면적 산출기준

시설명	주방면적(A)	사무실, 후생시설(B)	(A) + (B)의 합계
급식센터	0.1m² / 급식수 1식	0.1m² / 급식수 1식	0.2m² / 급식수 1식
학교	0.1m² / 아동 1인	0.03m² / 아동 1인	0.13~0.18m² / 아동 1인
산업체	1/3 × 식당면적	(A) × 1/2 이상	상당히 기계화되어 있는 경우
병 원	0.5~1.0m² / 1침대	0.25~0.3m² / 1침대	0.75~1.3m² / 1침대
기숙사	0.3m² / 기숙생 1인	0.15m² / 기숙생 1인	0.45m² 내외 / 기숙생 1인
요양원	0.3m² / 환자 1인		
일반식당	식당면적 × 1/3 이상	종업원 1인당 2~3.0m²	

메뉴가 단순한 급식시설에서는 주방의 크기가 식당 면적의 1/3 정도면 충분하고, 메뉴가 복잡한 급식소에서는 식당과 주방의 크기가 유사할 수도 있다.

2) 식당 면적

식당의 면적은 근로안전위생규칙에 따라 1인당 $1m^2$ 이상(일반적으로 $1.2\sim1.7m^2$)으로 명시되어 있지만 급식인원, 급식 형태, 좌석회전율에 의해 좌우되며 다음의 식으로 산출한다.

Check point

$$\text{식당면적} = \frac{\text{급식수} \times \text{1좌석당 면적}}{\text{좌석회전율*}}$$

*좌석회전율 : 이용고객수 / 좌석수

예제 ① **식당면적 산출 예시** 급식자 수는 900명, 좌석수는 300석, 1좌석당 면적을 1.5m²로 결정할 경우 필요한 식당 면적을 좌석회전율을 고려하여 산출하시오.

좌석회전율 : 900명 ÷ 300석 = 3회전

식 당 면 적 : 900명 ÷ 3회전 × $1.5m^2 = 450m^2$

3. 공간분석

급식시설은 검수공간·저장실·전처리실·조리실·배식공간·식기 세정실·식당으로 구분되는데, 이 공간들은 일반작업구역(오염가능성이 높아 위생에 관한 주의가 필요한 구역)과 청결작업구역(항상 청결하게 유지되어야 하는 영역)으로 구분된다. 미생물에 의한 오염 방지를 위해 이들 구역들은 벽으로 구획되는 것이 바람직한데 여의치 못한 경우에는 낮은 칸막이를 설치하거나 표지판 등을 이용하여 구분한다.

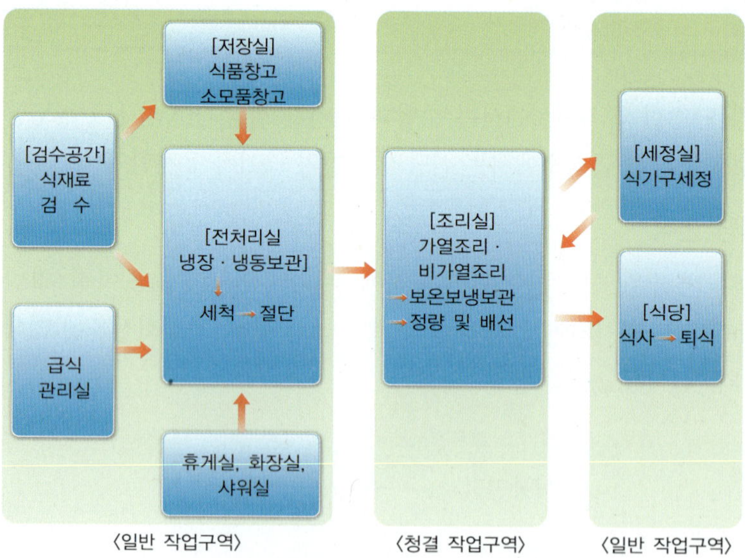

그림 6-1 급식시설의 작업 구역

(1) 검수공간

검수공간은 식품의 반입이 용이하도록 식품 유통차의 접근성이 좋은 곳에 위치하여야 한다. 대규모 급식시설의 경우 배달차량에서 바로 연결되게 하역작업이 편리한 플랫폼 형태로 운영하는 업소도 있다.

검수구역의 크기는 급식시설의 규모와 배달 횟수 및 1회 배달물량에 따라 변화될 수 있으며 정확한 검수가 이루어질 수 있도록 검수에 필요한 기기를 구비해야 한다.

① 전처리실과 연결됨과 동시에 식품보관실, 냉장·냉동고(또는 냉장·냉동실)와 연결되어 있어야 한다.
② 검수실은 식재료 포장용지 등을 폐기할 수 있는 창고공간과 연계 배치되어야 한다.
③ 검수대는 충분한 조명이 가능한 곳에 배치되어야 함과 동시에 저울 등의 각종 검수에 필요한 기자재가 갖추어져 있어야 한다.
④ 검수실은 식재료가 통과하는 공간으로 실면적은 반입되는 식재료의 양과 아울러 저울과 검수대, 그리고 반입되는 식자재를 검수 전후 임시적으로 비치하는 공간으로 구성되며, 소규모의 경우 전처리실과 공통적으로 처리될 수 있으나 중규모 이상의 경우 별도의 검수실로 운용하여야 한다.
⑤ 검수공간은 높은 조도(540Lux)가 필요하며 출입문을 통해 곤충들이 급식실로 유입될 수 있으므로 출입문에 에어커튼을 설치하여야 한다.

(2) 저장실

급식소의 저장실은 일반창고, 냉장고, 냉동고로 구분할 수 있다. 저장실은 검수공간과 조리실에서 접근이 편리한 위치에 계획한다. 저장구역의 면적은 일일 평균 식수, 메뉴의 유형, 식품재료 배달 빈도, 재고회전율 등에 의해 결정된다.

① 보관되는 식자재의 온도와 종류에 따라 분리 설치되어야 한다.
② 실온보관고와 냉장보관고, 냉동보관고가 설치되어야 하며, 경우에 따라서는 식당의 배식공간과 직접 연계된 냉장보관고가 필요하다.

③ 일반창고의 경우 직사광선이 차단되어 있고 환기와 통풍이 필수이며 보관선반을 필히 설치해야 하며 보관선반은 청소 및 통풍이 용이하도록 바닥과 벽으로부터 15cm 이상 떨어지게 설치해야 한다.

④ 모든 식재료는 냉장보관을 원칙으로 충분한 용량으로 설치되어야 하며 식자재 보관고의 온·습도는 실시간으로 기록될 수 있어야 한다.

⑤ 가급적 별개의 실이나 출입구로 구성하는 것이 이상적이나 보관되는 용량에 따라 검수실이나 전처리실에 냉장고나 냉동고를 비치하여 사용할 수도 있다.

(3) 전처리실

전처리실에서는 식재료를 세척하여 절단하는 등 조리의 준비작업이 이루어진다. 저장실과 조리구역에 근접해야 하며 전처리작업에 필요한 다양한 기기를 구비해야 한다. 필요 기기는 세미기, 싱크대, 작업대, 선반, 냉장고, 냉동고, 절단기 등이 있다.

① 검수실에서 전처리실로의 출입구는 자동문을 설치하여 오염을 방지한다.

② 전처리실은 식품보관실과 직접 연결되어 있어야 하며 물을 많이 사용하고 오염의 우려가 높은 공감이므로 물청소가 가능하며 배수가 빠른 공간이 되어야 한다.

③ 작업대와 세정대는 작업순서를 고려하여 적절하게 배치하도록 한다.

④ 세정대의 배수구는 직경 80~100mm의 크기로 짧은 시간에 배수가 가능하도록 함과 동시에 물이 넘치는 경우를 대비한 방지장치가 설치되어야 한다.

⑤ 전처리실에는 데침용 솥이 배치되어야 하며 데침용 솥은 배기설비를 고려하여 계획되어야 한다.

⑥ 세미기는 쌀의 이동하중을 고려하여 가급적 조리실과 연결되는 양문형 식재료 전달구에 인접하여 배치되도록 한다.

⑦ 위생적 처리를 위해서는 육류 및 채소와 생선류의 처리공간과 처리기기 및 기구를 분리하는 것이 바람직하다.

⑧ 전처리실은 급식수에 따라 검수공간을 겸할 수 있으나 이 경우 식품반입공간과 전처리실이 직접 접하지 않도록 하며, 가급적 검수실과 분리하도록 하는 것이 이상적이다.

(4) 조리실

조리실은 주로 가열작업으로 인한 열과 증기, 냄새 등에 의한 오염물질들을 청소하기 쉬운 재질로 시공되어야 한다.

① 조리실에는 조리에 필요한 각종 양념류(된장, 간장, 고추장, 각종 식용유, 고춧가루, 설탕, 소금, 식초 등)와 세척·절단되어 별도로 전처리과정이 필요없는 식자재 보관수납고(실온, 냉장·냉동고)가 인접되어 있어야 한다. 이러한 수납고가 별도로 설치되지 않은 경우는 조리전 양문형 식품반입고에 미리 반입하도록 한다.

② 조리실은 전처리실, 배식공간과 식재료의 이동측면에서 연결되어야 한다.

③ 조리실은 크게 가열식품을 위한 영역과 비가열식품을 위한 2개의 영역으로 분리하며, 가열식품의 경우는 배기량을 고려하여 메뉴유형별로 분리 배치하도록 한다.

④ 가열식품의 경우에 가열 후 식히는 과정이 요구되는 메뉴는 동선을 고려하여 가열 후 즉시 식힐 수 있도록 급배수설비가 배치되어야 한다.

⑤ 조리실 내 조리기기의 배치는 가급적 메뉴별로 구성되도록 한다.

⑥ 배기존과 급기존의 영역을 명확하게 분리한다.

⑦ 다량의 수증기가 발생되는 국솥과 같은 경우는 조리실의 중앙배치를 지양하도록 한다.

⑧ 운반작업 하중을 고려하여 조리실 내 운반차의 배치 공간 및 이동통로 폭을 충분히 넓게 한다(이동통로는 다른 작업 중에도 가능하도록 확보되어야 한다).

⑨ 조리실 입실은 조리실 전실을 통해서만 들어올 수 있도록 하며, 퇴실 시에는 조리실방향에서만 개폐할 수 있는 장치가 설치된 이중문을 통하여 나갈 수 있도록 함으로써 출구를 통하여 조리실 내로 들어올 수 없도록 한다.

⑩ 조리실로의 입실 시에는 양손소독 및 세정기와 위생복 등이 비치된 전실 또는 이와 동등한 기능을 지닌 공간을 거치도록 한다.

⑪ 출구 및 입구의 문은 동시에 열리지 않도록 설치되어야 하며, 각각의 출입문에는 개폐시간을 체크할 수 있는 센서를 설치하여 급식관리실에서 체크되도록 한다.

⑫ 전처리된 식재료는 양문형 보온 반입고나 양문형 반입구를 통해서만 조리실 내로 반입되도록 한다.

⑬ 조리된 음식은 양문형 보온·보냉고를 통해서만 식당의 배식공간이나 배식실로 나갈 수 있도록 한다.

⑭ 조리실의 창문을 제외한 모든 개구부에는 에어커튼을 설치한다.

⑮ 조리실에서 타 실로의 직접 출입은 불가능하여야 한다.

⑯ 조리실의 급기량은 배기량을 고려하여 자동 작동되어야 하며, 창문은 기밀하게 폐쇄될 수 있어야 한다.

⑰ 조리실의 급기는 필터를 통하여서 급기되도록 한다.

⑱ 식기구세척실에서 세척된 조리기구는 양문형 소독보관고를 통해서 조리실로 반입되어야 한다.

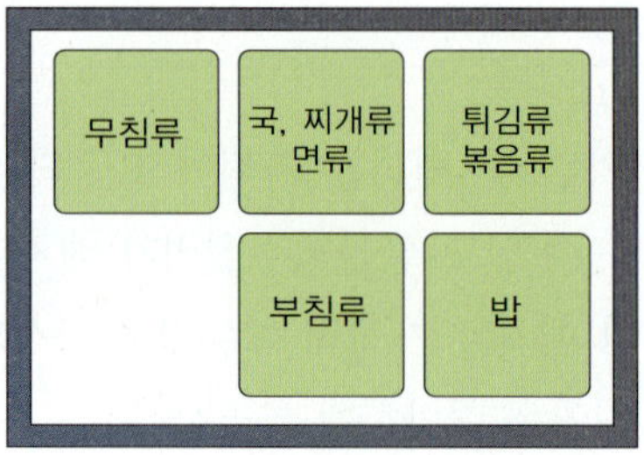

그림 6-2 조리실 공간 분할

(5) 배식공간

배식공간은 배선실과 식당으로 구성된다. 배선구역 설계는 급식소의 유형과 급식 형태에 의해 다양한 양상을 나타낸다. 피급식자들이 직접 자신의 음식을 담는 배선공간이 서비스 공간에 포함된다.

급식소에서 식당은 최근 고객들의 요구가 높아짐에 따라 품격 있는 급식을 제공하기 위해 관심이 증가하고 있다.

① 급식수가 적은 소규모의 경우는 배식실을 설치하여야 하나 중규모 이상의 경우는 배식실을 둘 경우 1개의 라인으로 배식을 완료하는 것이 불가능하므로 식당내 배식공간에 최소 2개 이상의 배식 라인을 설치함으로써 주어진 시간 내 배식시간을 최소화할 필요가 있다.

② 식당설계 시 난방, 환기, 공조, 조망, 조명 등이 고려되어야 하며 식당은 조리실과 배선공간에 가깝게 위치해야 신속 정확한 서비스를 제공할 수 있다.
③ 식당면적 산정 시 배식공간에 해당되는 면적을 식당면적의 10% 정도 추가할 수 있다.

(6) 식기세정실

식기세정실은 식사 후 피급식자들이 식기를 반납하기 쉬운 식당 출구 근처에 위치해야 한다. 퇴식공간에 컨베이어벨트를 설치하면 편리하며 조도가 높은 조건이면 양호하다.

① 식기구세척실은 전처리실과 조리실을 위한 조리기구 세척공간과 학생들의 식기세척공간으로 이등분되도록 한다.
② 식기구세척실의 길이는 내부에 설치될 식기세척기의 크기를 고려하여야 한다.
③ 식기 보관소독고는 모든 식기와 수저가 보관될 수 있는 넓이를 고려하여야 한다.
④ 식기구세척실의 습도는 가능한 낮게 설정되어 있어야 하며, 다음날까지 바닥이 완전 건조될 수 있도록 한다.
⑤ 식기구세척실 외부에서 식기구세척실 내부가 보이지 않도록 차단한다.
⑥ 식기구세척실은 어떠한 경우에도 전처리실이나 조리실과 직접적으로 통하지 않도록 한다.
⑦ 급식종사자의 경우 급식종사자 이용영역에서 식기구세척실로 출입 가능하여야 한다.
⑧ 식기구세척실 내부의 마감 재료는 방수가 되어야 하며 식기세정실 천장은 소음 흡수 재질로 처리되어야 한다.
⑨ 식기구세척실에서 사용하는 각종 세제는 식기구세척실 내에 설치된 별도의 세제보관실에 수납되어야 한다.

(7) 기타 시설

급식종사자 전용의 탈의실·휴게실·화장실은 위생과 안전 및 종업원의 직무 만족에 영향을 주는 시설이다. 특히 전용 화장실은 감염병의 예방을 위해 중요하며 탈의실 및 휴게실과 화장실은 동일한 장소에 설치하는 것이 바람직하다.

급식시설을 운영하는 데에는 기획이나 작업의 기록을 보관하고 직원이나 작업자 그 밖의 일반인과 면담하고, 조리종사자들을 훈련·감독·지도하며 작업 관리 등과 같은 관리 기능을 수행하는 급식관리실이 필요하다.

① 급식관리실은 영양사, 조리사, 조리원, 사무직원들이 주로 이용하는 공간으로 다음의 특성을 갖추어야 하며 조리장 내부를 볼 수 있는 구조로 만드는 것이 바람직하다.

- **근접성** : 조리작업과정을 관찰하거나 감독하는 데 편리한 위치에 배치
- **가시성** : 급식시설의 출입과 내부활동 등을 전반적으로 인지, 식품의 입출고 정확하게 관리
- **독립성** : 일반 외부인이 사무실에 들어가기 위해 조리실 통과 금지, 식품반입에 따른 검수작업에 편리하도록 식품저장고 곁에 배치, 상담이나 회의를 위해 충분한 프라이버시 보장

② 탈의실은 평상복 등을 보관하는 옷장이 설치되어 있어야 하며 급식종사자들이 사용하는 위생복이나 위생모 등은 별도의 보관장이 마련되어 있어야 한다.

③ 샤워실은 1인용 샤워부스 설치를 기본으로 하나 급식종사자의 인원에 따라 동시에 다수가 샤워 가능한 면적으로 계획할 수 있다.

④ 화장실은 종사자 전용이어야 하며 이용시 전처리실이나 조리실 등의 조리장 영역을 통과하지 않도록 배치되어야 한다.

4. 레이아웃

레이아웃(layout)이란 작업공간에 작업의 흐름에 따라 기기류를 배치한 도면을 말한다. 그림 6-3의 기능도에서 알 수 있듯이 급식시설 및 식당의 출입구는 학생 및 교직원·식자재·급식종사자용으로 완전 분리되어 있으며, 3가지 주요 동선원별로 입구와 출구가 있어서 총 6개의 출입구로 구성되어 있음을 알 수 있다. 아울러 급식종사자 이용 영역은 식자재 이동통로와 분리되어 있어서 근본적으로 교차오염이 없도록 되어 있으며, 특히 조리실의 경우 입구와 출구가 분리되어 있을 뿐만 아니라 입구 역시 세척과 소독 기능을 갖춘 전실을 통해서만 들어갈 수 있도록 되어 있다.

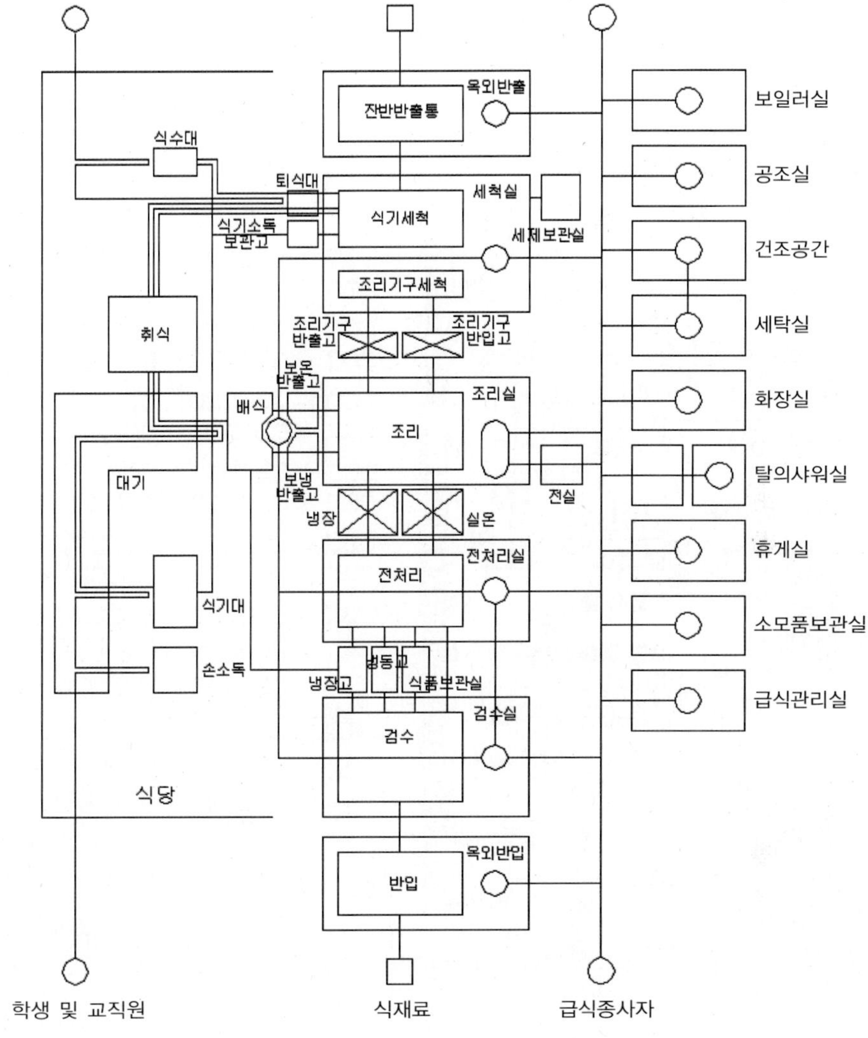

그림 6-3 학교급식의 기능도

식자재 역시 조리실의 경우 양문형 입구를 통하여 전처리된 냉장 식자재와 실온 식자재가 반입되도록 되어 있으며 조리가 완료된 메뉴는 배식공간으로 양문형 보냉고와 양문형 보온고를 통하여 반출되므로 조리원 동선과 다른 경로로 이동되도록 되어 있다. 따라서 기존의 급식시설에서 문제시되고 있는 통과동선이 조리실에서 발생하지 않음을 알 수 있다.

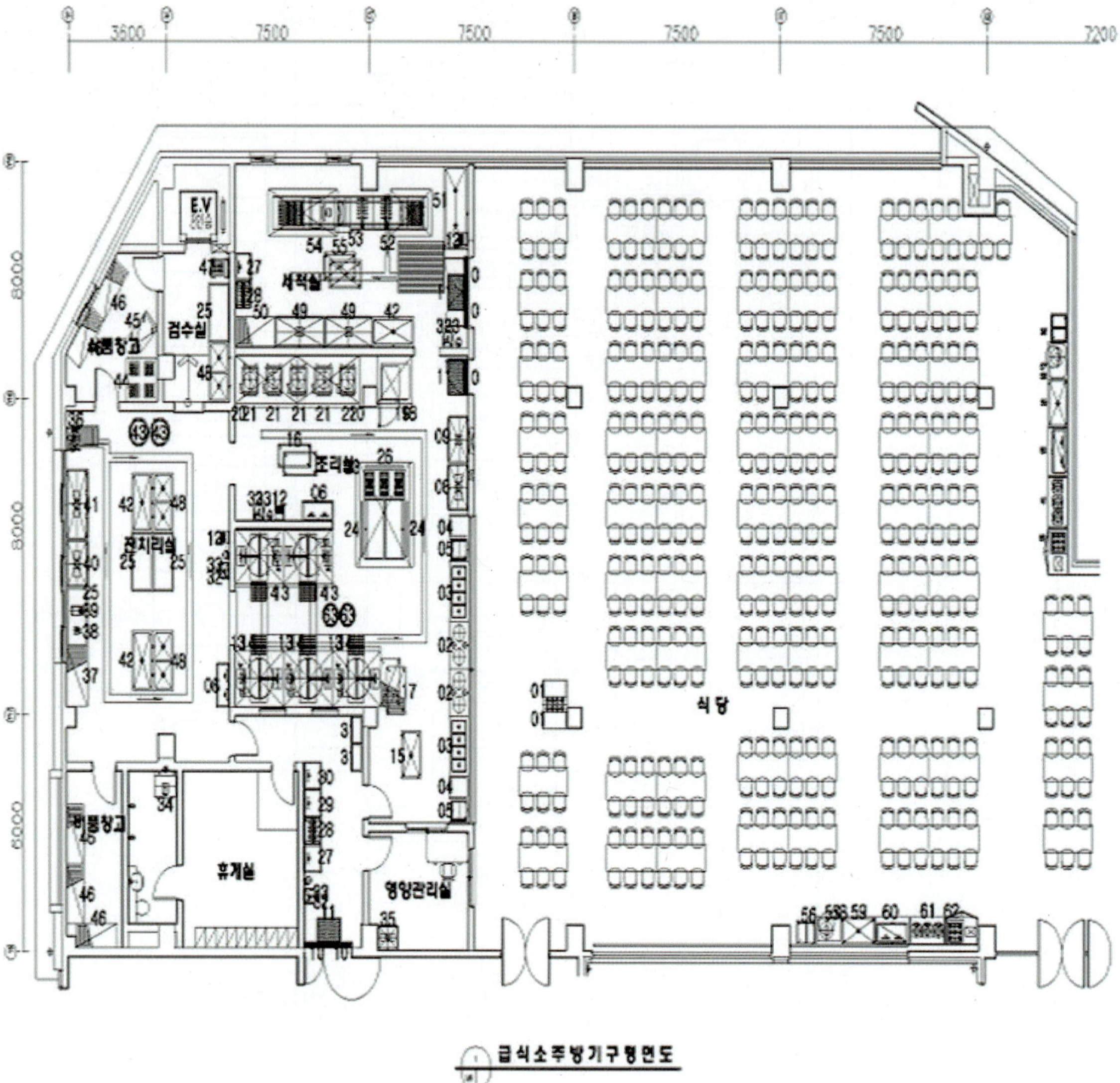

그림 6-4 초등학교 급식시설 배치도

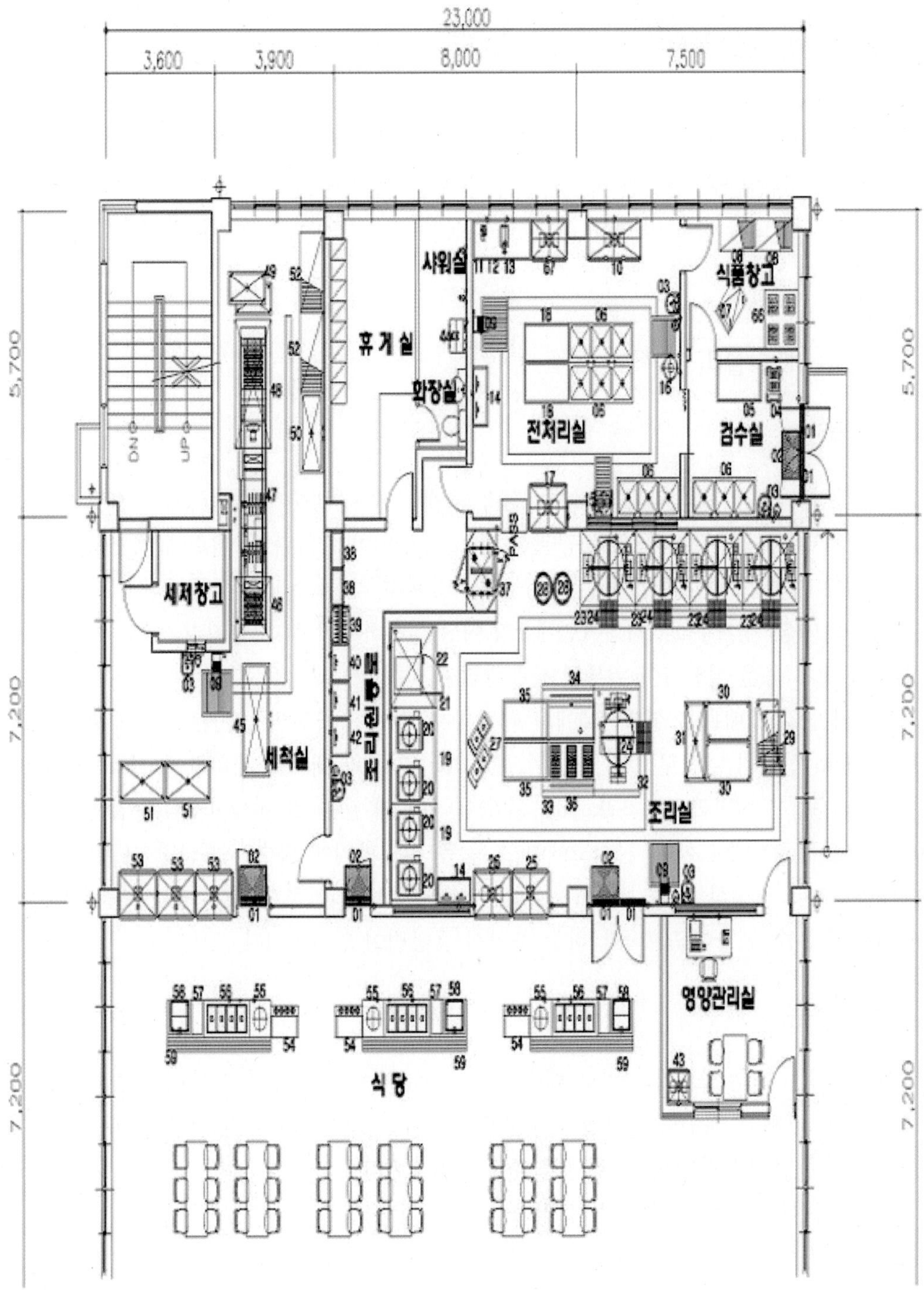

그림 6-5 고등학교 급식시설 배치도

SECTION 3 설비설계 및 관리

설비는 급·배수, 환기, 전기·가스, 조명, 냉난방과 같이 급식시설의 기본이 되는 시설들을 의미한다. 건강한 작업환경을 통해 급식종사자들의 작업능률을 향상시키며 적정 온도와 습도 및 조도 등 관리를 통해 직업병의 예방과 건강증진을 도모할 수 있다.

1. 급수·배수설비

(1) 급 수

조리작업과 음용수, 식기세척, 소독, 청소 등에 온수와 냉수가 필요하므로 적합한 수질의 물이 적절한 압력으로 충분한 양이 공급되어야 한다. 급식소에서는 수돗물 외에 지하수를 사용할 경우 먹는물관리법에 따라 급수의 미생물학적 검사는 월 1회 이상, 정기수질검사는 1년에 1회 이상 실시하여야 하며 분기별로 1회 이상 청소 및 소독을 실시하여 위생적으로 관리해야 한다.

수도의 설치와 배관은 설계단계에서 확정해야 하며, 수도전의 높이는 바닥에서 95~105cm 정도가 바람직하고 물을 필요로 하는 기기의 배치를 계획하여 설치해야 한다. 수압은 일반적으로 0.3kg/m^2, 수압을 이용해 쌀을 씻는 세미기의 수압은 0.7kg/m^{2}를 유지해야 한다. 급식소에서 소독 등 위생관리에 필수적인 급탕설비는 순간온수기나 저장식 온수기를 사용하는 개별식 급탕법과 온수보일러를 사용하여 대량의 온수를 파이프로 공급하는 중앙식 급탕법이 일반적이다.

(2) 배 수

배수설비는 아주 중요한 설비로 배수구, 배수관, 바닥배수 트렌치 등이 포함되는데 설계 시 빠른 배수로 바닥을 건조하게 유지하는 것이 중요하며 신속한 배수를 위해서 주방 바닥은 적절한 경사를 유지하여야 한다.

배수 트렌치는 오염물 찌꺼기가 많을 때 조리장 중앙부 바닥의 중앙에 긴 배수관을 설치하고 루버형 스테인리스 뚜껑으로 덮은 구조로서, 너비 20cm 이상에 깊이 15cm 정도가 적당하다. 녹이 전혀 생기지 않는 스테인리스 재질로 트렌치의 뚜껑과 몸체를 제작하여 설치하는 것이 콘크리트 몸체 구조의 트렌치(Trench)에 비하여 설치초기에 비용부담은 크나 주방의 청결 및 위생상의 측면에서 월등히 우수하며, 트렌치의 수명이 반영구적이므로 장기적인 관점으로 비춰 보면 스테인리스 구조의 트렌치가 유리하다. 특히 스테인리스 트렌치를 설치했을 경우에 트렌치 내의 물 흐름이 좋아 트렌치 내부의 청소가 용이하고 음식물찌꺼기에 의한 세균의 번식을 방지하여 트렌치 내의 청결상태를 항상 유지할 수 있다.

하수도로부터 들어오는 악취방지와 방서 및 방충과 역류방지를 위해 배수관에는 여러 가지 형태의 트랩(Trap)을 설치하는데 청소와 소독을 위해 개방이 가능한 구조로 설치한다.

표 6-2 급탕설비의 사용온도

용도		온도(℃)	비고
일반 청소용		40~50	
손 세정		40~45	
식기	손 세척	40~50*	*50℃ 이상 온도로 장시간 사용 불가능
	헹굼	50	
	불리기	60	
조리용 기구 세정용		60~70	
식기 세척	제1조	60**	**제1조는 60℃ 이상으로 하면 식기(폴리카보네이트 재질 등)들이 서로 달라붙는 경우 발생 ***70℃ 이상의 사용온도는 급탕수를 가스, 전기 등으로 재가열하여 사용
	제2조	70~75***	
	제3조	80~95	
기구류 오염물 제거 (지방성)		70~90	
자비소독		100	

표 6-3 각 급식소의 1인 급식 사용수량

급식시설	사용수량(L/1식)	평균수량(L/1식)
급식센타	6~10	8
학교급식	4~6	5
병원급식	10~20	15
산업체급식	5~10	7.5
기숙사급식	7~15	8.5
호텔 급식	15~25	18

트랩은 주로 곡선형(S자형, P자형, U자형) 트랩과 수조형(관, 드럼, 실형, 그리스) 트랩이 있으며 특히 지방성 오염물 찌꺼기가 많은 주방에 적합한 유형은 그리스 트랩(Grease trap)이다. 이것은 하수 중 유지의 고형화를 막고 유지를 걸러 주는 것으로 배수 트렌치와 연결하며 역류 방지를 위해서 외부에 설치하는 경우가 많다.

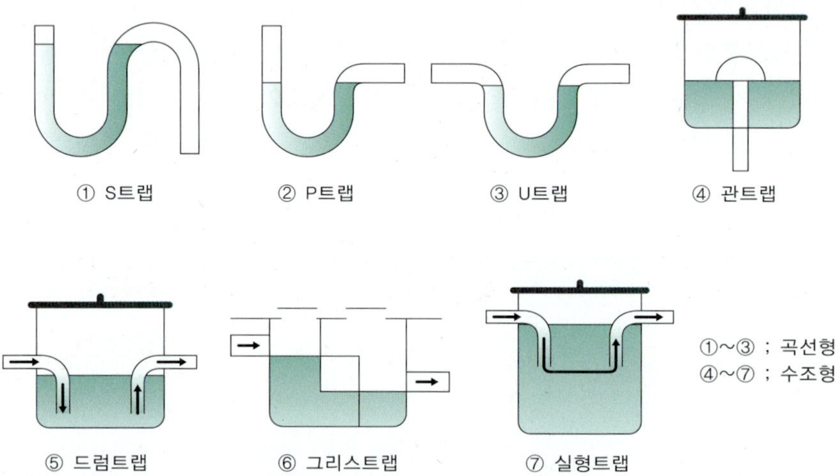

그림 6-6 배수관 트랩의 형태 그림

2. 환기시설

조리실 내에서 발생하는 열기와 습기 및 냄새 등을 제거하기 위해서 효율적인 환기설비를 갖추어야 위생적이고 쾌적한 공간에서 작업할 수 있으며 환기방식에는 자연환기와 여러 가지의 다양한 기기를 이용한 기계적 환기가 있다.

일반적인 사무실 등에서는 인체에서 발생하는 이산화탄소량(CO_2)을 최소치로 가정하고 일반적으로 환기량을 결정한다. 참고로 탄산가스(CO_2) 허용농도 0.1%(표준대기상태), 외기 중의 탄산가스 농도 0.03%(표준대기상태), 작업시 인체에서의 이산화탄소 발생량(0.022m^3/h·인) 및 재실 밀도 등을 가정하고 산정한 식당의 필요환기량을 표시하였다. 영화관이나 상업용 식당과 같이 재실 밀도가 높은 곳(수치가 낮을수록 재실 밀도 높음)의 필요환기량은 높게 나타난다.

표 6-4 식당의 필요환기량(재실인원에 대한 CO_2 기준)

장소	재실 밀도(m^2/인)	필요환기량($m^3/m^2 \cdot h$)
급식소 식당	2.0	15.0
상업용 식당	1.0	30.0

표 6-5 주방의 환기 횟수(배기기준)

장소	환기횟수(회/h)
주방(대)	40~60
주방(소)	30~40

(1) 자연환기

자연환기는 창문을 통해 자연스럽게 지속적으로 이루어지며 실내 외의 온도차이로 인한 대류현상을 이용한 환기이다. 겨울에는 효과적이지만 강풍이 부는 경우나 여름에는 비효과적이다.

(2) 기계적 환기

기계적 환기는 후드(Hood), 덕트(Duct), 팬(Fan) 등의 기기를 설치하여 주방의 연기와 냄새를 제거하는 환기방식이다. 환기에서 실내에 공급되는 공기량과 배출되는 공기량과의 균형이 중요한데 주방의 경우 급기량은 배기량보다 10~20% 적은 경우가 좋다.

1) 후드(Hood)

후드는 증기, 연기, 냄새 등을 발생원에서 직접 배출시키는 설비로서 일반적으로 박스형 후드를 설치하는 경우가 많다. 후드는 그 크기에 있어 조리기구보다 사방 15cm 이상 넓어야 하며, 박스형 후드의 경사 각도는 적정 각도인 35도 혹은 45도의 형이 배기의 흐름을 좋게 한다. 재질은 스테인리스 스틸로 된 후드가 가장 일반적이다. 유지를 자주 사용하는 조리 구역에는 그리스 필터가 부착된 후드를 설치하여야 한다.

후드는 사방개방형인 자유형이 가장 효율적이며 자주 청소를 해줄 수 있는 구조를 갖추어야 한다.

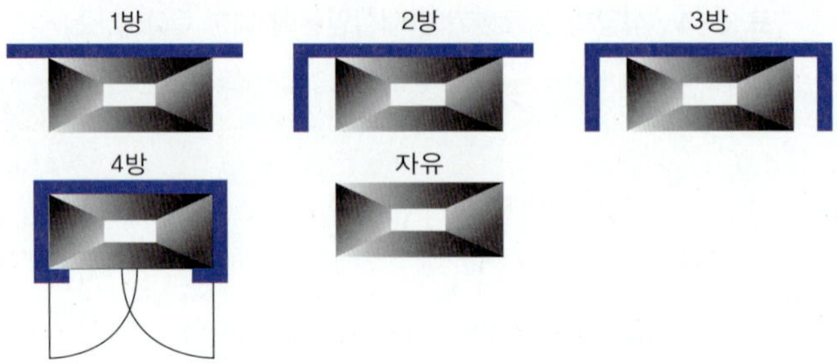

그림 6-7 후드의 형태

2) 덕트(Duct)

덕트는 조리실 내의 냄새, 연기 등 건강에 유해한 물질들을 신속히 바깥으로 배출 및 확산시킬 수 있는 형태와 크기 및 흡입력을 갖도록 설계되어야 한다.

원통형의 덕트가 일반적이며 각형의 덕트보다는 배기효율이 더 높다.

3. 에너지원 설비

조리에 사용되는 에너지원으로는 가스(LPG, LNG, 도시가스 등), 전기, 석유 등이 있으며 각 시설, 각 공간의 사용목적, 안전성, 경제성 등을 고려하여 선택하여 사용한다.

(1) 가 스

보편적이며 취급이 손쉽고 가장 많이 사용되는 에너지원이나 부주의 시 폭발 위험이 있으며 환기장치가 필요하고 열효율이 낮다. 열효율은 도시가스 60~65%, LPG 55~65%이다. 가스설비는 한국가스안전공사의 승인을 받아야 한다.

(2) 전 기

열효율이 65~70%로 가장 높고 청결하며 취급하기 간편하지만 경제성이 낮다. 전기는 조명은 물론이고 조리기기 등에 많이 이용되므로 조리장 설계 시 미리 적절한 위치에 콘센트를 설치하여야 한다. 전기 콘센트는 안전사고와 오염을 방지하기 위해 바닥에서부터 높이 1m 이상의 위치에 설치하고, 사용하지 않을 때 부착되어 있는 뚜껑으로 보호한다. 여러 가지의 전기 사용량 증가 계획 발생 시 대비하여 충분한 분량의 전기용량을 확보해 두어야 하며 누전 위험성에 주의한다.

(3) 석 유

조절이 자유로우며 열효율은 가스와 비슷하여 55~65%이나 점화와 소화가 불편하고 그을음과 냄새가 나기 쉬운 것이 단점이다.

4. 조명설비

적당한 조도는 능률적인 작업을 가능하게 하며 식재료나 조리된 음식의 확인 등이 가능하다. 조도는 작업공간에 따라 밝기가 달리 요구되며 조명기구는 단순한 형태가 위생적이다. 조명은 고객들의 쾌적한 식사환경에도 영향을 미치므로 조명색조가 공간의 용도나 분위기에 맞아야 한다.

조명의 조건에는 적정한 조도를 확보하여 눈부심 현상이 없이 적당한 음영이 있어야 하며 에너지 소비가 적고 유지관리가 쉬워야 한다. 주방은 모든 공간이 220Lux 이상을 유지해야 하며 특히 검수공간은 540Lux 이상을 유지해야 한다.

표 6-6 주방의 조도

구분	조도(lux)	구분	조도(lux)
전처리 공간	400-500	식기 소독실	350
주조리실	400-500	냉동고, 냉장고	250-300
배선실	400	종업원 휴게실	300-350
식기 세정실	350-400	검수공간	540

표 6-7 조명의 종류

직접조명	반직접조명	반간접조명	간접조명
광원에서 직접 아래로 빛을 비추는 조명	빛의 60~90%는 직접 비추는 조명	일부광선은 직접 비추나 대부분 반사광선을 이용하는 조명	광원의 빛이 천장이나 벽 등에 투과되어 반사 확산된 부드러운 빛의 조명
조명률이 좋고 경제적이나 눈부심과 음영 생성	직접조명보다 약하고 눈부심과 음영 생성	비교적 부드럽고 눈부심 현상 감소	은은한 빛으로 눈부심과 음영이 없고 차분한 분위기를 조성
100~90% 아래로 비추는 조명	10~40%는 반사광에 의한 조명	빛은 10~40%이고 반사광은 60~90%인 조명	조명효율 낮고 에너지 소모가 많은 조명
경제적	비효과적	효과적	비경제적

5. 냉·난방설비

조리공간의 적당한 실내온도는 18~26℃ 정도이며 실내습도는 50% 정도이다. 또한 쾌적한 실내환경을 유지하도록 자연환기 및 통풍, 기계적 설비에 의한 냉·난방계획을 실시하여야 한다.

난방방법에는 부분난방과 개별난방, 중앙공급식 난방, 지역난방이 있다. 부분난방은 난로나 히터 등 부분난방기기를 이용하며, 개별난방과 중앙공급식 난방은 보일러를 이용한다.

냉방방법에는 대형 에어컨디셔너를 이용하는 중앙공급방식과 선풍기, 에어컨디셔너를 이용하는 부분냉방이 있다. 여름철 실내 적정온도는 외기와 8℃ 정도의 온도차가 적당하다.

표 6-8 급식시설의 적정 온·습도기준

계절	온도	상대습도
여름	18℃ 이상	50% 기준(40~60%)
겨울	23~25℃	

표 6-9 난방의 종류

구분	부분난방	개별난방	중앙공급식 난방	지역난방
정의	부분난방 기기이용	소형보일러 설치로 난방과 급탕 공급	중앙기계실에서 난방과 급탕 공급	지역별 열병합발전소에서 고온수 공급으로 난방과 급탕 공급
장점	자유자재로 조절 가능	마음대로 조절 가능	유지관리 필요성 낮음	• 유지관리 용이 • 열효율 높음 • 합리적 경비
단점	경비 과다	• 보일러 각자 관리 • 보일러 소음	고가의 경비	조절 안할 경우 비용 과다

6. 공기 청정시설

단체급식 작업 중에 발생되는 연기와 음식냄새 등을 제어하기 위한 환기방식은 자연환기, 기계적 환기, 국소기계 환기가 있다. 주방의 적정 환기량은 100~500㎥/hr, 환기 횟수는 40~60회/hr, 식당은 15~20회/hr 정도가 적합하다.

7. 소음조절

기기 및 식기에 의한 소음과 사람들의 대화나 음악소리에 의한 소음이 우려된다. 40dB(데시벨) 이상의 소음은 작업효율 감소 및 피로를 증가시키므로 소음조절을 위한 대책을 강구한다. 주거지역의 생활소음 규제기준은 아침·저녁(05:00~07:00, 18:00~22:00) 50dB, 주간(07:00~18:00) 55dB 및 야간(22:00~05:00) 45dB 이하로 규정하고 있다.

(1) 소음조절방식

① 소음이 큰 동력기구는 구석진 곳에 배치하거나 소리를 줄이는 표면처리를 한다.
② 주방의 마감이나 구조면은 방음재로 처리한다.
③ 바닥은 리놀륨(Linoleum)이나 고무타일 등의 흡음재로 마감한다.
④ 작업대 표면이나 식기는 금속제보다 합성수지제품을 사용한다.
⑤ 환기구, 라디에이터 파이프, 수도관 등에는 방음처리를 한다.

(2) 흡음재

흡음성뿐만 아니라, 내구성이 강한 재료를 쓴다.

8. 바닥·벽·천장·창문·전용출입구

(1) 바 닥

청소와 배수가 용이하도록 배수구를 향해 바닥은 1% 이상 경사도(1/100 이상 구배)를 적절하게 유지하는 것이 좋다. 구배가 크면 작업자들의 피로도가 증가하며 기기 높이의 바른 조절이 어렵게 된다. 콘크리트나 바닥용 타일·인조 대리석 등 미끄럽지 않고 내구성이 있으며, 내수·내화·방수성이 우수한 재질을 사용하는 것이 적합하다. 배수구 낮은 부분의 모서리는 둥글게 하여 청소하기 쉬운 구조로 시공해야 한다.

(2) 벽

조리장의 내벽은 틈이 없고, 청소가 용이해야 하며, 밝은 색조를 이용하여 오염도를 식별하기 용이해야 한다. 또한 수분이 침투되지 않으며 청소가 쉬운 재질로서 마모나 부식이 방지되어야 한다. 바닥에서 내벽 끝까지 전면 타일로 마감하는 것이 이상적이나, 불가능한 경우 적어도 바닥에서 1.5m 이상 불침투성·내산성·내열성·내수성 재료로 마감하거나 세척하기 어려운 수성 페인트보다 항균 에폭시 페인트로 도색하는 것이 좋다. 내벽과 바닥이 만나는 부분은 청소하기 쉽도록 둥근 곡면으로 처리하며 외벽은 쥐와 해충의 침입을 막을 수 있게 한다.

(3) 천 장

작업장의 천장은 최소한 바닥에서부터 240cm 이상이 되는 것이 바람직하고, 내수성·내화성을 가진 재질로 시공하여야 한다. 천장을 통과하는 배관이나 전선 등은 위생적인 환경을 위해 천장 내부에 설치하는 것이 좋고, 조명기구도 함몰법으로 설치하며 단열재를 이용하여 결로를 방지하도록 시공한다.

(4) 창 문

창문은 채광을 목적으로 설치하며 자연채광을 위해 창의 면적은 바닥 면적의 1/4 이상이 되도록 하고 벽 면적의 70% 이상이 되게 하며, 직사광선이 방지되어야 한다. 개방식 창은 해충의 침입을 막기 위한 방충망이 필요하며 조리장의 창문에 먼지가 쌓이는 것을 방지하기 위해 창문틀을 45° 이하의 각도로 경사지게 설계하는 것이 바람직하다. 창틀은 스테인리스 스틸 재질로 시공하여 녹스는 것을 방지한다.

(5) 전용출입구

작업에 따른 운반물이 통과할 수 있어야 하며, 외부와의 출입구는 위생 및 작업능률을 위해 손을 사용하지 않는 자동문과 에어커튼 설치 등이 바람직하다.

SECTION 4 각종 급식시설

1. 병원급식시설

(1) 다른 급식의 주방에 비해 넓은 주방공간이 필요하다.
(2) 영양사실은 위생적 작업 및 생산과정 감독을 위해 주방 근처에 위치한다.
(3) 병원급식에서 특별식을 위한 별도의 주방을 마련하고 야근자와 산모의 야식 등의 조건도 고려한다.
(4) 중앙주방에는 각 병동별 배선실까지 음식의 위생적이고 신속한 운반을 위한 급식전용 엘리베이터를 설치한다. 급식이 진행되는 동안 음식의 적온보관을 위해 보냉고나 온장고를 사용한다.

2. 학교급식시설

(1) 주방은 교실과 분리되어 수업에 지장을 주지 않도록 한다.
(2) 식당 안에 별도로 식수대나 손 씻는 시설 등을 설치해 두면 노동력 절감이 된다.
(3) 급식시설이 충분하지 않을 때에는 위탁방식이나 캐터링서비스를 이용해 보는 것도 고려한다.
(4) 카페테리아 방식을 도입하여 식사·전 후에 피급식자가 직접 음식을 수급·처리하도록 할 수도 있다.

Check point

학교습식법 시행령에 따른 법적 규정 (시행령 제7조)

1. **조리장** : 교실과 떨어지거나 차단되어 학생의 학습에 지장을 주지 않는 시설로 하되, 식품의 운반과 배식이 편리한 곳에 두어야 하며, 능률적이고 안전한 조리기기, 냉장·냉동시설, 세척·소독시설 등을 갖추어야 한다.
2. **식품보관실** : 환기·방습이 용이하며, 식품과 식재료를 위생적으로 보관하는 데 적합한 위치에 두되, 방충 및 방서(防鼠)시설을 갖추어야 한다.

3. **급식관리실** : 조리장과 인접한 위치에 두되, 컴퓨터 등 사무장비를 갖추어야 한다.
4. **편의시설** : 조리장과 인접한 위치에 두되, 조리종사자의 수에 따라 필요한 옷장과 샤워시설 등을 갖추어야 한다.

학교급식법 시행규칙에 따른 급식시설의 세부기준 〈제3조제1항 관련〉

1. 조리장

가. 시설·설비

① 조리장은 침수될 우려가 없고, 먼지 등의 오염원으로부터 차단될 수 있는 등 주변 환경이 위생적이며 쾌적한 곳에 위치하여야 하고, 조리장의 소음·냄새 등으로 인하여 학생의 학습에 지장을 주지 않도록 해야 한다.

② 조리장은 작업과정에서 교차오염이 발생되지 않도록 전처리실(前處理室), 조리실 및 식기구세척실 등을 벽과 문으로 구획하여 일반작업구역과 청결작업구역으로 분리한다. 다만, 이러한 구획이 적절하지 않을 경우에는 교차오염을 방지할 수 있는 다른 조치를 취하여야 한다.

③ 조리장은 급식설비·기구의 배치와 작업자의 동선(動線) 등을 고려하여 작업과 청결유지에 필요한 적정한 면적이 확보되어야 한다.

④ 내부 벽은 내구성, 내수성(耐水性)이 있는 표면이 매끈한 재질이어야 한다.

⑤ 바닥은 내구성, 내수성이 있는 재질로 하되, 미끄럽지 않아야 한다.

⑥ 천장은 내수성 및 내화성(耐火性)이 있고 청소가 용이한 재질로 한다.

⑦ 바닥에는 적당한 위치에 상당한 크기의 배수구 및 덮개를 설치하되, 청소하기 쉽게 설치한다.

⑧ 출입구와 창문에는 해충 및 쥐의 침입을 막을 수 있는 방충망 등 적절한 설비를 갖추어야 한다.

⑨ 조리장 출입구에는 신발소독설비를 갖추어야 한다.

⑩ 조리장 내의 증기나 불쾌한 냄새 등을 신속히 배출할 수 있도록 환기시설을 설치하여야 한다.

⑪ 조리장의 조명은 220룩스(Lux) 이상이 되도록 한다. 다만, 검수구역은 540룩스(Lux) 이상이 되도록 한다.

⑫ 조리장에는 필요한 위치에 손 씻는 시설을 설치하여야 한다.

⑬ 조리장에는 온도 및 습도관리를 위하여 적정 용량의 급배기시설, 냉·난방시설 또는 공기조화시설(空氣調和施設) 등을 갖추도록 한다.

나. 설비·기구

① 밥솥, 국솥, 가스테이블 등의 조리기기는 화재, 폭발 등의 위험성이 없는 제품을 선정하되, 재질의 안전성과 기기의 내구성, 경제성 등을 고려하여 능률적인 기기를 설치하여야 한다.

② 냉장고(냉장실)와 냉동고는 식재료의 보관, 냉동 식재료의 해동(解凍), 가열조리된 식품의 냉각 등에 충분한 용량과 온도(냉장고 5℃ 이하, 냉동고 −18℃ 이하)를 유지하여야 한다.

③ 조리, 배식 등의 작업을 위생적으로 하기 위하여 식품 세척시설, 조리시설, 식기구 세척시설, 식기구 보관장, 덮개가 있는 폐기물 용기 등을 갖추어야 하며, 식품과 접촉하는 부분은 내수성 및 내부식성 재질로 씻기 쉽고 소독·살균이 가능한 것이어야 한다.

④ 식기세척기는 세척, 헹굼 기능이 자동적으로 이루어지는 것이어야 한다.

⑤ 식기구를 소독하기 위하여 전기살균소독기 또는 열탕소독시설을 갖추거나 충분히 세척·소독할 수 있는 세정대(洗淨臺)를 설치하여야 한다.

⑥ 급식기구 및 배식도구 등을 안전하고 위생적으로 세척할 수 있도록 온수공급설비를 갖추어야 한다.

2. 식품보관실 등

가. 식품보관실과 소모품보관실을 별도로 설치하여야 한다. 다만, 부득이하게 별도로 설치하지 못할 경우에는 공간구획 등으로 구분하여야 한다.

나. 바닥의 재질은 물청소가 쉽고 미끄럽지 않으며, 배수가 잘 되어야 한다.

다. 환기시설과 충분한 보관선반 등이 설치되어야 하며, 보관선반은 청소 및 통풍이 쉬운 구조이어야 한다.

3. 급식관리실, 편의시설

가. 급식관리실, 휴게실은 외부로부터 조리실을 통하지 않고 출입이 가능하여야 하며, 외부로 통하는 환기시설을 갖추어야 한다. 다만, 시설 구조상 외부로의 출입문 설치가 어려운 경우에는 출입시에 조리실 오염이 일어나지 않도록 필요한 조치를 취하여야 한다.

나. 휴게실은 외출복장으로 인하여 위생복장이 오염되지 않도록 외출복장과 위생복장을 구분하여 보관할 수 있는 옷장을 두어야 한다.

다. 샤워실을 설치하는 경우 외부로 통하는 환기시설을 설치하여 조리실 오염이 일어나지 않도록 하여야 한다.

4. **식당** : 안전하고 위생적인 공간에서 식사를 할 수 있도록 급식인원 수를 고려한 크기의 식당을 갖추어야 한다. 다만, 공간이 부족한 경우 등 식당을 따로 갖추기 곤란한 학교는 교실배식에 필요한 운반기구와 위생적인 배식도구를 갖추어야 한다.

5. 이 기준에서 정하지 않은 사항에 대하여는 식품위생법령의 집단급식소 시설기준에 따른다.

학교급식의 위생·안전관리기준 〈제6조 제1항 관련〉 (개정 2013. 11. 22)

1. 시설관리

가. 급식시설·설비, 기구 등에 대한 청소 및 소독계획을 수립·시행하여 항상 청결하게 관리하여야 한다.

나. 냉장·냉동고의 온도, 식기세척기의 최종 헹굼수 온도 또는 식기소독보관고의 온도를 기록·관리하여야 한다.

다. 급식용수로 수돗물이 아닌 지하수를 사용하는 경우 소독 또는 살균하여 사용하여야 한다.

2. 개인위생

가. 식품취급 및 조리작업자는 6개월에 1회 건강진단을 실시하고, 그 기록을 2년간 보관하여야 한다. 다만, 폐결핵검사는 연1회 실시할 수 있다.

나. 손을 잘 씻어 손에 의한 오염이 일어나지 않도록 하여야 한다. 다만, 손소독은 필요시 실시할 수 있다.

3. 식재료 관리

가. 잠재적으로 위험한 식품 여부를 고려하여 식단을 계획하고, 공정관리를 철저히 하여야 한다.

나. 식재료 검수시 「학교급식 식재료의 품질관리기준」에 적합한 품질 및 신선도와 수량, 위생상태 등을 확인하여 기록하여야 한다.

4. 작업위생

가. 칼과 도마, 고무장갑 등 조리기구 및 용기는 원료나 조리과정에서 교차오염을 방지하기 위하여 용도별로 구분하여 사용하고 수시로 세척·소독하여야 한다.

나. 식품 취급 등의 작업은 바닥으로부터 60cm 이상의 높이에서 실시하여 식품의 오염이 방지되어야 한다.

다. 조리가 완료된 식품과 세척·소독된 배식기구·용기 등은 교차오염의 우려가 있는 기구·용기 또는 원재료 등과 접촉에 의해 오염되지 않도록 관리하여야 한다.

라. 해동은 냉장해동(10℃ 이하), 전자레인지 해동 또는 흐르는 물(21℃ 이하)에서 실시하여야 한다.

마. 해동된 식품은 즉시 사용하여야 한다.

바. 날로 먹는 채소류, 과일류는 충분히 세척·소독하여야 한다.

사. 가열조리 식품은 중심부가 75℃(패류는 85℃) 이상에서 1분 이상으로 가열되고 있는지 온도계로 확인하고, 그 온도를 기록·유지하여야 한다.

아. 조리가 완료된 식품은 온도와 시간 관리를 통하여 미생물 증식이나 독소 생성을 억제하여야 한다.

5. 배식 및 검식

가. 조리된 음식은 안전한 급식을 위하여 운반 및 배식기구 등을 청결히 관리하여야 하며, 배식 중에 운반 및 배식기구 등으로 인하여 오염이 일어나지 않도록 조치하여야 한다.

나. 급식실 외의 장소로 운반하여 배식하는 경우 배식용 운반기구 및 운송차량 등을 청결히 관리하여 배식 시까지 식품이 오염되지 않도록 하여야 한다.

다. 조리된 식품에 대하여 배식하기 직전에 음식의 맛, 온도, 조화(영양적인 균형, 재료의 균형), 이물(異物), 불쾌한 냄새, 조리상태 등을 확인하기 위한 검식을 실시하여야 한다.

라. 급식시설에서 조리한 식품은 온도관리를 하지 아니하는 경우에는 조리 후 2시간 이내에 배식을 마쳐야 한다.

6. 세척 및 소독 등

가. 식기구는 세척·소독 후 배식 전까지 위생적으로 보관·관리하여야 한다.

나. 「감염병의 예방 및 관리에 관한 법률」 시행령 제24조에 따라 급식시설에 대하여 소독을 실시하고 소독필증을 비치하여야 한다.

7. 안전관리

가. 관계규정에 따른 정기안전검사{가스·소방·전기안전, 보일러·압력용기·덤웨이터(dumbwaiter)검사 등}를 실시하여야 한다.

나. 조리기계·기구의 안전사고 예방을 위하여 안전작동방법을 게시하고 교육을 실시하며, 관리책임자를 지정, 그 표시를 부착하고 철저히 관리하여야 한다.

다. 조리장 바닥은 안전사고 방지를 위하여 미끄럽지 않게 관리하여야 한다.
8. **기타** : 이 기준에서 정하지 않은 사항에 대해서는 식품위생법령의 위생·안전 관련 기준에 따른다.

표 6-10 학교급식시설관리

구분	점 검 항 목	점검척도 및 평가결과 〈 □에 ∨표 〉	평점
시설관리	23. 조리장이 일반작업구역과 청결작업 구역으로 구분되거나, 작업대 · 세정대 등을 분리 사용하여 식품취급 작업의 흐름이 교차되지 않는가?	우수 □ 전처리실, 차단벽 설치 등으로 일반작업과 청결작업구역이 구분됨 (1점) 보통 □ 작업구역은 미 구분되나 작업대 · 세정대 등 분리 사용 (0.6점) 미흡 □ 작업구역 미구분 및 작업대 · 세정대 등 분리사용 안 함 (0점)	
	24. 조리장의 바닥 · 벽 · 천장 등의 파손된 부분은 없는가?	우수 □ 바닥 · 벽 · 천장의 파손된 곳 없음 (1점) 보통 □ 바닥 · 벽 · 천장의 파손된 곳 있으나 경미(0.6점) 미흡 □ 바닥 · 벽 · 천장의 파손 된 부분 여러 곳 (0점)	
	25. 검수장소 및 조리작업장소(작업대 · 가스대 · 국솥 등)의 조도는 충분한가?	우수 □ 검수장소540Lux,조리장(작업대 · 가스대 · 국솥 등)220Lux 이상 (1점) 보통 □ 일부 작업공간의 조도가 기준 미달 (0.6점) 미흡 □ 모든 작업공간의 조도가 기준 미달 (0점)	
	26. 조리장의 후드는 열 및 증기 발생시 즉시 배출되고, 응축수가 식품에 직접 떨어지지 않는 구조인가?	우수 □ 열, 증기발생시 즉시 배출되며, 응축수가 식품에 직접 떨어지지 않는 구조 (2점) 보통 □ 열, 증기배출이 다소 지연되나, 응축수가 식품에 직접 떨어지지 않는 구조 (1점) 미흡 □ 배기 팬 고장 또는 환기불량 (0점)	
	26. 조리장의 후드는 열 및 증기 발생시 즉시 배출되고, 응축수가 식품에 직접 떨어지지 않는 구조인가?	우수 □ 열, 증기발생시 즉시 배출되며, 응축수가 식품에 직접 떨어지지 않는 구조 (2점) 보통 □ 열, 증기배출이 다소 지연되나, 응축수가 식품에 직접 떨어지지 않는 구조 (1점) 미흡 □ 배기 팬 고장 또는 환기불량 (0점)	
	27. 조리장에는 온도 및 습도관리를 위하여 냉 · 난방시설 또는 공기조화시설 등을 갖추었는가?	우수 □ 냉 · 난방기 또는 공기조화시설 등을 갖추어 조리장 온도 및 습도를 적정하게 관리함 (2점) 보통 □ 조리장의 온 · 습도관리 보통 (1점) 미흡 □ 조리장의 온 · 습도관리 미흡 (0점)	

(계속)

구분	점 검 항 목	점검척도 및 평가결과 〈 □에 ∨표 〉	평점
	28. 식품보관실은 적정하게 설치되어 있으며, 소모품보관실과 분리되어 있는가?	우수 □ 식품보관실은 환풍기 또는 환기창이 설치되어 환기상태 적정, 소모품보관실 별도 설치 또는 공간구획 구분 (1점) 보통 □ 일부 기준 미흡 (0.6점) 미흡 □ 모든 기준 미달 (0점)	
	29. 조리원 사용 화장실이 있으며, 청소와 관리 상태가 양호하고, 출입문이 조리실에 바로 면하지 않고, 화장실 내 환풍기 또는 환기창이 설치되어 있는가?	우수 □ 조리원 전용화장실이 있을 경우 청소와 관리상태가 양호하며, 출입문이 조리실에 바로 면하지 않고, 환풍기 또는 환기창이 설치됨 (1점) 보통 □ 일부 기준 미흡 (0.6점) 미흡 □ 모든 기준 미달 (0점)	
	30. 조리장 내 수세시설과 신발소독시설은 적정하게 설치되어 있고 올바르게 사용하는가?	우수 □ 조리장 내 수세시설 적정 설치(수량, 위치, 온수, 손잡이는 페달식 또는 원터치식), 신발소독시설 적정 설치 및 이용 (2점) 보통 □ 일부 기준 미흡 (1점) 미흡 □ 모든 기준 미달 (0점)	
	31. 조리장 내 씽크대 등은 배수관이 배수로와 직접 연결되어 바닥을 오염시키지 않도록 조치하고 있는가?	우수 □ 모든 싱크대의 배수관이 배수로와 연결 및 관리상태 양호 (2점) 보통 □ 일부 배수관이 배수로와 연결되지 않았거나 관리상태 미흡 (1점) 미흡 □ 모든 기준 미달 (0점)	
	32. 조리장, 식품보관실, 식당 등의 방충 · 방서설비 및 관리상태는 적정한가?	우수 □ 출입문 · 창문에 모두 설치 및 관리상태 우수 (2점) 보통 □ 출입문 · 창문에 일부 미설치 또는 관리상태 미흡 (1점) 미흡 □ 모든 기준 미달 (0점)	
	33. 급수설비의 적정성 및 이를 위생적으로 관리(수도전 위치, 수량 등)하고 있는가?	우수 □ 수도전 충분하여 호스 미사용, 호스가 바닥에 닫지 않게 짧게 설치하여 적정 사용 (2점) 보통 □ 일부 기준 미흡 (1점) 미흡 □ 모든 기준 미달 (0점)	
	34. 냉동 · 냉장시설의 적정용량 확보 및 온도유지, 급식품외 보관하는 것은 없는가?	우수 □ 적정용량 확보, 온도유지, 온도계 설치, 급식품외 보관하는 것 없음 (2점) 보통 □ 일부 기준 미흡 (1점) 미흡 □ 모든 기준 미달 (0점)	
	35. 고장난 설비 · 기구를 방치하고 있지는 않는가?	우수 □ 고장난 것 없음 (1점) 보통 □ 고장수리 의뢰 중으로 수리예정 (0.6점) 미흡 □ 고장수리 미의뢰 또는 방치 (0점)	

3. 산업체급식시설

① 전체 공장의 중심이 되는 위치에 급식시설이 위치하도록 한다.
② 외부에 아름다운 경관을 갖추어 휴식의 공간이 되게 한다.
③ 경제성과 고품질의 특성을 겸비한 식사준비가 가능한 공간이면 좋다.
④ 급식시설과 생산시설의 분리가 필수적이다.
⑤ 급식시설은 별도의 건물이거나 혹은 전용출입구를 이용할 수 있어야 한다.

4. 기숙사급식시설

① 1일 3식으로 일요일에도 급식을 제공하여야 하는 시설이다.
② 적정한 인원의 수용이 가능한 면적으로 공동체 의식을 고양하는 공간으로 활용한다.
③ 연중무휴의 시설이므로 주방의 위생적 설비조건을 우선으로 고려하여야 한다.

5. 상업급식시설

① 주목적이 이윤창출이므로 접근성, 유행성, 환경적 요건들에 유의한다.
② 최소의 인원으로 신속한 조리 및 배식을 위한 고성능 기계설비가 요구되는 시설이다.
③ 적정한 규모의 보관설비가 필수적이다.

SECTION 5 급식조리기기

1. 기기의 선정

단체급식은 기기를 효율적으로 이용하여 한정된 시간에 다량의 음식을 생산하고 배식을 완료해야 하므로 급식관리자는 기기를 구입할 때 목표를 명확히 하고 선정 기준에 따라 계획을 세워 구입하는 것이 바람직하다. 급식시설의 배치에 따른 공간이 구별되므로 각 공간의 작업내용에 적합한 기기와 기구를 설치하며 급식업소의 각자 환경에 따라 변화를 줄 수도 있다.

표 6-11 작업공간별 주요 기기

작업공간	조리기기
검수실	검수대/하부선반, 전자저울, 온도계, 손세정대/손소독기, 운반차
저장실	냉장고, 냉동고, 선반
전처리실	3조 세정대, 작업대, 구근탈피기, 혼합기, 채소절단기, 믹서, 분쇄기, 슬라이서, 자외선 소독기, 세미기
조리실	가스자동밥솥, 고효율 가스국솥, 콤비스티머 오븐, 컨벡션오븐, 가스부침기, 브로일러, 튀김기, 레인지, 조리대, 그릴러, 틸팅프라이팬, 전자레인지
배식실	밥보온 배식대, 반찬 보온 · 상온 배식대, 온장고, 보냉고, 운반차, 튀김 운반차, 제빙기, 배선차, 수저회수차, 냉 · 온정수기, 자외선 컵소독기
세정실	세정대, 초음파 세척기, 컨베이어, 세척기용 선반, 식기세정기, 식기소독고, 잔반처리대, 칼 · 도마살균고
보관실	선반, 식기보관장

표 6-12 학교급식 주방기기

번호	기기	규격			수량	물		전기			
		L	W	H		냉수	온수	volt.	kw/H	IN	kcal/H
1	에어커튼	900	190	220	6			220	0.5×6		
2	소독발판대	900	600	25	4						
3	손세정대/소독기	페달식			5	15A	15A	220	0.2×5		
4	전자저울	150kg			1			220	0.2		
5	검수대/하부선반	1600	760	850	1						
6	3조세정대	2100	750	850	4	15A×3	15A×3				
7	운반차	900	600	850	1						
8	창고선반	1200	600	1800	2						
9	자동워터릴	스텐 15m			3	15A					
10	냉동냉장고	1900	800	1830	1			220	0.6		
11	작업대/하부선반	1900	750	850	1						
12	다믹서	635			1			220	0.4		
13	양념분쇄기	MN- 228			1			220	1.2		

(계속)

번호	기기	규격			수량	물		전기			
		L	W	H		냉수	온수	volt.	kw/H	IN	kcal/H
14	칼도마소독기	1100	480	1300	2			220	1.5×2		
15	초음파세척기(40kg)	720	580	1050	1	20A					
16	감자탈피기	MP-20			1	15A					
17	양문형냉장고(상하유리문)	1260	850	1830	1			220	1.0		
18	작업대/하부선반	1500	750	850	2						
19	급배기후드/방폭등	1800	1500	600	2			220	0.2		
20	가스자동밥솥	150인용			4			220	0.1×4	25	29.000×4
21	급배기후드/방폭등	1500	1500	600	1			220	0.2		
22	콤비스티머	AOS-201GA			1	15A		220	2.0	25	32,000
23	급배기후드/필터/방폭등	1800	1500	600	4	15A×3		220	0.2×4		
24	고효율가스국솥	500인용			5			220	0.2×5		31,000×5
25	양문형온장고(상하유리문)	1260	850	1830	1			220	3.0		
26	양문형냉장고(상하유리문)	1260	850	1830	1			220	0.6		
27	양념운반차	330	800	1060	2						
28	튀김운반차		630		2						
29	이동식다단식선반	1200	700	1800	2						
30	이동식작업대	1500	750	850	2						
31	이동식무침기	1500	700	850	2						
32	급배기후드/방폭등	2100	1500	600	1						
33	급배기후드/필터/방폭등	1700	2100	600	1			220	0.2		
34	가스부침기	1500	750	850	2					25	31,500
35	작업대/하부선반	1500	750	850	2						
36	가스레인지	1500	750	850	1					25	36,000
37	에어샤워기	1450	1000	2400	1			380	2.0		
38	신발장	700	300	1600	2						
39	장화살균건조기	700	600	1900	1			220	1.0		
40	고무장갑소독기	550	650	1350	1			220	1.0		
41	앞치마살균건조기	700	600	1900	1			220	1.0		
42	위생복살균건조기	700	600	1900	1			220	1.0		

(계속)

번호	기기	규격			수량	물		전기			
		L	W	H		냉수	온수	volt.	kw/H	IN	kcal/H
43	보존식냉동고	SRD231IN			1			220	0.6		
44	세탁기	10Kg			1	15A	15A	220	0.5		
45	담금세정대	2100	900	850	1	20A	20A				
46	배기 후드/박스형	1200	1200	600	1						
47	자동식기세척기	2Tank/Dry 가스식			1	20A				25	36,000×2
48	배기 후드/박스형	2400	1200	600	1						
49	이동식기건조대	1200	600	850	2						
50	1조세정대	1500	750	850	1	15A	15A				
51	이동세정대	1500	750	850	2						
52	식기선반	1500	750	1800	2						
53	양문형식기소독기	1260	800	1830	3			220	3.0×3		
54	식판수저배분대	900	600	1100	3						
55	밥보온배식대/찬장	800	700	850	3	15A		220	2.4×3		
56	반찬보온 · 상온배식대/찬장	1500	700	850	3	15A		220	2.4×3		
57	국그릇배분대	1200	750	800	3						
58	국보온운반차	600	600	850	3			220	3.0		
59	식판미끄럼대	3500	250	250	3						
60	수저회수차	700	700	850	2						
61	잔반처리대/이동형/찬장형	700	700	850	2						
62	식기회수차	1200	700	850	2						
63	자외선컵소독기(건조형)	1100	450	1300	2			220	1.5×2		
64	냉 · 온정수기	HIW-105			6	15A		220	1.5×6		
65	컵회수차	600	600	850	2						
66	국물받침대	1100	1100	150	1						
67	냉동 · 냉장고	1260	800	1830	1			220	0.6		

2. 기기의 종류와 용도

(1) 검수관련 기기

검수공간에는 납품된 식재료 검수에 필요한 기기와 기구들이 필수적이다. 식재료가 바닥에 방치되지 않도록 검수대의 수량이 충분해야 하고, 정확한 중량을 측정하기 위한 저울과 도착 즉시 저온유통시스템(Cold chain system) 준수 여부를 확인하기 위한 적정 온도의 측정을 위한 온도계, 검수 후 저장공간이나 전처리공간으로 식재료를 옮기기 위한 운반차 등의 기기들이 구비되어야 한다.

(2) 저장기기

1) 선 반

선반의 수량과 배치는 저장공간의 효율성에서 가장 중요하며 급식시설에서는 튼튼하고 이동이 손쉬우며 세척이 간편한 스테인리스 스틸 재질의 선반을 주로 설치한다.

2) 냉장·냉동고

급식소에서 사용하는 냉장·냉동관련 기기에는 일반 냉장·냉동고, 창고형 냉장·냉동고 및 급속냉각기 등이 있다. 창고형(Walk-in 형) 냉장·냉동고는 대규모 급식시설에서 사용하고, 일반형(Reach-in 형) 냉장·냉동고는 가장 일반적인 저장기기로 가격이 저렴하며 상하유리문 양문형 냉장고도 많은 급식소에서 용도에 따라 사용한다.

3) 급속냉각기(Blast chiller)

최근에는 HACCP 적용업소의 증가로 인해 조리된 음식을 박테리아가 급속히 성장하는 위험 온도대(55~30℃)를 빨리 통과하여 신속·안전하게 냉각시켜 식품안전을 확보하기 위한 목적으로 급속냉각기를 이용하는 급식시설이 증가하고 있다. 급속냉각기는 100~95℃의 음식을 90분 이내에 3℃ 이하로 급냉각시킬 수 있다.

급속냉각기는

① 고성능 냉각시스템
② 초고속 냉기 방출시스템
③ 냉각기 혹은 식품 내부온도 조절 마이크로프로세서 조절장치

의 세 가지 면에서 일반 냉장고와는 다른 저장기기로서 다음과 같은 특성을 지닌다.

① 맛(Taste) : 급속냉각으로 맛의 변화와 건조감이 적고 색과 모양의 변화가 없다.
② 작업시간 효율성(Time) : 사전 조리 후 보관, 계획 조리로 인한 작업의 경감, 시간의 유효, 효율에 따른 인건비가 절감된다.
③ 공간(Space) : 좁은 장소에서 작업이 가능하다.
④ 안전성(Safe) : 확실한 위생 관리와 안전한 냉각기준에 따라 식중독사고가 예방된다.

그림 6-8 저장기기

(3) 전처리기기

전처리기기는 원재료의 세정, 소독, 절단 등의 작업을 행하는 기기들로서 싱크대는 주로 세정 작업에 이용되며 위생적인 작업을 위해 채소용과 생선용으로 구분하는 것이 바람직하다. 작업대는 스테인리스 스틸의 재질이 바람직하고 절단 등 다양한 전처리 작업에 이용된다.

작업대의 높이는 우리나라의 경우 82~90cm가 적당하다. 도마도 절단작업에 이용되는 기구이며 생선 전용의 도마와 칼을 비치하여 사용하여야 한다. 구근탈피기(Potato peeler)는 감자, 당근, 무 등을 단시간에 세정하고 껍질을 벗기는 기기로 조리 준비 시간을 절약하고 폐기량을 감소시키는 이점이 있다. 채소를 다양한 모양으로 썰어주는 기기로는 조리 후 음식의 균일한 모양새를 유지해 주는 채소절단기(Vegetable cutter), 냉동 육류 절단에 이용하는 골절기(Bone saw), 육류나 채소 등을 일정한 두께로 써는 슬라이서(Slicer), 각각의 식재료들을 다지는 분쇄기(Chopper) 등이 있다.

그림 6-9 전처리기기

(4) 조리기기

단체급식은 다양한 조리기기를 용도에 맞게 구비하여 사용하여야 한다.

① **가스 자동 밥솥** : 단체급식업소용 대형 취반기로서 대용량의 밥을 짓는 기기이며 자동제어장치가 부착되어 취사와 뜸 과정이 자동으로 연결되어 에너지 절감효과도 있다.

② **가스 회전식 스팀 국솥**(Steam soup kettle) : 국이나 죽 등을 끓일 때 사용하는 기기로 국솥의 내·외부 사이에 스팀층을 두어 가열하는 방식이다. 기기 근처에 냉온수 혼합꼭지를 연결하면 안전하며 능률적이고 세척과정도 훨씬 간편하다.

③ **레인지**(Range) : 가스레인지와 전기레인지가 있으며 화력이 강한 중화 가스 레인지를 많이 이용한다.

그림 6-10 조리기기

그림 6-11 취반기기

④ **튀김기**(Deep fat fryer) : 자동 온도조절장치가 부착되어 있어 온도조절이 용이하다.

⑤ **만능조리기** : 볶음, 구이, 삶기, 전 등 다양한 조리에 활용될 수 있는 기기이다.

⑥ **번철**(Gas griddle) : 두꺼운 철판 밑으로 가열하며 철판을 뜨겁게 달구어 햄버거나 전 등을 부칠 때 사용하는 부침기기이다.

⑦ **가스 철판구이기**(Gas salamander) : 가스를 열원으로 하는 하향식 구이기기로 생선 구이나 스테이크 구이 및 마늘빵구이 등에 사용하는 기기이다.

⑧ **가스 석쇠구이기**(Gas griller) : 생선, 스테이크류, 토스트 등 모든 구이 요리가 가능한 기기이다.

⑨ **가스 브로일러**(Gas broiler) : 복사열을 직·간접으로 이용하여 구이와 삶기에 사용할 수 있는 다목적 조리기기이다.

⑩ **컨벡션 오븐**(Convection oven) : 내부의 환풍기로 공기의 대류현상을 이용한 오븐으로 전통 오븐에 비해 풍미가 뛰어나며 조리시간이 단축되어 경제적이다.

⑪ **콤비 스티머 오븐**(Combi steamer oven) : 컨벡션 기능(건열 방식)과 스티머 기능(증기 방식)을 동시에 작동할 수 있어 건열조리나 습열조리가 모두 가능하다. 다양한 조리 모드로 간편하게 굽기, 찌기, 삶기, 데치기 등에 사용할 수 있어 위생적이며 다양한 조리를 할 수 있는 편리한 오븐이다.

이러한 기기들은 정확한 사용법과 관리법을 지키도록 교육하는 것이 중요하다. 조리기기별로 사용법 및 청소법과 안전관리 매뉴얼을 충분히 숙지하면 적재적소에 안전하게 사용할 수 있다.

(5) 배식기기

배식과정에서 음식의 맛과 위생을 유지하기 위해 밥 보온 배식대, 반찬 보온·상온 배식대, 온장고, 보냉고 등을 사용하며 조리된 음식을 운반하기 위한 배선차가 있다. 분산식 병동배식을 하는 병원급식의 경우, 급식 전용의 엘리베이터가 필요하며 적온급식을 위해 보온·보냉 배선차로 각 병동으로 식사를 배달한다.

그림 6-12 전자기기

그림 6-13 병원급식시스템

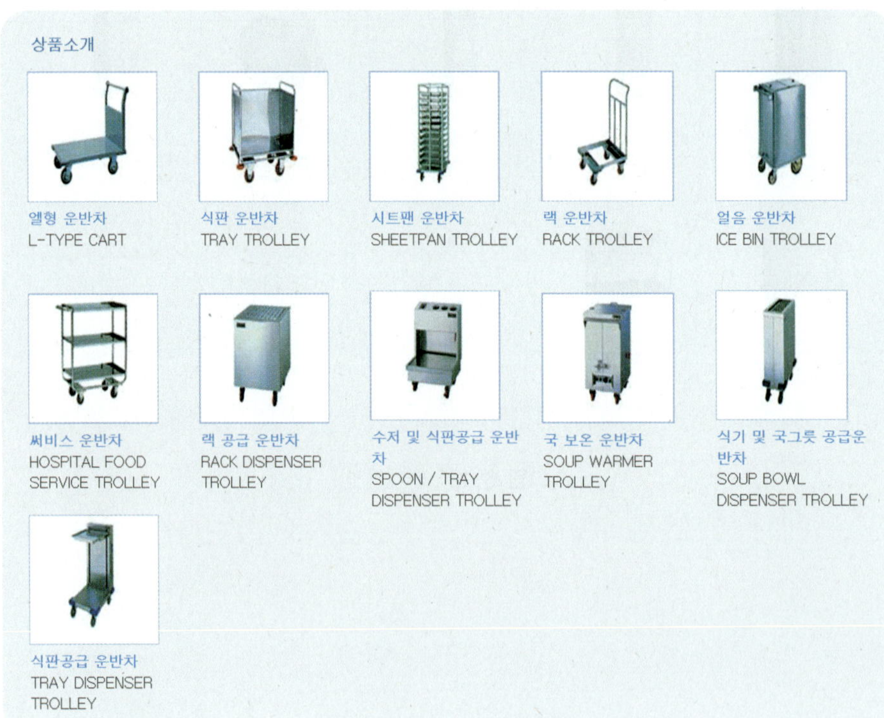

그림 6-14 운반기기

(6) 식기세척기

단체급식업소에서 사용하는 자동식기세척기의 종류는 언더카운터(Undercounter)형, 도어(Door)형, 랙 컨베이어(Rack conveyer)형, 플라이트 컨베이어(Flight conveyer)형이 있으며, 소독 방법에 따라 온수에 의해 살균하는 방식과 소독제를 사용하는 방식이 있다. 식기세척기의 유형은 급식 형태나 규모, 식기의 재질, 수량 등에 따라 결정되는데 소규모급식소에서는 1조(1 Tank) 도어형이나 1조(1 Tank) 랙 컨베이어형이, 대규모 급식소에서는 2조 (2 Tank) 또는 3조(3 Tank) 플라이트 컨베이어형의 식기세척기가 사용된다.

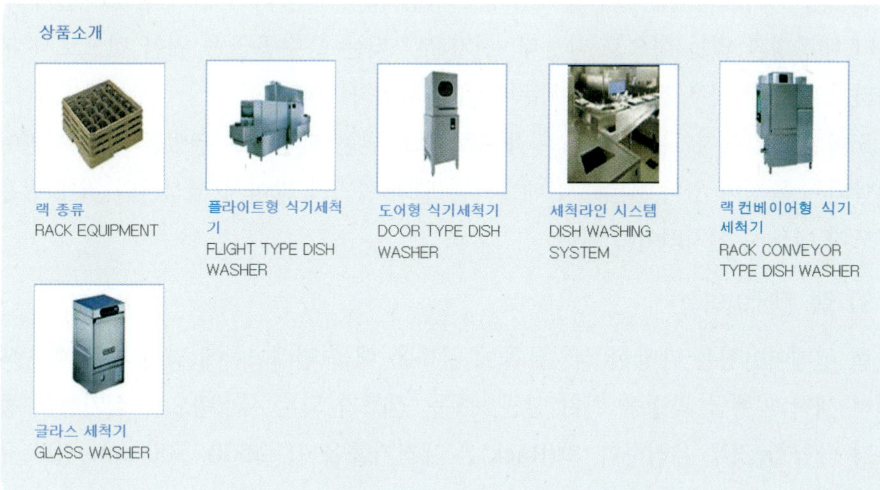

그림 6-15 식기세척기기

표 6-13 식기세척기의 종류

종류	특성	용도
언더카운터형	컵, 접시	레스토랑, 카페
도어형	공간 활용 우수 소규모 업소	일반음식점
랙 컨베이어형	식기의 종류가 다양한 경우 반자동 시스템	단체급식소, 학교, 병원, 푸드코트
플라이트 컨베이어형	많은 수의 식기 자동 시스템	대규모 단체급식소, 연회용 주방, 웨딩뷔페 주방

1) 언더카운터 형

언더카운터 형은 커피 잔이나 간단한 접시종류를 세척하는 데 적합하여 레스토랑 또는 카페 등에서 많이 사용하는 것으로 테이블 하부에 설치하므로 공간 활용이 용이하며 온수 세척기능과 린스기능을 갖추고 있다. 세척시 85℃의 물로 작동되고 린스 후에 세척기의 문을 열고 바스킷을 기울여 놓으면 열에 의해 식기가 건조되게 된다. 도어를 앞으로 당겨 개폐하기 때문에 설치 시 통로에 여유 공간을 확보해 두어야 한다.

2) 도어형

도어형 식기세척기는 일반음식점에서 가장 많이 사용하며 전기식으로 전기 부스터 내장형과 없는 형으로 나뉜다. 전기 부스터는 온수공급을 위한 것으로서 부스터를 사용할 경우 전기용량이 두배 이상 차이가 난다.

도어형 식기세척기는 도어를 아래위로 열고 닫는 타입으로 열었을 경우 사면이 개방되는 특성이 있다. 사용 시 배출되는 열과 증기가 많아서 세척기의 위에 전용 후드가 반드시 설치되어야 한다.

3) 랙 컨베이어형

랙 컨베이어형은 다양한 식기류들에 알맞은 랙을 컨베이어에 넣어 자동 이송되면서 세척과 헹굼 과정을 거쳐 살균, 소독, 건조가 되는 시스템으로 식기류의 종류가 다양할 경우 유리하다. 랙(Rack)은 세척기물을 담는 500×500 mm 정도 규격의 세척용 바스켓을 말한다.

랙 컨베이어 형 식기세척기는 단체급식소, 일반 레스토랑, 학교, 병원, 고속도로 휴게소 식당 등에서 많이 사용한다. 탱크 수량에 따라 1–Tank와 2–Tank로 나눌 수 있다. 랙 컨베이어 타입은 세척기 내부에 세척물을 담은 랙을 넣으면 컨베이어를 따라 세척용 탱크를 지나며 분사된 온수로 세척이 되고 세척이 끝난 랙을 빼내어 분류와 건조 등의 후 작업을 하는 반자동 시스템이다.

4) 플라이트형

플라이트형 식기세척기는 중대형 이상의 식당이나 단체급식소, 대연회용 주방, 뷔페식 레스토랑이나 웨딩홀 등에서 주로 사용된다. 열원에 따라 전기식, 가스식, 스팀식으로 나뉜다. 탱크 수량에 따라 1–Tank, 2–Tank, 3–Tank로 나눌 수 있다.

플라이트 형은 식기의 도입부에서 반출부까지가 컨베이어로 되어 있어 플라스틱 형태의 컨베이어에 접시 등을 바로바로 꽂아 세척–린스–건조단계를 거쳐 나오므로 자동 시스템이라고 할 수 있다.

3. 기기의 배치

급식소에서는 최소의 공간 내에 작업에 지장이 없도록 각 공간의 용도에 맞는 기기를 작업동선을 단축시켜 능률적이고 위생적인 작업이 가능하도록 배치해야 한다. 기기 배치 시 배열 형태와 설비 연결방안을 고려하는 데 가장 일반적인 작업공간배치는 직선형, L자형, U자형이다.

모든 기기는 바퀴를 부착하여 이동이 가능하도록 하며, 하부 청소가 용이하도록 바닥에서 일정간격을 띄워 설치하고, 열 사용 및 가스 배출 기구 위에는 배기후드가 위치하도록 한다. 냉장고와 냉동고는 레인지나 오븐 등 열사용 조리기구 및 직사광선과 멀리 떨어진 위치에 설치한다.

기기배치에서 고려할 사항은 다음과 같다.

① 건축설비와의 관계를 고려한다.
② 작업동선에 따라 기기를 배치한다.
③ 작업공간의 확보가 필요하며 입체적으로 활용한다.
④ 가열기기와 물사용기기는 집약적으로 배치한다.
⑤ 위생적 작업이 가능하도록 배치한다.
⑥ 관리가 쉽도록 고려한다.

4. 기기의 구입

급식시설의 여러 가지 환경 변화로 인하여 기존 기기의 교체나 추가구입을 시행할 경우 기기에 대한 정보는 다양한 경로를 통해 접하게 되며, 최적 조건의 기기를 구입하기 위해 기기들의 특성을 비교·분석하여야 한다. 기기의 구매 시 구매가격과 초기설치비, 에너지 비용, 유지 및 보수비 등의 경제적인 면과 능률성 및 위생성, 안전성과 기기의 내구연한 등을 고려하여 기기구입을 신중하게 결정해야 한다.

표 6-14 기기 선정 시 고려사항

항목	고려사항
능률성	• 급식인원수와 처리용량을 고려할 것 • 제한된 시간 내 작업 완료가 가능할 것
위생성	• 세척 · 소독이 용이하여 위생적일 것 • 녹슬지 않는 스테인리스 스틸 재질일 것
경제성	• 작업 목적에 합당하며 기본적으로 필요할 것 • 효용가치와 사용빈도가 높을 것 • 노동력 절감 및 시간 단축 효과가 있을 것
안전성	• 재질의 안전성을 고려할 것 • 압력용기나 가스용기 등은 안전성 보증 마크가 부착된 것
내구성	• 기기의 내구 연한을 고려할 것 • 일반적인 사용과 관리가 간편할 것

표 6-15 식기의 재질별 특징

재질	종류	특징	관리법
도자기	질그릇(Earthen), 돌그릇(Stoneware), 도자기(China), 자기(Porcelain)	• 세정용수의 급격한 온도 변화 주의 • 충격 방지	• 식기끼리 부딪침 방지 • 식기 목록 작성하여 관리
플라스틱 (멜라민)	식기류, 접시류, 컵, 쟁반	• 가볍고 견고함 • 충격 · 열 · 세제에 강함 • 열전도율이 낮고 냉각상태에서 잘 견딤 • 세정과 보관 간편	• 열 주의 • 음식에 의한 변색 주의 • 긁혀서 생기는 흠집
플라스틱 (폴리카보 네이트)	식기류, 우유병, 컵, 쟁반	• 내구성이 있으며 가벼움 • 냄새가 배지 않고 산성에 강함 • 내열성 · 내약품성	• 표면이 긁히지 않아 사용이 용이함 • 자동식기세척기의 건조 열풍에 강함
유리	컵, 접시류	• 급격한 온도 변화에 파손 • 충격에 약함	• 낮은 내구성 • 보관 주의
금속 (스테인리 스 스틸)	주방용품, 식기류	• 부식되지 않고 영구적임 • 광택이 좋고 닦기 쉬움 • 열전도 빠르고 무거움	• 완전 건조 후 겹쳐 쌓기 • 세척 시 표면 긁히기 주의
금속 (알루미늄)	주방용품, 식기류	• 가격 저렴 • 열전도 빠르고 가벼움	• 쉬운 마모성 • 세척 시 표면이 긁히지 않도록 주의
유기	주방용품, 식기류	• 고가 가격 • 살균과 소독 기능	• 산성 음식에 의한 변색 주의 • 완전 건조 후 보관 • 세척 시 표면 긁히기 주의

5. 식기류의 관리

급식용 식기를 구입 시 미관을 고려함은 물론이고 위생적·경제적이며 실용성과 내구성을 동시에 지닌 식기를 선택해야 한다(표 6-15). 식기는 급식 대상과 형태 및 배식방법에 따라 종류가 달라져야 한다. 일반 단체급식소에서는 파손이 잘 일어나지 않고 가벼우며 내열성과 내산성 등을 갖춘 재질을 선호한다. 품격이 우선시되는 상업 급식소의 식기는 도자기 종류나 유리 종류를 선호하고 일반급식소의 식기는 보편적으로 스테인리스 스틸류나 멜라민류 식기를 많이 사용하며 병원급식의 경우에는 열풍소독에도 손상 없는 폴리카보네이트 재질의 식기와 식판을 사용하고 있다.

SECTION 6 안전관리

급식시설에서 안전관리는 급식업무의 작업수행과정 중에서 발생할 수 있는 여러 가지 재해로부터 종사자를 보호하는 예방관리이다. 급식소에서는 작업환경의 안전성이 설계단계에서부터 확보되는 것이 중요하다.

안전사고의 원인은 환경적 원인과 인적 원인으로 구분할 수 있다. 환경 사고에는 작업환경에 따른 물리적·화학적 위험, 환기, 급수, 배수, 작업 동선에 의한 위험, 각종 시설 및 장비의 위험 등으로 인한 화재, 폭발, 누전 등이 있다. 인적 사고에는 조리원의 잘못된 행동습관, 작업장 시설 및 조리작업 시 현장 중심의 안전교육 미흡, 조리종사원의 부주의, 피로, 서두름 등으로 인한 화상, 감전, 찰과상, 자상, 타박상, 허리부상, 골절상 등이 있다.

안전관리에서는 안전의 3E가 중요하며 안전사고를 예방하기 위해서는 안전한 설비(Engineering)가 우선되어야 한다. 조리종사원의 안전을 유지·증진하고 자신을 보호하도록 안전교육(Education)을 실시하며 지속적으로 강화(Enforcement)시킨다. 안전사고 발생 시 그 책임소재를 명확하게 함으로써 각종 사고를 예방함과 동시에 산업재해를 방지하여 쾌적한 근무환경을 조성할 수 있도록 평상시 구체적인 안전교육이 필요하고, 시설면에서의 개선을 안전위주로 실시하여야 한다.

1. 가스 안전관리

(1) 가스의 특징

LPG(액화석유가스)는 흔히 프로판가스라고 부르며, 공기보다 1.5~2배 가량이 무거우므로 누설되면 바닥에 깔린다. 이에 반해 도시가스는 공기보다 0.6~0.7배 가량 가벼우므로 누설되면 천장 근처에 모인다. 색·맛·냄새가 없으나, 누설시 쉽게 알 수 있도록 화장실 냄새가 나는 착취제를 첨가하고 있다.

(2) 사용 시 주의사항

1) 사용 전

① 환기를 시킨다 : 완전히 연소하려면 많은 공기가 필요하므로, 환기를 시켜야 한다.

② 가스 냄새를 맡아 본다 : 화장실 냄새가 나면 가스가 새고 있는 것이다.

③ 가연성 물질을 가까이 두지 않는다(연소기 부근에 빨래, 행주, 고무장갑, 유류 등의 가연성 물질을 두지 않는다).

2) 사용 중

① 불이 타고 있는지 확인한다.

② 파란 불꽃이 되도록 공기구멍을 조절한다.

③ 음식물이 넘쳐 흐르지 않도록 한다.

3) 사용 후

① 중간 밸브와 연소기 콕을 확실히 잠근다.

② 작업종료 후에는 용기 밸브도 잠근다.

4) 가스누설 시 긴급조치

① 연소기 콕, 중간 밸브, 용기 밸브를 잠근다.

② 창문이나 출입문을 열어서 환기시킨다.

③ 주변의 불씨를 제거한다.

④ 환풍기, 선풍기, 전기 코드 등의 전열기구를 만지지 않는다.

⑤ 가스취급책임자에게 즉시 연락한다.

5) 예방점검

① 연결부분(연소기 콕, 밸브, 조정기)은 호스 밴드로 꼭 조여져 있는지 확인한다.

② 점검액 또는 비눗물로 가끔 연결부분을 점검한다(가스가 새는 곳은 거품이 난다).

③ 사용법을 완전히 숙지하고 사용한다.

표 6-16 가스 예방점검표

〈종합점검〉		O	×
① 가스 냄새가 나지 않는가?			
② 사용 전에 환기는 하는가?			
③ 점화 및 소화는 꼭 확인하는가?			
④ 사용 후에 콕과 중간 밸브는 잠그는가?			
⑤ 가스경보기 또는 가스 자동차단 장치의 작동상태는 안전한가?			
⑥ 누설부분의 점검은 꼭 하는가?			
〈기구별 점검〉		O	×
용 기	• 직사광선, 눈, 비를 피할 수 있는가?		
	• 용기가 넘어지지 않았는가?		
연소기	• 버너의 청소는 자주 하는가?		
	• 조리할 때에는 불을 지켜 보는가?		
	• 공기 조절구의 조정 상태는 어떠한가?		
호 스	• 호스가 낡아서 새고 있지는 않은가?		
	• 호스가 연결되고 호스 밴드는 잘 조여져 있는가?		

2. 전기의 안전관리

전기시설 및 배선관계는 법령으로 정한 바에 의하여 행한다. 전기고장 시 임의로 조작하지 말고 즉시 시설관리팀이나 책임자에게 즉시 알려야 한다. 종업원들은 전기설비에 대하여 다음 사항들을 유의한다.

① 전기기구의 사용법을 완전히 알고 사용한다.

② 물 묻은 손으로 전기기구를 만지지 않는다.

③ 습기찬 곳에 전기기구를 두지 않는다.

④ 1개의 콘센트에 여러 개의 선을 연결하지 않는다.

⑤ 사용 후에 즉시 전열기구의 코드를 빼고, 퇴근 전에 전등의 소등을 확인한다.
⑥ 콘센트, 전기기구 부근에 가연성 물질, 인화성 물질을 두지 않는다.

3. 증기의 안전사용법

① 증기압력계를 주의한다(압력이 '0'이 될 때까지 뚜껑을 열지 않아야 한다).
② 증기를 정면으로 받지 않도록 한다. 특히, 뚜껑을 열 때에는 주변에 다른 작업인이 없는지 확인하고, 담당작업자도 뚜껑의 뒤쪽으로 피하여 증기를 정면에서 받지 않도록 한다.
③ 증기솥에 가득 물을 채워 가열하지 않도록 주의한다.

4. 화재 예방관리

조리 시 필요한 고열, 지방, 전기, 가스로 인한 화재의 위험성은 항상 높다. 조리실 내부에 화재의 요소가 없는지 항상 살펴보고 예방하는 것이 중요하다.

(1) 화재의 종류

① **일반화재(A급 화재)** : 종이, 섬유, 등의 가연성 물질에 발생하는 화재로 적용소화기에는 'A' 표시가 되어 있다.
② **유류화재(B급 화재)** : 가스, 휘발류, 알코올 등의 가연성 액체나 기체에 발생하는 화재로 적용소화기에는 'B' 표시가 되어 있다.
③ **전기화재(C급 화재)** : 모터, 두꺼비집, 전선, 전기기구 등에 발생하는 전기화재이다. 적용소화기에는 'C' 표시가 되어 있다.

(2) 화재예방법

① 화재원인의 1/3의 원인은 전기화재, 잘못된 배선, 잘못된 사용 등이다. 따라서 낡은 전선이나 설치류에 의한 전선파괴 등을 수리·점검하고 청소 시 물이 들어가지 않도록 주의한다.
② 연소기 주위에 가연물질을 둘 때는 일정거리를 유지해야 한다.
③ 자체 안전점검활동을 실시한다(배관, 밸브, 온도조절장치, 가스탐지기, 자동차단장치, 연료저장소 등).

④ 지하급식소의 경우 지상보다 화재의 위험이 높기 때문에 급식소가 위치한 건물의 관리인이나 방재전문가와 상의하여 정기적으로 문제점을 진단하고 개선해야 한다.

표 6-17 학교급식 안전관리

구분	점 검 항 목	부적합 기준 (적합 3점, 부적합 0점)	평점	비고
안전관리	20. 관계규정에따른정기안전검사(가스 · 소방 · 전기안전, 보일러 · 압력용기 · 덤웨이터검사 등)를 실시하는지 여부?	정기안전검사를 미실시한 경우		
	21. 조리기계 · 기구의 안전사고 예방을 위하여 안전작동방법 게시 및 교육실시, 관리책임자를 지정, 그 표시를 부착하고 철저히 관리하는지 여부?	안전사고 예방을 위한 조치(게시, 교육, 지정, 부착, 관리)를 모두 하지 않은 경우		
	22. 조리장 바닥은 안전사고 방지를 위하여 미끄럽지 않게 관리하는지 여부?	미끄러운 바닥 미관리		
처벌기준	※ 학교장 또는 소속 학교급식관계교직원 : 학교급식법 제22조제3호에 따라 시정명령을 받았으나 정당한 사유없이 미이행시 관할 징계위원회에 징계요구 ※ 학교급식공급업자 : 학교급식법 제16조제2항제2호를 위반하여 제19조제3항에 따른 시정명령을 받았으나 정당한 사유없이 미이행시, 1회 100만 원, 2회 300만 원, 3회 500만 원의 과태료 처분 〈2013. 11. 22〉			
안전관리	43. 학교자체에서 1일 위생 · 안전점검을 실시하고 있는가?	우수 □ 점검실시 및 기록 유지 (2점) 미흡 □ 점검미실시 또는 기록 미유지 (0점)		

5. 안전사고 예방

안전사고 예방은 급식 관련 작업을 수행하는 전 과정에서 사고가 발생하지 않도록 예방하여 안전한 작업을 보장하고자 하는 것이다. 조리장은 항상 안전사고의 위험성에 노출되어 있다. 따라서 작업대의 구조·작업공간의 배열 등 작업환경을 안전하게 유지하고, 작업속도 및 작업량 조절을 비롯하여 작업관련 안전수칙을 정한 후 이를 준수하도록 하는 등 안전관리시스템을 잘 운영하여야 한다. 만약에 사고가 발생했을 경우에는 그 사고를 최소화하는 대비와 훈련이 필요하며 사고 수습 후 그 원인을 분석하여 제거하고 재발을 방지하도록 한다.

(1) 안전사고 예방법

① 재해 발생 요인 도표 작성
② 지속적 안전 점검
③ 안전 제안에 대한 평가 및 포상
④ 안전 회의 월 1회 실시
⑤ 안전 규정의 준수
⑥ 안전 책임자 임명

(2) 근골격계 부상 사고 예방

급식종사자들 중 상당수가 근골격계 질환의 제 증상들을 가지고 있는 것으로 나타났으므로 무거운 물건 운반 시 기구를 사용하거나 다른 사람과 같이 힘을 합치는 등의 주의사항들을 지켜야 한다. 또한 조리작업 전 과정에서 소음, 열기, 각종 화학제제 등에 노출되어 난청·만성 두통·열피로·피부염 등의 직업병에 일상적으로 노출되어 있다.

(3) 화상 사고 예방

화상은 그 정도에 따라 열에 의해 피부가 충혈된 1도 화상, 수포가 생긴 2도 화상 및 피부조직이 파괴된 3도 화상으로 나눈다.

화상사고의 예방 수칙은 다음과 같다.

① 콤비스티머 오븐 등의 문을 열 때 증기를 일단 뺀 후 문을 열어 증기를 정면으로 받지 않도록 주의한다.
② 압력 용기에 음식이나 물을 끓일 때는 솥 용량의 70~80%까지만 채워 사용한다.
③ 수분이 많은 재료 튀김조리 작업 시 기름이 수분에 의해 튀는 것에 주의하며 사용한 기름은 38℃ 이하로 냉각하여 안전한 용기에 담아 안전한 장소에 보관한다.

(4) 낙상사고 예방

낙상은 화상 사고와 함께 일어나는 경우가 많으므로 미끄러운 바닥이나 통로에 놓여 있는 물건이나 배관 등에 의한 낙상 사고를 방지하기 위해서는 다음에 주의해야 한다.

① 바닥은 미끄럽지 않은 재질을 사용하고 패인 곳이 없도록 한다.
② 신발은 미끄럼 방지 처리된 조리 작업 전용 안전화를 착용한다.
③ 바닥을 항상 건조하게 유지해야 한다.
④ 높은 곳에서 물건을 올리거나 내릴 때는 안전 사다리를 이용한다.

(5) 화재사고 예방

급식소에서 화재사고는 가스 또는 전기기구의 과열이나 누전 등으로 발생할 수 있다.

① 소화장비는 정기적으로 검사받고 평소에 사용법에 익숙해야 하며 잘 보이는 곳에 비치한다.
② 가열기구 근처에 가연성 물질을 두지 않는다.
③ 청소할 때 전기기구에 물이 들어가지 않도록 한다.
④ 낡은 전선이나 손상된 전선은 자주 교체한다.

(6) 전기기구에 의한 사고 예방

전기기구의 관리가 소홀하거나 사용자의 무지나 부주의로 인해 사고가 발생할 수 있으므로 다음 사항에 주의한다.

① 전기기구의 안전사용법을 숙지한 후에 사용한다.
② 물에 젖은 손으로 전기기구를 만지지 않는다.
③ 플러그는 콘센트에 완전히 접속한다.
④ 기구 사용 후나 정전 시 플러그를 뽑아 두며, 플러그 몸체 전체를 잡고 뽑는다.
⑤ 정기적으로 전기기구를 점검하여 기구의 안전상태를 확인한다

6. 각종 안전사고 시의 대책

경미한 상처의 경우 비치된 구급약품을 이용하여 간단한 응급치료를 행하고, 심한 상처의 경우 응급처치 후 병원으로 이송한다. 급식관리자는 안전사고에 따른 응급조치 매뉴얼대로 신속하게 대처해야 한다.

(1) 화 상

① 화상 발생 즉시 부위를 차가운 물로 냉각한다.
② 냉각시킨 다음에는 깨끗한 거즈로 화상부위를 덮는다.
③ 수포가 생겼을 때는 터뜨리지 말고 그대로 둔다.
④ 냉각 응급처치를 하고 벗기기 힘든 옷은 그대로 병원으로 옮긴다.

(2) 칼에 베인 상처

① 비누로 잘 씻고 알코올 소독 후 치료한다.
② 상처부위를 흐르는 수돗물이나 비누로 잘 씻어낸다.
③ 소독 후 깨끗한 거즈를 대고 붕대를 감아 지혈한다.
④ 상처가 심할 경우 물에 닿지 않게 하며 병원치료를 받도록 한다.

(3) 손·발가락이 절단된 경우

① 신속히 119에 신고 후 상처에 깨끗한 거즈 등을 두툼하게 대고 압박해서 지혈한다.
② 절단된 손·발가락을 씻어 깨끗한 천에 싼 후 비닐주머니에 얼음으로 채워서 병원으로 함께 이송한다.

(4) 전기 감전

① 감전자를 직접 만지지 말고 플러그나 전기단자를 우선 차단한다.
② 신속히 119에 응급구조 요청을 하고 호흡여부를 확인한다.
③ 구급대가 올 때까지 감전자의 몸을 보온하며 편안하게 눕혀 둔다.

안전교육은 구체적이고 계속적으로 이루어져야 하며 모든 위험한 기기를 다루는 훈련과모든 사고를 미연에 방지할 수 있는 교육이 관리자의 책임 하에 효과적으로 실시되어야 할 것이다. 관리자와 종업원들이 안전에 관한 여러 규정들을 숙지하여 준수하고 정기적으로 회의를 개최하여 평가하여야 한다.

Check point

근로기준법 제8장 재해보상

[시행 2014.7.1.] [법률 제12325호, 2014.1.21., 일부개정]

제78조(요양보상) ① 근로자가 업무상 부상 또는 질병에 걸리면 사용자는 그 비용으로 필요한 요양을 행하거나 필요한 요양비를 부담하여야 한다.

② 제1항에 따른 업무상 질병과 요양의 범위 및 요양보상의 시기는 대통령령으로 정한다.

제79조(휴업보상) ① 사용자는 제78조에 따라 요양 중에 있는 근로자에게 그 근로자의 요양 중 평균임금의 100분의 60의 휴업보상을 하여야 한다.

② 제1항에 따른 휴업보상을 받을 기간에 그 보상을 받을 자가 임금의 일부를 지급받은 경우에는 사용자는 평균임금에서 그 지급받은 금액을 뺀 금액의 100분의 60의 휴업보상을 하여야 한다.

③ 휴업보상의 시기는 대통령령으로 정한다.

제80조(장해보상) ① 근로자가 업무상 부상 또는 질병에 걸리고, 완치된 후 신체에 장해가 있으면 사용자는 그 장해 정도에 따라 평균임금에 별표에서 정한 일수를 곱한 금액의 장해보상을 하여야 한다.

② 이미 신체에 장해가 있는 자가 부상 또는 질병으로 인하여 같은 부위에 장해가 더 심해진 경우에 그 장해에 대한 장해보상 금액은 장해 정도가 더 심해진 장해등급에 해당하는 장해보상의 일수에서 기존의 장해등급에 해당하는 장해보상의 일수를 뺀 일수에 보상청구사유 발생 당시의 평균임금을 곱하여 산정한 금액으로 한다.

③ 장해보상을 하여야 하는 신체장해 등급의 결정 기준과 장해보상의 시기는 대통령령으로 정한다.

제81조(휴업보상과 장해보상의 예외) 근로자가 중대한 과실로 업무상 부상 또는 질병에 걸리고 또한 사용자가 그 과실에 대하여 노동위원회의 인정을 받으면 휴업보상이나 장해보상을 하지 아니하여도 된다.

제82조(유족보상) ① 근로자가 업무상 사망한 경우에는 사용자는 근로자가 사망한 후 지체 없이 그 유족에게 평균임금 1,000일분의 유족보상을 하여야 한다.

② 제1항에서의 유족의 범위, 유족보상의 순위 및 보상을 받기로 확정된 자가 사망한 경우의 유족보상의 순위는 대통령령으로 정한다.

제83조(장의비) 근로자가 업무상 사망한 경우에는 사용자는 근로자가 사망한 후 지체 없이 평균임금 90일분의 장의비를 지급하여야 한다.

제84조(일시보상) 제78조에 따라 보상을 받는 근로자가 요양을 시작한 지 2년이 지나도 부상 또는 질병이 완치되지 아니하는 경우에는 사용자는 그 근로자에게 평균임금 1,340일분의 일시보상을 하여 그 후의 이 법에 따른 모든 보상책임을 면할 수 있다.

제85조(분할보상) 사용자는 지급 능력이 있는 것을 증명하고 보상을 받는 자의 동의를 받으면 제80조, 제82조 또는 제84조에 따른 보상금을 1년에 걸쳐 분할보상을 할 수 있다.

제86조(보상청구권) 보상을 받을 권리는 퇴직으로 인하여 변경되지 아니하고, 양도나 압류하지 못한다.

Chapter 7

인적자원 및 정보관리

SECTION 1 인적자원관리의 정의 및 중요성

조직에서 관리자의 인적자원 활용능력은 조직의 성공에 중요한 요인으로 인식되고 있다. 이러한 이유로 현대 경영에서는 사람을 관리의 대상으로 하는 인적자원관리에 대한 관심이 나날이 증대되고 있다.

과거의 인사관리(Personnel management : PM)가 기업 내의 사람과 관련된 모든 활동을 의미하는 것이라면 인적자원관리(Human Resource Management : HRM)는 인적자원의 중요성이 부각되고 근로자관이 변화되면서 인적자원의 개발을 강조하는 것이다. 따라서 인적자원관리는 조직구성원의 능력을 최대로 발전시켜 효과적으로 이용하는 기술과 방법을 의미하는 것이라고 할 수 있다.

자동화 시스템이 발달하였다 하더라도 조직운영의 여러 과정에서 사람이 직접 의사결정을 해야 하며, 특히 급식산업과 같은 노동집약적인 조직에서는 인적자원관리의 중요성이 더욱 크다.

SECTION 2 인적자원관리의 주요기능

인적자원관리의 기능은 조직의 목표달성에 필요한 인적자원을 확보(procurement), 개발(development), 보상(compensation), 유지(maintenance)하여 조직 내의 인적자원을 최대한 효과적으로 활용하는 관리활동이다.

표 7-1 인적자원관리의 주요기능

기능	내용
확보 (procurement)	• 인력확보계획 : 인력수급 계획 • 직무연구 : 직무분석, 직무평가, 직무설계 • 모집 : 모집방법 결정 • 선발 : 서류전형, 선발시험, 면접, 신체검사 • 배치 : 오리엔테이션 및 교육을 통한 적재적소 배치
개발 (development)	• 교육훈련 : 직장내 · 외 훈련, 신입사원 및 현직자 교육 • 개발 : 미래에 필요한 인재양성 • 경력개발 : 종업원이 경력목표를 인식하도록 정보 제공 • 조직개발 : 조직 전반에 걸친 변화 촉구
보상 (compensation)	• 임금관리 : 직무평가를 통한 임금의 결정 • 복리후생 : 의료보험, 주택, 교육비 지원, 문화 · 체육시설
유지 (maintenance)	• 인사고과 : 종업원의 업무수행능력의 평가, 인사관리의 기초자료 • 인사이동 및 징계관리 : 전직, 승진, 강등, 징계관리 • 보건 및 스트레스 · 안전 · 인간관계관리 : 사기유발, 동기부여, 노사갈등해결

1. 인적자원의 확보

현재와 미래의 인적자원의 수요를 분석·예측하여 채용인원을 결정하고 우수한 인력을 확보하는 것은 인적자원관리에서 매우 중요한 활동이다. 인적자원의 확보를 위한 계획을 수립하기 위해서는 생산계획 일정 및 예산, 정부의 고용관련 법규, 인력재배치방법 등을 고려하여야 한다.

(1) 직무분석

직무분석이란 직무를 효과적으로 수행하기 위해 종업원에게 요구되는 지식, 능력, 숙련도, 책임 등의 여러 요건들을 분석하는 것을 말한다. 그 직무가 다른 직무와 구별되는 요인을 명확히 하여 직무기술서와 직무명세서를 작성하고 직무평가를 통해 종업원의 채용 및 선발의 기준, 교육내용의 결정, 인사고과 등 인적자원관리의 기초자료로 활용한다. 직무분석의 방법은 질문지법, 관찰법, 면담법, 진술서 작성법, 종합법 등이 있다.

1) 직무기술서(job description)

직무기술서는 특정 직무의 의무와 책임에 관한 조직적이며 사실적인 해설서로 직무에서 수행하는 과업의 내용, 의무와 책임, 직무수행에 필요한 장비 및 직무환경 등 종업원과 관리자에게 직무에 관한 개괄적인 정보를 제공하며 일명 직무해설서라고 한다. 직무기술서는 개발과정에서 조직의 변화와 개선에 유용한 정보를 얻을 수 있으며, 직무명세서를 개발하게 한다. 또한 신규 채용한 종업원에게 직무의 기초적 책임을 가르쳐 주고 지도하는 데 유용하며, 후임자 교육에 활용할 수 있다.

2) 직무명세서(job specification)

직무명세서는 직무요건을 중점적으로 다루고 있으며, 특히 신체적 요건과 인성 등의 인적요건을 중요하게 기술한다. 따라서 종업원 선발시의 기초자료로 활용된다.

(2) 직무설계

직무설계(job design)는 개인이 수행해야 할 과업과 책임의 범위를 정하는 것으로 종업원에게 직무의 중요성을 느끼게 하고 직무만족도를 높이며 조직의 효율성을 증대시킬 수 있도록 직무를 구조화하는 과정이다. 직무설계에서 가장 중요한 것은 직무의 성과와 만족도를 동시에 높이도록 하는 것이므로 전략적인 접근이 필요하다.

1) 직무단순화(job simplification)

작업절차를 표준화하여 명확하고 전문화된 과업에 종업원을 배치하는 전략으로 각자의 직무를 단순화하여 단시간에 오류없이 과업이 완료될 수 있도록 한다.

2) 직무확대(job enlargement)

단순한 직무에 익숙해진 종업원에게 수행하는 과업의 수와 다양성을 증대시켜 주는 전략으로 직무범위의 확대는 직무단순화의 문제점을 극복하여 종업원의 직무성과와 만족도를 증대시킬 수 있다.

3) 직무순환(job rotation)

종업원들을 주기적으로 서로 다른 업무로 순환시켜 다양한 과업을 수행하도록 하는 전략으로 동일작업에 고착되어 생기는 불만을 감소시킬 수 있다.

4) 직무충실화(job enrichment)

허즈버그(Herzberg)는 직무의 단순화와 확대 및 순환으로 지속적으로 직무를 수행하는 종업원의 높은 만족과 성과를 기대하기 어려우며, 동기부여 요인을 직무내용에 통합시켜 직무충실화를 제안하고 이를 직무의 수직적 확대라고 하였다. 과업의 수적 증가뿐만 아니라 직무에 대해 종업원이 갖는 통제의 범위를 증가시켜 직무를 재구성함으로써 종업원에게 동기를 부여하고 성취감, 안정감, 성장, 책임에 대한 기회를 제공할 수 있도록 할 수 있다.

5) 직무특성에 의한 직무설계(job characteristics theory)

헤크만(Hackman)은 허즈버그의 직무충실화 이론을 더욱 발전시켜 직무충실화를 위한 실천적 전략으로 직무특성에 의한 직무설계를 제안하였다. 직무특성이란 기술의 다양성(skill variety), 과업의 정체성(task identity), 과업의 중요성(task significance), 자율성(autonomy), 피드백(feedback)의 5가지를 말한다.

이러한 직무충실화 및 직무특성을 이용한 직무설계 전략은 직무자체의 설계보다는 조직구성원의 동기부여와 성과를 높이기 위한 관리체계를 실현하기 위한 것이라고 할 수 있다.

(3) 모 집

1) 내부모집

① 조직 내부에서 적격자를 찾는 모집 방법
② 외부모집보다 간편하다.
③ 사내승진 형식으로 먼저 인원이 충원된 다음에 빈자리는 사외모집을 한다.
④ 주로 회사 내의 게시판에 공고하여 응모하게 하는 공개모집제도를 활용하거나, 각종 인사목록을 참고로 적격자를 찾는다.
⑤ 부서장의 추천에 의해 적격자를 확보한다.

2) 외부모집

① 광고(일반공고)에 의한 모집
② 직업소개소를 통한 모집
③ 연고모집 : 전종업원의 모집, 현구성원의 친구나 소속집단에서 추천받는 방법

④ 실습제도를 통한 모집
⑤ 연고자 등용
⑥ 리스계약고용(lease contract)
⑦ 교육기관을 이용한 방법
⑧ 게시광고 모집

(4) 선 발

1) 선발방법

① **형식에 의한 구분** : 필답시험, 실기시험, 면접시험 등이 있다.
② **목적에 의한 구분** : 지능검사, 적성검사, 능력검사, 성격검사, 체력검사, 흥미검사 등이 있다.

여러 가지 선발방법 중 어느 것이나 타당성, 판별력(변별력), 신뢰도, 객관성의 4가지 조건을 구비해야만 시험의 성과를 얻을 수 있다. 또한 지원자가 이러한 시험방법에 의해 능력면이나 성격면에서 완전한 자격을 갖추었다고 하더라도 인사담당자는 취업 후에도 그의 능력을 최고로 발휘하여 근무할 의욕이 있는지의 여부를 판단해야 한다.

(5) 배 치

선발된 종업원은 적재적소 배치를 하여야 하므로 적재(사람)와 적소(직무)가 지니는 요건을 살펴보고 적재를 적소에 배치한다.

1) 직무의 요건(적소)

직무를 효과적으로 수행하기 위해 사람에게 요구되는 신체적·정신적 특성을 의미한다.

① 직무가 요구하는 능력 수준
② 직무가 요구하는 인격적 특성
③ 직무의 수행이 구체화 될 직장의 환경
④ 직무의 조직상의 위치

2) 사람의 요건(적재)

사람이 직무를 효과적으로 수행하기 위해 요구되는 사람의 적성, 능력, 인격적 특성을 파악하는 일을 의미한다.

① 종업원의 신체적·정신적 특성
② 개인의 배경

직무의 요건을 알아내기 위한 기법으로는 직무분석, 직무평가, 시간 및 동작연구 등이 있다. 그리고 사람의 요건을 알아내기 위해서 이용되는 기법은 인사고과, 적성검사, 시험 등이다.

3) 부적격자의 조치

여러 방면에서 신중히 고려하여 적재적소에 배치를 하였다 하더라도 그 자체가 잘못될 수도 있는 것이다. 또한 시간이 경과함에 따라 배치에 무리가 생기는 수도 있다. 이러한 경우는 부적격의 원인에 따라 재교육 훈련, 생활지도, 직장환경의 개선, 배치전환 등의 방법으로 조치하여야 한다.

2. 인적자원의 개발

(1) 교육훈련의 의의

교육훈련이란 교육과 훈련의 두 용어의 혼용어이며, 교육이란 특정 직무의 수행과 관련되지 않은 일반지식과 교양을 습득하는 것이고 훈련이란 특정 직무의 수행에 관련된 지식 및 기술을 숙달시키는 것으로 분류할 수 있다.

(2) 교육훈련의 분류

1) 교육대상에 의한 분류

① **신입자 교육 훈련** : 입직훈련, 기초훈련, 실무훈련으로 구성된다.
② **현직자 교육훈련** : 상위경영자, 관리자, 일선감독자 및 종업원 등에게 계층에 따라 업무에 필요한 자질을 갖추도록 교육한다.

2) 장소에 의한 분류

① **직장 내 훈련**(On-the-Job Training : OJT) : 종업원을 작업현장에 배치하여

직무에 종사하면서 숙련된 상사나 지도원 등으로부터 고도의 기술수준을 지도 받도록 하는 훈련이다. 현장실무 중심의 직장 내 훈련은 직장 외 훈련과 유기적인 조화를 이루면서 시행되어야 효과적이다.

② 직장 외 훈련(Off-the- Job Training) : 교육훈련시설에 외부의 전문가들을 초빙하여 강의나 세미나 등을 통해 종업원들이 직장 내 훈련에서 습득하기 어려운 지식을 습득하도록 하거나 외부의 교육기관이나 연수기관에서 제공하는 각종 교육훈련 프로그램에 참여하도록 하는 방법이다. 종업원이 통일적이고 조직적인 교육을 받을 수 있지만 비용이 들고, 중소기업 등에서는 실시가 힘들다는 문제점이있다.

3) 내용에 의한 분류

기능교육, 노동교육, 교양교육 등이 있다.

(3) 교육훈련의 방법

1) 일반적 방법

일반적인 교육훈련방법으로는 강의, 통신교육, 회의, 시청각교육, 사례연구, 역할연기, 세미나, 프로그램 학습(자기학습), 감수성 훈련, 경영 게임, 서류함 기법 등이 있으며, 교육대상자나 교육목적에 따라 적합한 방법을 선택하여 실행하여야 한다.

2) 특수방법

J.I.T.(Job instruction training), T.W.I.(Training within industry), M.T.P.(Management training plan), 두뇌충격법(Brain storming) 등의 방법이 있다.

3. 인적자원의 보상관리

(1) 직무평가

직무평가는 직무의 가치를 평가하는 것으로 조직 내 직무에 대한 공정한 임금구조의 기준을 제공하며 새로운 직무에 적용할 수 있는 임금의 책정방법 제공 및 단체교섭에 필요한 임금 결정에 대한 자료를 제공한다. 특히 직무급제도를 도입할 경우는 반드시 직무평가가 선행되어야 한다.

1) 직무평가의 목적

직무분석(면접, 질문서, 관찰법, 종합법 등) → 직무기술서, 직무명세서 작성 → 직무평가 → 합리적 임금격차수립(직무급)

2) 직무평가의 단계

직무분석
- 직무내용 설계
- 직무기술 및 명세서

↓

평가요소의 선정
- 4가지 평가요소
- 기술, 노력, 책임, 작업조건

↓

분석방법 적용
- 서열법, 분류법
- 요소비교법, 점수법

↓

임금의 결정
- 직무의 가치기준에 근거하여 결정
- 직무급

3) 직무평가의 방법

분류	종류	특징
비양적 방법	서열법 (ranking method)	• 방법 : 종업원과 경영자의 대표들로 구성된 위원회에서 두 개의 직무를 비교하여 서열을 매긴 후에 그 두 직무와 다른 직무를 비교하면서 계속해서 서열을 매긴다. 직무 간에 차이가 뚜렷한 경우나 평가자가 모든 직무를 잘 알 때 효과적이다. • 장점 : 평가가 비교적 간단하다. • 단점 : 평가방법이 주관적이어서 일관성 있는 기준이 없으며, 직무의 수가 많을 때에는 이용하기에 불가능하다.
	분류법 (classification method)	• 방법 : 평가자가 각 직무의 숙련도, 지식, 책임감 등에 대해 주관적으로 종합 판단하여 사전에 정해 놓은 등급에 따라 각 직무의 가치를 구분한다.(예, 3등급, 5등급, 7등급 등) • 장점 : 서열법에서처럼 평가방법이 간단하다. • 단점 : 직무 특성상 등급 분류가 용이하지 않거나 등급 분류 자체가 부정확하면 하나의 직무가 두 개의 등급에 속하게 될 수도 있다.

(계속)

분류	종류	특징
양적 방법	요소비교법 (factor comparison method)	• **방법** : 평가의 표준이 될 수 있는 중심 업무(key job : ① 숙련(skill), ② 노력(effort), ③ 책임(responsibility), ④ 작업조건(workingcondition))를 선택하여 평가 기준을 근거로 중심 직무의 각 기준 요소별로 기본 임금 비율을 정한다. • **장점** : 평가 기준이 분명히 명시되고 평가의 결과가 금전 단위로 나타난다. 또한 직무기준만 적절히 선정되면 점수법보다 합리적이다. • **단점** : 중심직무의 선정과 중심 직무 기준 요소별 임금률 배분이 어렵다. 또한 방법이 복잡하고 노력이 많이 든다.
	점수법 (point rating method)	• **방법** : 직무를 구성 요소별로 분류하고 각 구성 요소별로 그 중요성에 따라 숫자로 점수를 매긴 후에 이 점수를 총계하여 각 직무의 가치를 결정한다. • **장점** : 비교적 정확한 평가가 이루어지며 최종적으로 얻게 된 점수를 근거로 임금 비율을 비교적 쉽게 산정할 수 있다. 또한 직무간 상대적 차별이 명확하다. • **단점** : 평가요소의 선정과 요소의 점수화(중요성에 따른 점수의 배분)가 용이하지 않다.

(2) 임 금

1) 임금의 의의

임금이란 고용자와 피고용자 간의 계약에 의해 노동자의 정신적·육체적 노력에 대해 지불하는 보수를 말하는 것으로 경제적 측면에서 노동자의 생계유지를 위한 수입의 원천이며, 사회적 측면에서는 사회적 신분을 규정하는 한 요소가 되고, 심리적 측면에서는 노동자의 생리적·사회적 욕구를 충족시키는 수단이 되므로 경영자나 노무자 모두에게 중요한 의의를 가진다.

2) 임금의 결정요인

종업원들의 임금은 조직 외부적 요소와 내부적 요소에 의해 영향을 받는다.

외부적 요소

① 최저 임금제도와 같은 정부의 임금 통제
② 노동조합의 단체교섭을 통한 임금 인상 요구
③ 호황 또는 불황과 같은 국가의 경제적 상황
④ 인건비 절감을 통한 조직의 경쟁력 확보 필요성
⑤ 노동시장 내 인력 수급 상황
⑥ 동일 산업 내 임금 수준

내부적 요소

① 기업의 임금 지급 능력

② 경영자들이 갖는 종업원 보상에 대한 태도

③ 직무평가 등에 의해 결정된 직무의 가치

④ 직무 수행자가 보유한 업무 기술이나 능력

3) 임금의 지급 형태

① 시간급제(Time rate plan)

수행한 작업의 양과 질에는 관계없이 단순히 근로시간을 기준으로 하여 임금을 산정, 지불하는 방식. 일급, 주급, 월급, 연봉 등이 이에 속한다. 단순시간급제, 복률시간급제, 계측일급제 등이 있다.

② 성과급제(Price rate plan)

노동 성과를 측정하여 측정된 성과에 따라 임금을 산정, 지급하는 제도. 이 제도에서 임금은 성과와 비례한다. 단순성과급제, 복률성과급제 등이 있다.

③ 추가급제

시간급제와 성과급제를 절충하여 보다 합리적인 임금형태를 마련하려는 것. 작업자의 임금을 최저한 보장하면서, 작업성과가 표준 이상으로 달성될 경우에는 일정률을 추가급을 지급함으로써, 한편으로는 작업자의 수입안정을 도모하고, 다른 한편으로는 작업능률의 증진을 꾀하는 목적을 동시에 달성하고자 하는 방식이다. 할증급제, 상여급제 등이 있다.

임금형태 중 가장 이상적인 형태는 노동의 질과 양에 따라 임금의 격차를 두는 제도로 직무분석과 직무평가 후 이에 따라 등급화된 직무등급에 따라 지급되는 임금형태인 직무급이며 '동일노동, 동일임금' 의 원칙의 실현을 위한 임금형태이다.

4) 임금 지급에 관한 법적 기준

① 기준 내 임금

기준 내 임금이란 노사간에 정한 기준 근로 시간을 근로했을 때 발생하는 임금으로서, 기본급과 정상수당(예, 안전수당, 교통수당 등)이 여기에 해당된다. 근로기준법 제50조에는 1주간의 근로시간은 휴게시간을 제외하고 40시간을 초과할 수 없으며 1일의 근로시간을 휴게시간을 제외하고 8시간을 초과할 수 없다고 규정하고 있다.

② 기준 외 임금

기준 외 임금이란 노사간에 정한 기준 근로시간 이외에 추가로 근로했을 때 발생하는 임금으로서 부가급 중 초과 근로 수당(연장 근로나 휴일 근로 수당)이 여기에 해당된다. 근로기준법 제56조에는 연장근로와 야간근로 또는 휴일근로에 대하여는 통상 임금의 100분의 50 이상을 가산하여 지급할 것을 명시하고 있다.

③ 퇴직금

근로기준법 제34조에서 사용자가 퇴직하는 근로자에게 지급하는 퇴직급여제도에 관하여는 「근로자 퇴직급여보장법」이 정하는 대로 따른다고 되어 있다.

4. 인적자원의 유지관리

(1) 인사고과

1) 인사고과의 목적

목 적	내 용	구 심 점
인사배치 및 이동 (적재적소 배치)	각자의 능력에 적합한 적재적소의 배치에 활용	배치, 전환, 승진, 복직, 채용, 해고
인력개발	종업원의 정확한 능력을 파악하고 인력개발에 활용	교육, 훈련, 개발
인적계획 및 기타 인사기능의 타당성 결정 (시험의 타당성 검토)	종업원의 연령, 성별, 직종, 기능도, 근무연수 등에 따라 장 · 단기 인력개발 수립에 요청되는 양적 · 질적 자료를 제공하도록 한다. 이렇게 함으로써 인사고과를 통하여 종업원의 채용시험과 승진 등이 과연 타당한가 하는 인사기능의 타당성을 측정하는 도구로도 활용	인력계획에 요청되는 인적 데이터 확보, 채용, 배치전환, 승진 등 인사기능의 타당성 검토
성과측정 및 보상 (임금관리의 기초자료)	종업원의 성과를 측정하여 종업원의 관심사인 승급, 상여금, 임률 결정 및 승진에 활용	승급, 상여금, 임률 결정, 승진
조직개발 및 근로의욕 증진	고과를 통한 직무담당자의 조직관계나 직무조건의 결함을 발견, 개선할 계기를 찾을 뿐만 아니라 종업원 성취의욕의 자극제로서도 활용	직무개선 성취의욕 증진
상벌결정	성과를 주기적으로 측정하여 승진, 승급, 징계 등을 결정	
종업원 간의 성과비교	종업원 간의 능력비교	
피드백	성과 달성에 대한 피드백을 통한 동기부여 강화	

2) 인사고과의 방법

① 대조법(Checklist 법)

정해진 체크리스트에 따라 해당 내용을 체크하는 방법으로 체크리스트에는 종업원의 직무 태도, 잠재적 능력, 업무 성과와 관련된 표준 행동이 기술되어 있다. 고과자는 종업원의 행동을 평가항목에 나열된 내용에 따라 '예'와 '아니오'로 평가한 다음, 인사부서에 제출하면 인사부서에서는 전체 종업원들을 종합적으로 비교 평가한다. 이 방법은 평가항목을 점수화할 수 있고 중요도에 따라 가중치를 부여할 수 있다.

② 평가척도법(도식척도법, 평정척도법)

전형적인 인사고과의 방법으로 고과자가 종업원의 특성을 각 항목별로 점수화하여 평가한다. 이때 평가점수를 선으로 이으면 그 사람의 전체 특성을 시각적으로 파악할 수 있다.

이 방법을 사용하여 정기적으로 측정하게 되면 시간 경과에 따른 종업원의 특성 변화를 알 수 있다. 최근에는 숫자 척도가 주는 모호성을 피하기 위해 척도마다 이에 해당하는 과업행동을 정확하게 기술하기도 한다.

평가요소	매우 낮음　　　　보통　　　　매우 높음
가. 정확성	①.............②.............❸.............④.............⑤
나. 성과의 질	①.............②.............③.............❹.............⑤
다. 작업속도	①.............❷.............③.............④.............⑤
라. 창의성	①.............②.............❸.............④.............⑤
마. 리더십	①.............②.............❸.............④.............⑤
⋮	⋮

그림 7-1 평가척도법의 예

③ 서열법

동일한 직무를 수행하는 종업원들의 성과를 순위로 평가하는 방법이다. 방법으로는 교대서열법이나 쌍대비교법 등이 있다.

작업품질 부문

종업원 순위					
비교	A	B	C	D	E
A		+	+	–	–
B	–		–	–	–
C	–	+		+	–
D	+	+	–		+
E	+	+	+	–	

B가 가장 높은 순위

창의성 부문

종업원 순위					
비교	A	B	C	D	E
A		–	–	–	–
B	+		–	+	+
C	+	+		–	+
D	+	–	+		–
E	+	–	–	+	

A가 가장 높은 순위

그림 7-2 쌍대비교법의 예

④ 서술법

주어진 평가 요소를 중심으로 피평가자에 대해 자유로이 서술하는 방법. 가장 단순한 방법으로 종업원의 장단점과 현재 및 과거 성과, 미래의 잠재력에 대해 사실적으로 기록한다. 이 방법은 양적인 자료보다는 질적인 자료를 제공해 주므로 임금 인상, 승진 등의 인사 결정에 활용하기는 쉽지 않다.

⑤ 주요사건 기술법(특정 사실 기술법)

직무 수행 과정에서 나타난 성공이나 실패 사실, 직무 수행상 특징적인 행동, 동료들과의 특이한 유대관계 등을 중심으로 고과자는 종업원의 행동을 주시하면서 바람직한 사실과 바람직하지 못한 사실을 구분하여 기록한다.

⑥ 행동기준 평가법

평정척도법과 주요사건 기술법을 혼용한 방법으로 피고과자를 참여시키게 되므로 많은 시간과 노력이 필요하다.

⑦ 목표관리법

조직과 구성원들 간 특히, 상사와 부하직원이 성과 목표를 협의하여 업무 목표를 결정한 다음, 목표 설정에 따른 결과를 평가 기간에 상사와 부하가 함께 평가하는 것이 특징이다.

⑧ 강제할당법

미리 정해 놓은 비율에 맞추어 피고과자들의 실적을 강제로 할당하는 방법. 이는 고과자의 엄격함이나 관대함을 피할 수 있다.

3) 인사고과의 오류

인사고과의 가장 큰 문제는 평가자와 피평가자의 고과에 대한 인식과 훈련의 부족이다. 고과에 대한 평가자의 훈련이 부족하면 정확한 평가가 어렵게 되고 피평가자가 인사고과에 대한 인식이 부족하면 평가자의 평가 절차를 잘 받아들일 수 없게 된다.

① 평가자의 문제점

평가자의 심리적 현상에서 오는 오류로는 편견(상동적 태도), 현혹효과, 논리오차 등이 있다. 집단의 분포도에서 오는 오류는 관대화 경향, 중심화 경향 등이 있다.

② 피평가자의 문제점

평가자들의 오류는 평가를 부정확하게 하고 인사고과에 불공정성을 야기시켜 피평가자에게도 문제를 가져오게 된다. 따라서 평가자의 평가 결과에 공신력이 없어질 뿐만 아니라 이와 관련된 피드백과 상벌결정에 신임이 없어질 수 있다. 더구나 피평가자가 인사고과의 목적과 과정을 잘 인식하지 못하는 경우에 이 문제는 더욱 가중된다.

4) 인사고과의 개선방안

① 고과자의 훈련
② 인사권의 일선 부서장에의 위양
③ 비통제적 이용의 장려
④ 자기 평가제도의 도입
⑤ 직무, 업적 중시의 고과
⑥ 피평정자 집단의 세분화
⑦ 평정방식의 간소화
⑧ 다면적 고과

(2) 인사이동

종업원에 대한 금전적 보상과 인사이동은 조직 내의 직무수행의 효율성을 높이는 데 중요한 요소가 되므로 객관성과 공정성 있는 인사이동관리는 매우 중요한 동기부여 요인이 된다.

1) 승 진

종업원을 직무 서열 또는 자격 서열에서 높은 수준의 직위로 수직적 이동을 시키는 것으로 보수와 권한 및 책임이 확대된다.

2) 전 직

종업원을 동등한 수준의 다른 직무로 수평적 이동을 시키는 것으로 직무의 내용, 책임, 보상 등이 크게 달라지지는 않는다. 전직은 생산상황에 기인한 전직, 인원대체를 위한 전직, 만능공의 양성을 위한 전직, 근무시간 교체를 위한 전직, 구제적 전직 등의 형태가 있다.

3) 이 직

종업원과 기업의 고용관계 단절을 의미하는 것으로 종업의의 자발적 이직과 종업원의 의지와 상관없이 발생하는 비자발적 이직이 있다.

① 자발적 이직

- 사직 : 종업원이 임금 및 승진의 공정성 결여, 직무 내용이나 작업 환경에 대한 불만, 직무와 적성의 불일치 등의 이유로 자의에 의해 기업이나 조직을 떠나는 것이다. 사직을 방지하기 위해 고충처리 기구나 상담제도 운영 등의 제도적 장치를 마련하여 종업원의 사직 원인을 규명하고 해결책을 강구해야 한다.
- 휴직 : 특정한 사유가 발생하여 일정기간 동안 직무 수행을 못하는 경우에 발생하는 것으로 기업은 이 기간 동안 고용관계는 지속시키면서 근무를 면제해 준다. 휴직과 관련하여 휴직 기간, 휴직 동안의 임금과 임금 지급 방법, 승진이나, 승급, 퇴직금 산정방식 등에 관한 명백한 규정이 명시되어 있어야 한다.

② 비자발적 이직

- 레이오프(lay off) : 일시귀휴라고 한다. 기업이나 조직의 작업량이 감소했다든지, 조직 전반의 개혁으로 종업원감축이 발생했을 때 일어나는 현상이다. 일반적으로 레이오프 절차와 레이오프 이후 재고용에 대한 절차는 노사협약에 명시되어 있다.

- 해고 : 종업원에 대한 징계의 일환으로 징계는 규칙이나 규정을 위반한 종업원에게 경영자가 취하는 행위로서 여러 징계 조치 가운데 최후 수단으로 사용된다.

③ 정년 퇴직

일정 연령에 달하면 노동계약이 자동적으로 소멸되어 직장을 떠나게 되는 비자발적 이직.

④ 명예퇴직제

구조조정의 한 방법으로 기업 내부적으로 인건비를 절감하고 조직을 활성화하기 위한 방법으로 활용한다. 보통 퇴직금과 함께 정년까지 근무했을 때 받을 수 있는 급여 중에서 정기예금 이자분을 공제한 금액이 일시불로 주어진다.

4) 징계관리

조직의 행동기준에 어긋나는 행동으로 구성원 간의 문제를 유발하거나 기업의 목적달성에 위협을 줄 경우에 취해지는 강등이나 해고 등의 벌칙을 의미한다. 징계의 종류에는 구두에 의한 계고 또는 견책, 문서에 의한 계고, 일시해고 또는 일정기간의 출근 정지, 하위직 또는 불리한 직위로의 강등, 해고 등이 있다.

(3) 복리후생과 안전·건강관리

1) 법정 복리후생

법률에 의해 기업이 의무적으로 종업원과 그 가족들에게 제공하여야 하는 법정 복리후생으로 의료보험, 연금보험, 산재보험, 고용보험 등이 있다.

2) 비법정 복리후생

기업이 자발적으로 혹은 노동조합과의 협의 하에 제공하는 법률에 의해 지정되지 않은 복리후생제도이며 기업에 따라 내용이 다르다.

① 경제적 복리후생

- 주택 대여, 주택소유를 위한 재정적 지원
- 종업원과 가족의 교육비 지원
- 급식, 구매 등 소비생활 보조
- 퇴직금과 의료비 등 법정 복리 이외의 추가 혜택 부여

② 보건 위생 복리후생

종업원 및 그 가족의 질병 치료 및 예방, 건강 유지 등 종업원의 건강한 생활을 보장하기 위한 제도나 시설을 제공하는 것이다.

③ 기 타

- 문화, 체육, 여가 관련 복리후생
- 휴가 및 실제 일하지 않은 날과 시간에 대한 보상

SECTION 3 급식사무의 전산화

1. 급식사무관리의 개요

사무란 경영조직의 목표를 달성하기 위해 필요한 정보를 수집, 처리, 전달하는 것을 말한다. 즉, 정보취급(information handling)과 정보처리(information processing)를 종합한 개념이라고 할 수 있다. 경영규모가 확대됨에 따라 사무량이 증가되고 내용도 복잡해지므로 사무의 능률화를 위해서는 보다 과학적인 사무관리가 중요해지고 있다.

단체급식업무의 합리적인 운영을 위해서는 과학적인 정보 및 자료가 필요하며, 급식사무관리는 각종 정보 및 자료를 경영원리에 따라 합리적으로 관리하는 것이다.

급식관리자는 사무관리를 통해 수집된 자료를 분류, 기록하고 정리하여 이를 차기 경영계획의 자료로 활용하게 되며, 사무의 기능은 다음과 같다.

① 경영활동의 보조기능을 한다.
② 경영관리의 도구기능을 한다.
③ 여러 경영활동을 연결하는 기능을 한다.
④ 정보처리기능을 한다.

(1) 장표의 성질과 기능

장표는 장부와 전표를 합쳐서 부르는 말로서 단체급식시설에서 사용하는 장표류는 목적에 따라 다양한 양식이 있다. 식단의 작성에서부터 급식업무의 계획, 실시, 통제를 위한 경영의 도구로 이용되며 사무관리에 사용되는 각종 문서 및 서식을 말한다.

1) 장부(books)

장부는 일정한 장소에 비치되어 계속적이고 반복적으로 기록되는 것으로 고정성이 있으며, 누적된 동종의 기록이 한 곳에 모이므로 정보의 집합성이 있다. 또한 기록이 누적되어 업무의 현황과 변화를 파악할 수 있으며 관리하는 대상의 상태를 파악할 수 있는 현상의 표시기능과 표준과 비교하여 관리하는 대상의 통제기능이 있다.

2) 전표(slips)

전표는 필요한 업무가 발생함과 동시에 생산되어 업무의 흐름을 따라 이동하는 이동성이 있으며, 사안에 따라 매번 새롭게 작성되므로 분리성이 있다. 또한 업무의 흐름에 따라 이동하는 성질로 인해 결재자의 경영의사 전달기능을 가지며, 한 가지 사항에 대해 1매의 전표가 작성되므로 대상의 상징화기능을 가진다.

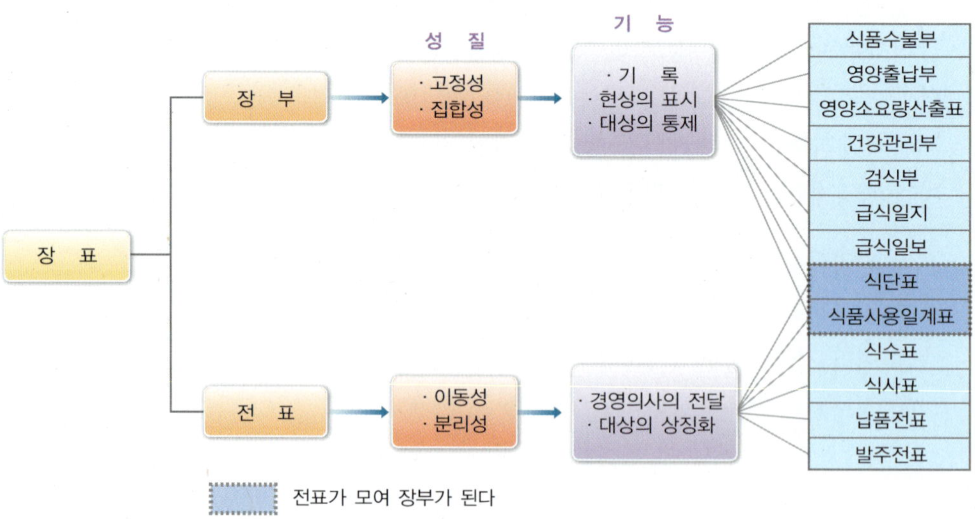

그림 7-3 기능에 의한 장표류의 분류도

(2) 장표류 처리시 유의점

① 장표류의 종류를 최소화하여 가능한 사무를 간소화한다.
② 장표류에 기록된 내용은 합리적이어야 하며, 장표 간의 관련성을 충분히 고려하여 설계하고, 숫자 등의 기재시에 오기기 쉽게 발생되지 않도록 유의한다.
③ 담당자 부재시에도 사무의 흐름을 방해하는 일이 발생하지 않도록 누구라도 장표의 활용이 가능하도록 한다.
④ 장부나 전표를 분석을 통해 전체적인 사무의 실태를 파악하거나 분석이 가능하도록 한다.
⑤ 사무의 기계화 또는 자동화에 의해 빠르고 정확하며 쉽게 작업을 할 수 있도록 한다.
⑥ 즉시처리를 원칙으로 한다.

(3) 장표의 종류

1) 식단표

식단표는 모든 급식업무의 중심이며 모든 작업은 식단표에 의해 전개되므로 급식사무의 기본이다. 또한 식품 구매량 결정의 근거가 되고, 급식 완료 후에는 실시보고서로 보존되어 장부의 기능을 갖는다.

2) 발주전표

납품업자에게 급식재료를 주문할 때에 사용하는 전표이다. 납품일시, 식품명, 수량, 규격 등을 정확히 지시한다.

3) 납품전표(납품서, 송장)

업자가 재료를 납품할 때에 첨부하는 전표이다. 납입일자, 식품명, 수량, 단가, 금액 등이 기재되며 대금을 지불할 때는 항상 정확히 대조하여 확인한다.

4) 식품수불부

급식시설의 합리적인 운영을 위하여 식품의 수불관계를 명확히 기록해야 한다. 식품수불부는 식재료의 재고관리에 이용된다. 재고의 상태, 물품의 보충시기 등을 파악할 수 있다. 식품수불부 작성시에는 식품의 출납을 명확하게 기록하여 실재고량과 장부상의 재고량이 항상 일치하도록 유의해야 한다.

5) 식품사용일계표

당일의 예정식단에 의해서 식품의 종류와 수량이 결정되면 각각 재고품, 구입품별로 식품명이나 사용수량 등이 일계표에 기입되고 이 일계표에 의해서 출고전표와 구입전표가 작성된다. 급식 실시 후에는 재고품에 대해서 식품수불부 지출난에 기입하고, 구입품은 보존함으로써 식품수불부의 기능을 수행하게 된다. 식품사용일계표를 사용하게 되면 식품 사용 상황을 명확히 할 수 있으며, 원가계산 시에 식품재료비 산출자료가 되고, 영양상황보고서 작성자료 및 발주량과 출고량의 산출자료가 된다.

6) 영양출납표

하루 동안의 식품 사용량을 식품군별로 분류하여 기재하고 적절하고 균형있는 식사가 급여되었는지 아닌지 반성하여 그 이후의 급식 계획을 위한 자료로 이용한다. 또한 영양출납부를 통해서 급식내용에 관한 통제의 기능을 수행할 수 있다.

7) 급식일보

어떤 식사가 얼마만큼 급여되었는가를 구체적이고 과학적으로 기록한다. 매일의 급식일보가 모여서 장부가 된다. 급식일보는 영양출납표 작성이 의미가 없는 선택제 급식(복수식단 또는 카페테리아)의 경우에 영양출납표 대신으로 사용한다.

8) 급식관리대장

식품별로 1일의 전일 재고량, 금일 구입량, 금일 사용량, 금일 재고량을 한 눈에 파악할 수 있다. 또한 식품사용일계표의 역할도 할 수 있다.

9) 인원구성표

급식대상자의 연령, 성별, 노동 강도별 인원수를 조사한 표로서 급여영양기준량 산출을 위한 자료이다.

10) 급여 영양기준량 산출표

급식대상자의 급여영양량을 총괄하여 산출한 표이다.

11) 식품구성표

급여영양기준량을 만족시키기 위하여 어떠한 식품을 어느 정도 섭취하면 좋은가의 기준을 나타낸 표이다.

12) 식사처방전

병원급식에서 의사가 지시하는 식사급여의 처방전이다.

13) 식수표

병원급식 등 식수 변동이 큰 경우에는 특히 식수표의 작성이 필요하다.

14) 입출고 전표

비축식품의 수납과 불출을 그때마다 기입하는 것이다.

15) 검식부

매일 준비된 식사의 됨됨이를 총괄적으로 평가하여 그 결과를 기록하는 장부이다.

표 7-2 식단표

주 간 식 단 표

<table>
<tr><td rowspan="2">결
재</td><td></td><td></td><td></td></tr>
<tr><td></td><td></td><td></td></tr>
</table>

년 월 일 ~ 월 일

<table>
<tr><td rowspan="2">구분</td><td colspan="2">월 (일)</td><td colspan="2">화 (일)</td><td colspan="2">수 (일)</td><td colspan="2">목 (일)</td><td colspan="2">금 (일)</td><td colspan="2">토 (일)</td></tr>
<tr><td>음식명</td><td>재료(g)</td><td>음식명</td><td>재료(g)</td><td>음식명</td><td>재료(g)</td><td>음식명</td><td>재료(g)</td><td>음식명</td><td>재료(g)</td><td>음식명</td><td>재료(g)</td></tr>
<tr><td rowspan="7">식
단</td><td></td><td></td><td></td><td></td><td></td><td></td><td></td><td></td><td></td><td></td><td></td><td></td></tr>
<tr><td></td><td></td><td></td><td></td><td></td><td></td><td></td><td></td><td></td><td></td><td></td><td></td></tr>
<tr><td></td><td></td><td></td><td></td><td></td><td></td><td></td><td></td><td></td><td></td><td></td><td></td></tr>
<tr><td></td><td></td><td></td><td></td><td></td><td></td><td></td><td></td><td></td><td></td><td></td><td></td></tr>
<tr><td></td><td></td><td></td><td></td><td></td><td></td><td></td><td></td><td></td><td></td><td></td><td></td></tr>
<tr><td></td><td></td><td></td><td></td><td></td><td></td><td></td><td></td><td></td><td></td><td></td><td></td></tr>
<tr><td colspan="2">kcal/단백질 g</td><td colspan="2">kcal/단백질 g</td><td colspan="2">kcal/단백질 g</td><td colspan="2">kcal/단백질 g</td><td colspan="2">kcal/단백질 g</td><td colspan="2">kcal/단백질 g</td></tr>
<tr><td>기
타
사
항</td><td colspan="6">지난 주 :</td><td colspan="6">금주 :</td></tr>
</table>

*식단은 사정에 따라 변경될 수 있습니다. 기관명 ______________

표 7-3 발주전표

발 주 서

영업장 :　　　　　　　　　　　　　　　　　　입고일 :

대분류	식자재코드	식자재명	단위	제공일	발주량	단가	합계 금액

표 7-4 납품서

납 품 서

____ 년 ____ 월 ____ 일　　　　　　　　　　No. ________

________ 주식회사　　　　　　　　　　납품자

________ 회사 ○○○ 귀중

검수인

품 명	수 량	단 위	금 액	비 고

표 7-5 식품수불부

식품수불부

결재			

20 . . . ~ . . . 까지

분류	품명	단위	전주잔고	월	화	수	목	금	현재고
				수입/지출	수입/지출	수입/지출	수입/지출	수입/지출	
곡류	쌀								
	찹쌀								
	보리								
	도토리묵								
	메밀묵								
	전분								
	튀김가루								
육류	쇠고기								
	돼지고기								
	닭고기								
난류	달걀								
	메추리알								
어패류	멸치								
	바지락								
	오징어								
	새우								

분류	품명	단위	전주잔고	월	화	수	목	금	현재고
				수입/지출	수입/지출	수입/지출	수입/지출	수입/지출	
어패류									
	멸치젓								
채소류	양파								
	당근								
	배추								
	무								
	감자								
	대파								
	쪽파								
	마늘								
	생강								
	고춧가루								
	풋고추								
	양배추								
	시금치								
	오이								
	호박								
	쑥갓								
	도라지								

표 7-6 영양가산출표

영 양 가 산 출 표

실시일 년 월 일 요일

구분	음식명	식품명	1인분 중량 (g)	열량 (kcal)	단백질 (g)	지질 (g)	당질 (g)	칼슘 (mg)	철분 (mg)	나트륨 (mg)	비타민 A (R.E)	비타민 B1 (mg)	비타민 B2 (mg)	비타민 C (mg)	가격 (원)	식품군	열량비
	목표량																
아침																1. 곡류, 전분류 2. 고기, 생선, 달걀, 콩류 3. 채소, 과일류 4. 우유, 유제품 5. 유지류, 당류	당질 열량비 % 단백질 열량비 % 지방 열량비 % 동물성 단백질비 %
	합 계																
	충족률(%)																
점심																1. 곡류, 전분류 2. 고기, 생선, 달걀, 콩류 3. 채소, 과일류 4. 우유, 유제품 5. 유지류, 당류	당질 열량비 % 단백질 열량비 % 지방 열량비 % 동물성 단백질비 %
	합 계																
	충족률(%)																
저녁																1. 곡류, 전분류 2. 고기, 생선, 달걀, 콩류 3. 채소, 과일류 4. 우유, 유제품 5. 유지류, 당류	당질 열량비 % 단백질 열량비 % 지방 열량비 % 동물성 단백질비 %
	합 계																
	충족률(%)																
총합계																	

표 7-7 검식일지

검 식 일 지

결재			

년 월 일 (요일)

식 단		평 가					특기사항	
		분량	영양	관능	위생	기호		
아침								검식시간
								검 식 자
점심								검식시간
								검 식 자
저녁								검식시간
								검 식 자

표 7-8 급식일지

병 원 급 식 일 지

결재			

년 월 일 (요일)

1	공문서 사항	발 송						
		접 수						
2	급식인원	식이별 / 등급별	상 식	연 식	유 동 식		산모식	합 계
					일 반	특수영양식		
		특 실						
		1인실						
		2인실						
		다인실						
		합 계						
3	치료식 현황	급식인원	상		처방 금액		원	
4	근무 현황	오전 영양사			오후 영양사			
		오전 조리사			오후 조리사			
		야간 근무						
		오후 2~10시						
		휴 일						
		공가(사유)			휴 직			
		병 가			휴 가			
		임시직						
5	주요 행사							
6	특기 사항							

(4) 식 권

1) 식수의 파악

단체급식시설에서 정확한 식수를 파악하는 것은 급식관리에 있어서 가장 기본적인 업무라고 할 수 있다. 식수에 따라서 식품의 사용량이나 조리작업의 계획 등이 이루어지기 때문이다. 그러나 단체급식에서 정확한 식수를 파악하는 데는 여러 가지 어려움이 많다. 단체급식에서 급식자의 인원변동이 심하지 않은 시설은 주로 3식이나 단일식을 제공하는 경우가 대부분인 군대, 학교, 기숙사, 복지시설, 장기입원환자가 많은 요양병원 등을 예로 들 수 있다.

인원변동이 심한 시설은 대개 1식을 공급하고, 선택식 복수식단제를 운영하는 곳이 대부분이다. 일반 산업급식, 입퇴원이 많은 일반 병원 등을 예로 들 수 있다. 시기적으로는 월급 후의 2~3일은 외식이 많으며, 월급 전의 2~3일은 급식시설의 이용이 느는 등 피급식자의 경제적 여건과 기후 등도 급식수에 영향을 미치게 된다. 급식예정 인원수의 산출방법은 급식소마다 차이는 있으나 그 방법을 대별하면 다음의 몇 가지로 요약할 수 있다.

① 평균 급식수보다 약 1할(10%) 적게 준비하고 부족할 때에는 임시식단으로 대처한다.
② 재적수와 종래의 식단에 대한 기호를 감안하여 결정한다.
③ 전일 오후 2시까지 결식신고서에 의해 예정 인원수를 식당에 통보한다.
④ 매주 월요일 오전 중에 다음 주 식단을 배포하고 결식 희망자 수를 파악한다.
⑤ 매월마다 총 급식수에서 평균 급식수를 산출한다.
⑥ 종업원 전체수에서 약 2할(20%)을 뺀 수

2) 식권의 조건

식권은 휴대가 간편하고 취급이 용이하며 위조될 수 없고, 경제적인 것이어야 한다.

주로 종이나 셀룰로이드를 많이 이용한다. 식권은 정확한 식수 파악의 자료가 된다. 또한 급식수의 사전파악, 매상회계의 수단, 현금을 취급하지 않아도 되는 편리성, 이중 급식의 방지 및 식비 지불 청산의 방법 등의 목적을 위해서 사용된다.

① 회수권식 식권

주로 직영급식소에서 많이 이용하는 방법이며, 1개월 또는 몇 개월 분의 식권을 각자에게 주고 급식 때마다 제출하는 방식이다. 비교적 많은 시설에서 이용하고 있으나, 결식한 식권이 몇 개 모이면 한꺼번에 사용이 가능하므로 급식수에 예상 밖의 차질을 일으킬 수 있다. 그러나 피급식자에게는 편리하다는 장점이 있다. 급식관리 측면에서는 정확한 식수 파악이 어렵고 식권정리에 시간이 걸린다는 단점이 있다.

② 기명식 당일 식권

회수권식 당일 식권을 각자에게 주고 급식 때마다 성명을 기입하여 제출하도록 하는 것으로 담당자는 급식한 사람을 대장에 기입하여 급식수를 집계하고 식비 청산의 자료로 사용할 수 있다. 이 방법은 급식 인원을 비교적 정확히 파악할 수 있다는 장점이 있으나, 사무가 번잡해지는 단점이 있다.

③ 카드식 식권

개인별 급식 카드에 1개월 동안 급식 때마다 담당 직원이 일일이 날인하고 급식한다. 식권정리에 손이 가지 않는 장점이 있으나 담당직원이 날인하는 데 시간이 많이 걸리므로 급식수가 많은 시설에서는 무리를 초래할 수 있다.

④ 셀룰로이드 식권

회수권식 식권과 같으나, 재사용이 가능하므로 장기 사용의 장점이 있다.

⑤ 플라스틱제 식권(식권자동판매기)

식권자동판매기에 현금을 투입하여 목적하는 금액에 상당하는 플라스틱제 식권을 자유로이 선택할 수 있다. 식권판매에 따른 인건비가 절약되고 혼잡을 방지할 수 있으나 피급식자가 항상 현금을 준비해야 하는 단점이 있다. 그러나 급식소에서는 메뉴별로 준비된 식수만큼만 자동판매기에 식권을 준비해 둠으로써 급식수 준비에 차질이 없다는 장점이 있다.

⑥ 전자카드식 식권

전화 카드나 교통 카드와 유사한 형태로 선불카드식으로 미리 일정액이 입력되어 사용할 때마다 차감하거나 후불카드식으로 일정기간 동안의 사용액을 정산하는 방식으로 사용할 수 있다.

⑦ ID 카드

최근 ID카드(신분증, 학생증 등)에 바코드를 부착시켜 식권을 별도로 사용하지 않는 곳이 많아지고 있다. 식당 입구 쪽에 바코드 리더기를 설치하여 확인 작업 및 식수집계의 편의성을 위해 많이 사용되고 있다. 1개월 간의 급식횟수를 정리하여 계산하므로 식권정리에 시간이 많이 가지 않으나 많은 수가 한꺼번에 몰릴 경우 시간이 지연될 수 있다.

2. 급식업무의 전산화

(1) 급식업무 전산화의 필요성

고도의 자동화·정보화시대인 현대사회에서 컴퓨터는 사무자동화나 기업의 경영정보체제에 필수적인 요소가 되었다. 따라서 단체급식소에서도 급식사무의 합리화를 도모하기 위해 컴퓨터가 도입되어 급식관리의 계획 및 통제기능 등 급식경영 정보관리에 유용하게 사용되고 있다.

최근에는 급식업무 전반에 걸쳐 메뉴계획 및 분석, 영양분석, 구매관리, 재고관리, 생산계획 및 통제, 인사관리, 예산과 재무관리 등의 컴퓨터 프로그램을 개발하여 사용하고 있다. 예를 들어 메뉴는 식단표뿐만 아니라 작업지시서, 검식부, 보존식일지, 영양가분석표, 업무일지 등에서 반복되어 기록된다. 과거의 식수자료는 수익분석이나 생산성 분석 등에 활용된다.

또한 급식을 통한 급식대상자들의 기호도 검사, 관능검사, 영양섭취실태, 영양섭취와 건강상태와의 관계 등에 대한 데이터를 수집하고 통계분석을 통해 급식경영 정책 수립에 반영한다.

오늘날에는 여기서 한걸음 더 나아가 급식운영 전반에 관련된 정보의 수집, 보관, 검색, 처리 및 분석을 통해 급식경영자가 의사결정을 할 때 필요한 정보를 즉시 제공할 수 있는 급식경영정보시스템(Foodservice Information System : FIS)으로 발전하고 있다.

그러나 급식경영정보시스템의 개발에는 여러 가지 준비가 필요하며, 급식소의 형편에 따라서는 제약이 있을 수 있다. 소규모 급식소의 경우에는 개별적인 급식업무 요구에 맞는 전산 프로그램을 개발할 경우 개발비용과 시간이 많이 소요되므로 이미 개발되어 있는 전산 프로그램을 구입하여 현재 진행되는 사무처리 방법이나 흐름을 프로그램에 맞게 변경하는 것이 경제적일 수 있다. 그러나 대규모 위탁급식업체나 조직 전체의 정보화 시스템이 이루어져 있는 기업의 경우에는 회사 내 전산부서나 전문적인 프로그램 개발 업체에 의뢰하여 프로그램을 개발하는 것이 효율적이다.

급식정보시스템을 개발할 때 고려할 점은 다음과 같다.

① 급식정보시스템의 목적과 목표를 명확히 한다.
② 시스템의 목적과 개발 비용을 고려하여 현재의 업무를 전산화할 경우 가장 효과적으로 운영될 수 있는 기능을 찾아낸다.
③ 현재의 업무들이 잘 조직되어 있고 효과적으로 움직이는지 확인한다.
④ 급식정보시스템을 개발하는 데 필요한 인적자원, 시간, 비용을 평가한다.
⑤ 조직 내에서 컴퓨터 시스템 이용에 대한 교육이 필요한 인원에 대해 파악한다.
⑥ 실제로 시스템을 이용할 직원들의 적극적인 참여를 유도한다.

(2) 급식업무 전산화의 형태

1) 학교급식의 전산시스템

교육부에서는 전국단위의 교육행정정보시스템(NEIS) 내에 학교급식용 전산시스템을 개발하여 2003년부터 전국적인 네트워크를 통해 사용하고 있다. 이러한 전산작업을 통해 업무처리에 필요한 각종 문서와 통계자료를 자동으로 생성함으로써 학교급식 업무가 크게 간소화되었다. 학교급식전산시스템을 이용한 급식관리 업무의 내용은 그림 7-4와 같으며, 학교급식 전산입력 화면의 예는 그림 7-5와 같다.

2) 병원급식의 전산시스템

일반적으로 병원의 모든 부서의 업무는 병원행정전산시스템 안에서 통합되어 이루어진다. 그러나 환자급식의 중요성에 대한 병원 경영진의 인식부족으로 OCS (Order Communication System)을 통한 입퇴원 환자 기록이나 식사처방 등의 일부 정보만을 공유하는 곳도 있다. 그러나 대부분의 종합병원에서는 병원 전체의 정보시스템과 연계하여 영양과 정보시스템을 구축하고 있다.

일반적인 병원전산시스템에서 관리되는 영양과 급식관리업무는 표 7-9와 같다.

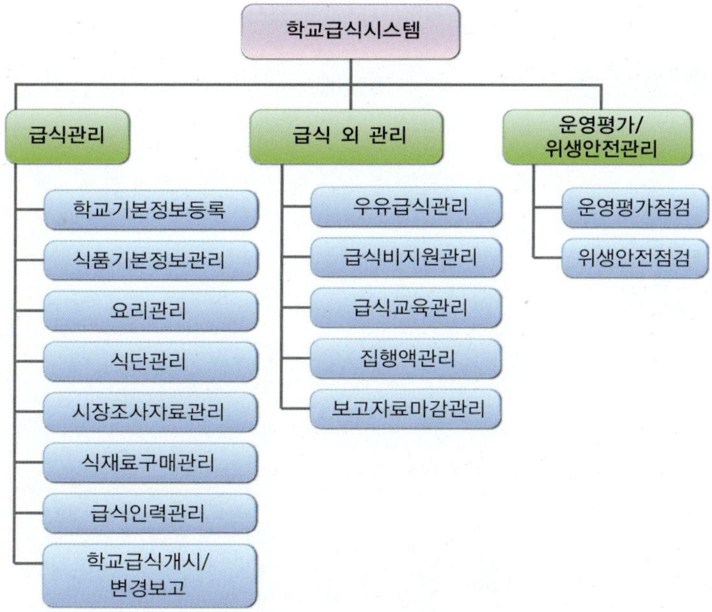

그림 7-4 학교급식시스템의 메뉴

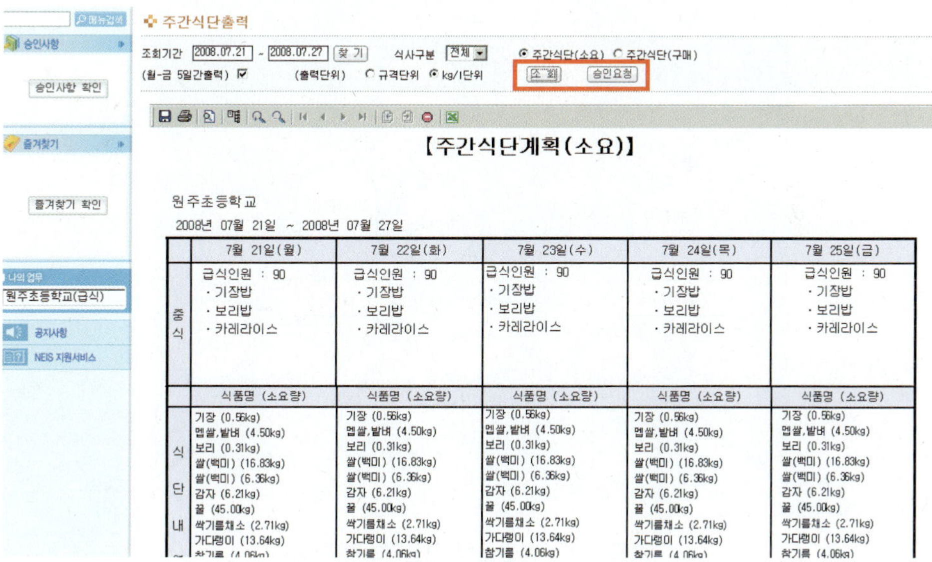

그림 7-5 학교급식전산시스템의 화면 예

●출처 : 교육부 홈페이지

표 7-9 병원전산시스템의 급식관리업무

업무	세부내용
영양관리업무	• 식단작성(환자식의 일반식과 치료식, 직원식) • 환자관리(환자의 영양상태 파악, 환자면담, 식사회진) • 식사의 질적 보증 평가 및 임상영양업무의 질적 보증 평가
급식관리업무	• 인사 및 노무관리 • 식품 및 생산관리 • 작업관리 • 위생 및 안전관리 • 시설 및 설비관리 • 사무관리
영양지도업무	• 입원 및 외래 환자에 대한 영양교육 • 집단영양교육

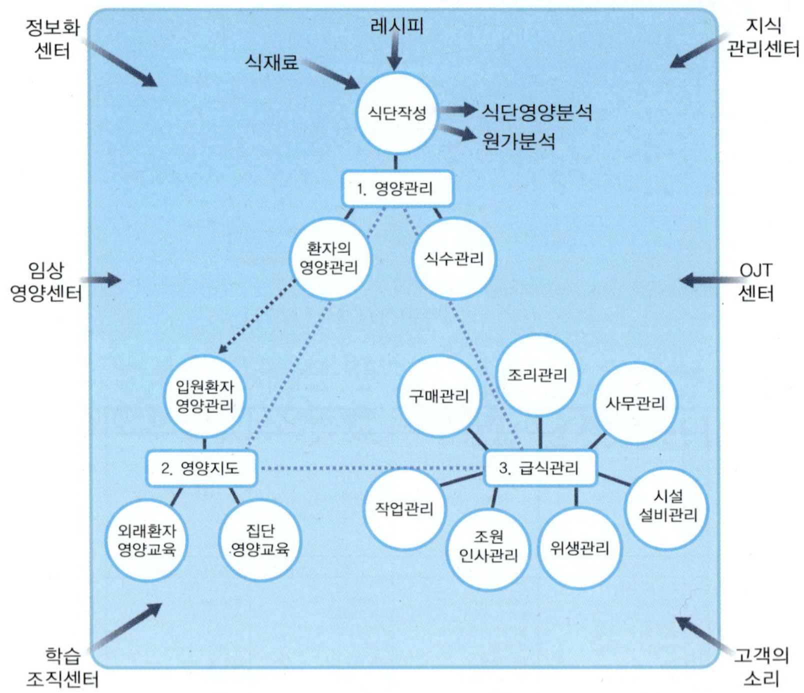

그림 7-6 병원급식 전산시스템의 예

3) 사업체급식의 전산시스템

대한영양사협회에서 개발한 사업체 급식용 급식관리 전산 프로그램(Food Service Management-21 : FSM-21)은 사업체 급식관리 업무의 기초정보, 식단과 영양, 구매와 재고, 급식과 통계 등 단계별로 구분되어 있으며 사용자의 편의에 따라 필요한 부분을 선택하여 활용할 수 있도록 되어 있다. 이 프로그램은 사업체 급식의 식단작성 등의 급식업무와 사무관리를 신속하고 정확하게 처리하는데 매우 유용할 뿐 아니라 직원들의 영양교육, 영양상담, 영양섭취평가 등 영양사 업무에도 활용할 수 있다. FSM-21의 프로그램 구성은 표 7-10과 같다.

표 7-10 FSM-21의 구성

구분	내용
기초정보	식단표, 조리지시서, 검식
식단과 영양	식단의 영양분석, 영양섭취기준에 따른 식단평가
구매관리	발주서, 검수일지, 재고관리일지
급식과 통계	원가분석, 인사관리, 위생점검, 급식일지, 설문조사지, 통계분석

4) 위탁급식업체의 업무전산화

위탁급식업체들은 사업영역의 확대에 따라 모든 업무를 전산화하여 운영하고 있다. ㈜아워홈은 사업영역 다각화의 일환으로 종합식자재유통에서 인터넷을 통한 고객의 주문, vendor의 수주, 식재료의 입고까지 모든 과정을 전산화하여 신선한 상품을 즉시 공급할 수 있는 쌍방향 커뮤니케이션 시스템인 e-biz management system을 운영하고 있으며, 일부 위탁급식업체에서는 식단작성에서부터 급식통계 및 결산일지 관리까지 영양사의 업무를 쉽고 편리하게 할 수 있도록 인터넷을 이용한 급식관리시스템(Smart Diettian Management System : SDMS)을 제공하기도 한다.

(3) 업무전산화에 따른 이점과 문제점

1) 컴퓨터 도입의 이점

① 신속·정확한 사무처리
② 사무량의 경감
③ File space의 절감
④ 각종 양식 작성의 간편화
⑤ 시간절약
⑥ 질 높은 업무내용(실수의 감소, 오기의 감소)

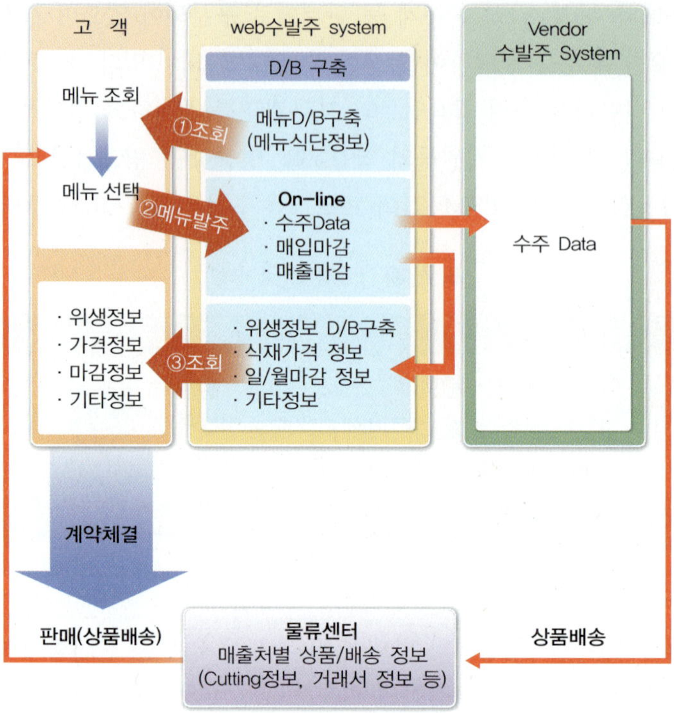

그림 7-7 위탁급식업체의 업무 전산화 시스템
*출처 : (주)아워홈

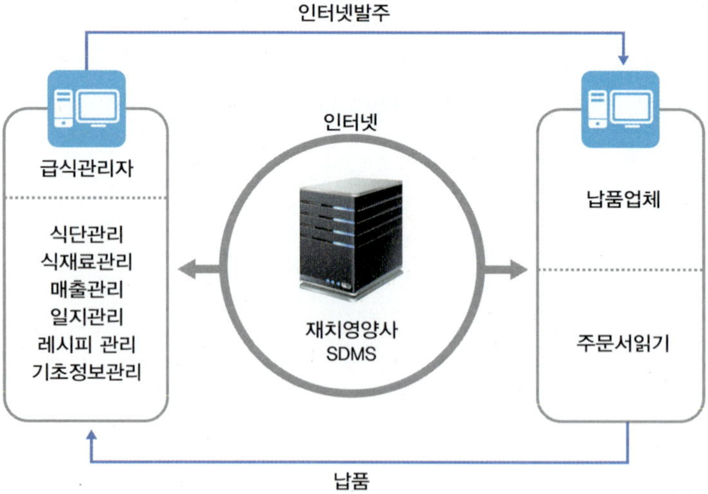

그림 7-8 인터넷을 이용한 급식관리시스템의 예
*출처 : 재치영양사

2) 컴퓨터 도입에 따른 문제점

① 단가의 문제(시설, 설비, 프로그램, 용지, 잉크 등)
② 입력에 시간과 노력이 든다.
③ 휴일 사용이 불가능할 수도 있다.
④ 예외적인 작업의 처리가 어렵다.
⑤ 기계 조작상의 고장이나 실패 등 문제 발생 시 업무중단 가능성이 높다.

SECTION 4 원가관리

원가관리는 재무활동의 목표를 세우고 계획과 실제 결과를 비교해 각 부문의 효율을 평가하는 통제기능이다. 단체급식에서 원가관리는 원가표준을 정하고 실제로 발생한 원가를 표준과 비교해 차이를 분석함으로써 급식운영의 효율성을 높이는 데 목적이 있다.

1. 원가의 정의

원가란 제품이나 서비스를 제공하는 자가 그 제품이나 서비스를 소비자에게 제공하기 위해 투자한 모든 비용을 화폐가치로 환산한 것이다. 급식원가는 식재료비(material cost), 노무비(labor), 경비(expense)로 구성되며 이것을 원가의 3요소라고 한다.

① **식재료비** : 급식소에서 음식을 생산하는 데 소요되는 식재료의 구입비용.
② **노무비** : 급식종사자에게 제공하는 급료, 임금, 각종 수당, 상여금, 퇴직금 등
③ **경비** : 소모품비, 수도비, 광열비, 가스비, 감가상각비, 보험료, 관리비, 기타 잡비 등 식재료비와 인건비를 제외한 모든 비용

원가의 특성은 다음과 같다.

① 원가는 경제가치의 희생으로서 경영활동에 수반해 발생하는 희생가치이다.
② 원가는 일정의 급부와 관련해 파악된 경제가치이다.

③ 원가는 경영목적과 관련이 있는 것이다.

④ 원가는 정상적으로 발생한 것이다.

2. 원가의 분류

(1) 제품생산 관련성에 의한 분류

1) 직접비

완성된 제품과 관련해 사용된 비용이 확실한 것으로 특정제품에 사용된 것이 분명해 그 제품의 원가로 직접 계산 가능한 비용을 말하며 직접재료비, 직접인건비(임금), 직접경비(외주 가공비 등)가 있다.

2) 간접비

여러 제품에 공통으로 또는 간접적으로 소비되는 비용을 말하며 간접재료비, 간접인건비(수당 등), 간접경비(감가상각비, 보험료, 수선비, 전력비, 가스비, 수도비 등)가 있다.

(2) 비용과 생산량 관계에 의한 분류

1) 변동비

변동비(variable costs)는 조업도의 변동에 따라 비용이 비례적으로 변화하는 원가이다. 직접재료비, 직접노무비, 매출액의 일정 비율에 따라 지급되는 판매수수료 등이 이에 해당된다.

2) 고정비

고정비(fixed costs)는 조업도의 변동에 관계없이 총액이 일정한 원가로써 생산량의 증감에 관계없이 고정적으로 발생하는 비용을 말한다. 임대료, 감가상각비, 보험료, 재산세 등이 이에 해당된다.

3) 준변동비

준변동비(semi-variable costs)는 변동비와 고정비의 두 요소를 모두 가지고 있는 원가를 말한다. 예를 들면, 전력비의 경우 일부는 기본요금으로 고정비이지만 조업도가 증가함에 따라 비례하여 증가하는 변동비의 성격도 가지므로 준변동비에 해당된다.

(3) 비용통제 가능성 여부에 의한 분류

1) 통제가능원가

통제가능원가(Controllable costs)란 식재료비, 인건비, 수도비, 전력비, 전화비, 사무비 등과 같이 관리자가 통제해 절약할 수 있는 비용을 말한다.

2) 통제불가능원가

통제불가능원가(non-controllable costs)는 임대료나 감가상각비 등과 같이 관리자가 통제할 수 없고 항상 고정적으로 발생하는 비용을 말한다.

(4) 경영활동의 기능에 의한 분류

1) 제조원가

제조원가란 제품을 생산하는 과정에서 소요되는 모든 원가를 말한다. 직접재료비, 직접노무비, 제조간접비 등이 있다.

2) 비제조원가

비제조원가(nonmanufacturing costs)는 제조활동과 관계없이 판매활동 및 관리활동과 관련해 발생하는 원가를 말하며 판매비와 일반관리비가 있다.

① **판매비** : 판매활동과 관련해 발생하는 원가로 판매수수료, 광고선전비, 판매사원의 급여, 판매부서의 운영비 등이 있다.

② **일반관리비** : 기업을 유지·관리하기 위해 소요되는 원가로 사무실 임차료, 감가상각비, 보험료, 경영자나 사무직원의 급여, 관리부서 운영비, 사무용 소모품비 등이 있다.

(5) 원가의 파악시기에 따른 분류

1) 실제원가

제품이 제조된 후에 그 제품의 제조에 실제로 소비된 원가를 산출한 것으로 사후계산에 의해 산출된 원가이므로 확정원가 또는 현실원가라 한다. 보통 원가라 하면 이 실제원가를 말한다.

2) 예정원가

제품의 제조 이전에 그 제품 제조에 소비될 것으로 예상되는 원가를 예상하여 산출한 것으로 견적원가 또는 추정원가라고 한다. 실제원가와 비교되어 원가관리에 도움이 되기도 한다.

3) 표준원가

기업이 이상적인 제조활동을 할 경우에 소비될 원가, 경영의 목표가 될 이상적이고도 모범적인 예정원가이다. 이것은 실제원가를 통해 관리할 수 있는 예정원가이다.

3. 원가의 구성

제품의 판매가격은 직접원가, 제조원가, 총원가 순서의 원가구조로 구성되며 그 내용을 분석해 보면 그림 7-9와 같다.

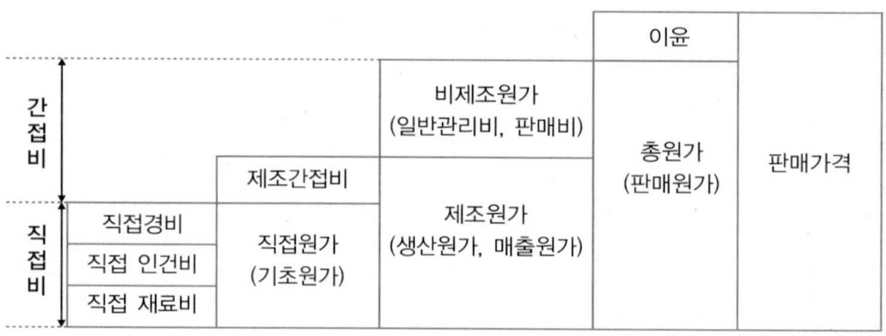

그림 7-9 원가의 구조

4. 단체급식의 원가요소

(1) 식재료비

생산에 필요한 물품의 구입에 소요되는 비용으로 급식에서는 식재료비라고 한다. 식재료비의 분류는 시설별로 달라지지만 일반적으로 주식비(쌀, 면류, 빵류 포함), 부식비, 조미료비, 김치, 우유, 과일 등 식단의 구성요소별로 분류하거나 식품군별(곡류, 채소 및 과일, 생선 및 건어물, 육류, 닭 및 달걀, 김치, 우유 및 유제품, 두부, 가공식품)로 분류하여 산출할 수 있다.

표 7-11 급식부문의 원가요소

<table>
<tr><th colspan="5">과목</th><th>해설</th></tr>
<tr><td rowspan="17">총
원
가</td><td rowspan="16">직
접
원
가</td><td colspan="3">급식재료비</td><td>① 쌀, 잡곡류, 생선식품, 조미료, 식품재료
② 급식용구 1년내 소모, 식기, 수저, 세제</td></tr>
<tr><td colspan="3">인건비</td><td>봉급, 수당, 상여</td></tr>
<tr><td colspan="3">법정복리비</td><td>건강보험, 산재보험, 국민연금, 고용보험 등 사업주부담금</td></tr>
<tr><td rowspan="13">경
비</td><td rowspan="3">광
열
수
비</td><td>수도료</td><td>상하수도, 급수비(급수전기료 포함)</td></tr>
<tr><td>연료</td><td>가스, 증기(급식부문 배분 소여 연료비)</td></tr>
<tr><td>전기료</td><td>조명, 동력, 열원에 사용한 전기요금</td></tr>
<tr><td rowspan="3">물
건
비</td><td>소모품비</td><td>급식용구, 사무관리용품 감가상각</td></tr>
<tr><td>소모품</td><td>사무관리용으로 필요한 것</td></tr>
<tr><td>직원피복비</td><td>지급한 가운 및 세탁비</td></tr>
<tr><td colspan="2">통신 · 피복비</td><td>전신료, 전화료, 우편료, 우편 반송료</td></tr>
<tr><td colspan="2">수선비</td><td>건물(동 부속설비) 기기비품, 차량유지비, 고정자산의 가치</td></tr>
<tr><td colspan="2">잡손실</td><td>감각할 때 식품의 손실</td></tr>
<tr><td colspan="2">보험료</td><td>건물(동 부속설비 포함), 기기비품 보험료(화재 보험료)</td></tr>
<tr><td colspan="2">연구연수비</td><td>연구재료비, 연구연수강사사례, 도서비, 여비(학회출석)</td></tr>
<tr><td colspan="2">잡비</td><td>위에 속하지 않는 비용</td></tr>
<tr><td colspan="2">건물
동 부대설비
비품</td><td>건물 · 동 부대설비(환기 · 냉방장치)
비품, 조리기기 · 기구
자산내용연수를 기초로 한 정산법에 의한 감가상각</td></tr>
<tr><td colspan="4">관리비</td><td>관리비, 관리부문(사무부문)
사무부 직원급료, 제수당, 전기, 수도료</td></tr>
</table>

(2) 인건비

급식업무에 종사하는 사람들에게 노동력의 대가로 지불되는 금액으로 급료, 임금, 각종 수당, 상여금, 퇴직금 등이 있다.

(3) 경 비

식재료비와 인건비를 제외한 모든 비용으로 시설사용료, 수도광열비, 전력비, 감가상각비, 소모품비, 복리후생비, 보험료 등이 있다.

5. 원가계산

(1) 원가계산의 목적

급식에서 원가계산은 일정기간 동안 급식에 소비된 모든 비용을 목적에 따라 분류·집계하여 그 기간 동안의 생산량으로 나누어 원가를 산출하는 것이다. 경영의 재정상태, 즉 수익 또는 손실의 정도를 파악하기 위하여 원가계산은 반드시 필요하다.

일반적으로 원가계산은 총 제조원가의 합계, 제조원가의 결정, 매출원가의 산정이라는 절차를 밟는다.

1) 총 제조원가

당기 총 제조원가(current manufacturing costs)란 당기에 제조과정에 투입된 모든 제조원가를 말하며 직접재료비, 직접노무비, 제조간접비의 합계로 표시된다.

- 총 제조원가 = 직접재료비 + 직접노무비 + 제조간접비

2) 제조원가

당기 제품 제조원가(cost of goods manufactured)란 당기에 완성된 제품의 제조원가를 말한다. 제조원가는 기초생산품 재고액에서 총 제조원가를 합산한 후 기말 재공품 재고액을 차감하여 구한다. 단체급식의 경우에는 보통 생산과정 중에 있는 재공품 과정을 생략하고 총 제조원가가 제조원가로 대체된다.

- 제조원가 = 기초재공품 재고액 + 총 제조원가 − 기말재공품 재고액

3) 매출원가

매출원가(cost of goods sold)란 당기에 판매된 제품의 원가를 말하며, 기초재고액에 제조원가를 합산한 후 기말재고액을 차감하여 계산한다.

- 매출원가 = 기초재고액 + 제조원가 − 기말재고액

기업회계기준에 의하면 제조기업의 경우 제조원가서를 작성하여 제조원가의 계산근거를 나타내도록 하고 있다.

원가의 계산의 목적은 경제의 실체를 계속적으로 파악하여 적정한 가격의 결정과 경영능률 증진의 기초자료로 삼기 위함이며, 다음과 같이 분류할 수 있다.

① **가격결정의 목적** : 제품의 가격을 결정하기 위해 제품원가를 산정한다.
② **원가관리의 목적** : 경영관리의 원가관리에 필요한 기초자료로 이용된다.
③ **예산편성의 목적** : 예산을 편성하는 경우에 기초자료로 이용된다.
④ **재무제표작성의 목적** : 손익계산서에 있어서 매출원가를 산정하고 대차대조표에 있어서 재고품의 원가자료를 제공한다.

(2) 원가계산의 원칙

원가계산을 보다 더 객관적이고 합리적으로 하기 위한 원칙은 다음과 같다.

① **진실성의 원칙**
② **발생기준의 원칙** : 모든 비용과 수익의 계산은 그 발생시점을 기준으로 한다.
③ **계산경제성의 원칙** : 원가계산에 경제성을 고려하여야 한다.
④ **확실성의 원칙** : 가장 확실성이 높은 방법으로 계산한다.
⑤ **정상성의 원칙** : 정상적으로 발생한 원가만을 계산한다.
⑥ **비교성의 원칙** : 다른 일정기간이나 다른 부문의 것과 비교할 수 있도록 한다.
⑦ **상호관리의 원칙** : 원가계산과 일반회계 간, 그리고 각 요소별 계산, 부문별 계산, 제품별 계산 간에 서로 밀접하게 관련되어 하나의 유기적 관계를 구성함으로써 상호관리가 가능해져야 한다는 원칙이다.

식품의 원가를 전산화하여 파악하려면 이러한 원가흐름의 매 단계마다. 능률적인 원가관리가 이루어져야 한다. 효율적인 식음료 원가관리제도는 그림 7-10과 같이 3단계로 구분된다.

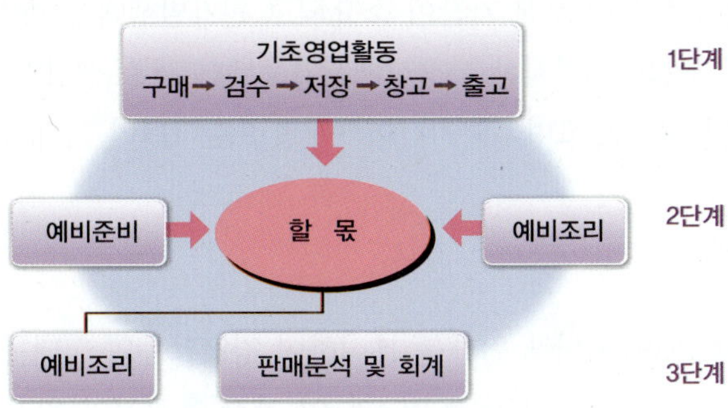

그림 7-10 식음료 원가관리의 단계

(3) 원가계산의 종류

1) 개별원가계산과 종합원가계산

① **개별원가계산** : 종류, 규격을 달리하는 제품을 개별적으로 생산하는 경우 개개의 제품별로 원가를 집계하는 방법

② **종합원가계산** : 제품을 연속적으로 대량생산하는 기업에서 채용하는 원가계산법으로 일정기간에 제품 제조를 위해 소비된 총 원가요소를 집계하여 제조원가를 구하고 이것을 동기간의 완성품수량으로 나누어 제품 1단위당 제조원가를 구한다.

2) 실제원가와 예정원가계산

① **실제원가** : 실제로 소비된 원가요소, 즉, 재료비, 노무비, 경비를 계산하는 것.

② **예정원가계산** : 제품을 제조하기 전에 미리 그 원가를 예정하여 계산하는 방법

3) 부분원가계산과 전부원가계산

제품원가를 계산할 때 모든 원가를 포함하여 계산하는가 그렇지 않으면 필요한 부분만을 계산하는가에 따라 구분한 원가계산방법이다.

4) 제도적 원가계산과 특수원가계산

- **원가계산의 기간** : 원가를 계산하여 정기적으로 보고를 하는 시간적 단위를 원가계산 기간이라 한다. 원가계산기간은 1개월로 하는 경우가 많으며, 식단의 1 사이클을 기간으로 하는 등, 비교적 단기간에 실태를 파악하여 관리에 이용한다. 제품 생산에 오랜 기간이 소요되고 원가발생액을 개별적으로 파악하기 용이한 제품의 원가계산은 생산개시일로부터 제품 완성일까지를 원가계산 기간으로 할 수도 있으며, 그 기간이 3개월 또는 1년이 되기도 한다.

6. 원가분석

원가분석(cost analysis)이란 원가를 분석하여 경영활동의 실태를 파악하고 해석하는 것이다. 원가를 여러 각도에서 분석하여 가장 효과적인 원가관리 및 원가절감 방안을 수행하기 위한 경영 의사결정자료를 제공하기 위한 목적으로 행해진다.

(1) 식재료비 및 재고회전율 분석

원가의 3요소 중 가장 높은 비율을 차지하는 것이 식재료비이다. 식재료비 비율은 전체 매출액 중 식재료비가 차지하는 비율이며 식재료비의 비율이 일정 범위를 벗어나지 않도록 철저히 통제하여야 한다. 식재료비 분석에는 식재료비 비율(%)이나 메뉴 품목별 식재료비 비율(%) 등이 포함된다.

- 식재료비 비율(%) $= \dfrac{\text{식재료비}}{\text{매출액}} \times 100$
- 메뉴 품목별 식재료비 비율(%) $= \dfrac{\text{품목별 식재료비}}{\text{품목별 메뉴가격}} \times 100$

식재료의 재고회전율은 자금이고 재고자산으로 묶여 있는 정도를 나타내는데 재고회전율을 적정 수준으로 유지하는 것이 저장 비용, 사무 비용, 구매 등의 비용을 절감할 수 있으므로 바람직하다.

- 식재료 재고회전율 $= \dfrac{\text{식재료비 총액}}{\text{평균 재고}} \times 100$

예제① A 급식소에서 볶음밥의 판매가격이 4,000원이며 식재료비가 1,600원이다. 이 급식소의 1일 총 매출액이 1,500,000원, 총 식재료비는 750,000원이다. 이 급식소의 식재료비 비율과 볶음밥의 식재료비 비율을 구하라.

- 식재료비 비율(%) $= \dfrac{75,000}{1,500,000} \times 100 = 50\%$
- 볶음밥의 식재료비 비율(%) $= \dfrac{1,600}{4,600} \times 100 = 40\%$

예제② A 초등학교의 5월의 식재료비 총액은 18,000,000원이고 5월초 재고가액은 10,000,000원, 5월말 재고가액은 14,000,000원이었다. 이 학교의 5월의 재고회전율을 구하라.

- 평균재고가액 $= \dfrac{10,000,000 + 14,000,000}{2} = 12,000,000$원

• 식재료비 재고회전율 $= \frac{18{,}000{,}000}{12{,}000{,}000} \times 100 = 150\%$

(2) 인건비 분석

인건비 분석은 총 지출 또는 총 판매익에 대한 인건비 비율을 계산한다.

급식산업에서는 총 원가 중 인건비의 비율이 비교적 높은 편이므로 인건비 관리를 위해 총 지출 혹은 총 판매액에 대한 인건비 비율(%)을 계산할 수 있다. 또한 정규직과 임시직으로 인력이 구성되므로 정규직 환산인원(Full-Time Equivalents : FTEs) 산출이 필요하다. 이 외에도 결근율과 이직률을 산출하여 인력 효율성과 직무만족 수준을 평가할 수 있다.

• 인건비 비율 $= \frac{\text{급식 인건비}}{\text{총 매출액}} \times 100$

• FTES $= \frac{\text{일정기간의 필요 총 노동시간}}{\text{일정기간의 정규직 법정 근로기준시간}}$

예제③ **1.** 1일 총 매출액이 2,000,000원, 식재료비가 980,000원인 경우 식재료비 비율을 계산하면?

• $\frac{980{,}000}{2{,}000{,}000} \times 100 = 49\%$

2. 판매가격이 4,000원인 메뉴의 식재료비가 2,000원인 경우 이 메뉴의 식재료비 비율을 계산하면?

• $\frac{2{,}000}{4{,}000} \times 100 = 50\%$

3. 1주 필요 노동시간이 220시간이고 1주일 정규직 법정근로시간이 44시간이라면 FTEs는?

• $\frac{220}{44} = 5$명

(3) 감가상각비 분석

감가상각이란 고정자산의 사용에 따른 손모율에 의해 달라진다. 이때 감소된 금액을 감가상각비라고 하며 이것을 결산기마다 경비에 넣어서 계산한다. 감가상각비 계산방법은 여러 가지가 있으나 대표적인 것으로 정액법과 정률법이 있다.

1) 정액법

고정자산의 감가 총액을 내용 연수로 균등하게 할당하는 방법으로 매년 일정액의 감가상각비를 계산할 수 있다. 내용 연수란 고정자산이 손상 또는 노후되어 사용이 불가능해지는 기간을 의미한다.

- $\text{매년 감가상각비} = \dfrac{\text{구입가격} - \text{잔존가격}}{\text{내용 연수}}$

2) 정율법

구입가격에서 감가상각비 누계를 차감한 금액에 일정한 상각률을 곱하여 산출한 금액으로 내용연수가 경과함에 따라 상각액이 감소하게 된다.

- $\text{상각률} = 1 - \sqrt[n]{\dfrac{\text{잔존구입}}{\text{구입가격}}}$

SECTION 5 재무관리

1. 재무관리의 의의

재무관리(financial management)란 기업의 자본조달과 그 운영에 관한 관리이다. 즉, 재무관리는 필요한 자본액의 결정, 결정된 자본액의 조달, 그 자본의 효율적인 활용 등에 관한 내용이다. 재무관리의 정확한 정의를 내리기 위해서는 먼저 자본과 자본에 대한 권리를 구분하여야 한다.

(1) 자 산

기업이 그의 목적을 달성하기 위해 경영활동을 계속하는 과정에서 필요한 현금, 재화, 각종의 권리를 일괄하여 자산이라고 한다.

1) 고정자산

경영활동에 장기간에 걸쳐 사용되는 자산부분으로서 원칙적으로 판매를 목적으로 하지 않는 재산이다.

① **유형고정자산** : 토지 건물, 기계, 설비 등
② **무형자산** : 영업권, 특허권, 장기투자의 공사채, 자회사에 대한 지분 등

2) 유동자산

경영활동에 따라 언제나 회전하며 장기간 기업 내부에 체류하지 않는 자산이다.

① **재고자산** : 원재료, 재공품, 제품, 저장품, 소모품 등으로 판매용 자산이란 의미에서 판매자산이라고도 한다.
② **당좌자산** : 현금, 예금 등의 지불수단. 현금에 가까운 외상매출금, 받을 어음 등이며 각종 자산에 대한 지급수단으로 사용되는 특수한 성질을 가지므로 지급자산이라고도 한다.

3) 기타 자산

경영활동에 직접적인 관계가 없는 예비적 또는 부수적 성질을 가진 자산이다. 예를 들면 장래의 설비확장을 위해 예비적으로 보유하고 있는 각종의 기계, 설비 등의 미가동 자산, 또는 일시적인 융자목적으로 구입하여 보관하고 있는 주식이나 사채 등이 여기에 해당된다.

(2) 자 본

자산을 준비하여 보유하기 위해 필요한 밑천을 어떻게 조달하였고, 또 화폐적 가치로 표시되는 자산이 누구의 소유에 귀속되는가의 관계를 나타내는 것이다. 자본의 구성은 그림 7-11과 같다.

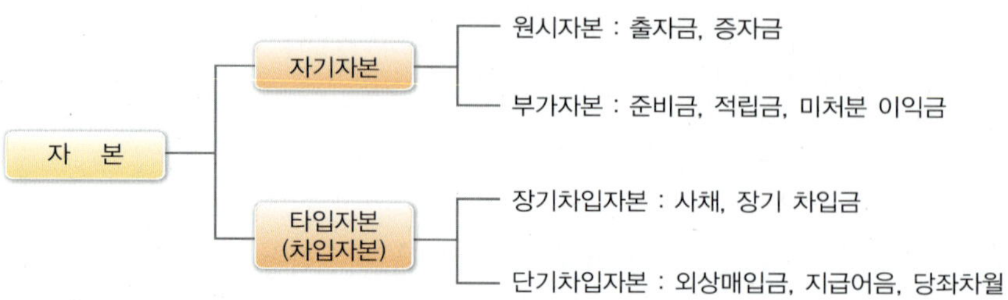

그림 7-11 자본의 구성

2. 재무관리의 원칙

(1) 자본유지의 원칙(capital preservation)

회사는 법정 자본금액에 상당하는 재산을 언제나 보유하여 자본의 내용을 충실하게 해야 한다는 원칙이다.

(2) 계속기업의 원칙

기업이 생산활동을 수행함에 있어서 1회에 한정하는 것이 아니라 국민경제의 수요를 충당하고 동시에 계속적인 발전에 이바지하기 위하여 계속적으로 수행되어야 한다는 원칙이다.

(3) 수익성과 안전성의 원칙

한편에서는 기업의 수익성을 확보하고, 다른 한편에서는 타인자본에 대한 상환에 있어서 안전성을 유지해야 한다는 원칙이다.

(4) 유동성의 원칙

재무관리상 재무유동성을 유지하여 기업의 지불능력을 확보하도록 하여야 한다는 원칙이다. 이 비율은 일반적으로 기업이 갖는 지불능력을 표시하는 것이므로 이것이 클수록 기업의 지불능력이 크며, 동시에 재무유동성은 유지되고 있다고 판단되는 것이다.

- $\text{유동비율} = \dfrac{\text{유동자산}}{\text{유동부채(단기차입자본)}} \times 100$

3. 재무제표의 작성과 분석

재무제표(financial statement)란 기업 실체의 외부 정보 이용자에게 기업실체에 관한 재무적 정보를 전달하는 핵심적 보고서를 말한다.

재무제표란 기업의 이해관계자들이 합리적인 경제적 의사결정(economic decision)을 하는 데 필요하고 유용한 경영성과 및 재무상태를 정리한 표로서 회계보고서 또는 결산보고서라고 한다. 재무제표는 대차대조표, 손익계산서, 이익잉여금 처분계산서(혹은 결손금처리계산서), 현금 흐름도, 주기와 주석 등을 들 수 있다. 재무제표와 기업활동간의 관계를 나타내면 표 7-12와 같다.

표 7-12 재무제표와 기업 활동 간의 관계

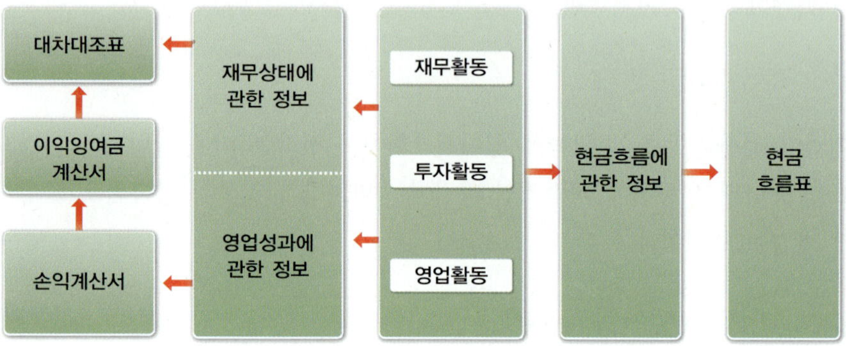

(1) 대차대조표

대차대조표(balance sheet : B/S)는 특정 시점의 재무상태를 나타내는 재무제표로서 기업이 소유하고 있는 경제적 자원(자산), 그 경제적 자원에 대한 의무(부채) 및 소유주 지분(자본)에 관한 정보를 제공한다. 재무제표는 자산·부채·자본의 세 요소로 구성된다.

표 7-13 대차대조표

대 차 대 조 표			
○○고등학교 급식소			2007. 3. 31. (단위 : 천 원)
1. 자산		2. 부채	
현금	1,050,000	대출 이자	70,000
재고	1,000,000	미지급 급여	4,000,000
외상 매출	2,500,000	미지급 이자	20,000
토지	3,500,000	차입금	100,000
건물	1,400,000		
기계장치	200,000	3. 자본	
		자본금	5,380,000
		당기 순이익	80,000
합계	9,650,000	합계	9,650,000

대차대조표의 왼쪽(차변)에는 자산, 오른쪽(대변)에는 부채와 자본을 기록하는데 자산의 합과 부채, 자본의 합이 일치해야 한다.

자본은 자산에서 부채를 차감하고 남은 금액을 말하며 또는 소유주 지분이라고도 한다. 자본에는 창업 시 납입한 자본금과 증자에 의한 자본금, 당기 순이익 등이 포함되며, 대차대조표의 예는 표 7-13과 같다.

(2) 손익계산서

손익계산서(income statement : I/S, profit and loss statement : P/L)란 일정기간 동안 기업의 경영성과에 대한 정보를 보고하는 재무제표이다.

손익계산서는 수익(revenue), 비용(expenses), 이익 혹은 손실(profit or loss)의 세 가지 요소로 구성되어 있다.

수익에는 매출액, 영업 외 수익(이자 수익, 임대료 수익 등), 특별 이익 등이 있다. 비용에는 매출원가, 판매비, 일반관리비, 영업 외 비용, 특별손실, 세금 등이 있으며 판매 및 마케팅 활동에 소요된 판매비와 일반 관리비는 영업비용이라고 한다. 주요 영업활동에 직접 관련되지 않은 부수적인 비용, 즉 지급이자, 매출 할인 등은 영업 외 비용이다.

- 이익 = 수익 − 비용

표 7-14 손익계산서의 예

손 익 계 산 서 (2006년 1월 1일~2006년 12월 31일 ○○주식회사) (단위 : 천 원)			
Ⅰ. 매출액			300,000
Ⅱ. 생산원가	1. 재료비 2. 인건비 3. 경비	60,000 100,000 7,000	−167,000
Ⅲ. 매출이익 Ⅳ. 영업비용	1. 판매비 2. 관리비	10,000 5000	133,000 −15,000
Ⅴ. 영업이익			118,000
Ⅵ. 영업외 비용	지급이자, 매출할인	20,000	−20,000
Ⅶ. 당기 순이익			98,000

자산처분손실, 재해손실 등은 특별손실이다. 수익이 비용보다 클 경우 이익이 발생한 것이며, 수익보다 비용이 클 경우에는 손실이 발생한 것이다. 그러므로 다음과 같은 식으로 표시할 수 있다.

(3) 현금흐름표

현금흐름표(statement of cash flows)는 일정기간 동안 외식기업의 영업·투자·재무활동으로 인한 현금유출액과 유입액을 보여주는 재무보고서이다. 현금 흐름표의 분석을 통해 해당 외식기업의 채무지급능력이 개선되고 있는가, 영업활동을 통해서 영업비용, 부채상환, 이자지급 등 지급 의무를 수행할 수 있는 충분한 현금흐름이 지속적으로 창출되고 있는가를 알 수 있다.

표 7-15 외식기업의 현금흐름표

(단위 : 원)

자 산	금 액	
1. 영업활동으로 인한 현금 흐름		25,941,701,476
(1) 당기순이익	18,062,351,524	
(2) 현금의 유출이 없는 비용 등의 가산	10,398,148,697	
(3) 현금이 유입이 없는 수익 등의 차감	(−)3,608,668,117	
(4) 영업활동으로 인한 자산 부채의 변동	1,089,869,372	
2. 투자활동으로 인한 자산 부채의 변동		(−)41,845,579,858
(1) 투자활동으로 인한 현금 유입액	23,656,769,194	
(2) 투자활동으로 인한 현금 유출액	(−)65,502,349,052	
3. 재무활동으로 인한 현금 흐름		3,160,900,000
(1) 재무활동으로 인한 현금 유입액	16,488,900,000	
(2) 재무활동으로 인한 현금 유출액	(−)13,328,000,000	
4. 현금의 증가(감소)		(−)12,742,978,382
5. 기초의 현금		38,245,762,169
6. 기말의 현금		25,502,783,787

4. 재무제표의 분석

(1) 추세분석

추세분석(trend analysis)은 두 개 이상의 연속된 회계기간에 대해 재무제표항목들의 변환율을 비교하는 기법으로 수평적 분석이라고도 한다. 추세분석은 특정 연도를 기준 연도로 정하고 기준 연도 이후의 해당 재무제표 항목을 기준 연도의 항목에 대한 비율로 표시한다.

추세분석은 장기간에 걸친 기업의 기본적인 변화를 살펴볼 수 있다.

(2) 수직적 분석

수직적 분석(vertical analysis)이란 재무제표를 구성하고 있는 각 재무제표항목의 상대적인 크기를 백분율로 표시하여 분석하는 것을 말한다.

수직적 분석은 재무제표 각 구성요소들이 차지하는 상대적 중요성을 비교하는 데 유용하다.

(3) 재무비율분석(financial ratio analysis)

재무제표의 분석방법 중 가장 많이 활용되고 있는 방법이 재무비율분석(financial ratio analysis)이다. 재무비율분석은 재무제표의 구성항목 중 상관성이 있는 것을 결합하여 비율로 산출하는 것이다. 구체적인 재무비율분석에는 유동성, 수익성, 안정성, 효율성 비율 등이 있다.

1) 유동성 비율(liquidity ratio)

기업의 단기채무에 대한 지급능력을 측정하는 것으로 기업의 단기채무에 대한 지급능력을 나타낸다.

2) 수익성 비율(profitability ratio)

기업의 일정기간 동안의 수익성을 측정하는 것으로 그 기간 동안 기업의 경영성과를 나타낸다.

3) 안정성 비율(safety ratio)

기업의 장기적인 지급능력과 채무구조의 건전성 여부를 판단하게 된다. 기업이 어느 정도 타인자본에 의존하고 있으며, 조달된 자본이 기업이 자산에 얼마나 적절히 배분되고 있는가를 나타내는 비율로서 레버리지 비율(leverage ratio)이라고도 한다.

4) 효율성 비율(efficiency ratio)

기업의 자산을 얼마나 효율적으로 사용했는가를 측정하는 것으로 기업이 얼마나 능률적으로 자산을 활용하였는가에 대한 정보를 제공해 주는 것으로 매출액에 대한 주요 자산의 회전율로 나타내는 것이 일반적이다.

5. 손익분기점 분석

(1) 손익분기점 분석의 정의

손익분기점이란 간단히 설명을 하면 총 수익과 총 비용이 같아서 영업에 따른 이익이나 손실도 발생하지 않는 말 그대로 제로인 상태를 말한다.

손익분기점을 산출해 내는 것은 어느 기업이나 필요한 것이며, 이는 바로 그 기업에 대한 채산성과 깊은 관계가 있다. 특히 영업에 따른 이익과 손실을 바로 한눈에 파악이 가능하므로 기업에서는 상당히 중요시 하고 있다. 손익분기점 분석은 목표이익에 대한 매출액을 산정하는 데 유용한 것이며, 손익분기점 분석표라고 하며 그래프로 그려보면 그림 7-12와 같다.

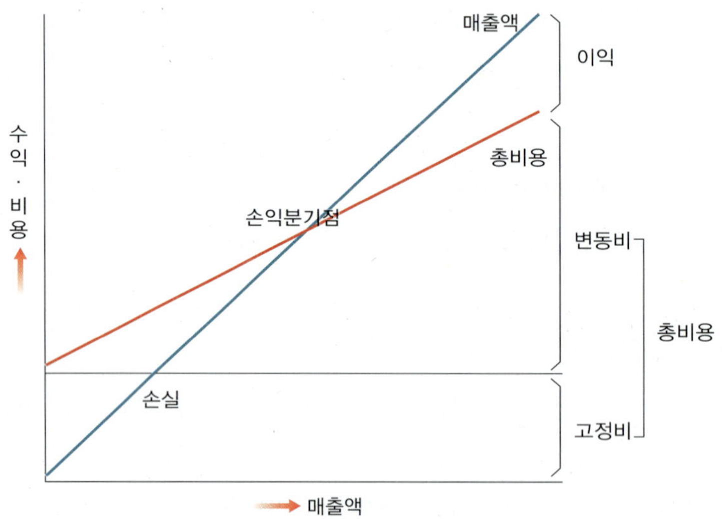

그림 7-12 손익분기점 분석표

손익분기점 분석을 하기 위해서는 우선 공식에서 제시하는 각종 비용에 대한 지식을 알고 있어야 한다. 이는 바로 손익분기점 분석에서 필수적인 항목이며, 비용의 증감에 따라 손익분기점 분석이 달라지므로 공식에 따른 비용, 즉 변동비와 고정비에 대해서 알고 있어야 한다.

1) 변동비

변동비라고 하는 것은 영업이 잘 되어 고객이 많이 오면 올수록 보다 많이 발생하는 비용이다. 외식사업에서도 일반 제조업과 마찬가지로 변동비라고 하면 재료비나 소모품비 및 음식을 만드는 데 소요되는 연료비 등을 들 수 있다.

변동비율(variable cost ratio)은 매출액에 대한 변동비의 비율로서, 매출액 중에서 몇 %가 변동비인가를 나타낸다.

2) 고정비

고정비라고 하는 것은 매출에 관계없이 언제나 일정하게 발생되는 비용을 말한다. 고정적으로 지출되는 보험료, 임대료 등은 대표적으로 고정비 항목에 포함되는 비용이다. 레스토랑에서는 종업원에 대한 급료, 임대료, 주방설비기구의 감가상각비용 등이 고정비항목에 포함되는 비용이다.

3) 변동비와 고정비의 중간항목

비용항목 중에서는 일부 항목은 고정비도 되지만 변동비항목으로도 포함되는 비용을 말한다. 예를 들면 영업에 따라서 발생되는 비용항목 중에서 전기비나 전화비 등은 일정한 기간 동안에는 고객의 매출과 관계없이 일정한 기본요금을 지불하게 되므로 고정비로 분류되나, 고객이 늘어나거나 생산량의 증가에 따라 추가로 발생되는 전기비나 전화비 등은 변동비 항목에 포함될 수도 있다.

4) 공헌이익률

공헌이익률(contribution margin rate)이란 매출액에서 변동비를 제외한 것을 말하며 일명 공헌이익이라고도 한다. 쉽게 설명을 하면 제조업에서 상품을 만들어 소비자에게 물품을 판매하게 되는데, 이때 상품이나 상품을 소비자에게 판매할 때마다 늘어나는 이익이다. 따라서 일반 제조업체에서는 공헌이익률을 높이기 위해서 다양한 노력을 하게 된다.

그리고 단위당 공헌이익(unit contribution margin)은 단위당 판매가격에서 단위당 변동비를 차감한 금액을 말하는데, 이는 판매한 제품 1단위가 고정비를 회수하고 이익을 획득하는 데 얼마나 공헌하는가를 나타내는 금액이다.

(2) 손익분기점 산출공식

손익분기점 계산을 위해서는 몇 가지 공식이 필요한데, 이는 바로 손익분기점 표에서 숫자를 가지고서 공식에 따라 계산이 이루어져야 하기 때문이다.

Check point

- 공헌이익 = 매출액 − 변동비
- 단위당 공헌이익 = 단위당 판매금액 − 단위당 변동비
- 변동비율 = $\dfrac{\text{변동비}}{\text{매출액}} = \dfrac{\text{단위당 변동비}}{\text{단위당 판매가격}}$
- 공헌이익률 = $\dfrac{\text{공헌이익}}{\text{매출액}} = \dfrac{\text{단위당 공헌이익}}{\text{단위당 판매가격}}$
- 공헌이익률 + 변동비율 = 1
- 손익분기점 매출액 = $\dfrac{\text{고정비}}{\text{공헌이익률}} = \dfrac{\text{고정비}}{1-\text{변동비율}}$
- 영업이익 = 공헌이익 − 고정비

위의 공식을 이용하여 손익분기점 공식에서 우선 일정기간의 예상 매출액을 S, 이에 따른 변동비를 V, 고정비를 F로 표시한다. 공식에 의하면 손익분기점은 매출액에서 변동비를 뺀 것, 즉 고정비가 되는 매출액을 일컫는다. 손익분기점에 도달하기 위한 매출액을 x라고 한다면 x는 다음의 식으로 구할 수 있다.

Check point

- $x = \dfrac{\text{고정비(F)}}{\text{변동비(V)}} = \dfrac{\text{고정비}}{1-\text{변동비율}} = \dfrac{\text{고정비}}{\text{한계이익률}}$
- 변동비율 = $\dfrac{\text{변동비(V)}}{\text{매출액(S)}}$

위의 공식을 손익분기점 공식이라고 한다. 여기에서 분모는 매출액 단위당 한계이익을 나타내고 한계이익률이라고 한다. 한계이익률에서 고정비 총액을 나누게 되면 고정비 총액이 총 한계이익과 같아지는 매출액인데, 이는 바로 손익분기점을 구할 수 있다.

Check point

• 손익분기점 $= \dfrac{\text{고정비(F)}}{1 - \dfrac{\text{변동비(V)}}{\text{매출액(S)}}}$

예제④ A고등학교 급식에서 메뉴별 단위당(1식) 판매가격이 2,000원이고 변동비율이 60%인 식사를 급식하고 있다. 연간 고정비는 2,000,000원일 경우 손익분기점 판매량을 구하시오.

단위당 공헌 마진 = 단위당 판매가 − 단위당 변동비

$$\text{단위당 변동비율} = \frac{\text{단위당 변동비}}{\text{단위당 판매가격}}$$

이므로

$$\begin{aligned}\text{단위당 변동비} &= \text{단위당 변동비율} \times \text{단위당 판매가격}\\ &= 0.6 \times 2{,}000\text{원}\\ &= 1{,}200\text{원}\end{aligned}$$

$$\begin{aligned}\therefore \text{손익분기점 판매량} &= \frac{\text{고정비}}{\text{단위당 공헌 마진}}\\ &= \frac{2{,}000{,}000}{2{,}000 - 1{,}200} = 2{,}500\\ &= \frac{\text{고정비}}{\text{단위당 판매가} - \text{단위당 변동비}}\\ &= \frac{\text{고정비}}{\text{단위당 판매가} - \text{단위당 변동비}}\end{aligned}$$

∴ 손익분기점 판매량 = 2,500식

예제⑤ B고등학교는 변동비율이 60%인 식사를 급식하고 있다. 연간 고정비는 2,000,000원일 경우 손익분기점 매출액을 구하시오.

$$\text{손익분기점 매출액} = \frac{\text{고정비}}{1 - \text{변동비율}}$$

$$= \frac{2,000,000}{1 - 0.6} = 5,000,000$$

$\therefore$ 손익분기점 매출액 = 5,000,000원

예제⑥ C고등학교 급식의 2006년도 손익계산서의 비용 내역을 살펴보면 총 매출액이 180,000,000원이고 비용으로 고정비 93,200,000원, 변동비 140,400,000원을 지출했다. 단위당 공헌이익이 700원일 경우 손익분기점의 매출량과 매출액을 구하시오.

$$\text{손익분기점 매출액} = \frac{\text{고정비}}{1 - \text{변동비율}}$$

$$= \frac{93,200,000}{1 - \frac{140,400,000}{180,000,000}} = 423,636,363\text{원}$$

$$\text{손익분기점 판매량} = \frac{\text{고정비}}{\text{단위당 공헌 마진}}$$

$$= \frac{93,200,000}{700} = 133,143\text{식}$$

(3) 손익분기점의 활용

이상과 같은 손익분기 분석을 통한 가격 책정(Break-even pricing)은 급식소에서도 매우 유용하다. 가격을 결정하고 가격이 비용을 능가하는 수준의 판매량을 검토하게 되는데, 이것은 우리가 생각한 것에 대한 예상 판매량이 현실성이 있는 것인지 평가할 수 있게 하므로 아주 유용한 정보라 할 수 있다. 대부분의 급식소에서 손익분기분석은 비용에 근거한 마케팅 의사결정에 도움을 주고 있다.

SECTION 6 예산관리

1. 예산의 정의

예산(budget)이란 기업의 공식적인 행동계획을 화폐단위로 표시한 것을 말한다.

예산을 수립할 때에는 과거 급식운영기록을 근거로 하여 급식수의 변동, 식품비와 인건비의 변화, 메뉴의 변화, 운영절차의 변화 등을 감안하여 새로운 예산액의 규모를 정해야 하며, 경제지수나 정부의 정책변화도 고려할 필요가 있다.

예산은 기업의 구성원들에게는 미래의 목표와 목표달성을 위한 운영과정과 단계를 계획할 수 있도록 해주며, 관리자는 예산과 실제 성과를 비교하여 목표를 어느 정도 달성하였는지를 평가함으로써 효율적인 관리활동을 수행하도록 해준다. 또한 예산은 여러 부서 간의 관계를 고려해서 편성해야 하므로 예산 편성 과정에서 부서 간의 의사전달과 조정의 역할을 하게 된다. 예산은 기업 전체를 대상으로 편성할 수도 있고, 특정 부문이나 사업부 또는 특정 프로젝트를 대상으로 편성할 수도 있다.

2. 예산편성의 절차

(1) 판매예산 수립

판매예산(sales budget)이란 예산기간의 판매량(급식량)과 (급식)매출액을 나타내는 예산을 말한다. 판매예산은 예산편성의 출발점이기 때문에 다른 모든 예산들은 판매예산에 따라 결정된다. 판매예측 시 고려해야 할 변수는 과거의 판매실적, 전반적인 경제상황, 계절적인 요인, 시장점유율, 판매가격정책, 관고 및 판매촉진 정책, 장기적인 판매추세 등이 있다.

(2) 제조예산의 편성

판매예산이 수립되면 이에 기초하여 제조예산을 편성한다. 제조예산(production budget)은 예상판매량을 충족시키기 위한 급식제공량을 나타내는 예산으로서 생산량 예산이라고도 한다.

(3) 제조원가예산과 원재료구입예산의 편성

제조예산이 편성되면 이를 기초로 제조원가예산과 원재료구입예산을 작성한다. 예산기간 동안 목표급식 제공량을 제조하기 위하여 발생이 예상되는 직접재료비, 직접노무비, 변동제조간접비, 고정제조간접비의 예산을 결정한다.

(4) 판매관리비 예산의 편성

판매관리비 예산(selling and administrative expense budget)은 예산기간에 발생하리라고 예상되는 판매비와 관리비를 나타내는 예산이다.

(5) 예산 손익계산서 작성

예산 손익계산서(budgeted income statement)는 예산기간 동안에 예상되는 매출액, 매출원가, 판매관리비, 순이익을 나타내는 표이다. 예산 손익계산서는 판매예산, 매출원가예산, 판매관리비 예산 등에 기초하여 작성된다.

(6) 현금예산의 편성

현금예산(cash budget)은 예산기간 동안에 예상되는 현금의 유입액과 유출액을 나타내는 예산으로서 단기계획에서는 가장 중요한 예산이다. 일반적으로 기업은 손실이 발생하여도 운영된 수 있지만 현금이 없으면 운영될 수 없다. 따라서 현금예산은 가능한 한 단기간 별로 작성하는 것이 바람직하다. 즉, 연간예산보다는 분기별 또는 월별 예산이 더 좋다는 것이다.

(7) 예산 대차대조표

예산 대차대조표(budgeted balance sheet)는 예산기간 말의 기업의 재무상태를 나타내는 표이다. 예산 대차대조표는 예산기간 초의 재무상태에 예산기간 동안의 영업활동에 의한 증감사항을 반영하여 작성된다.

3. 결 산

예산은 현재의 시점에서 미래를 예측한 것이므로 예산제도를 효율적으로 운영하기 위해서는 예산기간 종료 시점에서 예산제도가 효율적으로 운영되었는가를 평가하는 절차가 필요하다. 결산(closing)이란 기업의 한 회계기간의 손익을 산정하고 또 기말의 재정상태를 명확하게 하는 회계적인 절차이다. 예산과 결산의 차이에 대한 원인을 분석하여 다음 예산 편성 시에 반영하여야 한다. 표 7- 18은 위탁급식의 1개월 예산과 실적을 평가한 운영보고서의 예이다.

표 7-16 위탁급식 운영보고서의 예

항목	내용	예산	비율(%)	결산	비율(%)
목표 매출액	목표 매출액	359,450,000	100.00	359,550,000	100.00
재료비	원 · 부재료	191,013,000	53.14	191,415,460	53.24
인건비	임직원 급여	64,700,000	18.00	64,750,000	18.01
	임직원 상여	3,582,000	100.00	3,725,000	1.04
	외주 가공비	7,018,000	1.95	7,025,000	1.95
	소계	75,300,000	20.95	75,500,000	21.00
경비	가스, 수도, 전력	17,505,000	4.87	17,502,500	4.87
	광고비	35,000,000	9.74	37,000,000	10.29
	운송비	5,200,000	1.44	5,000,000	1.39
	포장비	2,000,000	0.56	2,000,000	0.55
	감가상각비	5,000,000	1.39	5,000,000	1.39
	건물임대료	14,374,000	4.00	11,992,840	3.34
	소계	79,079,000	22.00	78,495,340	21.83
매출이익	영업이익	14,058,000	3.91	14,139,200	3.93
영업 외 손익	영업외 비용	2,103,500	0.59	2,103,500	0.58
	영업외 수익	630,000	0.18	653,500	0.18
	소계	1,473,500	0.41	1,450,000	0.40
특별손익	특별재해손실	1,087,680	0.30	788,940	0.22
	특별이익	225,000	0.06	225,000	0.06
	소계	862,680	0.24	563,940	0.16
당기 순이익	당기순이익	11,721,820	3.26	12,125,260	3.37

*각 항목의 비율은 매출액 대비 비율임.

PART Ⅱ

단체급식 실무

Chapter 8

단체급식 실습

SECTION 1 단체급식 실습의 의의와 목적

단체급식의 목적은 특정 다수인에게 적절한 영양을 제공함으로써 건강을 유지하고 증진시키는 데 있으므로, 영양사는 피급식자에게 영양적으로 균형잡힌 식사를 제공하고 영양교육을 실시하여 영양상태를 개선하고 올바른 식습관을 형성할 수 있도록 해야 한다.

따라서 단체급식에서 영양사는 급식목적을 달성하기 위하여 필요한 물적 요소와 인적 요소를 활용하여 영양적이고 경제적인 식사를 효과적으로 제공하기 위한 다양한 활동을 한다.

졸업 후 학생들은 영양사로서 사업체, 학교, 병원, 사회복지시설 등의 다양한 분야로 진출하게 되므로 단체급식의 이론을 바탕으로 한 단체급식 실습은 각 분야의 영양전문인력을 길러내고자 학생들이 여러 각도에서 체험할 수 있도록 하여야 한다.

단체급식 실습의 목적은 특정 집단을 대상으로 한 식사계획, 구매 및 재고관리, 조리 및 작업관리, 시설·설비 관리, 위생 및 안전관리, 사무와 원가관리, 영양관리 등의 영양사 업무를 실제로 수련해 봄으로써 영양사로서 필요한 능력을 키우는 것이다.

실무 경험 외에도 영양사로서 갖추어야 할 기본적인 자질인 책임감, 협동심, 대인관계, 서비스 정신 등을 실습을 통해 익힐 수 있도록 한다.

SECTION 2 단체급식 실습에 임하는 자세

실습생은 실습에 임하기 전에 실습일정을 파악하고, 실습내용에 해당하는 이론을 확실하게 이해하여 실무에 적용하는 등 적극적인 자세로 임한다. 실습 중에는 복장을 단정히 하고, 잡담이나 개인적인 용무를 자제하는 바른 태도를 갖추도록 한다. 실습 중 주방 내에서는 위생복·위생모와 작업화를 착용하며 개인위생과 안전에 각별히 주의한다.

또한, 실습기간 동안 단체급식 관리자로서 갖추어야 할 인적 자질을 키울 수 있는 시간이 되도록 책임감을 갖고 본인이 맡은 바를 충실히 행하며, 협동심과 원활한 인간관계를 갖도록 노력한다.

SECTION 3 단체급식 실습내용의 개요

1. 급식계획

① 급식의 목적과 대상 파악
② 급식 운영형태, 급식시설 및 기기, 조리인력 등 급식소의 여건을 고려
③ 급식운영계획서 작성

2. 영양관리

① 급식의 목적과 대상에 맞는 영양필요량을 산정하여 식단 작성
② 표준레시피 작성
③ 메뉴 개발

3. 구매 및 재고관리

① 계절에 맞는 경제적이고 신선한 식자재를 파악하기 위하여 시장조사 실시
② 식수와 표준레시피, 거래단위와 폐기율, 재고량을 고려하여 발주서 작성

③ 구매한 식재료를 발주서와 비교, 식재료의 신선도, 식품표시 등의 확인을 통한 검수서 작성
④ 당일 필요량보다 많이 구매한 재료의 손실을 최소화하고 식재료의 품질 유지를 위하여 냉장·냉동고와 창고에 저장 후 관리

4. 조리 및 작업관리

① 대량조리 종류와 방법 익히기
② 위생적이고 안전한 음식제공을 위하여 검식 실시
③ 피급식자에게 제공되는 음식으로 보존식 실시
④ 배식관리
⑤ 조리원의 작업 및 인사관리

5. 위생 및 안전관리

① 개인위생, 식재료위생, 시설과 환경위생을 고려하여 조리원에게 위생 및 안전 교육 실시
② 위생점검일지 작성
③ HACCP 일지를 통하여 위생관리

6. 시설 및 설비관리

① 급식소의 lay-out 파악
② 급식조리기기의 매뉴얼을 보관하고 익히기
③ 시설설비일지 작성

7. 사무관리

① 장부나 전표 등 업무서식 익히기
② 전산 프로그램 이용하여 서식 정리

8. 원가관리

① 표준 레시피와 시장조사 결과를 활용하여 식재료비 파악
② 인건비, 기타 경비 등을 파악하여 원가관리

9. 급식평가

① 고객의 만족도를 높이기 위해 잔반량조사, 급식만족도 설문조사 등을 실시
② 급식평가 결과를 영양관리에 재반영

10. 영양교육

• 급식목적과 대상에 알맞은 매체를 이용하여 적합한 방법으로 영양교육을 계획하고 실시

SECTION 4 실습 후 평가

실습한 모든 내용에 관해서 각각 평가하고, 문제점을 검토하여 개선점을 연구함으로써 실습에 대한 교육적인 성과를 얻을 수 있어야 한다. 단체급식 관리는 일반적으로 계획·실시·평가가 순환되는 일련의 과정을 거치므로, 순환요소에 따라 평가내용을 구분하면 다음과 같다.

① **계획검토** : 급식계획, 영양계획, 식재료 구입계획, 조리작업계획 등
② **실시검토** : 식단작성, 식재료의 구매, 보관, 조리, 배식, 위생관리, 시설설비관리, 영양교육 등
③ **평가검토** : 급식실태조사, 영양가분석, 섭취량조사, 위생상태평가, 원가분석, 조리작업시간평가 등

또한, 관리자로서 갖추어야 할 자질 중에서 부족한 면을 깨달아 사회에서 필요로 하는 영양사가 되기 위한 노력을 할 수 있는 계기가 되도록 각자가 실습태도에 대해서도 스스로 평가한다.

Chapter 9

학교급식

SECTION 1 학교급식의 개요

1. 학교급식의 목적

학교급식은 급식을 통해 성장기의 초·중·고등학교 학생에게 영양적으로 균형 잡힌 식사를 제공하여 심신의 발달과 편식교정, 식습관 지도, 공동체 의식을 고취시켜 전인격적인 교육을 돕고, 영양교육을 통해 성인기 이후 합리적인 식생활 관리능력을 갖출 수 있도록 하며 더 나아가 국민 식생활 개선과 국민식량정책에 기여하기 위해서 학교급식법에 따라 실시하고 있다.

2. 학교급식의 발전과정

우리나라의 학교급식은 6.25전쟁으로 인한 재해 아동의 구호를 위하여 1953년 국제아동구제기금(UNICEF)에서 지원한 농산물에 의해 시작되었다. 초등학교에서 구호책의 일환으로 분유를 끓이거나 코코아를 섞어 마시도록 하는 급식이 이루어졌으며 1972년까지 20년 동안 주로 전재아동이나 극빈아동에 대한 구호책으로 국제아동구제기금(UNICEF), 미국대회봉사(CARE), 미국경제협조처(USAID) 등의 원조양곡을 받아서 학교급식을 실시하였다.

1973년부터는 우리 정부의 예산으로 빵·우유급식은 계속되었으나 그 규모가 축소되었고 일부 농어촌 학교를 중심으로 학교생산 농작물을 활용한 급식 및 도시학교를 중심으로 국내에 급식시설을 갖추고 자체조리하는 시범급식 등이 시도되기도 하였다. 그러던 중 1977년 빵급식에서 대규모 식중독이 발생하고 학생이 사망하는 사건이 발생함에 따라 빵급식은 전면 폐지되고 우리나라 현실과 식문화에 맞는 지금과 같은 형태의 학교급식제도로 개선되었다.

1978년부터 학교급식의 방향이 새롭게 전환되어, 학교급식시설을 갖추고 학교에서 조리하여 완전 영양급식이 되도록 시범학교를 지정하고 국가의 경제적 지원 하에 영양사를 두고 실시하기에 이르렀다.

1981년 1월에는 학교급식법이 제정되어 학교급식 발적의 제도적 기틀을 마련하였으며 같은 해 9월 학교급식법 시행령이 실시되어 영양사가 일반공무원(보건직 공무원)의 대우로 신분보장을 받게 되었다.

1990년대에 들어서면서 경제성장에 따른 여성의 사회진출이 늘고 결식아동들에 대한 관심이 증가함에 따라 학교급식 확대에 대한 사회적 요구가 증대되었다. 초등학교에서의 급식 전면실시가 대통령 선거공약으로 채택되었고 1992년~1996년에 걸친 제7차 경제사회발전 5개년 기간 동안 정책적인 지원에 힘입어 비약적으로 확대되었다.

이러한 과정에서 학교급식의 양적 확대에 필요한 급식 시설비 및 인건비 등의 부담 증가를 해결하기 위한 방안으로 1992년에 학교급식에 공동조리 방식이 시범적으로 도입되었다. 이후 공동조리 방식은 전국적으로 확대되었으며, 학교급식 확대에 따른 비용 절감이라는 긍정적 효과의 이면에 급식의 질 저하, 한정된 메뉴 제공으로 인한 잔반량 증가, 학교급식의 교육적 효과 반감 등의 문제가 대두되었다.

초등학교 급식이 성공적으로 확대 정착되어감에 따라 정부에서는 대입준비 등으로 학업 부담이 많은 고등학교를 대상으로 고교급식을 우선적으로 추진하기로 하였으나 교내 조리를 위한 공간 확보 및 시설투자비용이 막대한 부담으로 작용하였으며, 중·고등학교에서의 급식확대를 위한 투자비용이 약 1조 원 정도에 달하는 것으로 추정되자 이를 해결하기 위한 방편으로 민간업체가 학교급식을 위탁운영할 수 있도록 학교급식법을 개정하였다. 이에 따라 기존의 직영급식 운영형태 외에 교내 급식시설을 학교급식공급업자에게 위탁(교내위탁)하거나 학교 밖에서 업체가 조리·가공한 음식을 운반하여 급식하는 것(외부위탁)이 가능해졌다.

이러한 과정을 거쳐 1999년에는 고등학교 급식 전면 실시, 2003년도부터는 중학교 전면 실시를 달성하기에 이르렀다.

그러나 2006년 6월 서울·경기·인천 등 수도권지역 위탁급식학교 총 46개교에서 3,613명의 학생들에서 식중독 사고가 발생하여, 사고유발 업체로부터 식재료를 공급받던 학교 등 107개교의 급식이 중단되었다.

이로 인해 사회적으로 급식에 대한 불안과 우려의 목소리가 높아지면서 2006년 6월 위탁급식의 직영 전환을 포함하는 학교급식법 전면 개정이 이루어졌다.

개정법령(2007)에서는 업무위탁이라는 용어를 사용하여 일부위탁으로 운영방식을 세분화하였다. 업무위탁은 학교운영위원회의 심의를 거쳐서 일정한 요건을 갖춘 자에게 업무를 위탁할 수 있으나, 식재료의 선정 및 구매와 검수에 관한 업무는 위탁하지 못한다. 전부위탁은 학교급식 여건상 불가피한 경우에만 허용된다(학교급식법 제15조 제1항)고 규정하고 있다.

표 9-1 우리나라 학교급식의 변천 개요

<table>
<tr><th>연도</th><th>구분</th><th>내용</th><th>업무관련부서</th></tr>
<tr><td>1953~1972</td><td>구호
급식기</td><td>UNICEF, CARE, USAID의 지원으로 외국원조에 의한 전재아동 구호급식 시작</td><td>• 보사부(~1996)
• 보건부
–체육진흥과(~1972)</td></tr>
<tr><td>1973~1977</td><td>자립
급식기</td><td>도서벽지와 도시의 극빈자 대상으로 국고에 의한 자율급식시도. 무상 빵 보충급식(일반급식)
1997년 빵급식의 식중독 발생으로 제빵급식 폐지</td><td rowspan="2">• 문교부
학교급식과 → 학교보건과 → 학교체육과(~1982)</td></tr>
<tr><td>1978~1981</td><td>급식제도
확립기</td><td>급식제도 확립을 위한 학교급식법 제정(1981)
학교자체 조리급식.
급식담당 직원인 영양사, 조리사 배치.
보충급식→영양급식</td></tr>
<tr><td>1982~1989</td><td>급식관리
체제전환
기</td><td>학교급식제도의 정착 발전기.
학교급식 5개년 계획수립
영양보충급식에서 완전영양급식(체력급식)형태로 추진</td><td>• 체육부
–학교체육과(1982 이관)</td></tr>
<tr><td>1990~1995</td><td>급식제도
확충 및
확대기</td><td>1990년 12월 학교급식법 개정(학교급식후원회 구성)
학교조리, 공동조리
1992년 특수학교 초 · 중 · 고 과정 완전영양급식</td><td>• 문교부
–의무교육과
(1990.2. 이관)
• 교육부
–학교보건환경과</td></tr>
<tr><td>1996~2000</td><td>전면
확대기</td><td rowspan="2">1998년까지 전국 초등학교 급식전면확대 완전영양급식
학교조리, 공동조리,
중 · 고등학교까지 전면확대(위탁급식 실시)(2002)</td><td rowspan="2">• 교육부
–학교시설환경과
• 교육과학기술부
–특수교육보건과
• 교육부
–학생건강지원과
• 시도교육청–체육건강과</td></tr>
<tr><td>2001~현재</td><td>운영체제
대변화기</td></tr>
</table>

3. 우리나라 학교급식의 현황

2016년 현재 우리나라 전국 초·중·고·특수학교 전체 11,747개교에서 100% 급식을 실시하고 있으며, 급식운영형태는 직영급식이 11,496개교로 전체의 97.9%를 차지하고 있으며 공동조리교는 2,490개교로 전체의 21.7%이다.

또한 위탁급식은 251개교로 2.1%이며, 이 중 교내조리의 경우가 215개교(85.7%), 외부운반이 36개교(14.3%)이다. 특히 위탁급식 교내조리를 하는 학교 215개교 중 일부위탁은 199개교, 전부위탁은 16개교이다.

전체 급식학생 수는 1일 평균 593만 명이며 학교당 평균 급식학생 수는 504명으로 전체 학생수의 99.9%가 매일 급식을 하고 있다. 학교급별 급식현황을 살펴보면 표 9-2와 같다.

표 9-2 학교급별 급식현황(2016년)

구 분	학교수(교)			학생수(천 명)			운영형태(교)	
	전체	급식	%	전체	급식	%	직영(%)	위탁(%)
초등학교	6,008	6,008	100	2,699	2,699	100	6,006(99.9)	2(0.1)
중 학 교	3,217	3,217	100	1,460	1,460	100	3,188(99.1)	29(0.9)
고등학교	2,355	2,355	100	1,744	1,738	99.7	2,137(90.7)	218(9.3)
특수학교	167	167	100	25	25	99.8	165(98.8)	2(1.2)
합 계	11,747	11,747	100	5,928	5,922	99.9	11,496(97.9)	251(2.1)

*위탁급식 학교수 : ('05) 1,655교(15.4%)→('07) 1,325교(11.9%)→('15) 242교(2.1%)
*출처 : 2016년도 학교급식 실시현황 보고, 교육부

2016년 우리나라 학교급식의 예산규모는 5조 7,231억 원으로 부담 주체별 예산액은 표 9-3과 같으며, 지출항목별 예산은 표 9-4와 같다.

표 9-3 부담주체별 예산규모(2016년)

구분	금액	비율
보호자 부담금	1조6,198억 원	(28.3%)
교육비특별회계	2조8,515억 원	(49.8%)
자치단체지원금	1조1,064억 원	(19.3%)
발전기금/기타	1,454억 원	(2.8%)
계	5조3,025억 원	(100%)

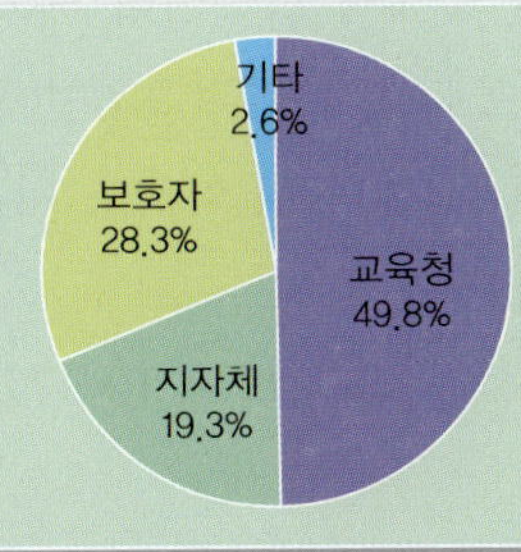

*출처 : 2016년도 학교급식 실시현황 보고, 교육부

표 9-4 지출항목별 예산규모(2016년)

구분		금액	비율
식품비		3조 1,560억 원	(55.1%)
운영비	인건비	1조 9,259억 원	(33.7%)
	연료비 기타	3,084억 원	(5.4%)
	시설 유지비	397억 원	(0.7%)
	소계	2조 2,740억 원	(39.8%)
시설 설비비		2,931억 원	(5.1%)
계		5조 7,231억 원	(100%)

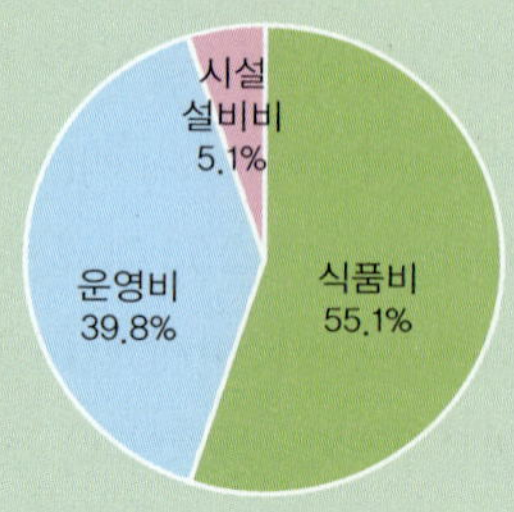

*예산규모 : ('07) 4조 1,973억 원→('10) 4조 8,631억 원→('15) 5조 6,341억 원
*출처 : 2016년도 학교급식 실시현황 보고, 교육부

연도별 급식 예산 및 보호자 부담비율은 2007년 71.7%에서 2010년 60.8%, 2013년 31.5%였으며 2016년에는 28.3%로 감소하였으며 그림 9-1과 같다.

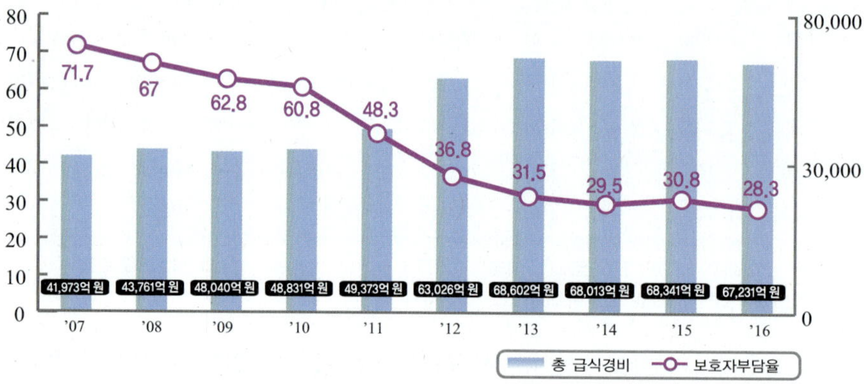

그림 9-1 연도별 급식예산 및 보호자 부담비율
*출처 : 2016년도 학교급식 실시현황 보고, 교육부

2016년 학교별 급식인력 배치 현황은 영양(교)사와 조리사 및 조리원 등 총 71,744명으로 학교당 평균 6명이며 신분별로는 정규직 10.8%(7,713명), 비정규직 89.2%(64,031명)으로 아직도 비정규직의 비율이 압도적으로 많아서, 사회적으로 문제가 되고 있다.

급식시설을 갖춘 학교 10,372개교에 10,119명의 영양(교)사가 배치되어 있으나, 이 중 영양교사 등 정규직은 50.0%(5,064명)에 불과하며 학교 회계직 및 기타 50.0%(5,055명), 공동조리 및 공동관리를 통한 인력배치는 비조리교 1,339교, 공동관리 630개교개교이다.

학교급식의 인력배치현황은 표 9-5와 같다.

표 9-5 학교급식 직종별 인력배치현황(2016년)

구 분	급식 학급수	영양(교)사		조리사		조리원		계(명)		
		정규직	회계직 기타	정규직	회계직 기타	정규직	회계직 기타	정규직	회계직 기타	계
초등학교	6,008	3,646	1,408	1,600	3,942	25	23,363	5,271	28,713	33,984
중 학 교	3,217	610	1,766	76	2,193	4	11,774	690	15,733	16,423
고등학교	2,335	683	1,859	353	1,982	452	15,322	1,488	19,163	20,651
특수학교	167	125	22	102	74	37	326	264	422	686
합 계	11,747	5,064	5,055	2,131	8,191	518	50,785	7,713	64,031	71,744

*인력현황 : ('11) 72,527명→('12) 71,930명→('13) 72,923명→('14) 72,106명→('15) 72,827명
*출처 : 2016년도 학교급식 실시현황 보고, 교육부

SECTION 2 학교급식법에 의한 관리기준

학교급식법 제1조에 의하면 학교급식은 "학생의 건전한 심신의 발달과 국민식생활 개선에 기여함을 목적으로 한다."라고 규정되어 있다. 또한 동 법 제2조제1항에 의하면, "학교급식"이라 함은 제1조의 목적을 달성하기 위하여 학교 또는 학급의 학생을 대상으로 학교의 장이 실시하는 급식을 말한다.

1. 학교급식위원회의 역할 (법 제5조제1항)

① 학교급식에 관한 계획
② 급식에 관한 경비의 지원
③ 학교급식의 운영 및 지원에 관한 사항으로 교육감이 필요하다고 인정하는 사항

2. 학교급식경비의 부담 (법 제8조)

① 학교급식의 실시에 필요한 급식시설·설비비는 당해 학교의 설립·경영자가 부담하되, 국가 또는 지방자치단체가 지원할 수 있다.

② 급식운영비는 당해 학교의 설립·경영자가 부담하는 것을 원칙으로 하되, 대통령령이 정하는 바에 따라 보호자(친권자, 후견인 그 밖에 법률에 따라 학생을 부양할 의무가 있는 자를 말한다.)가 그 경비의 일부를 부담할 수 있다.

③ 학교급식을 위한 식품비는 보호자가 부담하는 것을 원칙으로 한다.

④ 특별시장·광역시장·도지사·특별자치도지사 및 시장·군수·자치구의 구청장은 학교급식에 품질이 우수한 농산물 사용 등 급식의 질 향상과 급식시설·설비의 확충을 위하여 식품비 및 시설·설비비 등 급식에 관한 경비를 지원할 수 있다.

3. 급식에 관한 경비의 지원 (법 제9조)

국가 또는 지방자치단체는 보호자가 부담할 경비의 전부 또는 일부를 지원할 수 있다. 보호자가 부담할 경비를 지원하는 경우에는 다음의 어느 하나에 해당하는 학생을 우선적으로 지원한다.

① 학생 또는 그 보호자가 「국민기초생활보장법」 제2조의 규정에 따른 수급권자, 차상위 계층에 속하는 자, 「한부모가족지원법」 제5조의 규정에 따른 보호대상자인 학생

② 「도서·벽지교육진흥법」제2조의 규정에 따른 도서벽지에 있는 학교와 그에 준하는 지역으로서 대통령령이 정하는 지역의 학교에 재학하는 학생.

③ 「농어업인의 삶의 질 향상 및 농어촌지역 개발촉진에 관한 특별법」 제3조 제4호에 따른 농어촌 학교와 그에 준하는 지역으로서 대통령령이 정하는 지역의 학교에 재학하는 학생

④ 그 밖에 교육감이 필요하다고 인정하는 학생

4. 학교급식의 운영원칙 (시행령 제2조)

학교급식은 수업일의 점심시간과 근로청소년을 위한 특별학급 및 산업체부설학교에 있어서는 저녁시간에 영양관리기준에 맞는 주식과 부식 등을 제공하는 것을

원칙으로 하며, 학교운영위원회의 심의 또는 자문을 거쳐 학교의 장이 다음의 사항에 관해 결정한다.

① 학교급식 운영방식, 급식대상, 급식 횟수, 급식시간 및 구체적 영양기준 등에 관한 사항
② 학교급식 운영계획 및 예산·결산에 관한 사항
③ 식재료의 원산지, 품질등급, 그 밖의 구체적인 품질기준 및 완제품 사용 승인에 관한 사항
④ 식재료 등의 조달방법 및 업체선정기준에 관한 사항
⑤ 보호자가 부담하는 경비 및 급식비의 결정에 관한 사항
⑥ 급식비 지원대상자 선정 등에 관한 사항
⑦ 급식활동에 관한 보호자의 참여와 지원에 관한 사항
⑧ 학교우유급식 실시에 관한 사항
⑨ 그 밖에 학교의 장이 학교급식 운영에 관하여 중요하다고 인정하는 사항

5. 영양교사의 직무 (시행령 제8조)

① 식단작성, 식재료의 선정 및 검수
② 위생·안전·작업관리 및 검식
③ 식생활지도, 정보 제공 및 영양상담
④ 조리실 종사자의 지도·감독
⑤ 그 밖에 학교급식에 관한 사항

6. 학교급식 영양관리기준 (시행규칙 별표3)

학교급식의 영양관리기준은 한 끼의 기준량을 제시한 것으로 학생집단의 성장 및 건강상태, 활동정도, 지역적 상황 등을 고려하여 탄력적으로 적용할 수 있다.

영양관리기준은 계절별로 연속 5일씩 1인당 평균영양공급량을 평가하되, 준수범위는 다음과 같다.

① 에너지는 학교급식의 영양관리기준 에너지의 ±10%로 하되, 탄수화물 : 단백질 : 지방의 에너지 비율이 각각 55~70% : 7~20% : 15~30%가 되도록 한다.

② 단백질은 학교급식 영양관리기준의 단백질량 이상으로 공급하되, 총 공급 에너지 중 단백질 에너지가 차지하는 비율이 20%를 넘지 않도록 한다.

③ 비타민A, 티아민, 리보플라빈, 비타민C, 칼슘, 철은 학교급식 영양관리기준의 권장섭취량 이상으로 공급하는 것을 원칙으로 하되, 최소한 평균필요량 이상이어야 한다.

표 9-6 학교급식 영양관리기준

구분	학년	에너지(kcal)	단백질(g)	비타민 A (R.E)		티아민 (비타민 B_1 × mg)		리보플라빈 (비타민 B_2 × mg)		비타민 C (mg)		칼슘 (mg)		철 (mg)	
				평균필요량	권장섭취량	평균필요량	권장섭취량	평균필요량	권장섭취량	평균필요량	권장섭취량	평균필요량	권장섭취량	평균필요량	권장섭취량
남자	초등1~3학년	534	8.4	97	134	0.20	0.24	0.24	0.30	13.4	20.0	184	234	2.4	3.0
	초등4~6학년	634	11.7	127	184	0.27	0.30	0.30	0.37	18.4	23.4	184	267	3.0	4.0
	중학생	800	16.7	167	234	0.34	0.40	0.44	0.50	25.0	33.4	267	334	3.0	4.0
	고등학생	900	20.0	200	284	0.37	0.47	0.50	0.60	28.4	36.7	267	334	4.0	5.4
여자	초등1~3학년	500	8.4	90	134	0.17	0.20	0.20	0.24	13.4	20.0	184	234	2.4	3.0
	초등4~6학년	567	11.7	117	167	0.24	0.27	0.27	0.30	18.4	23.4	184	267	3.0	4.0
	중학생	667	15.0	154	217	0.27	0.34	0.34	0.40	23.4	30.0	250	300	3.0	4.0
	고등학생	667	15.0	167	234	0.27	0.34	0.34	0.40	25.0	33.4	250	300	4.0	5.4

*비고 : R.E.는 레티놀 당량(Retinol Equivalent)임.
*출처 : 학교급식법 시행규칙 별표3(시행 2016.4.20)

SECTION 3 학교급식법의 시스템

교육행정정보시스템(National Education Information System : NEIS)이란 전국 1만여 개의 초·중등학교 16개 시·도 교육청 및 산하기관, 교육부를 인터넷으로 연결하고, 교육관련 정보를 공동으로 이용할 전산환경을 구축하는 전국단위의 교육행정정보 시스템이다.

2003년 3월부터 교육부에서는 전국적인 네트워크(NEIS)를 통한 학교급식 전산 시스템을 개발하여 급식업무를 표준화·정보화하였으며, 이로 인해 급식업무의 신속성과 정확성이 향상되었다.

1. 학교급식시스템의 개요

급식시스템은 나이스의 타 시스템과 연계가 이루어져, 타 시스템으로부터 필요한 정보를 급식시스템으로 가져온다. 이러한 급식시스템과 타 시스템과의 연계는 그림 9-2와 같다.

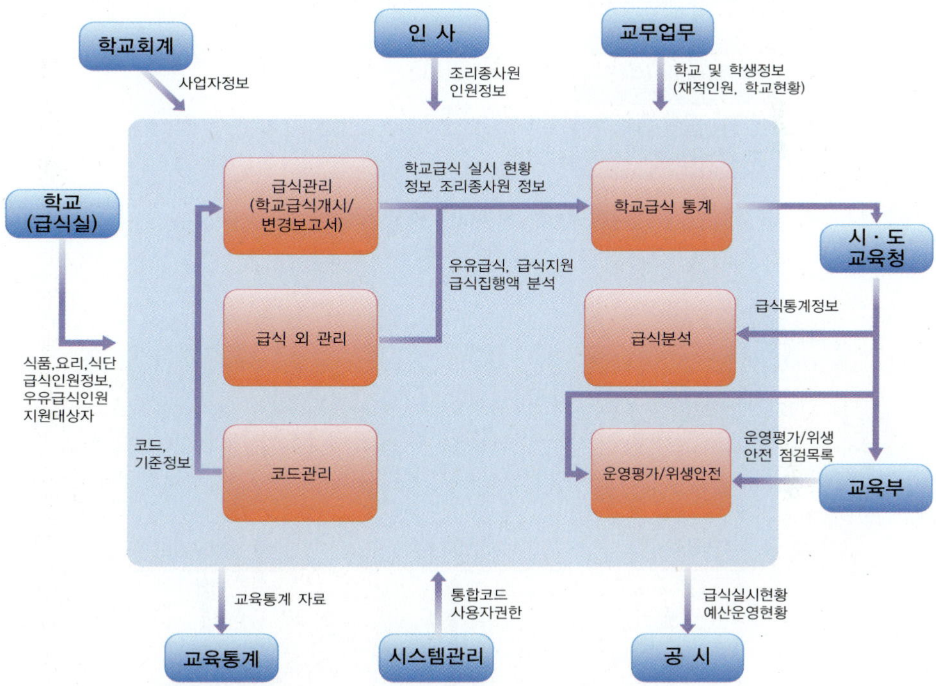

그림 9-2 급식시스템과 타 시스템과의 연계

●출처 : 교육부

학교급식의 단위 메뉴구성도는 그림 9-3과 같으며, 급식관리 처리 흐름도는 그림 9-4와 같다.

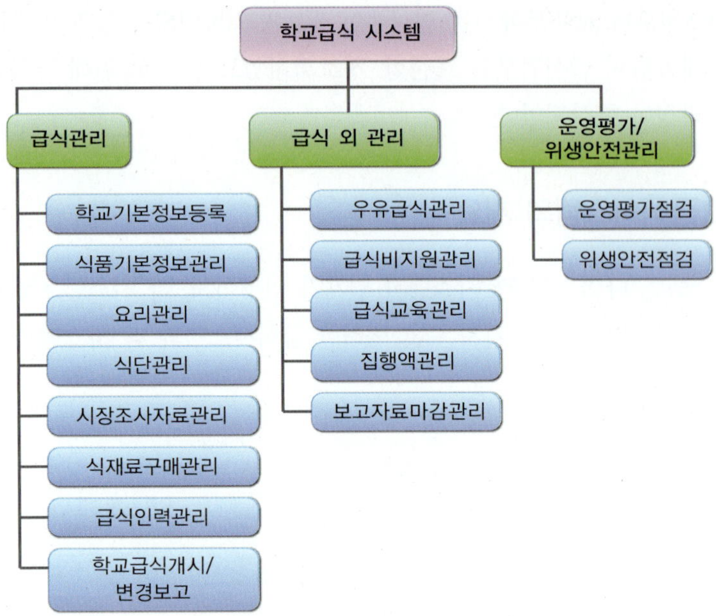

그림 9-3 학교단위 메뉴 구성도

*출처 : 교육부

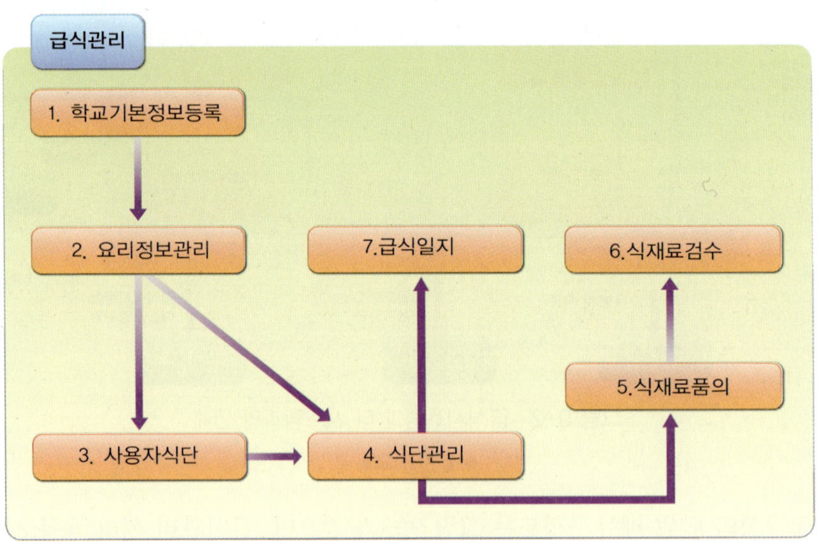

그림 9-4 급식관리 처리 흐름도

*출처 : 교육부

2. 업무 처리 절차

(1) 급식처리절차

1) 급식기본정보관리

각 급 학교의 급식현황을 관리하기 위한 기능으로 학교의 기관정보를 자동으로 반영하며, 식사구분·급식유형·급식형태·공동관리구분·급식시작일·급식 식사기준일 등을 등록한다. 등록된 자료는 자동으로 집계되어 시·도 교육청, 지역교육청 담당자에게 학교급식통계로 제공된다.

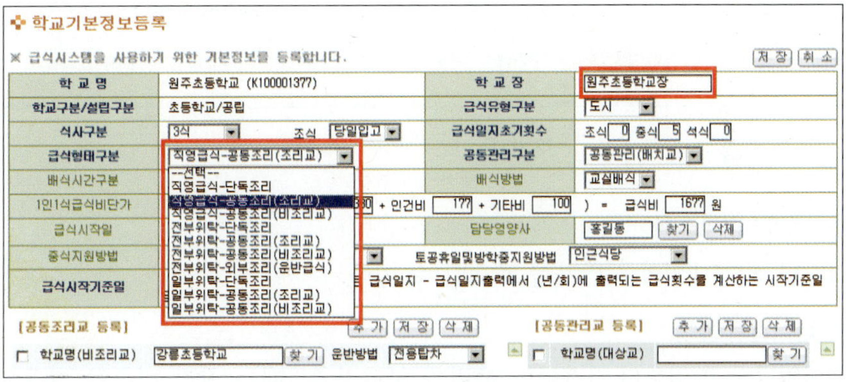

그림 9-5 학교기본정보 등록

*출처 : 교육부

2) 급식일지

① 급식일지 작성

식단을 작성하고 식재료 품의 및 검수처리가 끝나면 급식일지를 작성한다. 급식일지는 식단작성이 완료되면 급식일지를 작성할 수 있는 형태로 자료가 자동으로 생성된다.

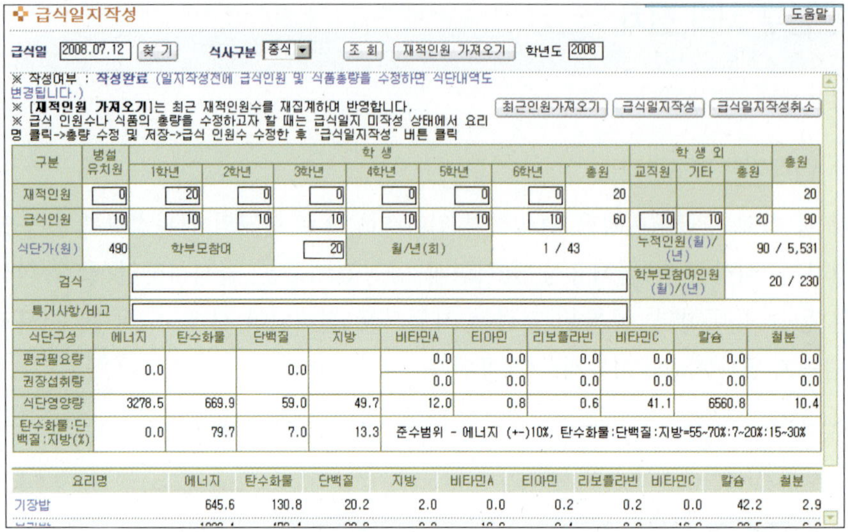

그림 9-6 급식일지 작성 화면

*출처 : 교육부

② 식단가 현황조회

일자별 식단 내역과 식단가를 조회할 수 있다.

③ 급식일지 출력

급식일지를 출력한다.기간별로 출력을 하고자 할 때는 찾기 버튼을 사용하여 시작일과 종료일을 선택하고, 식사구분을 선택한 후 조회 버튼을 클릭한다.

(2) 평균영양공급량 조회

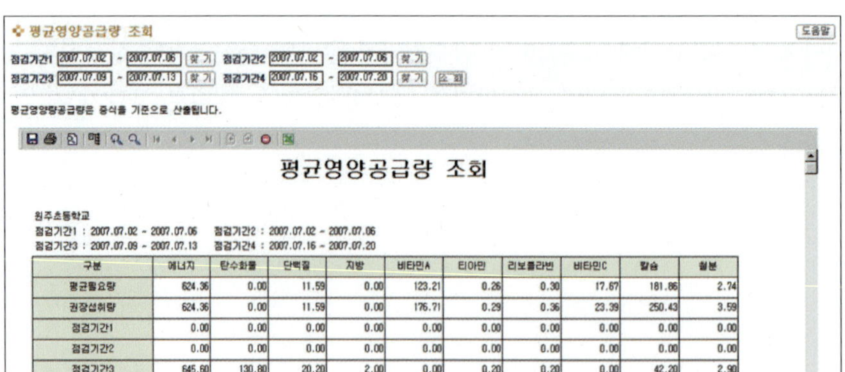

그림 9-7 평균영양공급량 조회 결과 화면

*출처 : 교육부

선택된 점검기간 내 탄수화물, 지방, 단백질, 칼슘 등 기본 영양소와 비타민에 대한 평균영양공급량을 조회할 수 있으며, 평균영양공급량 조회 결과 화면은 그림 9-7과 같다.

(3) 급식인력관리

각 학교의 급식인력현황 자료는 자동으로 집계되어 시·도 교육청 담당자에게 학교급식통계로 제공된다.

(4) 학교급식/개시 변경보고서

급식을 실시하는 학교는 급식시설·설비를 갖추고 교육부장관 또는 교육감에게 급식개시보고를 하여야 한다. 또한 급식시설을 갖추지 못하여 외부에서 제조·가공한 식품을 운반하여 급식을 실시하는 경우 등에는 급식시설·설비를 갖추지 않고 학교급식의 개시보고를 할 수 있다. 최초 1회 학교급식 개시보고서를 작성하고 학교급식변경보고서는 학교급식 개시보고서 제출 이후 학교급식의 변화가 생겼을 때 작성하게 된다.

(5) 집행액 관리

학교에서 급식비로 연간 집행하는 금액을 등록하여 관리한다.

(6) 보고자료 마감관리

학교에서 모든 관련 자료를 입력한 후 보고자료를 마감처리한다. 마감된 자료는 시·도교육청의 "학교급식 통계 → 보고자료제출관리 → 학교마감현황관리" 메뉴에서 조회된다.

(7) 업무승인

업무 승인에 대한 처리 순서

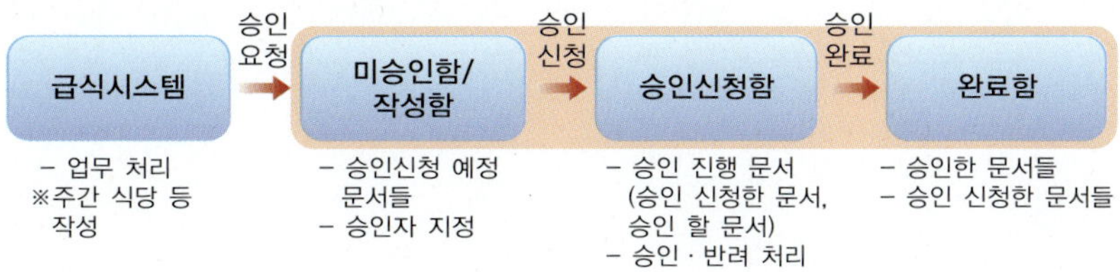

(8) 운영평가

운영평가 점검표 및 배점조회/출력

교육청에서 실시한 운영평가 결과에 대하여 나이스시스템에 등록하면 학교에서는 해당학교의 점검표 및 배점결과 중에서 해당 학교 결과만 조회/출력할 수 있다.

그림 9-8 운영평가 점검표 및 배점조회/출력

*출처 : 교육부

SECTION 4 학교급식 발전방향

2006년 7월「학교급식법」전부 개정으로 급식운영 및 안전관리체제 개선을 위해 모든 학교급식은 직영급식을 원칙으로 급식운영방식을 개선하고, 학교급식 운영평가제를 도입하였다. 2016년 현재 전체 학교의 99.9%인 11,747개교에서 학생 593만 명이 급식을 실시하고 있으며 연간 급식경비는 5조 7,231억 원을 넘어서고, 영양사 등 급식종사자 수는 71,744여 명에 이르고 있다. 이에 따라 학교급식에 대한 전면적인 개선이 필요하며, 이를 위해 다음과 같은 학교급식발전 방안을 마련하였다.

1. 학교급식 운영의 내실화

① 학교급식 운영방식 개선대책으로 위탁급식의 직영전환 추진
② 학교급식 업무위탁 등 운영방법의 내실화
③ 교육청 단위 학교급식위원회 설치 및 급식점검단 운영 활성화
④ 학교단위 급식수요자 참여 확대
⑤ 열린 학교급식 운영
⑥ 학교급식 운영평가 및 표창
⑦ 학교급식 운영 및 공급자의 책무성 제고
⑧ 위탁급식 운영관리 지도·감독 강화

2. 학교급식의 안전성 확보

① 노후 급식시설 현대화 등 급식환경 개선
② 식중독 사고 원인 규명을 위한 보존식 보관관리 철저
③ 식재료 원산지 심의·확인 및 표시제 시행
④ 급식종사자 개인위생 및 교육 강화
⑤ 학교급식 위생관리시스템 등 적용의 내실화
⑥ 학교급식관련시설 위생·안전점검 강화
⑦ 학교급식 위생사고 발생시 초동단계 신속대응 철저

⑧ 학교급식소 내 안전사고 예방관리 철저
⑨ 식기세척제 잔류여부 확인 검사 실시

3. 영양관리 및 식생활지도 강화

① 학교급식 영양관리 강화
② 올바른 식사선택 능력 배양
③ 영양교사 배치 및 식생활 교육·영양상담 실시
④ 학교급식관련 교직원 연수 및 생활교육
⑤ 음식물 쓰레기 줄이기 교육 및 홍보 강화

4. 안전하고 우수한 식재료 사용

① 학교 식재료 구매방법 개선
② 우수 식재료 사용 확대

5. 저소득층 및 농어촌 지역 학교급식비 지원

① 저소득층 학생의 학교급식비 지원
② 자치단체의 토·공휴일 및 방학기간 학교밖 급식지원 적극 협조

6. 학교급식 지도·감독 및 행정지원 강화

① 과학적인 급식관리 기술지원체제 구축
② 학교급식 지도·감독 및 행정지원 인력보강
③ 학교급식 종사자 처우개선
④ 학교급식 운영개선 및 연구활동 지원

7. 「식품안전관리 기본계획」 세부과제 추진

① 2007년~2011년까지 5개년 계획기간 내 매년말 「학교급식 개선 종합대책」추진상황점검·평가 실시

② 2012년부터 국무총리실(식품안전정책위원회) 주관 관계부처 합동 '식품안전관리 기본계획'(3년단위) 및 '식품안전관리 시행계획'(1년단위)에 '학교급식 개선과제' 통합 추진, 점검·평가 실시

표 9-7 식품안전관리 기본계획 세부과제

과제명	안전하고 질 높은 학교급식 제공
학교급식시설 현대화	• 노후 급식시설 현대화 등 급식환경 개선 – 매년 700개교씩 현대화(지방교육재정)
학교급식 위생 · 안전점검 강화	• 학교급식 위생 · 안전관리 불시점검 실시 • 교육청별 '학교급식 점검단' 운영
학교급식 식재료 구매방법 개선	• 색재료 구매 비대면 전자계약 확대 • 인근 학교간 식재료 공동구매 확산
학교 식생활 교육 및 영양관리 강화	• 학교 교육을 통한 식생활 지도 강화 • 알레르기 유발식품 표시제 도입

Chapter 10

산업체급식

SECTION 1 산업체급식의 역사와 의의

단체급식은 하나의 집단에 소속하는 특정한 사람들에게 식사를 제공함으로써 급식대상자의 건강을 유지하게 하여 작업능률과 생산성을 높이고 동시에 적절한 영양교육을 통해 궁극적으로는 국민건강향상에 기여한다.

특히 산업체급식은 단체급식 중 가장 규모가 크며, 각 직종에 종사하는 근로자에게 행해지는 급식으로서 근로자의 건강유지와 증진을 도모함으로써 기업의 생산성 향상을 목적으로 한다(김혜영 등 2010). 또한 직장 내에서 집단으로 식사를 공급하는 근로자에 대한 후생복지시설로서 작업능률을 높이고 종업원의 노동이동을 방지, 정착화를 기여하여 고용의 안정을 이룩하는 중요한 인자로 대두되고 있다(이명해 등 1993).

또한 산업체에는 다양한 연령층의 근로자가 종사하여 개인별 업무 강도에 차이가 있으므로 영양소 필요량 산정시 고려되어야 한다.

이러한 산업체급식의 역사는 1,800년경 스코틀랜드 제분소 경영자 로버트 오웬(Robert Owen)이 고용인을 위한 급식을 제공하는 데에서부터 시작되었다. 미국에서는 1,890년대 초에 미국에서 공장급식을 하면서 시작되었고, 우리나라에서는 1960년 초에 경성방직에서 3,000명의 종업원 급식을 직영방식으로 운영하는 것을 시작으로 산업의 발달과 함께 급격히 성장하여 200년 기준 약 2조 원의 규모로 발전하였다. 산업체급식은 근로자의 노동력 생산성 증진, 직업능률 향상을 목적으로 제공되고 있으며 현대의 생활양식이 도시화, 산업화되면서 대부분의 직장인들이 산업체급식을 통하여 식사하게 된다는 점에서 그 중요성을 찾을 수 있다(곽동경 외 2001).

또한 1967년부터 50인 이상에게 상시 급식하는 급식소의 경우 영양사 의무고용제가 실시되었고, 1998년 IMF 이후 산업체급식분야의 영양사 의무고용제가 폐지되었다.

산업체급식에는 사무실, 공장, 관공서, 유통업체, 연수원 급식 등을 들 수 있으며 고객만족경영, 품질경영, 신메뉴 개발, 다양한 이벤트 식단 제공, 새로운 급식 서비스 도입 등을 위해 노력하고 있다.

산업체급식은 국가의 경제성장과 산업의 발달과 함께 발전해 왔으며, 최근에는 복지차원에서 중요성이 인식되기 시작하면서, 급식대상자의 단순한 식사해결차원을 넘어 근로자의 건강증진, 복지 향상 등 보다 포괄적이고 높은 수준으로 발전하고 있다(유현목 등 2010).

DSRI경영컨설팅그룹과 세종푸드서비스연구소는 '한국 급식시장의 새로운 지각 변동' 이란 공동연구 보고서에서 2013년 단체급식시장 규모는 약 18조9천억 원으로 추산되며, 분야별 시장규모로 산업체 약 5조9천억 원, 오피스 약 2조5천억 원, 중·고등학교 약 2조3천억 원, 병원 약 2조2천억 원, 초등학교 약 1조4천억 원, 대학교 약 1조3천억 원, 보육시설 및 유치원 약 8천억 원, 공공기관 약 5천8백억 원 등으로 분석했다.

■ 2013년 총 급식시장 규모

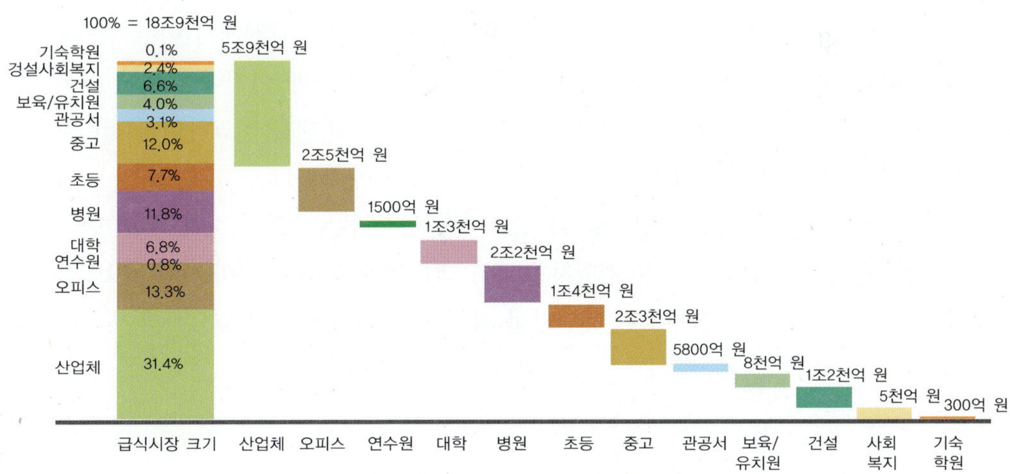

그림 10-1 단체급식시장의 분야별 규모

*출처 : 식품외식경제, 제780호

이 중 규모가 가장 큰 산업체는 위탁업체가 접근할 수 있는 시장규모(100인 미만을 제외한 나머지)가 약 2조1천억 원인 것으로 집계했다. 100~300인 이상 사업장은 약 9천억 원, 300~500인 이상 사업장은 약 2천억 원, 500인 이상 사업장은 약 1조 원이다.

산업체는 단체급식 핵심 역량이 최고로 발휘되는 시장으로 앞으로 대기업 위탁업체 중심 구조에서 탈피해 노조 및 임직원들의 의사결정에 따른 자유경쟁이 활발해져 중견·중소업체에게도 기회가 올 것이라는 전망이다.

이에 각 업체가 경쟁력을 가지려면 잠재사업장과 가망사업장, 경쟁사 위탁점별 현장을 파악할 수 있는 뛰어난 정보력과 분석력이 필요하다고 볼 수 있다. 또한 고객의 특성별 요구를 파악해 최적의 서비스를 제공할 수 있는 다양한 선택권을 제시할 수도 있어야 한다.

급식대상자인 고객들 역시 음식 및 서비스 품질에 대한 요구도가 점차 증가하며서 메뉴, 시설 등의 급식품질 면에서 상업적 급식의 개념을 접목하여 단체급식과 외식과의 경계가 점차 사라지고 있으며, 전문적인 맛, 다양한 메뉴 선택권, 브랜드화 등의 다양한 고객 요구에 대응하기 위한 서비스 및 품질 지향이 요구되고 있다(Park MK 2007). 또한 산업체급식시장에서의 경쟁이 심화되면서 고객만족에 초점을 맞춘 논의가 점점 증가하고 있다.

서비스 품질은 객관적으로 평가하기 어렵고 고객 중심적 관점에서 이루어진다. 즉 소비자들은 여러 가지 영향요소에 의해서 서비스의 구매 이전에 그것에 대한 기대를 가지고 있고, 실제로 제공받는 서비스의 성과와 기대를 비교하며서 서비스의 품질을 지각한다(Lim HC 등 2012).

따라서 고객들이 식당을 방문할 때 중요하게 생각하는 요인과 이용 후의 만족수준에 대한 전반적인 분석은 경영자들이 고객들에게 어떠한 서비스 품질요인을 우선적으로 충족시켜 주어야 할 것인가를 파악하는 데에 반드시 필요하다.

SECTION 2 산업체급식의 서비스 속성

효율적인 급식관리를 위한 품질평가도구의 개발로 식단관리, 구매 및 저장관리, 생산 및 저장관리, 시설·설비관리, 위생 및 안전관리, 급식경영 및 평가관리로 나누어 질 수 있다.

또한 세부적으로 식단관리는 식사지침, 표준레시피, 식단계획 및 관리로, 구매 및 저장관리는 구매관리, 저장관리로, 생산 및 배식관리는 생산관리, 배식관리로, 시설·설비관리는 시설·설비의 적절성, 시설·설비의 점검으로, 위생 및 안전관리는 안전관리, 위생관리, 개인위생, 식재료의 위생, 시설·설비의 위생, 조리기기 및 기구위생, 식기세정 위생, 잔반 및 잔식처리, 위생교육으로, 급식평가 및 평가관리를 계획, 조직, 리더십, 인적자원관리, 정보관리, 품질경영, 재무 및 원가관리의 핵심개념으로 각각 분류되었다(양일선 외 2003).

따라서 효율적 급식관리를 위해서는 위에서 언급한 내용과 같이 식단관리적인 측면, 구매 및 저장, 생산, 시설·설비, 위생 및 안전, 급식경영 및 평가등으로 나누어 세부적인 항목별 관리가 이루어져야 할 것으로 본다.

위탁급식업체에 대한 중요도와 만족도에 관한 연구에서는 위탁급식업체의 만족도 및 중요도를 위한 속성으로 48문항을 개발하였는데, 분석결과 1인분의 양, 메뉴선택의 다양성, 음식의 위생, 식기반입구 위치의 편리, 식당의 냉난방, 실내장식 등의 속성이 중요도 및 만족도가 모두 높은 것으로 나타났고, 음식의 외관, 주반찬과 부반찬의 조화, 계절음식의 제공, 선호메뉴의 제공, 메뉴의 품질, 배식시 대기시간, 배식구 위치의 편리성, 의자와 의자의 간격, 금일 메뉴에 대한 해설, 식판의 모양, 식판의 색 등은 중요도는 높으나 만족도는 떨어지는 것으로 나타났다(양태석 외 2005).

따라서 산업체급식에서처럼 연령이 다양하고 노동 강도가 다른 업장에서의 급식에서 각각 배식되는 1인분의 양과 급식대상자들의 기호도와 영양을 고려한 메뉴선택, 음식의 조리와 제공시 매우 중요시되는 위생관리, 식기반입구 위치에 따른 편리성 등이 급식서비스의 속성으로 얼마나 중요시 되는가를 알 수 있다.

이 외에도 서비스 품질요인으로 분류되는 내부 인테리어, 친절한 종사원의 태도, 냉·난방 시설 등도 운영에 있어 고려되어야 할 부분이다(이소정 외 2010).

경기도 모 기업체 급식

서울 모 기업체 급식

중단가의 산업체급식

프리미엄 급식을 표방한 서울 대기업급식

그림 10-2 여러 가지 급식

*출처 : cafe.daum.net

1일 60,000식의 대규모 급식 제공
대우조선해양 구내식당

1일 1,000식의 급식 제공
한화푸디스트 본사 구내식당

CJ 프레시웨이 구내식당의 배식구

퇴식구에 비치되는 컨베이어벨트

그림 10-3 대규모 구내식당과 배식구 및 퇴식구

*출처 : google 검색

대부분의 산업체급식에서 사용되는 식판의 모양과 색상에 따라 같은 음식을 놓았을 때 보여지는 음식의 외관이 매우 달라지는 면을 감안한다면 식판의 색상과 효율적인 면을 고려하여 선택해야 한다.

또한 짧은 급식시간에 많은 급식대상자가 식사해야 하는 점을 감안하여 배식시 대기시간이 최소화될 수 있도록 배식구의 위치나 퇴식구의 위치, 퇴식구에 컨베이어벨트 시설 등의 도입, 식당 내부동선의 최소화 등을 고려하여 운영해야 한다.

표 10-1 급식관리분야에서 이용되는 전산 프로그램의 특징

프로그램 활용분야	특징	
	데이터베이스화 내용	산출 및 출력 내용
식단관리	• 식수집계 • 식단목록 • 표준레시피 • 식당 영양소 분석표	• 식단내용 • 재료명 • 환산계수 • 재료의 분량 및 항목별 1인분 단가 • 1인량 및 총량이 기입된 식단표 • 식단의 영양가 분석표
구매 · 재고관리	• 거래처별 구입품목 목록 • 구입단위 및 단가 • 환산단위 및 단가	• 식단을 이영한 구매량 결정 • 품목 및 거래처별 주문서 작성 및 구매량 산출 · 납품 및 검수확인 작업 • 재고품목 파악 및 재고량을 이용한 구매량 결정
재무관리	• 식수집계 • 환산계수 • 식품가격 • 재고품목 • 원가계산	• 식이별 단가 및 예정 급식수로 월 수입 예정액 • 식단에 의한 예산원가 분석 및 결산원가 분석 • 식품구입액 현황 및 재고액
생산 · 작업관리	• 조리의 생산수요 관련부서와 연결하여 정확히 파악	• 식단에 따른 식품 재료 조절 • 작업계획 및 분배
인사관리	• 조리원의 고용, 승진, 결근, 주말 및 시간외 근무 등의 인적 사항과 작업분담 등 인사관리	• 인사관리에 필요한 정보를 컴퓨터를 이용해 파악
위생관리	• 급식소 음식생산공정에서 수집한 미생물 분석 결과 • 조리방법별로 구성된 위해요소 도표	• 위해요소 결정 • 각 위해요소에 대한 통제관리방법 제시

*출처 : CJ 푸드시스템

SECTION 3 산업체급식의 데이터화

산업체급식 관리에서는 다양하고 복잡한 영양사의 직무를 보다 효과적으로 수행하기 위해 식단관리, 구매관리, 저장관리, 생산관리, 서비스관리 영역 등에서 전산 프로그램의 활용으로 모든 업무를 데이터베이스화하고 있다.

산업체급식의 전산 프로그램 활용으로 얻을 수 있는 장점으로는 크게 급식관리 측면과 급식운영 측면으로 나누어 살펴볼 수 있는데, 급식관리 측면으로는 급식운영관련 자료의 신속한 분류와 변경 및 저장이 가능하고, 급식종사원의 효율적인 활용계획 수립과 종합적인 급식정보 관리에 용이하다. 또한 사무관리의 표준화와 효율화 구현과 급식조직의 대외 신뢰도 향상 등을 들 수 있다.

급식운영 측면에서 보면 급식전산관리 프로그램, 업체 인터넷 홈페이지, 사내 게시판의 적극 활용을 들수 있으며, 급식관리자와 공급업체, 타 급식업체, 급식대상자 간의 원활한 의사소통 가능, 긴밀한 유대관계 형성 등을 들 수 있다.

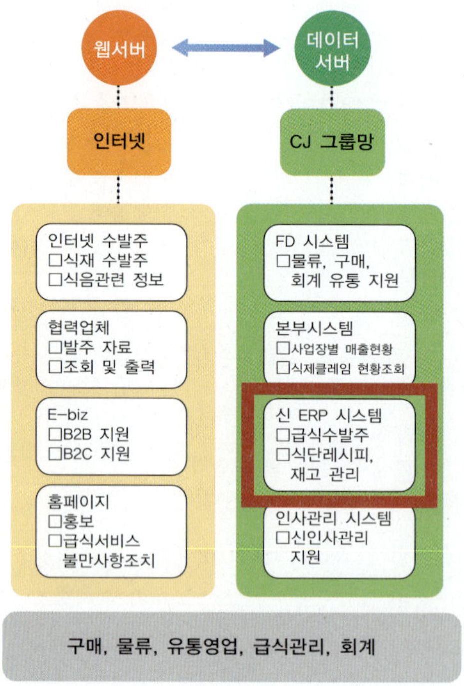

그림 10-4 CJ푸드시스템의 전사적 자원계획(ERP: Enterprise Resource Planning)
*출처 : CJ 푸드시스템

CJ푸드시스템에서 사용하고 있는 전산 시스템의 예로 전사적 자원계획(ERP : Enterprise Resource Planning) 내용을 보면 기업 내·외의 전체 프로세스를 일관되게 통합할 수 있고, 기업 전체적 요구사항과 연계하여 관리가 가능하며, 기업 전체의 최적 자원관리를 위해 생산관리, 구매관리, 품질관리, 설비관리, 영업관리, 고객관리, 회계 및 원가관리, 프로젝트 관리, 인사·급여관리 등이 통합하여 운영될 수 있다.

또한 이러한 전산 시스템의 활용의 효과로는 외형적 업무 운영비용 절감, 업무의 효율화, 재문분야업무 능률향상, 공급체인 및 고객 서비스분야 개선, 전산비용 절감, 새로운 경제모델 전환용이 등을 들 수 있다.

SECTION 4 산업체급식의 조리 메뉴

산업체급식의 조리 메뉴를 구성할 때는 우선 조직의 목표와 고객의 요구가 반영 되어야 하며, 특히 식단가에 맞는 범위 내에서 종사자의 노동 강도나 작업장의 성격, 성별, 연령 등의 근로자의 환경에 따라 필요한 열량을 산정하여 5가지 영양소가 골고루 포함되게 작성하여야 한다.

또한 주방 내 조리시설의 설비 상태와 기기 등에 따라 조리 메뉴와 양이 산정되어져야 하며, 조리 종사자가 작업 가능한지 여부에 대해 파악한 후 산출되어야 한다.

식단의 형태는 단일식단·복수식단·카페테리아 식단 등으로 나뉠 수 있고, 산업체의 근무여건에 따라 1일1식부터 1일5식(간식포함)까지 제공이 가능하다.

요일	조식	중식	석식
월(月)	쇠고기해장국 깨순무침 달걀프라이 두부조림	쇠고기미역국 호박볶음 김말이 마른갈치조림	순두부찌개 돈육고추장볶음 가지나물 오이맛살무침
열량/단백질	-	743.8kcal/30.47g	743.8kcal/30.47g
화(火)	토스트 요구르트 시라국 돈육채소볶음, 감자조림	참치김치찌개 쇠고기달걀장조림 비듬나물 과일샐러드	짬뽕국 부추잡채 도라지생채 김
열량/단백질	-	884.4kcal/28.85g	701.5kcal/28.3g
수(水)	동태부침 쇠고기당면볶음 열무무침 김	갈비탕 고추튀김 후식 : 식혜	미역오이냉국 달걀찜 꼬마어묵조림 깻잎무침
열량/단백질	-	888.42kcal/20.47g	827.5kcal/20.4g
목(木)	쇠고기감자국 미역줄기볶음 오이무침 달걀프라이	수제비국 신김치돈육볶음 생두부 가자미양념구이	어묵국 탕수육 고춧잎무침 콩나물실파무침
열량/단백질	-	888.43kcal/30.12g	827.34kcal/21.73g
금(金)	쇠고기맑은국 조미채조림 어묵볶음 김	감자국 닭다리튀김 열무겉절이 양배추햄볶음	시라국 호박전 도토리묵 꼬막양념무침
열량/단백질	-	874.3kcal/20.8g	820.4kcal/23.7g
토(土)	북어국 돈육장조림 깻잎무침 숙주나물	콩나물국 비빔밥 후식 : 요구르트	국수장국 찐고구마
열량/단백질	-	588.9kcal/17.5g	400.3kcal/12.4g
일(日)	쇠고기미역국 신김치돈육볶음 깻잎무침 후식 : 요구르트	닭개장 감자채 다시마채무침 김	떡만두국 오이부추무침 단무지
열량/단백질	-	882.38kcal/22.84g	552.3kcal/20.47g

그림 10-5 포항케터링 산업체 식단표

*출처 : cafe.daum.net

구분		월(10/25)	화(10/26)	수(10/27)	목(10/28)	금(10/29)
조식	주식	고등어조림	북어해장국	꽁치조림	육개장	선지해장국
	부식	배추된장국 가지나물 열무김치 달걀프라이	하루나나물 우엉조림 포기김치 김구이	감자다시마국 곤약조림 열무김치 달걀프라이	깻잎지 쑥갓나물 깍두기 달걀프라이	오이소박이 락교무침 깍두기 김구이
중식 A	주식	검정콩밥 오색잡채	강낭콩밥 오징어찜	수수밥 두부찜	보리밥 청국장찌개	철판볶음밥&자장 소스
	부식	콩나물국 어묵풋고추볶음 진미채오이무침 총각김치	조랭이떡미역국 마늘쫑맛살볶음 부추무침 백김치	아욱수제비된장국 호박나물 무말랭이무침 김치볶음	감자채볶음 열무장나물 파래김/양념장 배추겉절이	달걀국 만두강정 단무지 배추겉절이
중식 B	주식	차조밥 순두부찌개	완두콩밥 돈육채소볶음	상하이스파게티	쌀밥 수제치킨커틀렛	순대국밥
	부식	오색잡채 햄채소볶음 생깻잎절이 포기김치	팽이버섯장국 모둠채소쌈/쌈장 부추무침 백김치	유부장국 웨지감자 오이피클 깍두기	크림수프 브로콜리&키드니 빈스G 채소피클 포기김치	청포묵무침 고추전 배추겉절이 깍두기
	샐러드	모둠채소샐러드/요 플레드레싱	푸실리미트소스샐 러드	채소샐러드/레몬드 레싱	양상추믹스샐러드/ 옥수수드레싱	채소스틱/쌈장
	후식	녹차	유자차	커피	체리차	매실차
석식	주식	흑미밥 삼치구이/와사비장	기장밥 깐풍기	흑미밥 추어탕	셀프보리비빔밥& 강된장	녹두밥 버섯매운탕
	부식	김치국 느타리버섯볶음 무생채 얼갈이겉절이 믹스샐러드/오렌지 드레싱	된장찌개 옥수수완자전 청경채무침 포기김치 믹스샐러드/적채드 레싱	도라지양념구이 도토리묵채소무침 풋고추/쌈장 깍두기 식혜	동치미국수 달걀장조림 무짠지무침 포기김치 호박죽	생선전 메밀묵/양념장 참나물들깨무침 포기김치 바나나

그림 10-6 (주)해다미 식단표

*출처 : www.haedami.com

월	화	수	목	금
클로렐라혼식 꽃게된장찌개 떡갈비구이 감자채볶음 콩나물무침 포기김치	백 미 밥 쇠고기당면국 두부달걀전 꽈리고추잔멸치볶음 칠리새우 숙성김치	현미혼식 호박된장찌개 조기고사리지짐 양송이볶음 웨지감자튀김 포기김치	백 미 밥 황태콩나물국 돼지갈비찜 홍어회무침 고구마대볶음 포기김치	우동/주먹밥 쪽파김무침 세송이어묵볶음 무 김 치 요 플 레
차조혼식 짬 뽕 국 새우살달걀말이 소고기장조림 조선솔무침 포기김치	백 미 밥 목살김치찌개 깐 풍 기 표고호박볶음 파래김+유장 포기김치	백 미 밥 부대찌개 갈치감자조림 군만두와떡볶이 잡 채 김 치	백미밥 동태지리탕 오향장육 감자채피망볶음 치커리초장샐러드 포기김치	옥수수알밥 가스오브시국 수제생선까스 표고버섯/ 초장 고추지양념 포기김치
보리혼식 닭미역국 팔 보 채 두부/김치볶음 깻잎찜 얼갈이된장지짐	백 미 밥 육 개 장 쭈꾸미채소볶음 케이준샐러드 울타리콩조림 석 박 지	흑 미 밥 북어무국 고구마줄기등뼈찜 꽁치양념구이 오이양파무침 겉절이김치	백 미 밥 얼큰콩나물국 뚝배기우불고기 참나물고추장소스 순두부&양념장 숙성김치	알 밥 땡초시락국 닭다리오븐구이 채소스틱/ 장 호래기젓무침 김 치
율무혼식 추 어 탕 모둠어묵조림 파래김+유장 얼갈이된장지짐 숙성무김치	백 미 밥 바지락부추국 자반고등어구이 류 산 슬 낙지젓갈 +무말랭무침 포기김치	백 미 밥 연두부국 고추장불고기/양배추찜 달걀말이 콩나물무침 겉절이김치	흑미혼식 오징어무국 감자닭도리탕 해물경단 부추양파겉절이 포기김치	볶음밥&짜장 달걀실파국 후르츠탕수육 꽃빵/ 고추잡채 단 무 지 숙성김치
본 메뉴는 시장수급 사정에 따라 다소 변경될수 있습니다. (10% 내외)				

그림 10-7 전북외식산업 식단표

*출처 : 전북외식산업

그림 10-8 아워홈TFS(Total Food Solution) 급식식자재 및 메뉴관리 프로그램

*출처 : www.ourhometfs.co.kr

SECTION 5 산업체급식의 영양관리의 실제

산업체 근로자를 위한 영양관리 프로그램은 보통 환경적 및 교육적 전략으로 접근할 수 있는데, 전자는 카페테리아 기반 프로그램으로서 카페테리아나 자판기나 급식정책 등에서 건전한 식환경을 조성하는 것이며 후자는 개인상담·집단교육·매체를 통한 교육 등의 방법을 포함한다.

근로자를 위한 급식소에서의 프로그램은 효율성이 크지만, 영야교육 및 상담을 위한 프로그램 개발이나 교육자료 및 지침서 등이 미비하여 영양서비스 시행이 어려운 실정이며 일부 영양사회가 만든 소책자(1994년 영양교육 내용 모음집 – '직장인의 건강관리: 바른 식생활, 활기찬 일터')나 지침서(2001년 고지혈증 유소견자, 체중조절 및 온라인 빈혈 영양교육 지침서) 등이 있다.

1. 급식 음식의 메뉴와 배식

1) 급식대상자와 직접 접하는 내용

① 메뉴에서 건강 지향적으로 무공해 신선식품, 저지방, 저콜레스테롤, 저칼로리, 저염 등의 식재료 및 대체식품류, 조리법

② 1인분량 조절을 위한 적당한 식기, 분배용 기구

③ 배식 시 건강식 코너 배치, 사이즈 선택, 영양소량 표시, 가격과 함께 칼로리 산출

2) 기초적 영양상식을 위해 6대 영양소 선정

3) 사내병원을 통해 사원들의 건강검진 결과에서 발병빈도가 높은 간/위장 질환 중에서 택일

4) 여직원 모니터 결과 변비, 빈혈을 선정

2. 영양교육 및 상담

■ LG화학 청주공장 급식소(점장 김성년, 2002)

1) 시행내용

① 주제 : 〈바른 식생활과 활기찬 일터〉
부제 : 6대 영양소, 위장질환, 변비, 빈혈

② 전시 : 보드, table tent(영양교육자료), 식단(열량을 표시한 식품, 소금분량, 질환별 개선식단, 해로운/ 유익한 식품 등),

③ 설문지 : 아워홈의 Wellness Guide Program 중에서 〈나의 식생활 체크 코너〉를 배포, 설문한 내용의 결과표를 개인에게 회신

④ 영양상담 : 충북도 내 병원영양사(6명)들의 협조로 원하는 사원들에게 실시
- 개인별 신체계측, 체지방 측정
- 개인별 식습관 평가지 조사, 배부
- 개인별 식습관 및 식생활 관련 건강상식 등에 관해 1:1 상담
- 질문은 이메일로 피드백, 추후관리

2) 결과

① 사원들의 식생활에 관심을 갖게 됨
② 식생활의 중요성을 인식함
③ 사내에서의 주기적인 영양상담을 희망함

3) 문제점과 개선사항

① 결과물에 대한 설명시간 부족, 개인별 질환에 대한 전문지식 제공 부족, 점심시간의 상담이 문제임
② 흥미로운 교육매체 개발, 영양상담자를 위한 체계적 교육 강화 등이 필요

3. 정보기능(Information Technology)을 활용한 서비스

(1) IT, 건강서비스의 좋은 점

① 다인수 쌍방향 통신기능을 이용하여 집단에게 서비스 제공
② 대용량 정보 제공

③ 실시간 통신기능에 의한 시간적, 지리적 장애를 받지 않고 서비스 제공
④ 익명성 보장

(2) IT 활용에 적합한 건강 서비스 조건

① 인터넷은 문자를 중심으로 한 시각자료이므로 언어(문자) 등의 이해가 가능한가?
② 자신의 상황을 어느 정도 파악할 수 있는 경우인가?
③ 경제적으로 IT 환경을 유지할 수 있는가?

(3) 단점과 위험성

① IT 환경 밖의 사람에게는 서비스 불가능
② 제공자는 정보선택을 기대하여 대용량을 제공, 수혜자는 너무 많다, 꼭 필요한 것은 적다고 불평, 탈락 위험
③ 비대면이므로 스스로 신고에 의해서만 상황 이해가 가능, 부적절한 행동수정 위험
④ 인터넷상 수반되는 위험성 : 바이러스, 메일주소(mail address)의 노출로 피해, 개인정보 누출, 저작권 침해, 프레밍(폭언 등) 등

(4) 서비스의 예

① 정보제공형 서비스 : homepage, mail magazine
② 1:1의 개인 영양상담 창구 : 수혜자 수에 한계
③ 다인수 쌍방향형 서비스 : 게시판, mailing list에 위한 서비스, 집단 프로그램이 가능, IT 단점이 문제이므로 제공 측의 인력과 지식이 필요
④ 휴대단말기를 이용한 서비스 : PDA, 정보 분량이 비교적 소량
⑤ 핸드폰(디지털카메라 부착)을 이용한 서비스 : 식사의 화상을 메일로 첨부하여 영양사에게 전송하여 영양사가 식사내용을 기록하여 산출, 식이요법 시에 활용

SECTION 6 산업체급식의 배식 및 평가

산업체급식의 배식방법은 대면배식(정량배식), 자율배식, 테이블배식 등으로 나눌 수 있는데, 이는 사업장의 시설적 측면과 주방의 레이아웃, 배식구의 형태 등과 조리종사원의 수, 기기의 배치상황 등을 고려하여 이루어진다.

특히 순수 식단가(주·부식비)가 높은 경우 자율배식으로 근로자가 원하는 메뉴를 자유롭게 이용할 수 있는 반면, 낮은 경우에는 자율배식보다는 대면배식으로 이루어지는 경우가 많다.

예전에는 산업체급식에서 근로자의 영양적이 측면이 주가 되어 고려되었다면, 오늘날에는 영양적인 측면보다 기호적인 측면이 더 중요시되고 있다는 게 차이점이다. 그 이유는 급식자의 기호를 고려하지 않은 상황에서 아무리 영양가가 우수한 메뉴를 제공했다 하더라도 그 메뉴는 급식자들로부터 외면을 당하고 대부분이 잔반으로 남게 되며, 급식에 대한 만족도도 매우 떨어뜨릴 수 있기 때문이다.

산업체의 여건에 따라서 식대 전체를 회사에서 지급해 주는 경우도 있고, 원래 가격보다 저렴한 가격에 본인이 부담해야 하는 경우도 있다. 전자의 경우라도 급식자가 최상의 서비스를 제공받을 수 있도록 노력해야 하며, 후자의 경우에는 최근 직장인들이 회사의 구내식당뿐만 아니라 주변의 외식업체에서 식사하는 기회가 증가되고 있는 점을 감안하여 산업체급식소 운영에 대한 활성화 방안 모색과, 영양사와 조리종사자들의 외식서비스 마인드가 절실히 요구된다.

또한 산업체급식에서 특별한 후식이 만족도 상승효과를 준다는 보고가 있는데, 이는 식단에서 부족할 수 있는 영양분을 보완해주고 식사가 조금 부족해도 평소 먹어보지 못한 후식을 통해 급식에 만족을 느끼고 다음 급식을 기대하게 되기 때문이다.

산업체급식은 공공의 목적을 우선하는 타 급식과는 달리 급식을 통한 기업 이윤 증대에 목적을 두기 때문에 급식자들에게 일방적인 식사제공이 아닌 고객 요구에 따른 양질의 식사 및 서비스 제공을 급식운영의 중심으로 삼는다. 다양한 연령층과 근무환경이 다른 고객들의 까다로운 입맛을 충족시키기 위해 엄선하며, 작업의 능률을 위해 편리성과 간편성을 추구한다.

산업체급식의 위탁을 주로 진행하고 있는 A업체가 특별식과 이벤트 후식이 제공되는 날의 매출을 분석한 결과 평소 대비 평균 10~20% 높은 것으로 나타났다.

이벤트성 후식 제공은 회사창립기념일에 떡, 케이크, 대보름에 부럼, 발렌타인 및 화이트데이에 초콜릿과 사탕, 빼빼로데이에 빼빼로, 크리스마스에 쿠키, 여름에 음료수나 빙수, 또는 수박 등의 과일, 겨울에 차, 호빵, 캔커피 등으로 나타났다.

후식을 선호하는 메뉴도 성별에 따라 차이를 보였는데 여성의 경우 유행에 따랐으며, 남성의 경우 건강에 좋은 식품을 우선적으로 원하는 경우가 많았다(대한급식식문 2012년 12월 14일자).

업무의 연장선에서 신속성과 건강을 위해 대부분 이용하는 산업체급식은 후식 선택에서도 그 분야의 개성에 맞도록 이용되어야 한다.

Chapter 11

병원급식

SECTION 1 병원급식의 개론

1. 병원급식의 개요

병원급식은 입원환자의 치료목적에 따라 영양필요량이 충족되도록 식사를 공급함으로써 질병으로부터 빠르게 회복시키는 데에 그 목적이 있다. 그러므로 병원급식은 건강인을 대상으로 하는 일반급식과는 달리 치료식의 일환으로, 과학적이고 전문적인 지식이 요구되며 영양관리에 대한 중요성도 높다.

그러나 병원급식은 제한된 조건, 즉 제한된 식단가격 내에서 최대한의 서비스로 한정된 시간 내에 균형잡힌 식사를 제공해야 하기 때문에 계획된 범위 내에서 정확하게 수행하지 않으면 업무를 성공적으로 이룰 수 없다. 수십 종류의 치료식으로 이루어진 환자급식 이외에도 다양한 직종으로 구성된 직원에 대한 급식과 병원 안팎에서 이루어지는 각종 행사시의 급식도 병원급식 중에 포함될 수 있는 업무이다. 병원에서 급식부분이 차지하고 있는 예산의 비중은 비교적 크며, 상승하는 인건비와 노동조합의 재규정 등에 의한 노무관리문제 등으로 경영상 많은 어려움이 발생할 수도 있는 분야이다.

병원급식은 직영이 원칙이나 급식의 질이 확실하게 보장된 경우에는 병원의 최종적인 책임하에 급식업무의 일부를 제 3자에게 위탁하는 경우도 있다.

우리나라 최초의 병원 위탁급식이 1989년 인제대학교 상계백병원에서 시작된 이후, 대부분 직영으로 운영되던 병원급식은 운영 문제점을 보완하기 위하여 부분 위탁 혹은 전면 위탁으로 전환되고 위탁경영이 광범위하게 이루어지고 있다.

또한 예전에는 환자식은 비급여로 병원의 규모나 식사서비스 수준 등 병원의 상황에 따라 자율적으로 수가를 결정하여 운영하였으나 2006년 6월부터 모든 입원환자에 대한 식대급여화가 실시되고 있다.

의료법에 명시하고 있는 병원급식 관련 조항으로 의료법 제3장제36조 준수사항에서 '의료기관을 개설하는 자는 보건복지부령으로 정하는 바에 따라 '급식관리 기준에 관한 사항을 지켜야 한다.' 라고 명시되어 있다. 또한 의료법 시행규칙 [시행 2014. 4. 5.] 제39조(급식관리)에 입원시설을 갖춘 종합병원·병원·치과병원·한방병원 또는 요양병원은 별표 6에서 정하는 바에 따라 환자의 식사를 위생적으로 관리·제공하여야 한다고 제정하였으며 별표 6의 사항은 아래와 같다.

Check point

의료법에 따른 의료기관의 급식관리 기준
(시행규칙 제39조 관련) [별표 6]

1. 환자의 영양관리에 관한 사항을 심의하기 위하여 병원장이나 부원장을 위원장으로 하는 영양관리위원회를 둔다.
2. 환자의 식사는 일반식과 치료식으로 구분하여 제공한다.
3. 환자급식을 위한 식단은 영양사가 작성하고 환자의 필요영양량을 충족시킬 수 있어야 한다.
4. 환자음식은 뚜껑이 있는 식기나 밀폐된 배식차에 넣어 적당한 온도를 유지한 상태에서 공급하여야 한다.
5. 영양사는 완성된 식사를 평가하기 위하여 매끼 검식(檢食)을 실시하며, 이에 대한 평가 결과를 검식부(檢食簿)에 기록하여야 한다.
6. 영양사는 의사가 영양지도를 의뢰한 환자에 대하여 영양 상태를 평가하고, 영양 상담 및 지도를 하며, 그 내용을 기록하여야 한다.
7. 식기와 급식용구는 매 식사 후 깨끗이 세척·소독하여야 하며, 전염성 환자의 식기는 일반 환자의 식기와 구분하여 취급하고, 매 식사 후 완전 멸균소독하여야 한다.
8. 수인성 전염병환자가 남긴 음식은 소독 후 폐기하여야 한다.
9. 병원장은 급식 관련 종사자에 대하여 연 1회 이상 정기건강진단을 실시해야 하며, 종사자가 전염성 질병에 감염되었을 경우에는 필요한 조치를 취해야 한다.
10. 병원장은 급식 관련 종사자에게 위생교육을 실시하여야 한다.

2. 병원급식의 특징

병원급식은 일반식을 비롯하여 질병에 따른 다양한 치료식을 공급하므로 다른 급식 유형에 비해 생산성이 낮다. 또한 1년 중 급식을 하지 않는 날이 없고 병실까지 식사를 운반하므로 인건비가 많이 들고, 환자들의 입원과 퇴원으로 매끼 식수와 식사 종류가 바뀌는 어려움이 있다. 이로 인하여 급식시설을 점검하고 보완할 시간이 부족하며 그럼에도 불구하고 면역력이 약한 환자가 급식대상자이므로 위생적 부담이 크게 작용하는 특징이 있다.

또 병원급식은 환자의 요양생활에 안도감과 편안함을 주고 특별식을 하는 경우에 급식의 이유를 설명하고 이해시키며 환자의 상태에 적합한 식사와 영양에 관한 지식을 보급해야 하는 곳이기도 하다. 병원급식의 특수성은 다음과 같다.

① 질병치료의 목적으로 입원해 있기 때문에 모든 치료가 우선이다. 급여영양량이 건강시에 비하여 소요량에 미치지 못하는 경우가 있다.

② 퇴원할 때까지 반드시 의사의 지시를 따라야 하기 때문에 음식을 자유로이 먹을 수 없다.

③ 입원 중에는 원칙적으로 원외에 나가는 것은 허용되지 않기 때문에 식사는 1일분의 영양 모두를 공급한다.

④ 질병은 전적으로 개인적인 것이기 때문에 치료상 중요한 식사도 개인에게 적정한 내용이 되어야 한다.

⑤ 신체적·정신적 조건에 의하여 식욕감퇴나 기호의 변화가 있기 때문에 치밀한 계획에 의하여 식사가 행해져야 한다.

⑥ 개인대상이 원칙이지만, 환자 전부를 개인적으로 대하기가 어렵기 때문에 단체급식의 이점과 결점을 바람직하게 조정하여야 한다.

3. 병원급식의 조직

병원급식의 기구조직도 다른 조직과 마찬가지로 그 부서의 목표를 위한 기본요소로서 경영인과 종업원들 간의 의사소통을 이룰 수 있는 길이 된다. 또한 그들의 임무와 책임의 한계를 명확하게 알려주는 수단이기도 하며 환자급식이 영양적 치료라는 의료의 한 기능적 업무의 일환이라는 면에서 중요하게 확립되어야 할 방향이다.

각 병원의 규모 및 운영계획에 따라 급식업무의 조직은 다양하며 일반적으로 진료간호부분과 진료보조부분 및 사무부분의 세 부분으로 나뉜다. (그림 11-1) 각 기능에 따라 조직이 세분화되고 있다.

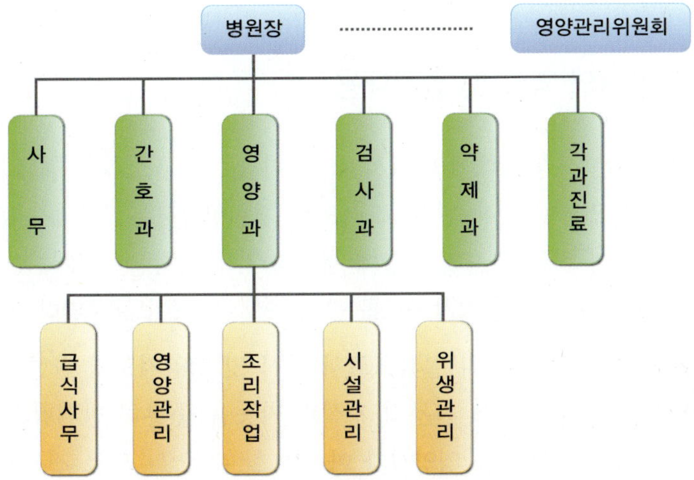

그림 11-1 병원급식의 조직

조직이 어느 형태를 적용하고 있는지를 막론하고 급식업무의 기획, 조직, 수행, 감독, 조정 및 평가를 맡고 있는 관리자로서의 영양사는 사전에 정확한 작업분석과 소요인원에 대한 파악으로서 개인별 능력에 맞는 업무분담으로 직원들에게 직무만족을 주어야 한다. 잘 짜여진 조직을 통하여 생산성을 높이고 끊임없는 평가로서 변해 가는 추세에 따라 적합한 조직으로 계속 발전하는 것이 필요하다.

병원급식의 중요한 업무 중의 하나는 의료팀의 일원으로서 환자의 영양상태를 파악하여 의무 기록함으로써 다른 의료진에게 문제점을 알리고 식사요법교육 등을 실시하여 환자의 회복상태를 촉진시키고자 하는 것이다. 병원급식을 맡고 있는 영양사는 급식경영의 행정뿐만 아니라 임상영양에도 충분한 경험과 깊은 지식을 겸비하고 조직의 기능별 업무에 따라 전문화되어야 한다.

병원급식의 책임영양사는 예산편성과 영양관리 및 환자 등에 대한 영양교육뿐 아니라 인사, 사무, 작업 및 노무, 시설 및 조직의 안전, 위생관리 등 모든 활동의 행정적 책임을 맡고 감독하면서 다른 부서와의 긴밀한 유대를 가지고 하나의 팀으로서 업무를 수행해 나가야 하므로 조직을 원만히 이끌어 갈 수 있는 통솔력이 필요하다.

결국 병원급식업무의 수준은 능력있는 책임자에 의해서 부서의 정확한 목표를 세우고 한정된 재정 내에서 효율적으로 운영되어 나가도록 하는 것이다. 또한 직원의 책임한계를 분명히 밝혀 정확한 의사소통이 될 수 있는 방법으로 자질 있는 영양사 및 종업원의 적정인원수 확보에 의하여 끌어 올려질 수 있다.

4. 병원영양사의 역할 및 업무내용

환자의 대부분은 질병 상태에 따라서 식욕, 미각, 기호, 소화력 등의 변화를 가져오고 정신적 불안도 생기게 된다. 그러므로 병원영양사는 '자기가 환자였다면 어떻게 하면 좋을까' 하는 환자의 입장에 서서 환자의 감각을 공유하는 자세와 환자 및 가족과의 대화를 통한 식사지도를 할 수 있는 능력이 요구된다.

병원영양사의 업무는 의료의 일환으로서 급식 및 영양지도에 관한 병의학적인 입장에서 의사와 협력하여 그 전문적 지식과 기능을 충분히 발휘함으로써 입원 외래환자에 대한 영양지도 등 영양사가 아니면 할 수 없는 의료 전문직으로서의 업무를 스스로 행하는 일이다.

이를 위해 영양사는 팀 의료(혹은 포괄의료, 조직의료)의 일원으로서 자각과 자부심을 고양함과 동시에, 병원관리자나 의사의 이해를 높이고 영양사의 업무내용을 확립하는 일이 중요하다. 병원영양사의 업무 내용에 대한 일례는 표 11-1과 같다.

(1) 병원영양사의 역할

1) 식단작성

병원영양사는 의사의 진단에 의한 처방에 의해서 식사 내용을 결정하며, 식사 처방에는 열량, 단백질, 나트륨, 지방의 양 등의 영양량이 기입된다. 그리고 일반식, 유동식, 연식 등의 식사형태와 강화 또는 제한하여야 할 영양소가 지시되므로 영양사는 그 내용을 기초로 식단을 작성하는 데에 있어서 가능한 한 환자의 기호와 식욕, 식습관을 파악하여 즐겁고 안정된 기분으로 식사할 수 있도록 배려한다.

표 11-1 병원급식의 기능별 업무 내용

(1) 영양관리업무
① 식당작성(환자일반식과 치료식, 직원식)
② 환자면담, Chart 검토, 식사력(Diet history) 조사
③ 환자의 영양상태평가 및 의무기록, 식사회진(meal rounds)
④ 식사처방지침서(Diet manual) 작성
⑤ 급식의 질적 보증평가(QA)
⑥ 임상영양업무의 질적 보증평가(QA)
(2) 급식관리업무
① 인사 및 노무관리
② 작업관리
③ 식품관리
④ 사무관리
⑤ 시설기구관리
⑥ 위생관리
⑦ 급식위원회
⑧ 직원 및 감독자 회의
(3) 교육업무
① 입원환자에 대한 영양교육
② 외래환자에 대한 영양교육
③ 집단영양교육(당뇨교실, 신장교실, 임산부교실 등)
④ 지역사회주민에 대한 영양교육
⑤ 급식부 직원 교육
⑥ 식품영양학과 실습생 교육
⑦ 수련영양사 교육
⑧ 피급식자(직원)에 대한 영양교육
(4) 영양연구업무
① 새로운 영양지도를 위한 연구실험
② 식사요법 사례 연구
③ 각종 교육자료 개발

2) 식품의 구입 및 보관

병원급식의 식품 구입도 제철에 나는 양질의 신선하고 영양가 높은 것으로 구입한다는 일반 급식소와 같은 원칙을 따른다. 그러나 병원의 특성에 의해서 자극성 강한 식품은 피하도록 한다. 또한 신선식품과 저장식품의 구매, 검수 및 소비관리를 통하여 합리적이고 낭비가 없는 재료관리를 한다.

3) 조리 감독

병원영양사는 일반식 외에 특별식의 조리 감독도 하여야 한다. 특히 일반식의 경우에는 재료의 계량에 주의하여 환자에게 적합한 음식이 되도록 하고, 기호조사 등을 통해 가능한 한 잔반이 없도록 하며, 위생적인 급식이 이루어지도록 한다. 또한 정확한 식수 파악을 하여 차질이 없도록 한다.

4) 병실 순회

영양사는 병실을 순회하여 급식결과를 알아보고 환자와 상담할 필요가 있다. 병실을 순회할 때는 음식이 정확히 전해졌는지 점검하고, 남은 음식이 없도록 잔반을 확인하며, 기호 조사를 통해서 조리법의 변경 등에 관한 연구도 한다. 또한 환자나 그 가족에게 영양 교육을 실시하여 식이의 필요성을 설명한다.

5) 치료식의 연구

병원영양사들을 위한 여러 협의회에 참가하여 새로운 치료식이나 조리법에 관한 지식을 쌓아서 치료에 도움을 주는 식사요법을 실시할 수 있도록 한다.

6) 기타

그 밖에 시장조사와 사무관리, 작업관리, 위생관리 등의 영양사 고유업무를 수행한다.

(2) 임상영양사

임상영양사라는 명칭은 2012년 3월 국민영양관리법 시행에 의거하여 정식으로 사용하게 되었으며 국가자격증도 새로 생기게 되었다. 임상영양사가 되려면 임상영양사 교육과정(제24조)에 따른 임상영양사 교육과정 수료와 보건소·보건지소, 의료기관, 집단급식소 등 보건복지부장관이 정하는 기관에서 1년이상 영양사로서의 실무경력을 충족한 사람, 또는 외국의 임상영양사 자격이 있는 사람 중 보건복지부장관이 인정하는 사람으로서 보건복지부 장관이 실시하는 임상영양사 자격시험에 합격해야 한다. (시행규칙 제23조 〈개정 2015. 5. 19〉)

임상영양사 국가시험은 국민영양관리법 시행규칙 제28조에 의거하여 보건복지부장관이 시행하고, 시험의 관리를 맡길 수 있도록 규정되어 있다. 현재는 한국영양교육평가원이 보건복지부로부터 시험관리기관으로 위탁받았고 국가시험의 운영은 국시원의 시험운영에 근거하여 운영된다.

임상영양사라는 명칭의 정식 사용과 임상영양사의 업무 등이 법에 명시됨에 따라 앞으로 보건의료분야 및 지역사회 영양분야에 있어 임상영양사의 업무 및 진출 확대로 영양사의 지위 및 영역이 확대될 것으로 기대한다.

임상영양사는 질병의 예방과 관리를 위하여 질병별로 전문화된 다음의 업무를 수행한다(국민영양관리법 시행규칙 제22조).

① 영양문제 수집·분석 및 영양요구량 산정 등의 영양판정
② 영양상담 및 교육
③ 영양관리상태 점검을 위한 영양 모니터링 및 평가
④ 영양불량상태 개선을 위한 영양관리
⑤ 임상영양 자문 및 연구
⑥ 그 밖에 임상영양과 관련된 업무

SECTION 2 병원급식의 영양관리

1. 병원급식의 식단작성

식단작성은 급식관리의 기초업무이다. 주어진 여건 하에서 다양한 재료의 조리법에 의한 음식이 선택 계획되고, 이의 수행을 위하여 모든 과정이 조직적으로 사무처리되어 평가 재조정하는 경영원칙이 적용됨으로써 이루어진다. 식단 계획에 있어서 고려되어야 할 사항은 다음과 같다.

(1) 식단의 형태

식단은 어느 곳을 막론하고 일정한 주기로 반복되는 순환식단제(cycle menu)를 사용하는 것이 재료구입시나 관리 등의 면에서 효율적이다. 주로 7~15일을 주기로 하는데 요일의 반복을 피하기 위하여 10일 이상의 회전기간이 바람직하다. 일부 병원에서는 환자들이 각자 선택할 수 있는 선택식단을 사용하고 있으나, 좁은 면적의 주방과 적은 인원으로 일하고 있는 병원의 여건에서는 이 제도를 실행하는 것이 어려운 실정이다.

(2) 환자의 질병별 영양필요량에 맞는 식사처방지침서(diet manual)

연령, 성, 질병별 상황에 따라 환자의 영양기준량을 설정해 놓은 의사의 식사처방에 대한 안내서이다. 영양위원회 등을 통하여 병원 의료진의 인준을 얻으며 최신의학정보에 따라 정기적으로 개정한다.

(3) 기호도

환자들의 문화 및 생활양식과 질병상태의 차이에 관한 식습관조사를 통하여 식품의 기호도를 식단 작성시 반영한다. 환자의 식사 섭취율을 높이고 또한 재료의 낭비를 막을 수 있는 방안으로서 정기적인 기호도조사가 필요하다.

(4) 조리의 표준화를 위한 표준레시피의 개발

환자 및 병원 실정에 맞게 음식에 대한 재료, 분량, 조리법 및 조리시간과 가능하면 단가까지 포함시킨 표준레시피를 만드는 것이 필요하다. 담당조리원이 바뀌어도 음식의 맛과 질이 항상 일정하고 음식재료의 낭비를 막아 효율적인 급식관리의 기초가 될 수 있다.

(5) 급식비

예산 내에서의 급식비 사용은 우선적으로 고려해야 할 점이다. 식사별 원가계산이 정확하지 않으면 상승하는 재료비와 인건비 등으로 자칫 재정한계를 넘게 되므로 직접비인 식품재료비의 한계 내에서 질을 저하시키지 않으면서 식단작성을 하도록 유의하여야 한다. 그 외에 계절적인 식품을 사용하는 것도 환자의 식욕을 올릴 수 있을 뿐만 아니라 구매시 재료비 원가를 낮출 수 있다. 노동과 시간을 들이지 않고 음식이 될 수 있는 식품의 선택 등도 기구와 조리원의 수가 한정된 여건 아래에서 식달갸단계획시 고려될 수 있는 중요한 요소들이다.

(6) 설비와 작업원의 수

재료의 종류는 여러 가지로 복잡하기 때문에 영양사는 식단의 변화를 여러 모로 생각하고 알아두어야 한다. 특히 그 병원의 설비와 작업원의 수를 가지고 할 수 있는 요리를 만들도록 그 순서, 작업에 임할 인원수, 시간, 설비, 기구계획 등을 면밀히 검사조정해야 한다.

표 11-2 S 노인병원 8월 식단의 예(10일 주기)

구분		1/11/21/31	2/12/22	3/13/23	4/14/24	5/15/25	6/16/26	7말복/17/27	8/18/28	9/19/29	10/20/30
조식	밥	쌀밥/ 땅콩채소죽	보리밥/ 땅콩채소죽	쌀밥/ 땅콩채소죽	현미밥/ 땅콩채소죽	쌀밥/ 땅콩채소죽	쌀밥/ 땅콩채소죽	보리밥/ 땅콩채소죽	쌀밥/ 땅콩채소죽	쌀밥/ 땅콩채소죽	쌀밥/ 땅콩채소죽
	국	호박새우젓국	소고기미역국	콩가루배추국	호박잎된장찌개	콩나물무채국	소고기무탕국	고사리토장국	근대국	시금치된장국	순두부찌개
	주찬	돈육양배추 볶음	가자미조림	고기산적볶음	돈육버섯볶음	오징어돈육 불고기	고등어우거지 조림	해물동그랑 땡조림	돈육채소볶음	오징어채소 볶음	돈육버섯 불고기
	부찬	어묵볶음	순두부& 양념장	강된장소스	오징어젓갈/ 무나물	호박볶음	달걀찜	강된장소스	두부조림	잔멸치마늘 볶음	강된장소스
	나물	무나물조림	숙주무침	마늘쫑볶음	김구이/ 김가루무침	취나물	도라지볶음	고구마줄기 볶음	가지찜무침	오이부추 초무침	단배추무침
	김치	다진김치/ 백김치	다진김치/ 백김치	다진김치/ 백김치	다진김치/ 백김치	다진김치/ 백김치	다진김치/ 백김치	다진김치/ 백김치	다진김치/ 백김치	다진김치/ 백김치	다진김치/ 백김치
	간식	우유/두유/요구/비피더스/요플레	우유/두유/요구/비피더스/요플레	우유/두유/요구/비피더스/요플레	우유/두유/요구/비피더스/요플레	우유/두유/요구/비피더스/요플레	우유/두유/요구/비피더스/요플레	우유/두유/요구/비피더스/요플레	우유/두유/요구/비피더스/요플레	우유/두유/요구/비피더스/요플레	우유/두유/요구/비피더스/요플레
중식	밥	현미밥/ 소고기채소죽	기장밥	흑미밥	현미찹쌀밥	기장밥	오곡밥(흑미, 팥, 기장, 찹쌀)	기장밥	흑미밥	현미찹쌀밥	검은콩밥
	국	묵오이채냉국	육개장	조개쑥갓탕	근대된장국	아욱국	된장찌개	삼계탕(말복)	버섯영양탕	호박잎된장찌개	돈등뼈감자탕
	주찬	삼치된장구이	오징어미나리 초무침	돈육볶음	갈치구이	돈육잡채/ 부추잡채	소고기채소 볶음	해물굴소스 볶음	닭고구마볶음	돈육부추볶음	고기산적볶음
	부찬	버섯볶음	감자채볶음	달걀말이	배추전	양배추&깻잎쌈	잔멸치볶음	양파장아찌	콩자반	숙주무침	해초무침
	나물	비름나물	참나물무침	고구마줄기볶음	가지찜무침	숙주무침	얼갈이무침	시래기조림	마늘쫑무침	취나물	참나물무침
	김치	다진김치/ 백김치	다진김치/ 백김치	다진김치/ 백김치	다진김치/ 백김치	다진김치/ 백김치	다진김치/ 백김치	다진김치/ 백김치	빨간물김치/ 백김치	다진김치/ 백김치	다진김치/ 백김치
	과일	오렌지주스	파인주스	바나나	* 식혜 *	파인주스	* 수정과 *	수박	키위주스	포도주스	바나나
		선택식									
		잡채덮밥	자장덮밥	닭죽	불고기덮밥	채소볶음밥	오무라이스	만두국	비빔밥	잔치국수	카레덮밥
석식	밥	기장밥/ 단호박죽	흑미밥/ 흑임자죽	현미찹쌀밥/ 깨죽	기장밥/ 새우살채소죽	흑미밥/ *감자흑미죽	현미밥/ 버섯죽	현미찹쌀밥/ 참치채소죽	현미밥/새우살 얼갈이된장죽	흑미밥/닭죽	기장밥/ 고구마죽
	국	해물짬뽕국	콩나물무채국	순두부찌개	달걀감자채국	닭계장	미역국	순두부찌개	꽃게탕	홍합미역국	다슬기국
	주찬	닭버섯볶음	돈육옥수수 볶음	고등어 된장구이	미트볼조림	해물콩나물찜	닭고기 단호박찜	조기구이	비빔만두	갈치조림/ 갈치구이	생선까스& 돈까스소스
	부찬	오징어젓갈/ 양배추	호박볶음	부추장떡	오이고추 된장무침	자장소스	감자볶음/ 열무무침	호박나물	우엉메알조림	양배추& 깻잎쌈	달걀말이
	나물	취나물	깻잎순나물	얼갈이무침	시금치무침	우엉조림	부추겉절이	배추겉절이	비름나물	오이고추 된장무침	근대무침
	김치	다진김치/백김치	다진김치/백김치	다진김치/백김치	다진김치/백김치	다진김치/백김치	다진김치/백김치	다진김치/백김치	다진김치/백김치	다진김치/백김치	다진김치/백김치
		선택식									
		오무라이스	유부초밥	자장덮밥	비빔밥	잔치국수	닭살볶음	불고기덮밥	채소볶음밥	닭살굴소스덮밥	만두국

조식죽 : 땅콩채소죽, 중식죽 : 소고기채소죽 금/토/일요일 중식은 주스 제공
기호 : 밥종류(밥, 죽, 잡곡), 밥양, 김치종류(나박물김치, 다진김치, 백김치), 선택식메뉴 ☞ 수정과/식혜/된장 만들어서 제공 ☜
메뉴는 사정에 따라 변경 가능합니다. 오곡밥 : 팥, 찹쌀, 검은콩, 흑미, 기장(2~3회/달 제공), 치료식-당뇨식, 저염식은 개인별 제공

표 11-3 S 노인병원 8월 조리지침서 예(1일분)

끼니	구분	상식(밥반찬-매운것포함)						당뇨식		저염식	경저염식
		메뉴	재료	1인량	총식수	총량	연식	1700k	1200~1400k	소금5g	소금 10g
조식	일반	쌀밥	쌀	90	220	19.8	땅콩채소죽				
		호박새우젓국	호박	50	220	11.0	호박새우젓국	호박새우젓국	호박새우젓국	호박새우젓국	호박새우젓국
			양파	20	220	4.4				(소금1g)	
			대파	3	220	0.7					
		돈육양배추볶음	돈채	30	220	6.6	돈육양배추볶음	돈육양배추볶음	돈육양배추볶음	돈육양배추볶음	돈육양배추볶음
			양배추/양파	10	220	2.2				(간장2.5g)	
			당근/파	3	220	0.66					
		어묵채소볶음	사각어묵	25	220	5.5	어묵채소볶음	어묵채소볶음	어묵채소볶음	양파당근볶음	양파당근볶음
			양파	20	220	4.4				(소금0.5g)	(소금1g)
			청고추	5	220	1.1					
		무나물볶음	무나물	55	220	12.1	들깨무나물볶음	들깨무나물볶음	들깨무나물볶음	무생채	무생채
		다진김치/백김치	다진김치/백김치	30	220	6.6	물김치	김치	김치	(무염)	(소금1g)
	간식	우유/두유/요구/바이오	월화/수목금/토일					베지밀 A	베지밀 A		
중식	일반	현미밥	쌀	80	220	17.6	소고기채소죽				
			현미	10	220	2.2					
		도토리묵채국	도토리묵	30	220	6.6	도토리묵채국	도토리묵채국	도토리묵채국	도토리묵채국	도토리묵채국
		다시마물, 간장	오이	15	220	3.3				(간장5g)	
			부추	5	220	1.1					
		(깨뿌리기)	김가루	3	220	0.66				삼치구이	삼치구이
		삼치된장구이	삼치	55	220	12.1	삼치구이	삼치구이	삼치구이	(무염)	
		비름나물	비름	40	220	8.8	비름나물	비름나물	비름나물	비름나물	비름나물
		버섯볶음	느타리/팽이	20	220	4.4	버섯볶음	버섯볶음	버섯볶음	(무염)	(소금1g)
			양파	20	220	4.4					
			피망	3	220	0.7				버섯볶음	버섯볶음
		다진김치/백김치	다진김치/백김치	30	220	6.6	물김치	김치	김치	(소금0.5g)	(소금1g)
	간식	과일	수박					생과일	생과일		
	선택	잡채덮밥	당면/돈채	10	15	0.2	잡채덮밥+묵오이채냉국+버섯볶음+비름나물+다진김치				
			시금치/양파	20	15	0.3					
			팽이/사각어묵	10	15	0.2					
			당근/청피망	3	15	0.05					
석식	일반	기장밥	쌀	80	220	17.6	단호박죽				
			기장	10	220	2.2	6k, 찹쌀3k				
		해물짬뽕국	홍합살	10	220	2.2	짬뽕국	짬뽕국	짬뽕국	짬뽕국	짬뽕국
			양배추/호박	20	220	4.4	(안맵게)			(액젓3.5g)	(액젓3.5g, 소금1g)
		(고추기름내서)	새우살/무/양파	15	220	3.3					
			당근/파	3	220	0.7					
		닭버섯조림	닭	30	220	6.6	닭버섯조림	닭버섯조림	닭버섯조림	닭버섯볶음	닭버섯볶음
			느타리	10	220	2.2				(간장2.5g)	
			양파	20	220	4.4					
			홍고추/파	3	220	0.7					
		오징어젓갈	오징어젓갈	35	220	7.7	오징어젓갈	오징어젓갈	오징어젓갈	양배추된장무침	양배추된장무침
							(안맵게)- 양배추무침 2k			(된장5g)	
		취나물	취	40	220	8.8	취나물무침	취나물무침	취나물무침	취나물무침	취나물무침
		다진김치/백김치	다진김치/백김치	30	220	6.6	물김치	김치	김치	(무염)	(소금1g)
	간식							생과일			
	선택	오무라이스	달걀	50	15	15개	오무라이스+매콤짬뽕국+오징어젓갈+취나물무침+다진김치				
		(소: 케첩+하이스분)	햄/감자/양파	20	15	0.2					
		양파, 양송이, 옥수수	당근	3	15	0.0					
		소재료--->	양송이/양파	10	15	0.2					

표 11-4 S 노인병원 표준 레시피 예

메뉴	재료	1인량(g)	총 식수	총량(발주량 kg)	폐기율	100인기준(kg)	소요시간	완성된 1인분량
아욱국	아욱	55	150	8.3kg	25%(2.1kg)	5.5	1시간 20분	242g
	멸치	6.6	150	1		0.66		
	된장	27	150	4		2.66		
	물	700	150	106		70		
	마늘	2.1	150	0.32		0.2		
조리방법	① 물 106L를 넣고 끓인다.국물용 멸치1kg을 끓는 물에 넣고 10분간 끓여, 국물이 끓어오르면 멸치를 체에 걸러 맑은 국물만 받는다. ② ①의 장국에 된장 4kg을 풀어 끓이다가 아욱과 마늘을 넣고 한소끔 더 끓인다.							
비고	*남은 국량은 12.4kg(총 51그릇 남았음) • 물 양은 242g에서 약 180g 비중을 차지하므로 9L 정도 물 양 조정이 필요하다. • 건더기 양 또한 50식수 정도 남았으므로 조정이 필요하다.							

메뉴	재료	1인량(g)	총 식수	총량(발주량 kg)	폐기율	100인기준(kg)	소요시간	완성된 1인분량
오징어 무국	오징어	60	160	9.6		6	1시간 30분	240g
	무	50	160	8	9.75%(0.78kg)	5		
	양파	20	160	3.2		2		
	쑥갓	5	160	0.8	45%	0.5		
	멸치	6.3	160	1		0.6		
	국간장	1.1	160	0.18		0.11		
	고추가루	2	160	0.32		0.2		
	소금	5	160	0.8		0.5		
	마늘	2.2	160	0.35		0.22		
	물	562.5	160	90L		56.3		
조리방법	① 물 90L 끓는 물에 멸치 1kg를 넣고 약 10분간 끓인 후 멸치를 건져낸다. ② ①의 육수에 무와 고춧가루, 국간장, 마늘을 넣고 60분간 끓인다. ③ ②에 오징어와 양파를 넣고 20분간 끓인 후 끈다. 쑥갓은 setting한다.							
비고	*국은 6.5kg이 남았다(약 27식수).							

(계속)

메뉴	재료	1인량(g)	총 식수	총량(발주량 kg)	폐기율	100인기준(kg)	소요시간	완성된 1인분량
대구 매운탕	대구	80	110	9		8.2	1시간 25분	264g
	무	40	110	4.4	4.6%(0.2kg)	4		
	콩나물	30	110	3.3		3		
	쑥갓	3	110	0.4	37.5%(0.15kg)	0.36		
	멸치	9	110	0.8		0.7		
	파	3	110	0.33		0.3		
	다시마	1.5	110	0.17		0.15		
	소금	2	110	0.22		0.2		
	된장	2	110	0.22		0.2		
	고춧가루	1.8	110	0.2		0.18		
	고추장	1.8	110	0.2		0.18		
	물	800	110	90		82		
조리방법	① 물 90L에 다시마 0.17kg, 멸치1kg(1포)을 넣고 약 30분간 끓인다. ② ①의 다시마 멸치를 꺼내고 무와 콩나물을 넣는다. ③ 대구(80g)는 *양념*을 묻혀 124℃, 25분으로 오븐에 쪄낸다(살이 물러지지 않고 익는다). ④ ②에 ③의 남은 소스를 넣는다. ⑤ 마지막으로 소금 0.22kg을 넣고, 파는 0.33kg을 썰어 넣는다.							
비고	*다시마색이 충분히 우러나오면 멸치를 넣고 10분간 끓이고 꺼낸다. 머리와 똥이 제거된 것은 더 끓여도 됨 *양념 : 된장 0.22kg/ 고춧가루 0.2kg/ 고추장 0.2kg *국의 양은 7L 남았고, 건더기(무,콩나물)는 약 20식수(74A;12상,65B중간부터) 부족							

그림 11-2 병원식(좌)과 산모식(우)

2. 환자식의 구분

환자식은 병원에 입원한 환자에게 병의 신속한 치료와 재발방지를 목적으로 제공하는 식사를 말하며, 병인식 또는 병원식이라고도 한다. 환자식에는 일반치료식(general diet), 특별치료식(therapeutic diet), 검사식(test diet)이 있다.

표 11-5 병원식의 종류

병원식	일반식	정상식
		회복식
		연식
		유동식
	치료식	열량 조절식
		지방 조절식
		단백질 조절식
		위장관 질환식
		염분 조절식
		기타 조절식
	검사식	지방변 검사식
		5-HIAA 검사식
		레닌 검사식
		칼슘 검사식
		위 배출능 검사식
		경구 내당능 검사식

(1) 일반식

일반치료식은 특정영양소의 가감 없이 주식의 단단한 정도에 따라 질감을 조절하는 식사이다.

1) 유동식

갈증해소와 전해질 공급을 통한 탈수방지의 목적으로 수술 후 또는 정맥영양에서 구강식사로 이행하는 단계에 쉽게 흡수되고 잔사가 거의 없도록 구성하며 주로 당질과 물로 체온과 동일한 온도로 공급하는 맑은 유동식(clear liquid diet)

을 비롯하여, 미음을 주식으로 하며 고형식을 씹거나 삼키기 어렵고 소화기능이 떨어진 환자에게 구강으로 액상의 음식을 제공할 때 적용하는 일반유동식(full liquid diet)이 있다.

2) 연 식

연식(soft diet)은 수술 후 회복기 환자에게 유동식에서 정상식으로 옮겨 가는 점진적 단계의 식사로 사용된다. 또한 위장장애 등 소화기능이 저하된 환자, 구강장애 특히 치아상태가 좋지 않은 환자, 소화 흡수 능력이 저하된 급성 감염 환자에게 적용되며 환자의 상태에 따라 죽의 농도를 묽은 죽, 된죽으로 조절한다. 너무 뜨겁거나 차갑지 않게 제공하되, 튀기거나 굽는 조리법은 피하고 익히거나 찌는 조리법을 사용한다.

3) 회복식

회복식(light diet)은 연식에서 병의 회복에 따라 정상식을 제공하기 전에 환자에게 공급되는 식사이다. 소화하기 쉽고 위장에 부담을 주지 않아야 하며 주식은 진밥 형태이다. 섬유소가 많은 생과일과 생채소, 지방이 많은 육류와 생선 및 단단한 음식을 제한하고 튀기거나 양념을 많이 사용하는 조리법은 피한다.

4) 정상식

정상식(normal diet, regular diet)은 일반식이라고도 하며 환자의 영양상태를 양호하게 유지시키면서 질병치료에 도움을 주는 식사를 말한다. 음식의 종류나 분량에 제한을 받지 않는 환자에게 적용되며 특별한 영양소 조절이 필요하지 않다. 건강인과 동일하게 환자의 연령, 성별, 체중에 따라 에너지 및 영양소 필요량을 충족하여 적절한 영양상태를 유지할 수 있도록 식사구성안 및 식품교환표를 활용하여 균형잡힌 식사를 제공한다.

(2) 특별식

특별치료식(therapeutic diet)은 질환의 종류 및 상태에 따라 특정 영양소를 가감하거나 혹은 점도 등을 조절한 형태로 환자에게 제공하는 것이다.

(3) 검사식

검사식(test diet)은 질병의 진단과 임상검사의 목적으로 환자에게 주는 특수식으로 시험식이라고 한다. 보통 검사 3일 전에 검사 목적에 따라 처방되는 식사이다.

(4) 영양지원

영양지원(nutrition support)이란 질병이나 수술 등의 원인에 의하여 구강으로 식품 섭취가 곤란하거나 금지된 경우, 에너지 섭취량이 요구량에 비하여 낮은 경우에 위장관 또는 정맥으로 영양소를 공급하는 것을 말한다. 위장기관이 정상이지만 구강으로 섭취하기 곤란한 경우 위 장관에 튜브를 삽입하여 영양을 지원하는 경관영양과 소화흡수기능이 손상된 환자들에게 순환계를 통하여 영양지원을 실시하는 정맥영양이 있다.

SECTION 3 병원급식의 관리업무

1. 영양관리과정

영양관리란 영양불균형을 유발하는 요인을 관리하고 변화시켜서 건강영양상태를 회복시키고 향상시키기 위해 제공되는 모든 활동과 내용을 의미한다. 미국영양사협회는 1990년대에 의학영양치료(Medical Nutrition Therapy, MNT)의 개념을 도입하였으며 이후 많은 시행착오와 개선을 통하여 실무영양사들이 환자에게 전문적인 영양관리를 제공하는 영양관리과정(Nutritional Care Process : NCP) 및 모델을 2003년 개발하였다. NCP는 영양판정, 영양진단, 영양중재, 영양 모니터링 및 평가의 4단계로 구성되어 있고 각 단계는 서로 유기적으로 연관되어 있다.

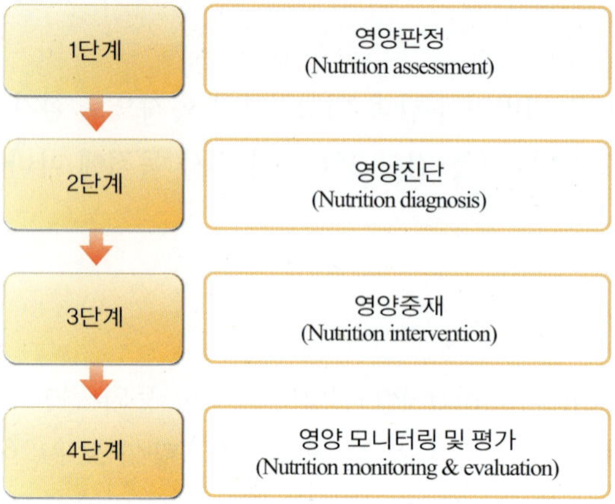

그림 11-3 영양관리과정

●출처 : 대한영양사협회 국제임상영양표준용어지침서(2011)

(1) 영양판정

영양판정(Nutrition Assessment)은 NCP의 첫 단계로 영양과 관련된 문제와 그 원인을 결정하기 위하여 자료를 수집하고 확인하며 해석하는 과정이다. 환자의 영양판정에는 영양학적·의학적, 약물복용에 대한 내력 및 신체검진과 생화학적 검사결과가 이용된다(그림 11-4). 환자의 사회력 및 병력 조사, 신체계측, 생화학적 검사, 식사섭취 조사, 임상조사등에 의하여 다각적으로 수집한 자료는 표준치와 비교하면서 영양진단 및 영양중재과정의 목표설정에 이용된다.

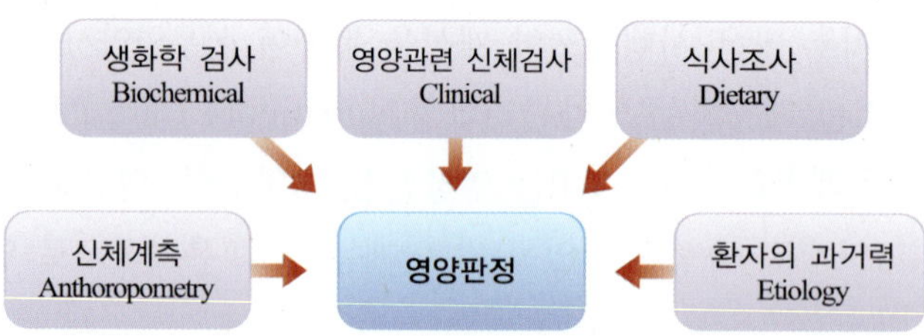

그림 11-4 영양판정 방법

(2) 영양진단

영양진단(Nutrition Diagnosis)은 영양판정에서 발견된 영양문제의 원인, 증상 등을 고려하여 환자의 문제점을 도출하는 단계이다. 임상영양사가 독립적으로 중재할 수 있는 영양문제를 규명하고 기술하는 것으로 의학적 진단과는 별개로 영양영역에서의 현상을 진단하는 것이다.

영양진단은 문제와 그 원인을 적절하게 정의할 수 있는 특징을 기술하는 영양진단문(PES)형식으로 작성한다. 영양진단 또는 영양문제(P)는 환자의 영양상태변화를 기술한다. 병인(E)은 영양문제 또는 영양진단과 관련된 원인 또는 위험인자를 기술한다. 징후·증상(S)은 특정 영양진단을 내리는 데 사용된 주관적·객관적 자료를 기술한다. 영양진단문(PES)은 진단과 원인이 연관이 있는지 그리고 증후와 증상은 근거가 있는지를 파악하여야 한다.

(3) 영양중재

영양중재(Nutrition Intervention)란 개인이나 가족 또는 집단을 대상으로 영양관련 행동이나 주위환경, 건강상태의 긍정적인 변화를 목표로 계획하는 행위를 말한다. 영양중재는 각 개인에게 필요한 적절한 영양중재를 계획하고 시행하여 환자의 영양문제를 해결하거나 개선시키는 것을 목적으로 한다.

바람직한 중재결과를 위하여 건강상태를 향상시키기 위한 과학적 근거를 중심으로 한 적절한 목표를 설정한다. 영양중재계획에서 구체적인 영양처방이 가장 필수적이며 환자의 건강상태와 영양진단에 따라 환자에게 개별적으로 권장되는 에너지, 영양소, 특정식품 등에 대해 간결하게 기술한다. 목표를 정량화할 수 없으면 영양중재효과를 평가하기 어렵기 때문에 환자중심으로 실현이 가능하도록 정량화·정성화된 목표를 설정한다.

(4) 영양 모니터링 및 평가

영양 모니터링 및 평가(Nutrition Monitoring & Evaluation)는 영양관리의 진행정도를 평가하고 바람직한 결과를 달성하였는지 알아보는 과정이다. 어떤 일이 일어났는지 단순히 관찰하는 정도에서 더 나아가 영양진단의 징후·증상으로 언급된 지표들의 결과를 측정하고 기록한다.

2. 환자의 영양관리를 위한 의무기록

환자와의 영양상담 후의 기록뿐만 아니라 입원환자에 대한 영양상태평가에 대하여 의무기록을 유지할 것을 병원표준화심사에서 요구하고 있다.

각 질환에 대한 영양상태, 식사요법의 내용, 교육내용에 대한 평가도 등의 의무기록은 의료진에게 영양 문제에 대한 의사소통이 될 뿐만 아니라 환자치료의 질적인 면의 향상에 기여하고 영양사도 환자치료 개선에 중요한 일이다.

의무기록은 진단명, 검사결과, 치료 내용 등을 파악하여 진료정보를 순서에 맞게 요약한 문서이다. 의무기록 방법에는 문제 중심형 의무기록이 권장된다. 이 기록의 기본자료인 병력, 임상조사, 생화학검사, 식사력, 사회 환경 상태 등을 수집하고 목록을 작성한다. 이에 따르는 문제를 계획수립하고 경과 일지 등을 기록하는 것을 모두 포함한다.

SOAP note

경과일지는 SOAP형태로 기록되며, 내용은 다음과 같다.

1) S(subjective data)

환자의 대화 중 얻는 정보 중 주관적 자료로 예로 식습관, 기호도, 식사요법의 시행 여부 등이 포함된다.

2) O(objective)

영양적 치료에 영향을 미칠 수 있는 객관적 자료로 예를 들면 체위조사 결과, 생화학 검사결과, 약물, 식사처방 등이 포함된다.

3) A(assessment)

주관적·객관적 정보의 평가, 예를 들면 환자의 식사처방과 비교한 식습관 평가, 현재의 섭취상황 및 문제점, 환자체중의 증감에 대한 평가, 24시간 섭취한 영양소의 분석 등이 포함된다.

4) P(plan)

치료를 위한 목표설정 및 조언으로 예를 들면 영양관리 계획이나 환자교육 등이 포함된다.

3. 병원급식 관리를 위한 전산화

급식정보 시스템이란 급식의 운영과정에서 발생되는 자료 및 정보를 수집 처리하고 정리 보관하면서 조직의 목표를 달성하기 위하여 필요로 하는 정보를 제공하는 시스템을 말한다. 병원에서 제공되는 급식서비스는 약간의 변화에도 환자나 병원 직원 등 고객들의 반응이 민감하므로 정밀한 관리가 필요하다. 병원의 거의 모든 부서는 병원행정 전산 시스템에서 통합적으로 정보처리가 이루어면서 급식부서도 처방전달 시스템(Order Communication System: OCS)을 통한 식사처방이나 입퇴원 환자의 기록 및 조회가 이루어지고 있다.

OCS는 각종 의학정보 및 환자들의 진찰자료를 보관한 데이터베이스와 의사가 환자를 진단한 후의 처방전을 통신망을 통해 각 해당 진료부서 및 진료지원 부서로 전달해 주는 시스템이다. 즉, 환자의 등록에서 진료·수납까지 원내의 모든 데이터를 관리하고 전달하는 것은 물론이고 병원의 모든 행정을 효율적으로 관리할 수 있도록 하는 통합의료정보 시스템이다. ocs가 구축될 경우 영양팀에서는 병동별 재원환자 및 식사현황 등 기초 정보관리가 쉬워지며, 식수관리·식단관리·작업관리·영양관리·보호자 식사관리 등의 업무가 보다 효율적으로 수행될 수 있다.

병동에서 식사 및 영양상담이나 임상영양관리 등 환자의 치료에 관련된 처방을 컴퓨터 화면을 통하여 입력하면, 이 정보는 영양팀의 급식 및 영양관리업무로 전달되어 식수와 치료식 내역 및 영양상담 의료환자 목록 등을 실시간으로 조회할 수 있게 된다. 또한 이러한 자료들은 끼니별·일별·월별로 다양한 통계자료를 제공하여 급식관리업무를 신속하고 효율적으로 수행할 수 있게 된다.

영양과 정보 시스템은 크게 식단 및 식수관리, 구매관리, 임상영양관리, 사무관리로 나누어 볼 수 있다. 식단 관리 부분에서는 레시피나 식재료를 자동으로 입력하는 기능이 있어 편리하게 식단을 운영할 수 있을 뿐 아니라 원가분석과 레시피 분석을 할 수 있는 시스템이 있다.

(1) 급식생산관리 부문

① 메뉴 계획과 분석 : 레시피, 식품재고, 식단가
② 재고 및 구매관리
③ 생산관리 : 재료 및 래시피, 수요예측, 생산계획
④ 원가관리
⑤ 판매관리
⑥ 노동생산성 및 급여관리
⑦ 기타 : 작업계획, 조리원교육 등

(2) 영양관리 부문

① 환자 식단기록
② 영양분석
③ 환자기록 보유
④ 영양교육

(3) 급식종사원 교육

① 표준화된 교육내용
② 정보의 지속적 보유
③ 급식소 특징에 맞는 개별화된 교육
④ 교육비 절감

그림 11-5 통합의료정보 시스템

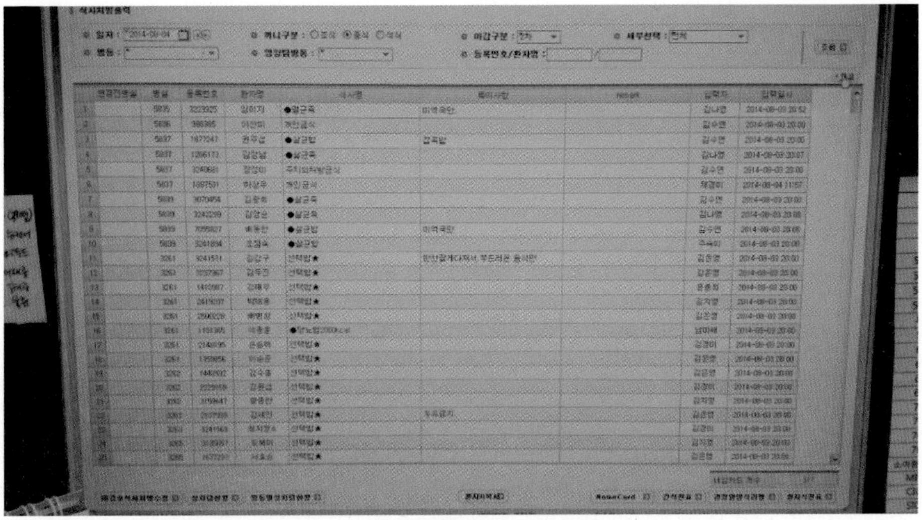

그림 11-6 입원환자 식사처방 입력화면

4. 병원급식의 배식

음식의 맛은 적절한 온도의 유지에 따라 달라진다. 병원급식에서 배식할 때에 음식의 온도를 적절하게 유지하는 일은 가장 힘든 과제 중의 하나이다. 현재 의료기관에서 사용하고 있는 온도보존방법으로는 특수한 Tray를 이용하여 온도를 보존하는 Insulated Tray, 뜨거운 음식을 담는 접시를 미리 덥히고 덥혀진 접시를 다시 뜨거운 접시받침 철판 위에 올려 놓아 온도를 보존하는 utilized pellet system과 특수하게 제조된 운반차를 이용하여 음식을 나르는 동안에 온도변화가 없도록 하는 Hot/Cold cart 등의 여러 시스템이 각 병원의 실정에 맞도록 도입되어 사용되고 있다.

배식시간 및 배식할 때에 종업원의 적절한 배치 등에 대한 제도개선이 급식의 질을 향상시킬 뿐만 아니라 생산성 증가를 필연적으로 가져올 수 있기 때문에 이 문제에 대한 자본과 시간의 투자가 필요하다. 배식방법은 중앙배선과 병동 또는 분산배선으로 나눌 수 있다.

표 11-6 배식 관리 점검표

배식 관리 점검표

담당	계장	과장

날짜 : 2014년 월 일
끼니 :
점 검 자 :
컨베이어 운영시간 : ( )시 ( )분~( )시 ( )분(소요시간 : 분간)

항목	내용	가점	점수	비고
온도	1. 보온, 보냉 cart 예열(컨베이어 운영 30분 전)	×1		
	2. 메뉴의 적합한 보관	×1		
	3. 배식 종료 후 밥, 국의 온도 적합성(60℃ 이상)	×2		
상차림	1. 조리지침서			
	① 처방된 모든 식사 게시 및 승인된 메뉴 게시	×1		
	② 염분조절식의 염분양 게시	×1		
	③ 제한 식품 이용 여부	×1		
	④ 각 메뉴에 따른 적합한 간식 게시	×1		
	2. 정확한 상차림			
	① 개별고려, remark사항에 맞게 상차림	×1		
	② 일반식 상차림의 정확성	×2		
	③ 치료식 상차림의 정확성	×2		
	④ 처방된 식사에 따른 올바른 간식 상차림	×1		
	3. 식기 상태의 적절성			
	① 건조도, 찬기의 종류, 1인량	×1		
	4. 컨베이어 운영 전 치료식 상차림 완료 여부	×2		
	5. 마지막 cart의 상차림 완료 시간(배식 시간 10분 전)	×1		
배선원	1. 배선원의 복장상태			
	① 앞치마/ 모자/ 운동화	×1		
잔상	1. 잔상check	×1		
total				

잔류상확인	끼니	68w	67w	66w	65w	74w	75w	76w
담당자	치료식 담당		배식관리 담당		컨베이어 운영			

온도 Check	밥		국		주찬	

(1) 중앙배선

중앙배선은 중앙취사실에서 상을 완전히 조립하여 운반차 또는 냉장과 온장장치가 된 운반차로 환자에게 공급되고 다시 반송되는 방법이다. 침상수가 100 이상의 병원규모에서는 수동 및 자동 컨베이어 시설이 된 배식대에서 상차림을 하여, 전용승강기를 통하여 배식되는 것이 능률적이다.

이 방법은 주방면적이 커져야 하나 일인당 배식량을 잘 조절할 수 있어서 정확한 상차림을 위한 중앙통제가 가능하므로 식품비의 낭비를 막고 인건비를 절약할 수 있는 이점과 적온 급식을 위해 배식차를 구비하여야 하는 단점이 있다.

(2) 분산배선(병동배선)

중앙취사실에서 병동단위로 음식을 분배하여 병동취사실에서 상차림으로 환자에게 공급되는 방법이다. 취사실이 크지 않아도 가능하고, 음식의 적온급식이 중앙배선보다 용이하다. 다만 각 층의 병동취사실의 시설, 관리운영으로 시설비와 종업원 인원의 추가 및 1인당 배식량에 차질이 생겨서 정확한 급식이 어렵고 비용의 낭비가 생기는 단점이 있다.

그림 11-7 병원급식 배식 카

그림 11-8 병원급식 상차림 구역

5. 병원급식의 질적평가

평가는 설정했던 목적이나 목표가 어느 정도 달성되었는가를 비교하여 그 결과를 검토하여 차기 계획을 세울 때 필요하다. 병원급식 관리의 평가는 경영관리, 영양관리, 식단관리, 식재료 관리, 작업관리, 위생관리, 안전관리, 품질관리, 시설·

설비관리 면을 중심으로 한다. 병원급식에 대한 고객들의 기대가 높아짐에 따라 이를 충족하기 위하여 병원급식 경영자는 식사의 품질표준(food quality standards) 개발과 품질표준의 실행, 제공되는 식사의 품질 및 양의 통제 등과 같은 과정을 수행하여야 한다. 또한 병원급식 경영자과 종사원 모두가 품질표준에 대해 분명히 이해하고 지속적으로 이를 추구할 때 일정한 품질 유지를 할 수 있게 되며 고객인 피급식자들도 만족할 수 있다.

영양상태를 정확하게 평가하지 못하므로 인한 입원환자들의 영양 불균형, 음식의 적온배식 문제, 청결성, 서비스태도 등 병원급식의 질적평가를 통한 개선이 필수적이다. 한국에서는 1981년부터 시작한 의료수준향상을 목적으로 한 병원표준화사업에서 양질의 의료관리 개념에 환자의 영양상 필요에 맞도록 하는 것을 원칙으로 급식부분의 심사기준 요강 및 내용을 도입하고 있다.

영양사는 영양적 치료관리 기획과 실천뿐만 아니라 평가에도 관여할 책임을 갖고 있으므로 병원영양사들이 이러한 업무를 수행할 수 있도록 현재의 실정에 대한 기초조사를 하여 질적 사항에 대한 실정에 맞는 표준 설정이 무엇보다 필요하다.

영양관리의 내용은 급식관리가 진행되는 동안 점검을 계속해야 하며 반복되는 관리작업을 수행하고, 품질관리된 좋은 식사를 제공하는 것이다.

품질관리(Quality control: QC)란 제품이 요구하는 품질을 확보하기 위한 생산관리체제이다. 생산공정 중 재료와 중간품 및 완성품을 여러 번 검사하고 점검을 행한다. 방법으로는 검사법, 조사 연구, 통계적 방법이 있다. 이러한 방법은 그림 11-9와 같다.

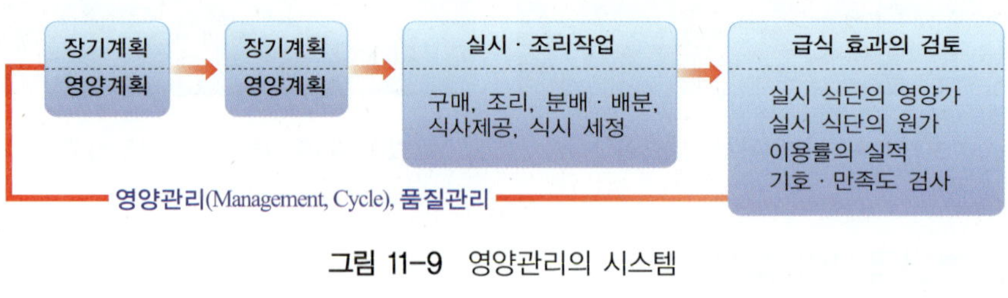

그림 11-9 영양관리의 시스템

1995년 시작된 의료기관평가에 영양부문도 포함되어 급식위생관리, 식재료 보관관리, 치료식 및 경관유동식 관리, 영양검색 및 영양불량환자관리, 영양교육 및 상담부문에서 평가하고 있다. 이러한 영양부문 평가뿐만 아니라 환자들의 급식에 대한 높아지는 기대에 부응하기 위해서라도 병원급식서비스의 질은 높아져야 하고 효율성을 높이기 위한 전략이 필요하다.

6. 병원급식 업무의 개선방향 제시 및 제언

병원에서 입원환자의 치료는 적절한 의료기술과 이에 따른 간호, 그리고 적합한 영양관리 등이 삼위일체가 되어야 한다. 사회변천과 아울러 요구되고 있는 병원급식제도의 개선을 위하여 병원급식을 책임지고 있는 영양사는 영양뿐만 아니라 서비스 면에서 환자를 최대한 만족시켜 줄 수 있는 방안에 전력을 기울여야 하겠다. 종업원들과의 원만한 노사관계를 이루기 위하여 끊임없는 경영지식에 대하여 연구가 필요하며 병원 최고경영자의 급식업무에 대한 인식 및 배려도 한층 더 요구된다.

양질의 병원급식 업무를 수행하기 위해서는

① 조직 및 목표가 적합하게 설정되어야 하며,
② 병원급식부서의 직원으로서 맡은 바 책임과 자질향상을 위하여 실천해야 하는 적절한 교육 및 훈련계획의 수립,
③ 지시되어야 할 업무에 대한 서면화된 규정,
④ 영양적 필요량에 맞는 환자의 식사가 적온으로 적시에 공급될 수 있도록 안전위생 등을 고려하여 계획된 면적 및 설비기구의 설치,
⑤ 환자의 영양상태를 평가하여 의사에게 환자의 영양결핍상태를 알리게 하는 영양사의 의무기록 업무체계의 확립,
⑥ 급식부서에서 행한 영양적 치료관리에 대한 질과 적합성에 대한 규칙적인 평가 및 검토를 위한 체계(QA)

등에 대한 업무기준이 설정되어야 하겠다.

Chapter 12

사회복지시설급식 및 기타 시설의 급식

SECTION 1 사회복지시설의 급식

1. 사회복지시설급식의 의의 및 목적

"사회복지시설"이란 사회복지사업을 할 목적으로 설치된 시설을 말한다(사회복지사업법 제2조제4항).

사회복지시설에 있는 사람들에게 필요한 것은 사회의 따뜻한 관심이다. "사회복지사업"이란 '국민기초생활보장법', '아동복지법', '노인복지법', '장애인복지법', '한부모가족지원법', '영유아보육법' 등 사회복지사업법 제1조 각 목의 법률에 따른 보호·선도 또는 복지에 관한 사업과 사회복지담당, 직업지원, 무료숙박, 지역사회복지, 한센 병력자의 사회복귀에 관한 사업 등 각종 복지사업과 이와 관련된 자원봉사활동 및 복지시설의 운영 또는 지원을 목적으로 하는 사업을 말한다.

복지시설의 보호를 받아야 할 대상자의 건강수준이 양호하지 못한 것이 일반적이므로 대상자의 영양상태 및 영양필요량에 맞도록 적합한 단체급식의 실시로 대상자의 신체적·정신적인 건강상태를 증진시킬 수 있어야 한다.

2. 사회복지시설급식의 현황

사회복지시설 및 생활자수는 사회복지사업법 제34조, 아동복지법 제16조, 노인복지법 제31조, 장애인복지법 제58조 등에 의한 시설 수 및 동 시설에서 생활하는 인원수이며, 노인복지시설은 65세 이상 노인인구를 대상으로 양로시설(노인공동생활가정 포함)을 비롯하여 노인요양시설(노인요양공동생활가정 포함) 등이 있으며, 장애인 복지시설에는 심신장애자보호 및 재활을 위한 생활시설 등이 있고, 아동양육시설은 부모가 없거나 부모의 양육능력이 없는 18세 미만자의 보호시설 등이 있다.

Check point

산 식

$$\text{시설평균 시설생활인원수} = \frac{\text{생활인원수}}{\text{시설수}}$$

$$\text{종사자 1인당 시설생활인원수} = \frac{\text{생활인원수}}{\text{시설종사자수}}$$

표 12-1 사회복지시설 급식현황

구분	시설수(개소)		생활인원(명)		종사자수(명)		종사자 1인당 시설생활인원수(명)	
	2014	2015	2014	2015	2014	2015	2014	2015
합계	62,506	60,738	221,652	221,163	504,841	515,678	2.66	2.94
노인복지	7,971	8,752	132,280	150,931	124,500	130,229	1.15	1.16
아동복지	4,846	4,890	17,340	16,678	15,977	16,556	1.09	1.01
장애인복지	3,246	3,327	31,406	31,222	31,706	32,863	0.99	0.95
정신질환자 요양	358	403	13,576	12,516	3,220	3,285	4.22	3.81
노숙인등	152	146	10,314	9,456	1,694	1,470	6.09	6.43
결핵 및 한센인	6	6	380	360	91	84	4.18	4.29
지역자활	246	245	–	–	1,884	1,928	–	–
사회복지관	442	452	–	–	7,456	8,196	–	–
어린이집	43,742	42,517	–	–	311,817	321,067	–	–
성매매	51	–	512	–	290	–	1.77	–
성폭력	184	–	271	–	662	–	0.41	–
가정폭력	269	–	953	–	892	–	1.07	–
한부모	122	–	3,313	–	581	–	5.70	–
다문화	217	–	–	–	4,071	–	–	–

• 2014년말 보건복지부 소관 사회복지시설수는 60,738개소이며, 생활인원은 221,163명으로 나타났음.
• 2015년말 보건복지부 소속 사회복지시설의 종사자수는 515,678명으로 노인 복지시설에 약 25.3%가 종사하고 있음.

*출처 : 보건복지부 사회서비스자원과

표 12-2 사회복지시설 종류별 시설 및 급식운영요원(영양사) 배치기준

구분	사회복지시설	급식운영요원(영양사) 배치기준	비고
아동복지	아동양육시설, 아동일시보호시설, 아동보호치료시설	영양사 1명, 아동 30명 이상일 경우	아동복지법 제54조(아동복지시설의 종사자).동법 시행령 제52조(아동복지시설종사자의 배치기준)의 별표11 - 2012. 8. 5
	지역아동센터	영양사 1명, 아동 50명 이상일 경우	
	공동생활가정, 자립지원시설, 아동상담소, 아동전용시설	없음	
노인복지	노인요양시설	영양사 1명(입소자 50명 이상인 경우로 한정함) 영양사가 소속되어 있는 업체에 급식을 위탁하는 경우에는 두지 아니할 수도 있다.	노인 복지의료시설의 직원 배치기준(제29조제1항 관련) - 2010. 3.19
	노인전문병원		노인 전문병원의 직원 배치기준(제22조제3항 관련) - 1999. 8.25
	노인주거복지시설(양로시설)	영양사 1명(입소자 50명 이상인 경우로 한정함) 노인요양공동생활가정, 노인복지주택은 채용기준 없음.	노인주거 복지시설의 직원 배치기준(제17조제1항 관련) - 2010. 2.24
장애인복지	장애인 생활시설, 장애인지역사회재활시설, 장애인유료복지시설, 장애인생산품 판매시설	영양사 1명 이상, 다만 시설거주자가 50명 이상인 시설만 해당한다.	장애인 복지시설의 종류별 사업 및 설치 운영기준(제41조, 제42조 관련) - 2009.12.31개정
	장애인직업재활시설	영양사 1명. 장애인30명 이상인 경우 배치	장애인 직업 재활 시설의 설치 운영기준

그림 12-1 사회복지시설 정보시스템(http://www.w4c.go.kr) 초기화면(2010년 사회복지시스템이 통합)

3. 영양관리의 원칙

우리나라는 눈부신 경제발전과 함께 식생활 개선을 통해서 생활수준의 향상, 질병의 치료, 평균수명이 증가되었다. 또한 여성의 교육수준의 증가로 사회 진출이 늘고, 가족구조의 변화 등으로 사회복지시설에 대한 수요는 점차 늘고 있는 추세이나 수는 절대적으로 부족한 실정이다.

우리나라의 사회복지시설에 수용되어 있는 계층은 어린이, 노약자, 장애인 등 신체적·영양적으로 취약한 계층이다. 이들이 하루 3끼 식사를 시설에서 제공받고 있다는 점에서 이들의 영양문제는 건강문제와 직결되는 더욱더 중요한 부분이다.

사회복지시설의 영양사는 이들의 영양문제를 충분히 고려하여 영양적이고 체계적인 식단 작성과 이에 따른 합리적이고 효율적인 급식관리를 통하여 이들의 신체적·정신적 건강의 유지와 증진에 기여하여야 한다.

이에 따라 영양관리는, 첫째로 한국인 영양섭취기준의 해당연령과 성별에 적절하게 영양량을 확보하여야 하고, 둘째로 대상자에게 적합한 식사를 제공해야 한다. 질병이 있는 경우와 허약아, 지체부자유아동, 신체장애 아동은 치료식 급식이 되어야 하고, 유아는 월령에 맞는 조유 및 이유식을 공급해야 한다. 셋째로 대상자가 대부분 장기적으로 영양불량의 상태에 놓여 있으므로 정기적인 건강검진을 실시하는 등 이에 대한 세심한 관찰과 배려가 선행되어야 하며 가정적이고 애정에 넘친 분위기에서 질 좋은 급식이 실시되어야 한다. 넷째로 반드시 영양교육을 실시해서 사회복지 시설 수용자들이 새로운 음식에 대한 거부감 없이 편식하지 않고 즐거운 마음으로 골고루 음식을 섭취해서 건강을 유지해 나갈 수 있도록 해야 한다.

4. 사회복지시설 종류 및 특징

사회복지시설에는 아동복지시설, 노인복지시설, 장애인복지시설, 부녀(부자)복지시설, 정신보건시설, 부랑인 복지시설 등이 있다.

(1) 아동복지시설

우리나라의 아동복지시설은 2015년에 전국에 4,890개소가 있으며, 2014년에는 17,940명, 2015년에는 16,678명이 입소해서 생활하고 있다.

아동복지시설은 2014년~2015년 시설수는 약간 늘었고, 생활인원수는 줄어들었다. 전체 사회복지시설의 비율로 봤을 때 시설수는 2009년 7.4%에서 20011년 5.2%로 2년 사이에 2.2%나 줄었고, 생활인원수의 비율은 2009년 12.4%에서 2011년 9.4%로 2년 사이에 3%나 줄었다. 노인인구의 급증으로 노인복지시설의 증가와 저출산의 영향으로 해석된다.

2006년 말 기준으로 아동복지시설은 전국 282개의 시설에 18,817명이 입소하고 있으며 이중 양육시설이 243개소, 직업훈련시설이 3개소, 보호치료시설이 8개소, 자립지원 시설이 13개소, 임시보호시설이 13개소 및 종합시설이 2개소 있다.

표 12-3 보건복지부 소관 사회복지시설의 종류

관련법	시설종류(대분류)	세부종류(중분류)	
		생활시설	이용시설
노인복지법	노인복지시설	• 노인주거복지시설 • 노인의료복지시설	• 재가노인복지시설 • 노인여가복지시설 • 노인보호전문기관 • 노인일자리 지원기관
농어촌주민의 보건복지 증진을 위한 특별법	복합노인복지시설	• 농어촌지역에 한해 「노인복지법」 제31조 노인복지시설을 종합적으로 배치한 복합노인복지시설 설치 · 운영 가능	
아동복지법	아동복지시설	• 아동양육시설 • 아동일시보호시설 • 아동보호치료시설 • 자립지원시설 • 공동생활가정	• 아동상담소 • 아동전용시설 • 지역아동관리
장애인복지법	장애인복지시설	• 장애인유형별 거주시설 • 중증장애인 거주시설 • 장애영유아 거주시설 • 장애인단기 거주시설 • 장애인공동생활가정	• 장애인지역사회재활시설 • 장애인직업재활시설 • 장애인의료재활시설 • 장애인생산품판매시설
영유아보육법	어린이집	–	• 어린이집
정신보건법	정신보건시설	• 정신요양시설 • 사회복귀시설 중 생활(주거)시설	• 사회복귀시설 중 이용시설
노숙인 등의 복지 및 자립지원에 관한 법률	노숙인시설	• 노숙인자활시설 • 노숙인재활시설 • 노숙인요양시설	• 노숙인종합지원센터 • 노숙인일시보호시설 • 노숙인급식시설 • 노숙인진료시설 • 쪽방상담소
사회복지사업법	사회복지관 결핵 · 한센시설	• 결핵 · 한센시설	• 사회복지관
국민기초생활보장법	지역자활센터	–	• 지역자활센터

표 12-4 여성가족부 소관 사회복지시설의 종류

관련법	시설종류(대분류)	세부종류(중분류)	
		생활시설	이용시설
성매매 방지 및 피해자 보호 등에 관한 법률	성매매피해 지원시설	• 일반지원시설 • 청소년지원시설 • 외국인여성지원시설 • 자립지원공동생활시설	• 자활지원센터

관련법	시설종류	세부종류	
		생활시설	이용시설
성폭력 방지 및 피해자 보호 등에 관한 법률	성폭력피해 보호시설	• 성폭력피해보호시설	• 성폭력피해상담소
가정폭력 방지 및 피해자보호 등에 관한 법률	가정폭력보호시설	• 가정폭력피해자보호시설	• 가정폭력상담소
한부모가족 지원법	한부모가족 복지시설	• 모자가족복지시서설 (기본, 공동, 자립) • 부자가족복지시설 (기본, 공동, 자립) • 미혼모자가족복지시설 (기본, 공동) • 일시지원복지시설	• 한부모가족복지 상담소
다문화가족 지원법	다문화가족 지원센터	–	• 다문화가족지원센터

표 12-5 보건복지가족부 소관 사회복지시설의 종류(2017년 기준)

대상자별 관련법령	형태	시설종류		시 소관과 (보건복지부)
노인 노인복지법 제31조	생활	• 주거	• 양로시설, 노인 공동생활가정	노인복지과 (요양보험운영과)
			• 노인복지주택	
		• 의료	• 노인요양시설	
			• 노인요양공동생활가정	
	이용	• 재가	• 재가노인복지시설(방문요양, 주·야간주간보호, 단기보호, 방문목욕, 재가노인지원, 방문간호)	
		• 여가	• 노인복지관	노인복지과 (노인정책과)
			• 경로당, 노인교실	
		• 노인보호전문기관		노인복지과 (노인지원과)
		• 노인일자리지원기관		
아동 아동복지법 제52조	생활	• 아동양육시설, 공동생활가정		아동청소년과 (아동복지정책과)
		• 아동일시보호시설		
		• 아동보호치료시설		
		• 자립지원시설		
		• 공동생활가정(학대피해아동쉼터로 지정된 곳에 한함)		
	이용	• 아동상담소, 아동전용시설, 가정위탁지원센터		아동청소년과 (아동권리과)
		• 지역아동센터, 아동보호전문기관		

(계속)

대상자별	형태	시설종류		시 소관과 (보건복지부)
장애인 장애인복지법 제58조	생활	• 생활 시설	• 장애유형별 생활시설	장애인복지과 (장애인권익지원과)
			• 중증장애인 요양시설	
			• 장애인영유아 생활시설	
			• 장애인단기 거주시설	
			• 장애인공동생활가정	
	이용	• 지역 사회 재활 시설	• 장애인복지관	
			• 장애인주간보호시설	
			• 장애인체육시설, 장애인수련시설, 장애인생활이동지원센터	
			• 수화통역센터, 점자도서관, 점서 및 녹음서 출판시설	
		• 장애인의료재활시설		
		• 직업 재활 시설	• 장애인보호작업장, 장애인근로사업장, 장애인직업적응훈련시설	장애인복지과 (장애인자립기반과)
		• 장애인생산품판매시설		
영유아 영유아보육법 제10조	이용	• 어린이집	• 국공립, 법인, 직장, 가정, 부모협동, 민간	출산보육과 (보육기반과)
정신 질환자 정신보건법 제10조, 제15조 및 제16조	생활	• 정신요양시설 • 사회복귀시설 –정신질환자생활시설(입소생활시설), 정신질환자지역사회지활시설(공동생활가정, 단기보호시설), 중독자재활시설, 정신질환자 종합시설		건강증진과 (정신건강정책과)
	이용	• 사회복귀시설 –정신질환자지역사회재활시설(주간재활시설), 정신질환자직업재활시설, 정신질환자생산품판매시설, 정신질환자종합시설		
노숙인 등 노숙인등의복지 및 자립지원에 관한 법률	생활	• 노숙인자활시설 • 노숙인재활시설 • 노숙인요양시설		사회복지과 (자립지원과)
	이용	• 노숙인종합지원센터 • 노숙인일시보호시설 • 노숙인급식시설 • 노숙인진료시설 • 쪽방상담소		
지역주민 사회복지사업법	이용	• 사회복지관		사회복지과 (사회서비스지원과)
기타시설 사회복지사업법·국민기초생활 보장법	복합	• 결핵 · 한센시설		질병관리본부 (에이즈–결핵관리과)
	이용	• 지역자활센터		사회복지과 (자립지원과)

2012년 말 기준으로 아동복지시설은 전국 281개의 시설에 15,916명이 입소하고 있으며 이 중 양육시설이 243개소에 14,700명, 보호치료시설이 11개소에 497명, 자립지원 시설이 12개소에 256명, 임시보호시설이 12개소에 335명, 종합시설이 3개소에 128명 있다. 개인양육시설 34개소에 502명이 있고, 아동상담소 10개소와 전용시설 3개소가 있다.

아동복지시설은 정부의 직접적인 운영보다는 민간법인에 의해 운영하는 시 설이 많다.

아동복지시설의 경우 대부분 미취학기와 취학기의 성장기 아동을 보호하고 있으므로, 아동들이 욕구불만, 정서불안, 열등감과 외로움 등으로 인한 섭식장애가 생길 수 있으므로 영양적인 식사를 제공하는 것 외에도 가정에서와 같은 따뜻한 분위기를 조성해야 한다.

표 12-6 아동복지시설의 종류와 특성, 급식상의 유의점(급식시설의 경우)

시설의 종류	시설의 특징	급식상의 유의점	급식 횟수
유아원	유아를 입원시켜 양육하는 시설	0~2세 미만으로 유아의 발육단계에 속한다, 인공수유, 이유식, 유아식	1일3회*
보건소	매일 보호자의 위탁을 받아서 보육에 곤란하지 않도록 유아를 보육하는 시설	영양적으로 좋은 식사내용과 이동의 기호를 취하여 가정적으로 좋은 분위기 속에서 식사에 대한 흥미를 갖게 한다.	1일1회*
양호시설	유아를 제외하고 보호자가 없는 아동, 학대받는 아동, 기타 환경상 양호를 요하는 아동을 입소시켜서 양호하는 시설	영양적으로 좋은 식사내용과 이동의 기호를 취하여 가정적으로 좋은 분위기 속에서 식사에 대한 흥미를 갖게 한다.	1일3회*
정신박약아시설	정신박약의 아동을 입소, 보호자처럼 보호하면서 정박아를 보호하는 동시에 독립자활에 필요한 지식기능을 가르쳐 주는 시설	거식, 편식 등을 하기 쉬우므로 양과 질에 주의하여 복수식단 등을 작성한다. 소화성이 좋고 영양가가 높은 식품으로 구성한다.	1일3회*
정신박약아통원시설	정신박약의 아동과 함께 매일 보호자가 통원하고, 독립자활에 필요한 지식 · 기술을 습득시켜 주는 시설	상기와 같으나 가정과 식사의 관계를 생각해서 급식계통을 세운다.	1일1회*
맹아, 농아시설	맹아(강도가 약시아를 포함), 농아(강도가 난청아를 포함)를 입소시켜서 이것을 보호하는 동시에 독립자활에 필요한 지도 또는 원조를 하는 시설	식사에는 영양적 배려와 함께, 양에 있어서는 부족함이 없도록 한다. 가정적인 분위기가 있는 식사가 좋으며 맹아에 있어서는 식사형태를 고려해야 한다.	1일3회*
허약아시설	신체가 허약한 아동에 적정한 환경을 생각해서 그 건강증진을 도모하는 시설	결핵성 허약아, 천식아 등은 편식하고, 식욕이 부진하다, 식사는 질에 중점을 두고, 사용식품은 각별히 배려가 필요하다.	1일3회*

(계속)

시설의 종류	시설의 특징	급식상의 유의점	급식 횟수
지체부자 유아시설	상지, 하지 또는 몸 전체의 기능 장해가 있는 아동을 보호하는 동시에, 독립 자활에 필요한 지식과 기능을 부여하는 목적으로 한 시설	고단백질, 고지방, 미네랄, 비타민을 충분히 급여, 또는 기능정도에 의한 식사형태, 양, 온도 등을 감안하여 급여하는 방법이 필요하다.	1일3회*
지체부자 유아통원 시설	통원에 의해서 보육효과가 있는 아동에 대해서 필요한 보육을 하고, 아동의 복지 증진을 도모하는 시설	고단백질, 고지방, 미네랄, 비타민을 충분히 급여, 또 기능정도에 의한 식사형태, 양, 온도 등을 감안하여 급여하는 방법이 필요하다.	1일1회*
중증심신 장애아 시설	중도의 정신박약 및 중도의 지체부자유가 중복되고 있는 아동을 입소시켜서 보호하는 동시에 치료 및 일상생활의 지도를 하는 시설.	신체발달의 촉진에 좋으므로 많은 양질의 단백질이나 칼슘, 비타민을 충분히 보급한다. 기능정도에 응한 식사형태나 온도 · 양에 주의(믹서식, 잘게 자르는 식)한다.	1일3회*
정서장애 아단기치 료시설	경도의 정서 장해를 가진 12세 미만의 아동을 단기간 수용한다. 또는 보호자와 같이 통근하면서 정서장해를 고치는 목적으로 한 시설	양호시설에 준한다.	*
구호원	불량행위를 하는 아동을 고치려는 목적으로, 입원시켜서 불량한 아동을 구호하기 위한 시설	가정적인 분위기가 있는 식사가 좋다. 입소아는 활동이 왕성하기 때문에, 식사도 양적으로 부족하지 않도록, 주식은 자유급식을 실시하도록 한다.	1일3회*

*보건식 *치료식

올바른 식생활 지도 및 균형있는 영양급식을 통하여 이들의 성장발달을 도모함과 동시에 체계적인 영양관리가 이루어져야 함에도 불구하고 이를 뒷받침해 주는 경제적·제도적인 지원이 부족하며, 복지시설 아동들의 영양상태에 관한 연구가 제한적이다.

그동안 사회복지시설 어린이를 대상으로 한 연구결과에 의하면 사회복지시설 아동의 영양상태가 70년대 초반부터 현재에 이르기까지 향상되고는 있으나, 시설의 지역적 위치, 수준에 따라 차이가 있다.

전국에 소재한 107개의 아동복지시설급식운영실태(보건복지부, 1999년)를 파악한 결과 영양사 채용률이 15.4%에 불과하고, 아동복지시설에 영양사가 채용되어 있는 시설에서는 채용되어 있지 않은 시설에 비해서 영양가 산출표, 검식일지, 위생점검일지, 주문서, 식단표, 급식일지 등의 업무효율이 높았다.

영양사가 채용되어 있는 시설에서는 급식기구 등의 확보율이 더욱 높았다. 영양사가 채용되어 있는 경우에 더욱더 위생적이고 안전하고 체계적인 급식 관리를 하고 있는 것으로 나타났다.

우리사회가 영양과잉으로 생활습관병 등의 사회적인 문제가 제시되고 있는 이 시대에 사회복지시설 아동의 미량영양소 부족 등 영양불량문제 개선을 위한 올바른 영양상태 파악이 선행되어야 하며, 올바른 영양관리를 할 수 있는 전문가가 배치되어서 지속적인 문제점을 파악하여 사회복지시설의 아동들이 건강하게 성장하여 우리사회의 꼭 필요한 구성원으로 성장하도록 해야 한다.

(2) 노인복지시설

통계청 자료에 따르면 우리나라는 2000년 65세 이상 인구 비율이 7%를 넘어서 이미 고령화 사회로 진입했고, 2018년 고령사회(14%) 진입 후 2026년 초고령사회(20%)에 진입할 것으로 전망된다. 이에 따라서 노인복지시설의 증가가 계속되고 있으며 노인복지시설에서 생활하는 이용자도 지속적으로 증가하고 있다.

우리나라의 노인복지시설은 2009년에 2,992개소에서 2010년 4,150개소이고 2011년에는 4,469개소가 있으며, 2009년에는 79,537명, 2010년에는 108,129명, 2011년에는 113,4513명이 입소해서 생활하고 있다.

노인복지시설은 2009년~2011년 시설수와 생활인원수는 크게 증가하였다. 전체 사회복지시설의 비율로 보았을 때 시설수는 2009년 79.4%에서 20011년 83.7%로 2년 사이에 4.3%나 증가하였고, 생활인원수의 비율은 2009년 55.9%에서 2011년 64.5%로 2년 사이에 8.6%나 증가하였다. 노인인구의 급증으로 노인복지시설수에 비해 생활인원수가 2배나 증가되었다.

노인여가복지시설을 포함한 노인복지시설 현황을 살펴보면 2016년을 기준으로 노인복지시설이 전체 75,708개소가 있으며 이 가운데 주거복지시설이 428개소, 노인의료복지시설이 5,163개소, 노인여가 복지시설이 66,787개소, 재가노인복지시설이 3,168개소가 있다.

표 12-7 노인복지시설현황 (단위 : 개소, 명)

종류	시설	2016		2015		2014		2013		2012	
		시설 수	입소정원	시설 수	입소정원	시설 수	입소정원	시설 수	입소정원	시설 수	입소정원
노인주거 복지시설	소계	425	19,933	427	19,909	443	20,110	435	18,592	416	18,179
	양로시설	265	13,283	265	13,446	272	13,903	285	12,782	285	13,164
	노인공동 생활가정	128	1,062	131	1,087	142	1,173	125	1,049	108	887
	노인복지주택	32	5,648	31	5,376	29	5,034	25	4,761	23	4,128
노인의료 복지시설	소계	5,163	167,899	5,063	160,115	4,841	151,200	4,585	139,939	4,352	133,629
	노인요양시설	3,136	150,025	2,933	141,479	2,707	132,387	2,497	121,774	2,610	118,631
	노인요양공동 생활가정	2,027	17,874	2,130	18,636	2,134	18,813	2,088	18,165	1,742	14,998
노인여가 복지시설	소계	66,787	0	66,292	0	65,665	0	64,983	0	64,077	0
	노인복지관	350	0	347	0	344	0	319	0	300	0
	경로당	5,044	0	64,568	0	63,960	0	63,251	0	62,442	0
	노인교실	1,393	0	1,377	0	1361	0	1,413	0	1,335	0
재가노인 복지시설	소계	3,168	24,709	3,089	21,624	2,797	18,852	2,832	16,061	3,003	16,076
	방문요양 서비스	1,009	0	1,021	0	992	0	1,042	0	1,113	0
	주야간보호 서비스	1,086	23,767	1,007	20,467	913	18,008	848	14,996	840	15,160
	단기보호 서비스	95	942	112	1,157	96	844	110	1,065	94	916
	방문목욕 서비스	588	0	617	0	588	0	603	0	633	0
	재가노인 지원서비스	390	0	332	0	208	0	229	0	323	0
노인보호 전문기관	노인보호 전문기관	29	0	29	0	28	0	25	0	25	0
노인일자리 지원기관	노인일자리 지원기관	136	0	129	0	0	0	0	0	0	0
합계		75,708	212,601	75,029	201,648	73,774	190,162	72,860	174,592	71,873	167,884

주) 노인복지지관 현황은 노인복지부법 제37조에 따른 노인복지관임

*출처 : 보건복지부「노인복지시설 현황」

노인복지시설의 급식은 재가노인을 위한 급식과 시설 입소노인을 위한 급식으로 구분할 수 있다. 재가노인을 위한 급식으로는 사회복지시설 입소노인을 제외한 지역사회의 노인들을 대상으로 회합 프로그램, congregate meals program, 가정배달 급식 프로그램, Meal on Wheels:MOW,home-delivered meals program으로 구분할 수 있다. 우리나라의 경우 회합급식 프로그램은 공원이나 영세민 밀집지역에서 무료로 점심을 제공하는 경로식당급식과 주간보호시설의 점심급식 등이 실시되고 있으며 주고 사회복지관이나 사회복지법인 등이 주체가 되어 운영된다. 가정배달 프로그램은 거동이 불편한 재가노인을 위한 밑반찬 배달 서비스가 실시되고 있으며 주로 군·구의 지원 또는 후원금으로 운영되고 있다.

우리나라는 노인 독신이나 노인부부만으로 구성된 단독가구도 증가추세여서 이러한 노인들을 위한 급식 프로그램도 점차 확대되어야 한다. 노인들은 치아부식, 신체기관의 기능감퇴, 소화흡수력 저하 등의 신체적인 변화로 인해 영양관리가 매우 중요한 대상이다. 사회복지시설에서 생활하는 노인들은 일반적으로 고혈압, 신경통, 뇌졸중, 관절염, 당뇨병, 치매 등의 질환을 앓고 있는 노인들이 많아서 좀 더 전문적인 영양관리를 통해서 노인들의 건강을 증진시키고 질병치료를 할 수 있도록 도와주어야 한다. 사회복지시설에서의 영양사 채용은 21%로 상당히 낮았지만 정부차원에서의 영양사 급여지원을 급식보조금 증액 다음으로 두 번째로 원하고 있음은 영양사의 중요성을 이해하고 있는 것으로 생각할 수 있다.

Check point

미국의 노인급식 프로그램

미국의 경우 노인의 욕구와 영양에 관한 필요를 충족시키기 위해 1965년 가정과 지역사회에 거주하는 60세 이상의 노인들에게 급식 서비스 제공을 목적으로 노인법이 제정되었다. 미국의 노인을 위한 급식 서비스는 크게 두 가지 형태로, 노인복지 서비스 기관들이 제공하는 식사 서비스인 회합급식 프로그램과 가정배달 급식 프로그램이 있다.

회합급식 프로그램은 노인들이 잘 모이는 노인복지관이나 공공시설에 노인 전용 급식소를 마련하여 60세 이상의 노인들에게 적어도 하루 한 끼 이상의 따뜻한 식사를 제공하도록 하는 프로그램으로, 노인청에 의해 실시되고 있다. 또한 거동이 불편한 노인들에 대한 해결책으로 영국에서 1939년에 시작된 Meals on Wheels프로그램이 연방정부의 재정과 개인 후원금으로 실시되고 있다.

(3) 장애인복지시설

장애인 복지시설은 장애인 생활시설, 장애인지역사회재활시설, 장애인유료복지시설, 장애인생산품 판매시설, 장애인 직업재활시설 등을 말한다. 우리나라의 장애인복지시설은 2009년에 397개소에서 2010년 452개소이고 2011년에는 490개소가 있으며, 2009년에는 23,243명, 2010년에는 24,395명, 2011년에는 25,345명이 입소해서 생활하고 있다.

장애인복지시설은 2009년~2011년 시설수와 생활인원수는 증가하였다. 전체 사회복지시설의 비율로 봤을 때는 시설수는 2009년 10.5%에서 20011년 9.2%로 2년 사이에 1.3% 감소하였고, 생활인원수의 비율은 2009년 16.3%에서 2011년 14.4%로 2년 사이에 1.9%나 감소하였다. 노인인구의 급증으로 노인복지시설수와 생활인원의 급격한 증가로 인하여 장애인 복지시설의 수와 생활인원이 늘었는데도 전체 복지시설의 시설수와 생활인원의 비율은 오히려 감소되었다.

우리나라 장애인 복지시설의 운영주체는 민간단체 66%, 종교단체 12.7%, 국가기관 17%, 공공단체 4.3%로, 거의 대부분 시설이 민간이나 종교단체에서 운영하여 장애인 시설의 7.5%가 80% 이상의 재원을 정부보조에 의존한다.

2011년도에 등록된 장애인의 수는 2,517,312명으로 등록된 장애인의 1% 정도만 복지시설에서 입소해서 생활하고 있는 실정이다. 지체부자유 또는 발달장애를 지닌 장애인들은 대부분 사회에서 소외되어 있는 가장 심각한 영양취약집단이다. 이들은 이미 식품 섭취문제, 약물과 영양소의 상호작용, 대사장애, 비정상적인 성장발육상태 등의 식품섭취와 영양건강문제를 안고 있다. 장애인들은 식품 섭취상 어려움이 존재하기 때문에 에너지를 비롯해서 각종 영양소 섭취량이 제한되기 쉽고, 영양결핍, 영양불량 등의 위험이 따르게 된다. 장애인들이 발생하기 쉬운 영양문제는 빈혈, 성장발육 부진, 불규칙한 식사 습관, 식품에 대한 이상 기호, 식욕부진, 식욕 과다, 변비, 과행동증, 구토, 활동량 부족에서 오는 비만 등 그 문제의 종류와 범위가 상당히 다양하고 넓다.

미국의 복지시설에 거주하고 있는 장애인들의 경우는 칼슘, 마그네슘, 철, 티아민, 비타민 D 등이 부족하였고, 우리나라 복지시설에 거주하는 장애아동의 경우는 비타민 D, 비타민 B_6, 엽산, 아연 등이 부족했다. 장애아동들의 신체발달이 지체되고, 구순구각염의 발현율이 21%, 뇌성마비나 발달장애아의 100%에 해당되는 아동들이 변비를 가지고 있었다.

장애인시설의 정신지체생활인들의 특성이 대체로 뇌손상으로 인한 정신지체인 경우가 많고 뇌의 이상으로 인한 간질환이 많다. 시설의 생활자 대부분이 약을 복용하기 때문에 이로 인한 졸음, 어지러움, 구역질, 손떨림, 다모증, 탈모증, 잇몸비대, 주의력장애, 간기능장애, 백혈구 감소 등이 발생할 수 있다. 정신장애인의 경우는 약물을 지속적으로 투여함에 따라 생체대사에 이상을 보이고 활동성 저하로 오는 에너지 축적으로 인해 성인병으로 이어질 수 있다. 따라서 장애인 복지시설의 급식관리를 담당하는 영양사는 비만관리, 당뇨병, 고혈압, 고지혈증 등 임상영양분야의 전문적인 지식을 갖추고 입소자별로 특징에 따른 표준식단을 작성하여 활용하며 장애인 개개인에게 적합한 질환별 식사요법을 병행해 주어야 한다.

정신지체장애인 설의 경우에 실제연령이 40~50대이어도 정신연령은 아동수준이므로 식단을 작성할 때 아동의 기호도를 감안하여야 한다. 손 등의 사용이 불편한 장애인들을 위한 특수식기의 구입이 어려운 상황이므로 향후 장애인들이 식사 시 어려운 상황을 극복할 수 있도록 다양한 식기 및 수저가 개발되어 제공되어야 한다.

(4) 정신보건시설

우리나라의 정신질환자 요양시설은 2009년~2011년에 37소가 있으며, 2009년에는 12,111명, 2010년에는 11,613명, 2011년에는 11,414명이 입소해서 생활하고 있다.

정신질환자 요양시설은 2009년~2011년 시설수는 변동이 없고 생활인원수는 감소하였다. 전체 사회복지시설의 비율로 봤을 때는 시설수는 2009년 1.6%에서 20011년 1.1%로 2년 사이에 0.5% 감소하였고, 생활인원수의 비율은 2009년 8.5%에서 2011년 6.4%로 2년 사이에 2.1%나 감소하였다. 노인인구의 급증으로 노인복지시설수와 생활인원의 급격한 증가로 인하여 정신질환자 요양시설수는 변동없고 생활인원이 감소하였는데도 전체 복지시설의 비율로 보았을 때 정신질환자 요양시설의 시설수와 생활인원은 감소되었다.

정신질환자 요양시설의 경우는 정신적·육체적 건강상태가 좋지 않은 입소자 들이 많으므로 개개인의 환자의 상태에 적합한 맞춤형 치료식을 제공하는 등 전문적인 급식관리를 해야 하지만, 임상영양사 등 전문인력의 부족, 정보 및 지식부족, 식재료비 부족, 시설·설비부족 등으로 어려움을 겪고 있다.

연하장애가 있거나 저작장애가 이는 입소자들을 위해 씹고 삼키기 쉬운 다양한 조리방법을 개발하고 개개인의 기호를 고려한 음식을 공급해야 한다.

일본의 경우 영양적 균형을 위해 기호도 중시, 개인별 잔반관리, 영양지도를 실천하고 있으며, 식사는 연령, 질병상태, 기호도 등을 고려하여 제공하고 있다. 특히, 씹지 못하는 입소자들을 위해 음식의 종류와 질감을 고려하며, 식사 섭취가 부족한 경우에는 에너지 보충식을 제공하기도 한다.

(5) 부랑인 복지시설

우리나라의 부랑인복지시설은 2009년~2011년에 37개소가 있으며, 2009년에는 9,266명, 2010년에는 8,958명, 2011년에는 8,742명이 입소해서 생활하고 있다.

부랑인복지시설은 2009년~2011년 시설수는 변동이 없고 생활인원수는 감소하였다. 전체 사회복지시설의 비율로 봤을 때는 시설수는 2009년 1%에서 20011년 0.7%로 2년 사이에 0.3% 감소하였고, 생활인원수의 비율은 2009년 6.5%에서 2011년 5%로 2년 사이에 1.5%나 감소하였다. 노인인구의 급증으로 노인복지시설수와 생활인원의 급격한 증가로 인하여 부랑인 시설수는 변동 없고 생활인원이 감소하였는데도 전체 복지시설의 비율로 보았을 때 부랑인 복지시설의 시설수와 생활인원은 감소되었다.

우리나라에서 공식적으로 부랑인에 대한 정의는 1987년 보건사회부가 마련한(부랑인 시설 운영 개선방안)에서 "일정한 연고가 없거나 무의무탁한 사람 또는 연고자가 있어도 가정보호를 원하지 않는 사람으로 길거리를 방황하면서 시민에게 위해와 혐오감을 주는 등 건전한 사회 질서 유지를 곤란하게 할 뿐만 아니라 신체적·정신적 결핍으로 정상적인 사고와 활동 능력이 결여된 정신착란자, 알코올 중독자, 걸인, 앵벌이, 18세 미만의 부랑아, 불구 폐질자"를 부랑인으로 보고 있다. 부랑인의 보호대상자는 오랜 극빈생활, 불안정한 주거생활의 이유로 만성질환을 지니고 있어 전문적 치료가 필요한 사람, 혹은 영양결핍, 육체적 쇠약 등으로 노동능력을 상실 장기적 요양이 필요한 사람들을 의미한다. 부랑인은 신체적·정신적·영양적 취약계층이면서 하루 세 끼의 식사를 급식에 의존해야 하므로 부랑인 복지시설에서의 급식과 영양관리는 매우 중요한 비중을 차지하고 있다.

또한 부랑인이 사회로 돌아가기 위해서는 더욱더 체계적인 영양관리가 중요한데 부랑인 복지시설의 경우 민간이나 개인에서 운영하는 경우가 많고 급식관리현황에 대한 파악이 쉽지가 않다. 앞으로 부랑인수가 지속적으로 감소하고 사회로 빨리 복귀할 수 있도록 이들을 대상으로 체계적이고 질적인 급식이 제공되도록 국가와 지방자치단체의 관심과 관리가 필요하다.

SECTION 2 그 밖의 급식시설

기타 급식시설에는 유아 보육시설급식, 군대급식, 교통기관의 급식(기내식, 열차급식, 선박급식), 교정시설급식, 선수촌 및 운동선수 급식 등이 있다.

1. 영유아 보육시설급식

여성의 취업으로 인한 맞벌이가족과 핵가족이 늘어남에 따라서 영유아 보육시설은 점점 증가되고 있는 실정이다. 영유아 보육시설의 아동들은 성장과 발육이 급속히 진행되는 시기이며 이때의 영양관리는 아동의 정상적인 성장뿐만 아니라 성인이 된 후의 건강에도 영향을 주게 되기 때문에 영유아시기의 영유아 보육시설에서의 급식관리는 생애주기에 있어서 가장 중요하다. 영유아기의 부적절한 영양관리는 신체적인 성장과 발달뿐만 아니라 정신적인 성장과 발달에도 영향을 주며 특히 식사습관의 형성에도 영향을 주게 된다.

영유아 보육시설에서 적절한 영양관리가 이루어질 때 유아는 신체적·정서적·사회적으로 원활한 발달을 하게 되므로 질 높은 보육 프로그램에는 아동들의 발달특성에 맞는 영양과 건강관리가 반드시 필요하다. 최근 우리나라의 영유아 보육시설의 양적인 증가에 비해 영유아들에 대한 영양관리나 급식관리나 위생관리 등 질적인 개선이 이루어지지 않고 있는 실정으로 질적인 팽창이 꼭 이루어져야 한다.

영유아 보육시설에서는 영유아의 건강을 책임지는 균형잡인 영양관리를 위해서 영양사의 배치가 꼭 이루어져서 체계적이고 위생적인 급식관리를 통해서 영유아의 건강은 물론이고 우리나라의 미래의 건강까지도 책임질 수 있도록 관리를 해야 할 것이다.

영유아 보육시설에서의 영유아들은 식습관이 형성되는 중요한 시기이므로 영유아 보육시설에서는 이시기에 균형잡힌 영양공급과 올바른 식습관으로 편식, 식사의 불규칙성, 우유의 섭취가 부족하지 않도록 지속적인 지도와 영양교육이 필요하다.

영유아 보육시설에서 1회 급식 100인 이상인 곳에는 식품위생법 제37조의 규정에 의하여 면허를 받은 영양사 1인을 두어야 한다. 이 경우 보육시설이 인접해 있을 경우 5개 이내 보육시설까지 공동으로 영양사를 둘 수 있다(영유아보육법 시행규칙 제34조, 유아교육법 시행규칙 제3조). 영양사를(5개 이내 보육시설이 공동으로 두는 영양사를 포함한다) 두고 있지 아니한 100인 미만의 영유아를 보육하고 있는 보육시설은 보육정보센터/어린이 급식관리지원센터/보건소 등의 지도를 받아 식단을 작성한다. 영유아 보육시설에서는 주중에 오전 7시30분에서 오후 7시 30분까지 운영하는 것을 원칙으로 하므로 보육시설에서 생활하는 많은 영유아들은 최소 오전, 오후 간식과 점심식사를 먹게 되며, 시간 연장형의 경우에는 저녁식사와 저녁간식도 제공하게 된다. 성장에 필요한 영양의 반 이상을 보육시설에서 하게 됨에 따라 영유아의 식 행동 발달에 따른 책임이 가정에서 보육시설 쪽으로 이동하고 있다고 해도 과언이 아니다.

그러므로 영유아기의 성장발달을 고려하여 균형 잡힌 식사나 간식을 제공해야 하며 유아의 소화능력과 기호를 고려하여 식단을 작성하고 유아들이 즐겨 먹을 수 있는 조리방법을 개발하는 것은 물론이고 즐거운 식사가 될 수 있도록 식사환경을 조성하여야 한다. 그러나 우리나라 영유아 보육시설은 급식시설이 미비하고 영양사가 배치되지 않은 곳이 많아서 영유아에게 영양적으로 균형 있는 급식이 제공되기 어려운 상황이다.

2. 군대급식

군대급식은 병역의 의무가 있는 국가이든, 자원에 의한 군 복무제를 실시하는 국가이든 국가의 철저한 계획에 의하여 이루어지는 단체급식이다. 군대급식은 군인들에게 적절한 급식을 제공함으로써 개인의 건강과 체력 및 사기를 유지하게 하고 전투력을 최대한 발휘하도록 하여 국민의 재산과 생명을 보호하고 국민 건강 향상에 기여한다.

군대급식은 단체급식의 역사상 가장 오래된 급식의 형태이다. 원시사회 때부터 지역 간이나 부족 간에 끊임없는 전쟁으로 전쟁에 나가서 먹어야만 적들과 싸울 수 있었기 때문이다. 전쟁에서 싸워서 이기기 위한 급식은 형식이나 격식은 배재되고 최대한 간편하고 편리한 방법으로 음식을 만들어서 먹었을 것이다. 특히 일품요리가 많이 이용되었을 것이다.

우리나라의 군대급식은 1945년 광복이후 국가건립의 초창기에 비하여 상당히 발전하였다. 1960년 이후부터 더 더욱 발전하였는데, 1965년 공군 본부에 영양사(문관)를 졸업예정자로 채용하고 기술의정 1기병을 선발하여 소위로 입관시켜 항공의료원이나 수도육군통합병원 등에서 군대급식을 관리하였다. '중앙급식제도위원회' 를 조직하여 군인의 건강증진과 영양개선을 위해 연구하고 있다. 현재는 군대급식에 대한 총괄적 관리는 국방부를 중심으로, 개별적인 급식관리는 지역구분에 의한 군 급식업무를 맡은 급양대별로 이루어지고 있다. 메뉴는 급양대별로 영양관리직 군무원이 각 부대의 급식담당관과 회의를 하여 국방부가 정한 영양섭취목표를 기준으로 작성하는데 조리설비의 제약으로 다양한 메뉴 작성은 어려운 실정이다. 2002년부터는 군대급식의 품질 향상을 위하여 군대급식에도 영양사를 배치하고 있고 민간조리원도 배치하고 있다.

그림 12-2 군대급식 사진

Check point

국방부는 장병 만족도를 반영하고 품질을 개선하기 위해 2014년부터 장병 1인당 기본급식비를 지난해 하루 6,432원에서 6,848원으로 6.5% 인상했고 이를 위해 급식 예산을 1조 941억 원으로 편성했다고 밝혔다. 올해 인상분은 최근 5년간 평균 급식비 인상률 4.3%를 넘는 수준이다. 군은 인상된 급식비가 일반 성인 남자 기준(2,500kcal)보다 높은 장병 하루 권장열량(3100kcal) 기준을 충족시키고 급식 메뉴 확대와 품질 개선에 활용된다고 밝혔다.

군 당국은 소금과 인공조미료, 고추장 등의 사용을 줄이고 멸치와 표고버섯가루, 다시마·새우가루 등으로 맛을 낸 천연조미료의 사용을 늘리기로 했다. 하루 섭취량 기준으로 소금은 6g에서 5g으로, 고추장은 20g에서 19g으로 줄어드는 반면에 천연조미료는 0.3g에서 0.7g으로 늘어난다.

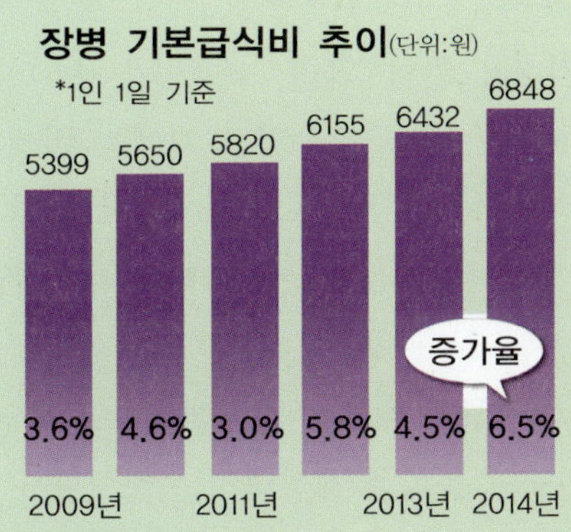

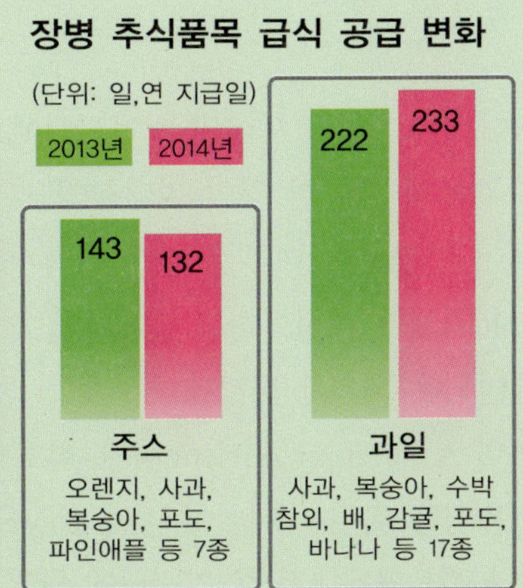

(자료: 국방부)

장병 후식 품목 가운데 가공식품이자 감미료가 섞인 주스 공급은 연 143일에서 132일로 줄이고 대신 사과, 복숭아, 수박, 배, 포도 등 과일 공급을 연 222일에서 233일로 늘린다. 기초군사훈련을 받는 훈련병을 위해 간식 비용을 하루 500원에서 700원으로 늘려 잡아 빵과 에너지바 등을 더 제공하기로 했다. 군 당국은 특히 장병들이 먹는 하루 쌀 지급 기준량을 2012년부터 570g에서 400g으로 낮춰 잡았다고 밝혔다. 쌀 지급 기준량은 2004년 745g이었지만 2006년 570g으로 줄어든 바 있다.

국방부 관계자는 "어머니의 손맛을 느낄 수 있도록 민간조리원 채용을 늘려 음식 맛도 개선할 것"이라고 말했다.

하종훈 기자 artg@seoul.co.kr

3. 교통기관급식

교통기관급식은 철도와 항공 기내식 및 선박급식 등을 말하며, 이들의 급식 대상은 교통기관에 근무하는 직원과 교통수단을 이용하는 승객들이다. 주5일제와 레저산업의 발달로 여행자들이 계속 늘어나고 있는 추세이므로 교통기관 급식량은 급증하고 있으나, 여행자들의 국적·성별·연령 등이 다양하여 기호를 맞추기 어렵고, 항공사들 간의 심한 경쟁으로 가격인하로 인해서 질 높은 식사제공에도 어려움이 있다. 그러나 수준 있는 서비스의 제공, haccp system도입, 최첨단 자동화 등으로 교통기관급식의 질은 향상되고 있다.

(1) 기내급식

1918년 런던-파리 사이의 정기노선에서 샌드위치, 과일, 초콜릿을 종이상자에 담아 승객에게 제공한 것이 기내식의 효시였다. 항공운수업 초기에는 비행기 안의 시설이 빈약하여 대부분 중간 기착지의 공항 식당에서 승객에게 식사를 제공하였으나 기체가 대형화하고 장거리를 장시간 운행하게 됨에 따라 기내식 제공시설이 개발되는 계기가 되었다.

1936년 American Airline사가 최초로 비행기 내에 주방시설을 도입하였으나 음료나 음식을 데우는 시설이 없어 적정온도의 음식을 제공하지 못하였다.

그러나 2차 세계대전 후 기내식에 급격한 변화가 오기 시작하였다.

Pan American사는 연구를 거듭하여 1945년 냉동음식을 재가열할 수 있는 오븐(convection oven)을 개발하였고 이후 이것이 일반화되었다. 1950년도 커피와 우유를 데우는 장치가 기내 주방에 설치되어 따뜻한 음식을 제공하게 되었다.

United Airline사는 기내식의 중요성을 일찍 인식하고 기내식을 제공한 최초의 항공사로 현재까지 자사뿐만 아니라 다른 항공사에도 기내식을 제공하고 있으며 1990년에 들어와서는 일등석 승객을 위한 더욱 질 높은 음식과 음료를 제공하려는 마케팅 전략을 구사하고 있다.

기내식은 주로 조리-냉장(cook-chill)방식에 의해 이루어지는데, 항공기 운항계획에 맞추어 지상의 음식공장에서 미리 조리된 음식을 정해진 그릇에 담아 잠시 저장하였다가 항공기 출발시간에 맞추어 기내에 싣고, 서빙하기 전 기내 주방에서 재가열한 다음에 승객에게 제공한다. 이 기내식은 서양 음식을 기본으로 하여 일본음식이나 중국음식 등을 가미한 다양한 요리로 세계 거의 모든 항공사에서 일등석의 승객들에게는 풀코스로 제공하고 그 밖의 승객에게는 쟁반에 미리 준비한 음식을 제공하는 것이 보통이다.

최근에는 보다 질 좋은 음식과 다양한 메뉴 등의 서비스를 위해서 기내식을 고급화하는 추세에 있으며, 제한된 좁은 공간에서의 장거리 여행이라는 항공기의 조건 때문에 승객의 운동부족으로 인한 소화장애나 고칼로리식으로 인한 비만 등을 방지하기 위하여 소화가 잘 되고 흡수되기 쉬운 저칼로리 식품으로 구성하고 있으며, 위생적으로 안전해야 하는 특성을 지니고 있다.

그림 12-3 기내식 사진

Check point

국내 기내식 현황

인천국제공항 내 대한항공 기내식 시설의 1일 생산량은 4만 식으로, 국내 최대 규모이자 단일 시설로는 세계 4위 규모이다. 각종 설비를 통합한 통제 시스템에 의한 자동화 체제가 구축되었다. 대표적인 자동화 시설로는 모노레일식 카트 보관 및 운반시스템, 각종 기물과 용품을 원하는 곳으로 자동으로 이송시키는 식기류 보관 및 운반시스템, 진공쓰레기 처리시스템 등을 갖추고 있다. 또한 기내식은 주로 조리-냉장 방식에 의해 생산되므로 위생안전이 특히 중요하다. 대한항공 기내식은 단체급식 분야 최초로 2000년 11월 식품의약품안전처로부터 HACCP인증을 획득하였다.

우리나라에서 출발 및 도착하는 항공편에는 한국 승객들의 기호에 맞추기 위해 김이나 고추장 등을 마련하는 해외 항공사들도 많은데 이러한 취향을 고려하여 한국음식 기내식 개발에 많은 관심이 모아지고 있다.

대한항공의 '비빔밥'은 한국음식의 기내식화를 성공시킨 대표적인 예인데, 국제기내식협회에서 최고의 기내식상인 머큐리상을 받기도 해서 우리 음식을 널리 알리는 데도 기여하였다. 이 음식은 주재료가 채소여서 건강식으로 인식되어 외국인들에게 인기가 높다.

(2) 열차식당

열차식당은 과거 일본이 만주대륙에 진출하기 위해 병참지원을 목적으로 한반도에 철도를 개설하여 여행 형태가 철도여행으로 바뀌게 되면서부터 도입되었다고 볼 수 있다.

1899년 9월 경인선을 시초로 하여 1905년에 경부선을, 1906년 경의선을 개통하고 2년 후에 부산~신의주 간 운행하던 급행열차인 융회호에 최초로 식당차를 연결하여 승객에게 음식을 제공한 것이 우리나라 열차식당의 효시였다. 1969년 2월 지금의 새마을호인 관광호에 식당차를 연결하여 철도청에서 직영으로 운영한 이래, 10년 후인 1979년 7월에는 일부 무궁화호 열차까지 확대하여 운영하였다. 1983년 6월 경영합리화의 일환으로 공개입찰을 통하여 한화개발(주)이 선정되어 열차식당을 운영하였다. 운영을 맡게 된 한화개발(주)에서는 메뉴의 다양화와 음식의 질 향상으로 급식대상자로부터 상당한 호평을 받기도 하였으나 변화하는 급식대상자의 욕구에 적극적인 대처를 하지 못하여 그 매출이 감소하고 있는 추세이다. 또한 전체매출의 70% 이상을 차지하는 높은 인력비용으로 인해 수익을 창출하는 데 어려움을 겪고 있다. 이것이 한국만의 독특한 실정은 아니며 철도 외식의 세계적인 추세로 유흥을 전문으로 하는 철도상품을 제외하고는 철도외식에 대한 수요는 전체적으로 감소하고 있다.

(3) 선박급식

선원들이 장기간 선박에 승선하여 오랫동안 항해를 하는 경우 선원들의 건강을 위해서는 위생적이고 질 좋은 급식관리가 이루어져야 한다. 선박에서의 급식은 제한적일 수 있으므로 자칫 계획을 잘못 세우면 식품을 구할 수도 없어서 장기적인 영양불량의 문제가 발생할 수도 있으니 급식의 계획부터 급식관리와 영양관리를 할 수 있는 전문가인 선박영양사가 선원들의 급식을 위해서는 꼭 채용되어서 선원들의 건강을 책임지고 안전한 항해를 할 수 있도록 해야 한다. 그러나 현재 우리나라에서는 영양사 채용이 실시되지 않고 선박조리사의 채용을 규정하고 있다.

양질의 선내급식을 위해 대통령령으로 정하는 일정한 자격을 갖춘 선박조리사를 선박에 승무시키거나 선박조리사를 갈음하여 선상조리와 급식에 관한 경험을 가진 사람을 선박에 승무시키도록 했다.

또한, 총톤수 5톤 미만의 선박이어도 내해나 항만구역 등의 수역 이외의 수역을 운행하는 항해선은 이 법의 적용을 받아서 선박조리사를 채용해야 한다.

Check point

선원법에 따른 선내급식

[시행 2013.3.23.]

(1) 제76조제1항 선박소유자는 승무 중인 선원을 위하여 해양수산부령으로 정하는 바에 따라 적당한 양과 질의 식료품과 물을 선박에 공급하고, 조리와 급식에 필요한 설비를 갖추어 선내급식을 하여야 한다. 이 경우 승무 중인 선원의 다양한 문화와 종교적 배경을 고려하여야 한다. 〈개정 2013.3.23〉

(2) 제76조제2항 선박소유자는 제1항에 따른 선내 급식을 위하여 대통령령으로 정하는 자격을 갖춘 선박조리사(이하 "선박조리사"라 한다)를 선박에 승무시켜야 한다. 다만, 대통령령으로 정하는선박에 대하여는 이를 면제하거나 선박조리사를 갈음하여 선상 조리와 급식에 관한 지식과 경험을 가진 사람을 승무하게 할 수 있다.

(3) 선박소유자는 적당한 양과 질의 선내급식을 위하여 선박마다 선장과 조리책임자를 포함하여 5인 이상의 위원으로 구성하는 급식위원회를 두어 선원의 식생활을 관리하게 하여야 한다. 다만 외국영토에 기항하지 아니하는 선박 또는 새우트롤 어선은 그러하지 아니하다. 〈개정 2012.5.18〉 (시행규칙 제47조)

(4) 선박소유자는 다음에 해당하는 자 중 1인 이상을 선박에 승무시켜야 한다. 다만, 외국영토에 기항하지 아니하는 선박 또는 새우트롤 어선의 경우에는 그러하지 아니하다. 〈개정 1997.12.15, 2008.3.14, 2013.3.24〉

① 조리사자격증을 소지한 자로서 선박에서 1년 이상 조리업무에 종사한 경력이 있는 자

② 선박에서 2년 이상 조리업무에 종사한 경력이 있는 자

③ 기타 제1호 또는 제2호에 규정한 자와 동등이상의 자격이 있다고 해양수산부장관이 인정한 자

선원법 시행령에 따른 선박조리사의 자격

〈제22조〉 [시행 2014.8.7.]

(1) 18세 이상인 사람으로 다음 각 호의 어느 하나에 해당하는 사람을 말한다.

① 해양수산부령으로 정하는 선박조리사교육을 이수하고 해양수산부장관이 실시하는 자격시험(이하 "선박조리사 자격시험"이라 한다)에 합격한 사람

② 다음 각 목의 어느 하나에 해당하는 사람

가. 「국가기술자격법」에 따른 조리기능사 이상의 자격증을 취득하고, 선박에서 3년 이상 조리업무에 종사한 경력이 있는 사람으로서 해양수산부령으로 정하는 선박조리사교육을 이수한 사람

나. 선박에서 6년 이상 조리업무에 종사한 경력이 있고, 해양수산부령으로 정하는 선박조리사교육을 이수한 사람

③ 「2006 해사노동협약」에 따라 외국정부로부터 선박에서의 조리와 급식에 관한 자격을 취득한 사람

(2) 선박조리사 자격시험의 시험과목은 다음 각 호와 같다.

① 집단급식 및 위생관리

② 식중독 예방 및 관리

(3) 선박조리사 자격시험의 응시절차, 합격기준 및 그 밖에 선박조리사 자격시험에 관하여 필요한 사항은 해양수산부령으로 정한다. [본조신설 2014.4.15.]

(4) 선박조리사 의무승무 대상 선박의 예외 〈명 제22조의2〉

① 항해선이 아닌 선박

② 법 제65조제1항에 따른 승무정원이 10명 미만인 선박

③ 어선 [본조신설 2014.4.15.]

4. 교정시설급식

교정시설은 교도소, 구치소, 보호감호소, 치료감호소 등에 수용된 원생과 위탁수용자들에게 식사를 제공하는 것으로 한국은 1979년부터 영양사를 채용하였다. 1979년 최초의 교도소 급식관리자인 Glenyce Heeney가 오클라호마에서 죄수급식 개선을 위한 운동을 시작하였고 1980년 Szabo Food Service Co. 가 교도소 전담부서를 만들었다.

우리나라 교정급식은 전국에 50개 기관이 있으며 2005년부터 전 기관에 영양사가 배치되어 교정급식의 질적 향상을 도모하고 있다.

교정시설에는 재소자식당과 직원식당이 따로 운영되며, 재소자식당은 재소자들이 조리를 담당한다. 물론 조리를 담당하는 재소자들은 모범수로 선발한다.

교도소를 의미하는 '콩밥'은 일제 강점기 재소자들이 먹었던 곡식 함유 비율에서 유래되었다. 1936년 조선총독부의 재소자 식단표를 보면 쌀 10%, 콩 40%, 좁쌀 50%로 구성되어 있다. 그러다가 1957년에 쌀 30%, 콩 20%, 잡곡 50%로 다소 개선되었고, 1986년부터 쌀과 보리가 섞인 혼식으로 통일되었다.

이후 1식 3찬을 기본으로 보리 비율을 점차 줄이다가 법무부가 '형의 집행 및 수용자 처우에 관한 법률 시행령' 개정안을 2014년 2월 21일 입법예고하면서 앞으로 교도소나 구치소에 수감된 재소자들에게 보리가 전혀 섞이지 않은 100% 순 쌀밥이 제공된다. 법무부는 그간 쌀과 보리 비율을 9대 1로 유지해 왔으나, 정부의 보리수매제 폐지로 재고가 떨어지자 예산상 이유로 이와 같이 결정한 것이다. 실제 보리쌀 가격은 kg당 2,300원 수준으로 약 2,100원인 정부미보다 비싼 편이다.

또한, 교정시설 수용자의 처우 개선을 위하여 수용 및 보호대상자 급식비를 수용자 1인당 1일 급식단가를 2013년(3,764원)에 비해 5.3% 인상된 3,962원으로 인상한다.

중앙급식관리위원회는 수용자급식관리위원회 규칙(법무부령 제 501호,2000.12.27.개정)에 의거, 수용자에게 급여할 부식의 식품과 수량 및 급식기준과 열량을 결정하여 법무부장관에게 건의하며, 일선 교정기관에도 지방급식관리위원회가 있어서 수용자 주·부식의 품종선택, 수량 및 함유영양량 등에 관하여 일선 교정기관장의 자문에 응하고, 필요한 사항을 건의할 수 있다.

교정급식에서도 HACCP도입, 현대화사업 등으로 변화와 발전을 모색하고 있으며 이 교정급식의 변화와 발전은 분명 이를 제공받는 재소자들의 교화에 큰 도움이 될 것이다.

그림 12-4 교정급식 조리실 내부 (서울남부교도소)

그림 12-5 교정급식에서 재소자 방까지 배식하는 전동배식카(서울남부교도소)

Check point

수용자 급식관리위원회 운영 지침

[시행 2017.1.1]

(1) **목적 및 설치** : 교도소·구치소 및 그 지소에 수용된 사람과 종전의 「사회보호법」에 따른 보호감호처분을 받은 피보호감호자의 급식관리에 관하여 법무부장관의 자문에 응하기 위하여 법무부에는 중앙급식관리위원회를 두고, 각 수용기관에는 수용기관장의 자문에 응하기 위하여 그 수용기관의 명칭을 붙인 지방급식관리위원회를 둔다.

(2) **기능** : ① 중앙급식관리위원회는 다음 각 호의 사항을 심의한다.

- 교도소·구치소 및 그 지소, 보호감호소(이하 "수용기관"이라 한다)에 수용된 수형자·미결수용자·사형확정자 및 피보호감호자(이하 "수용자"라 한다)의 급식 및 식품위생에 관한 사항
- 급식에 관한 기준 영양량의 결정에 관한 사항
- 수용자의 급식제도 개선에 관한 사항

② 각 수용기관에 두는 급식관리위원회(이하 "지방급식관리위원회"라 한다)는 다음 각 호의 사항을 심의한다.

- 법무부장관이 결정한 수용자에게 급식할 영양섭취기준 내에서의 식단선택과 그 수량의 결정에 관한 사항
- 제1호의 선택된 식단과 수량에 대한 함유 영양량의 검토에 관한 사항
- 수용자의 급식에 관한 위생 및 시설관리 그 밖에 운영개선에 관한사항

(3) **구성** : ① 중앙급식관리위원회는 위원장 1인을 포함하여 7인 이상 9인 이하의 위원으로 구성한다.

② 지방급식관리위원회는 위원장 1인을 포함하여 5인 이상 7인 이하의 위원으로 구성한다.

(4) **위원장 및 위원** : ① 중앙급식관리위원회 위원장은 법무부 교정본부장이 되고, 지방급식관리위원회의 위원장은 해당 수용기관의 장이 된다.

② 중앙급식관리위원회의 위원은 법무부 교정정책단장, 보안정책단장과 영양 및 조리에 관한 학식과 경험이 풍부한 자 또는 시민단체(「비영리민간단체 지원법」 제2조에 따른 비영리민간단체를 말한다)에서 추천한 자 중에서 법무부장관이 위촉하는 자로 한다.

③ 지방급식관리위원회의 위원은 해당 수용기관의 과장 이상의 직에 있거나 영양 또는 조리에 관한 경험이 풍부한 자 중에서 해당 수용기관의 장이 임명 또는 위촉한다. 다만, 지소는 7급 이상인 자로 한다.

(5) **위촉위원의 임기** : 위촉위원의 임기는 2년으로 하며, 연임할 수 있다.

(6) **위원장의 임무 등** : ① 중앙급식관리위원회 및 지방급식관리위원회(이하 "각 위원회"라 한다)의 위원장은 각 위원회를 대표하며, 각 위원회의 업무를 통할한다.

② 위원장이 부득이한 사유로 임무를 수행할 수 없을 때에는 위원장이 지명한 위원이 그 직무를 대행한다.

(7) **회의** : ① 중앙급식관리위원회의 회의는 위원장이 필요하다고 인정하는 때 또는 위원 2인 이상의 요구가 있는 때 위원장이 이를 소집한다.

② 지방급식관리위원회의 회의는 매월 1회 이상 위원장이 소집하되, 위원 2인 이상의 요구가 있는 때에는 위원장이 이를 소집해야 한다.

③ 각 위원회의 회의는 재적위원 과반수의 출석으로 개의하고, 출석위원 과반수의 찬성으로 의결한다.

(8) **실무위원회** : ① 중앙급식관리위원회의 업무를 효과적으로 처리하기 위해 필요하다고 인정되는 경우에는 중앙급식관리위원회에 실무위원회를 둘 수 있다.

② 제1항의 규정에 의한 실무위원회의 구성·운영 등에 관하여 필요한 사항은 중앙급식관리위원회의 의결을 거쳐 위원장이 정한다.

(9) **간사** : ① 각 위원회에 그 위원회의 사무를 처리하기 위하여 간사 1인을 둔다.

② 중앙급식관리위원회의 간사는 법무부 교정본부 복지과장이 된다.

③ 지방급식관리위원회의 간사는 해당 수용기관의 복지과장(지소는 복지교관직)이 된다.

(10) **수당** : 각 위원회의 회의에 출석한 위원에 대하여는 예산의 범위 안에서 수당을 지급할 수 있다. 다만, 공무원인 위원이 소관업무와 직접 관련하여 출석한 경우에는 그러하지 아니하다.

(11) **운영세칙** : 이 규칙에 규정된 사항 외에 위원회의 운영에 관해 필요한 사항은 위원회의 의결을 거쳐 위원장이 정한다.

(12) **재검토기한** : 「훈령·예규 등의 발령 및 관리에 관한 규정」에 따라 이 훈령에 대해서 2017년 1월 1일을 기준으로 매3년이 되는 시점(매 3년째의 12월 31일까지를 말한다)마다 그 타당성을 검토하여 개선 등의 조치를 해야 한다.

5. 선수촌 및 운동선수급식

스포츠에서의 운동선수들은 본인의 재능과 훈련으로 경기력 향상의 기대가 충만해 있어도 적정한 영양소를 공급받지 못하면 에너지 공급이 불충분해지고, 대사가 활발하지 못하며, 체조직이나 효소의 합성능력이 떨어지므로 경기력을 감소시키는 원인이 되며 과다하게 열량이 공급되어도 오히려 경기력이 감소된다.

운동선수들의 종목의 다양성, 훈련기·비훈련기, 경기 전·후 등의 선수들 상황, 선수연령, 선수 성별 등의 여러 조건을 종합적이면서도 과학적·합리적으로 연구하고, 기준을 설정하여 올바른 식사가 제공될 수 있어야 한다.

운동선수들이 기숙하고 있는 선추촌에는 현재 전문 영양사가 관리하고 있으며, 제공하는 에너지량은 3,700~6,000kcal 수준으로 식단가는 7,000~18,000원으로 비교적 높다.

태릉선수촌의 경우 아침, 점심, 저녁, 간식 등 하루 4끼 충분한 영양소가 공급될 수 있도록 한 끼당 메뉴구성이 15가지 정도에 이른다. 단, 메뉴별 중량, 열량, 단백질, 지방, 당질 등 영양성분과 칼로리를 배식대 입구에 게재해 체중증량 및 감량을 해야 하는 선수들도 개별적으로 식사량을 조절할 수 있게끔 하고 있다. 특히 체중감량을 해야 하는 선수들을 위해 저 칼로리 샐러드 코너도 따로 마련되어 있으며 체중조절에 제일 중요한 석식에는 체중감량식이 제공된다.

그러나 프로선수팀, 대학 운동선수팀, 중·고등학교 선수팀 등은 영양관리의 가장기본인 식단관리를 코치나 조리원 등 비영양전문가에 의해 이루어지는 경우가 많아서 대부분 식단이 기호나 맛 위주로 작성되고 있고, 선수들의 운동상황에 맞는 영양기준을 적용하여 식단을 관리하는 급식소는 많지 않다. 이들의 영양기준량은 운동의 종류에 따라 달라지므로 이를 고려한 전문가인 영양사에 의해서 영양관리가 되어야 한다.

그림 12-6 태릉선수촌 급식사진

6. 종교기관부설 무료급식소 등

일부 종교기관에서는 수도자들이나 또는 그곳을 찾는 신도들에게 급식을 실시하고 있다. 이때에 일부에서는 영양사가 관리를 맡기도 한다.

참고문헌 LIBRARY

■ 국내

- 곽동경 외, "단체급식의 이해", 신광출판사, 2011.
- 양일선, 이보숙, 차진아, 한경수, 채인숙, 이진미, "단체급식", 교문사, 2013.
- 이종미, 강남이, 김혜영, 정진은, 조미숙, 조우균, 허채옥, "단체급식", 파워북, 2012.
- 전희정 외 4인, "단체급식관리", 파워북, 2012.
- 정경 외 1인, "메뉴관리&기획", 파워북, 2010.
- 최미숙 외 5인, "식사요법실습", 파워북, 2012.
- 현기순 외 4인, "단체급식관리", 수학사, 2010.
- 김숙희, "단체급식 경영관리", 대왕사, 2007.
- 노부호 외, "물류관리의 종합적 이해", 형설출판사, 1998.
- 박춘란, 김영희, 이선희, 김애정, 백재은, 배현주, "단체급식", 광문각, 2007.
- 전희정, 주나미, 백재은, 배현주, 정현아, "단체급식", 파워북, 2012.
- 윤옥현, 이영순, 이경자, 최경순, 오순덕, 이정실, "식사요법", 교문사, 2012.
- 곽동경 외, "단체급식의 이해", 신광출판사, 2008.
- 김정숙 외 5인, "단체급식관리", 지구문화사, 2010.
- 진양호, 김숙희, "이론과 실무 식품조리과학", 지구문화사, 2009.
- 김정숙 외 5인, "New 단체급식", 지구문화사, 2005.
- 김현오 외 2인, "단체급식관리 실습", 광문각, 2009.
- 대한영양사회, "급식관리지침서", 2007.
- 대한영양사회, "영양사현장실습 지침서(제3판)", 2009.
- 김혜영, 애양순, 고성희, "최신 단체급식", 도서출판 효일, 2010.
- 곽동경 외 12인, "단체급식의 이해", 신광출판, 2008.
- 김옥경 외 7인, "New 식품위생학", 지구문화사, 2012.
- 송태희 외 4인, "이해하기 쉬운 조리과학", 교문사, 2011.
- 송형익 외 8인, "에센스 식품위생학", 지구문화사, 2012.
- 송재성, '음식물 쓰레기 줄이기 정책, 단체급식, 음식물 쓰레기 어떻게 줄일 것인가?', 대한영양사회·한국영양학회, 9–14, 1997.

- 안주연, 이혜상, '일부 학교급식 잔반에서 발생하는 영양 손실에 관한 연구', 한국영양사협회 학술지, 8(3):311–317, 2002.
- 윤진숙, '낭비적인 음식문화 개선을 위한 교육 홍보 방안, 단체급식, 음식물 쓰레기 어떻게 줄일 것인가?', 대한영양사회·한국영양학회, 34–50, 1996.
- 전무영, 민혜선, '단체급식소의 잔반량 감량을 위한 효율적인 방법에 대한 연구', 대한지역사회영양학회지, 5(1):92–99. 2002.
- 박영숙, '산업체 급식소에서의 영양관리 프로그램', 대한지역사회영양학회지, 2, 52–54. 2003.
- 양일선, 김현아, 이영은, 박문경, 박수연, '병원 위탁급식 품질관리를 위한 품질평가 도구 개발', 대학지역사회영양학회지 8(3):319–326. 2003.
- 양태석, 유병주, 전효지, '위탁급식업체에 대한 중요도와 만족도에 관한 연구', 한국조리학회지, 11(2):1–25. 2005.
- 유현목, 이여정, 김병용, '산업체 급식 이용자의 서비스 품질평가', 관광산업연구 4(2):39–56., 2010.
- 이명해, 유은순, 강현주, '부산 경남일부지역 산업체 단체 급식소의 급식 체계에 대한 조사연구', 한국식문화학회지, 8, 217. 1993.
- 이소정, 정현영, '대학급식 서비스 품질 속성 및 품질 개선요인 도출: IPA 모델 적용 사례연구', 대한영양사협회 학술지, 16(3):208–225, 2010.
- "사회복지시설 거주자들의 영양관리 및 개선에 관한 연구–최종보고서", 이화여자대학교, 보건복지부. 1998.
- DSRI경영컨설팅그룹·세종푸드서비스연구소, "한국 급식시장의 새로운 지각 변동", 2013.03.
- 식품의약품안전처, "보도자료(식품영양안전국 식중독 예방과)", 2013.05.01.
- 식품의약품안전처, "보도자료(식품안전국 식중독예방관리과)", 2011.11.30.
- 식품의약품안전처, "식중독 예방교육 표준교재 개정판", 2006.
- 식품의약품안전처, "식중독 통계시스템", 2013.08.01.
- 식품의약품안전처, "집단급식소 위생관리 매뉴얼", 2009.
- 식품의약품안전처. "잠재적 위해식품의 유통기한 설정지침 마련 연구의 보고서", 2009.
- 식품외식경제, 제780호.
- 식품유통연감, 식품저널, 2014.
- 서울특별시, "집단급식소 등 위생관리 매뉴얼", 2012.

- 교육부, "2016년도 학교급식 실시현황 보고", 2016.
- 교육과학기술부, "학교급식 위생관리지침서", 2010.
- "식품유통연감", 식품저널, 2014.
- 시사저널 1171호, 2012.
- 한국영양학회, "한국인 영양섭취기준", 2015.

■ 국 외

- Park MK, *Identifying the effect of service quality attributes on an overall customer satisfaction by the foodservice type and the contract management company(CMC) scale*, Korean J Directic Association 13(2):138–156. 2010.
- Lim HC, Song KO, Hong JE, *The research on globalization of hansik for service quality & food qualities with IPA model analysis*, J Hotel Resort 11(2):59–83. 2012.
- Allington JK, Matthews ME and Johnson, NE. *M ethods for evaluating quality of meals and implications for school food service*, Sch Food Serv, Rew. 5(2) : 68–73, 1981.
- Collison R, Colwill J. *The analysis of food waste results and related attributes of restaurants and public houses*. J Foodservice Sys 4:17–30, 1986.
- Kipps M, Middleton V. *Achieving quality* and *choice for the customer in hospital catering*, Int. Hospitality Management. 9(1):69–83, 1990.

■ 사이트

- 농림수산식품부 식품안전 통계정보시스템 FIS http://fis.foodinkorea.co.kr
- 식품의약품안전처 http://kfda.go.kr
- 통계청 http://www.kostat.go.kr
- 한국보건사회연구원 https://www.kihasa.re.kr
- 재치영양사 http://www.yori.co.kr
- 국가법령정보센터 http://www.law.go.kr
- CJ푸드시스템 http://www.cjfreshway.com
- 아워홈 http://www.ourhometfs.co.kr
- 해다미 http://www.haedami.com
- 보건복지부 http://www.mw.go.kr
- 보건복지부 사회복지시설정보시스템 http://www.w4c.go.kr

에센스
단체급식관리 개정판

2014년 9월 5일 초판 인쇄
2018년 2월 1일 개정판 발행

저 자 김정숙 · 박경숙 · 신동주
유경혜 · 윤옥현 · 이윤정

발행인 주 병 오

발행처 ㈜지구문화
JIGU CULTURE Co.Ltd

경기도 파주시 회동길 209(문발동)
파주출판문화도시

영업팀 (031) 955－7566 · 7577
편집팀 (031) 955－7731
FAX (031) 955－7730
홈페이지 www.ji-gu.co.kr
전자우편 jigupub@hanmail.net
등록번호 제 406-2005-000045호

ISBN 978-89-7006-839-8 값 22,000원